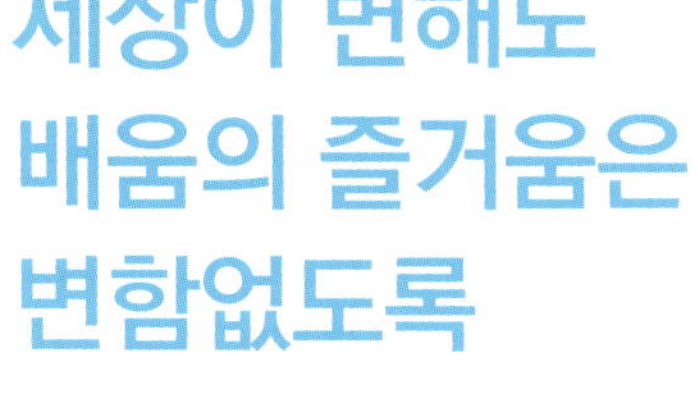

세상이 변해도
배움의 즐거움은
변함없도록

시대는 빠르게 변해도
배움의 즐거움은
변함없어야 하기에

어제의 비상은
남다른 교재부터
결이 다른 콘텐츠
전에 없던 교육 플랫폼까지

변함없는 혁신으로
교육 문화 환경의 새로운 전형을
실현해왔습니다.

비상은 오늘, 다시 한번
새로운 교육 문화 환경을 실현하기 위한
또 하나의 혁신을 시작합니다.

오늘의 내가 어제의 나를 초월하고
오늘의 교육이 어제의 교육을 초월하여
배움의 즐거움을 지속하는 혁신,

바로, 메타인지 기반 완전 학습을.

상상을 실현하는 교육 문화 기업 비상

메타인지 기반 완전 학습

초월을 뜻하는 meta와 생각을 뜻하는 인지가 결합한 메타인지는
자신이 알고 모르는 것을 스스로 구분하고 학습계획을 세우도록 하는
궁극의 학습 능력입니다. 비상의 메타인지 기반 완전 학습 시스템은
잠들어 있는 메타인지를 깨워 공부를 100% 내 것으로 만들도록 합니다.

개념﹢유형

유형편

실력 향상 POWER

중등 수학

3·2

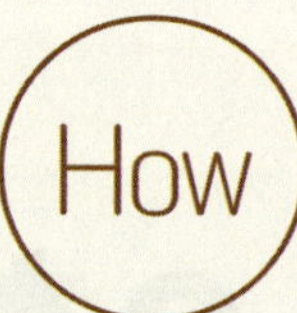

How

어떻게 만들어졌나요?

전국 250여 개 학교의 기출문제들을 모두 모아 유형별로 분석하여 정리하였답니다.
기출문제를 유형별로 정리하였기 때문에 문제를 통해 핵심을 알 수 있어요!

When

언제 활용할까요?

개념편 진도를 나간 후 한 번 더 정리하고 싶을 때! 유형편 라이트를 공부한 후 다양한 실전 문제를 접하고 싶을 때!
시험 기간에 공부한 내용을 확인하고 싶을 때! 어떤 문제가 시험에 자주 출제되는지 궁금할 때!

Why

왜 유형편 파워를 보아야 하나요?

전국의 기출문제들을 분석·정리하여 쉬운 문제부터 까다로운 문제까지 다양한 유형으로 구성하였으므로
수학 성적을 올리고자 하는 친구라면 누구나 꼭 갖고 있어야 할 교재입니다.
이 한 권을 내 것으로 만든다면 내신 만점~. 자신감 UP~!!

유형편 파워 의 구성

- 문제 풀이의 비법을 담은 내용 정리
- 틀리기 쉬운 유형과 까다로운 유형
- 난이도와 출제율을 반영한 단원 마무리 문제

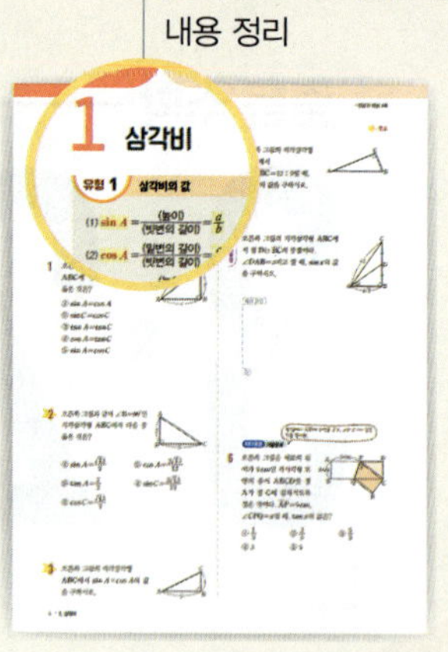

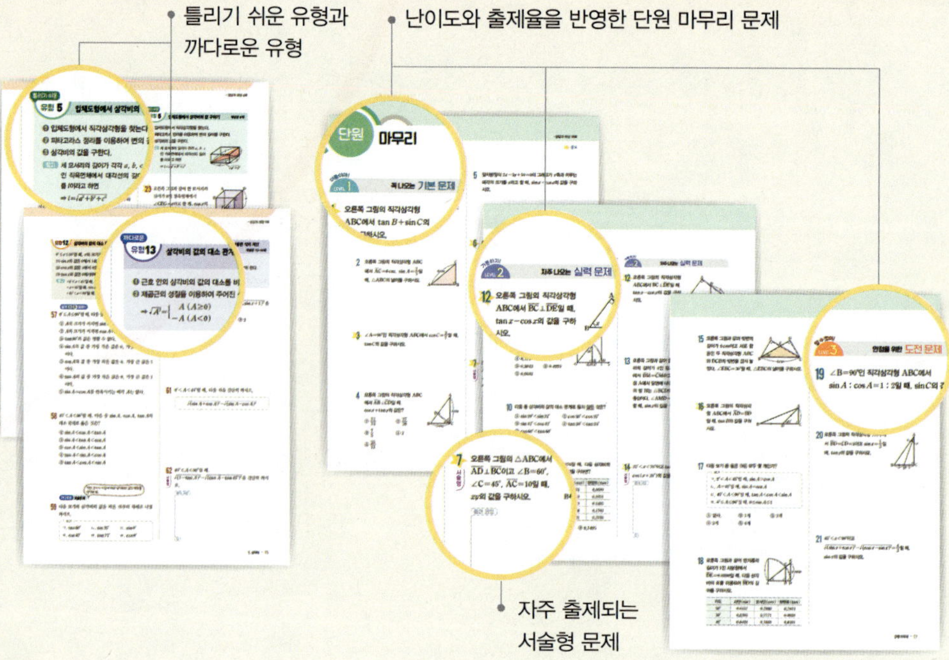

- 자주 출제되는 서술형 문제

CONTENTS

차례

1 삼각비

1 삼각비

⭐ 중요

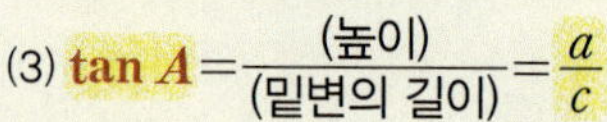 **유형 1** 삼각비의 값   개념편 8쪽

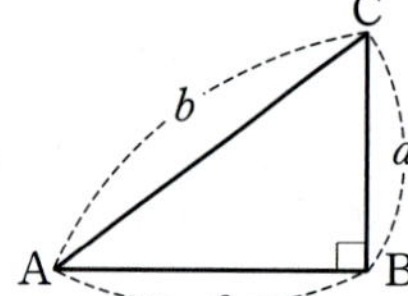

(1) $\sin A = \dfrac{(높이)}{(빗변의 \ 길이)} = \dfrac{a}{b}$

(2) $\cos A = \dfrac{(밑변의 \ 길이)}{(빗변의 \ 길이)} = \dfrac{c}{b}$

(3) $\tan A = \dfrac{(높이)}{(밑변의 \ 길이)} = \dfrac{a}{c}$

위의 $\sin A$, $\cos A$, $\tan A$를 통틀어 ∠A의 **삼각비**라고 한다.

1 오른쪽 그림의 직각삼각형 ABC에 대하여 다음 중 항상 옳은 것은?

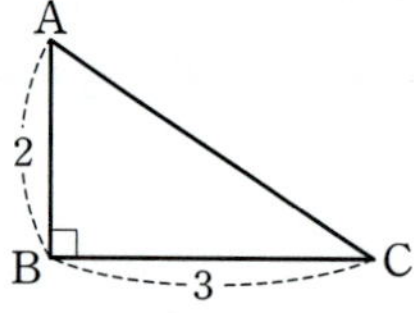

① $\sin A = \cos A$

② $\sin C = \cos C$

③ $\tan A = \tan C$

④ $\cos A = \tan C$

⑤ $\sin A = \cos C$

2 오른쪽 그림과 같이 ∠B=90°인 직각삼각형 ABC에서 다음 중 옳은 것은?

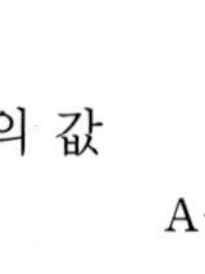

① $\sin A = \dfrac{\sqrt{13}}{2}$ ② $\cos A = \dfrac{2\sqrt{13}}{13}$

③ $\tan A = \dfrac{2}{3}$ ④ $\sin C = \dfrac{3\sqrt{13}}{13}$

⑤ $\cos C = \dfrac{\sqrt{13}}{3}$

3 오른쪽 그림의 직각삼각형 ABC에서 $\sin A \times \cos A$의 값을 구하시오.

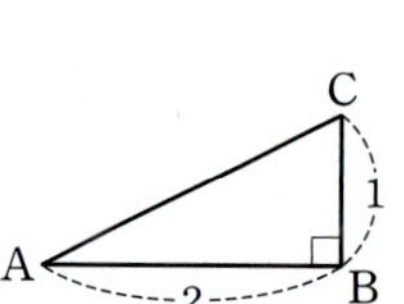

4 오른쪽 그림의 직각삼각형 ABC에서 $\overline{AC} : \overline{BC} = 12 : 5$일 때, $\cos A$의 값을 구하시오.

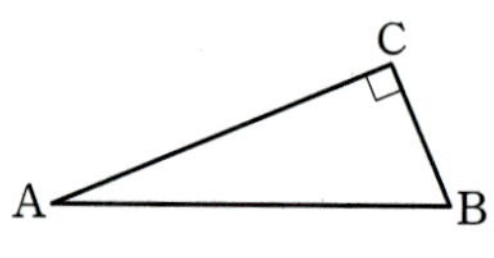

5 서술형 오른쪽 그림의 직각삼각형 ABC에서 점 D는 $\overline{BC}$의 중점이다. ∠DAB=x라고 할 때, $\sin x$의 값을 구하시오.

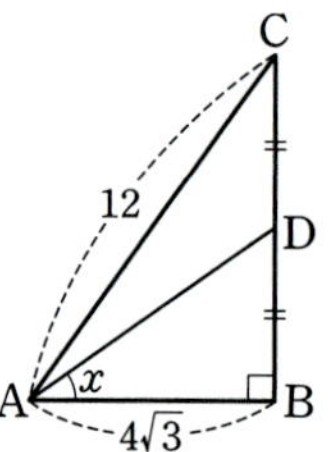

풀이 과정

답

점 Q에서 $\overline{AD}$에 수선을 긋고, x와 크기가 같은 각을 찾아봐.

까다로운 기출문제

6 오른쪽 그림은 세로의 길이가 3 cm인 직사각형 모양의 종이 ABCD를 점 A가 점 C에 겹쳐지도록 접은 것이다. $\overline{AP}=5$ cm, ∠CPQ=x일 때, $\tan x$의 값은?

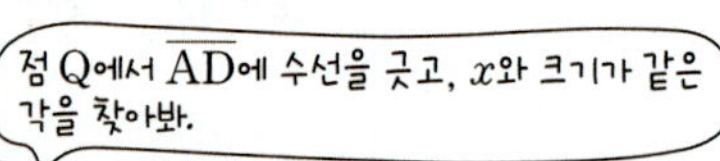

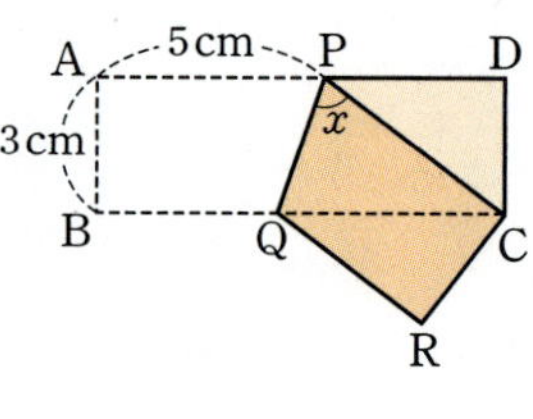

① $\dfrac{1}{3}$ ② $\dfrac{3}{5}$ ③ $\dfrac{5}{3}$

④ 3   ⑤ 5

유형 2 삼각비를 이용하여 변의 길이 구하기 개념편 8~9쪽

❶ 주어진 삼각비의 값을 이용하여 변의 길이를 구한다.
❷ 피타고라스 정리를 이용하여 나머지 한 변의 길이를 구한다.

7 오른쪽 그림의 직각삼각형 ABC에서 $\overline{BC}=3\,\text{cm}$, $\tan A=\dfrac{1}{3}$일 때, $\overline{AB}$의 길이는?

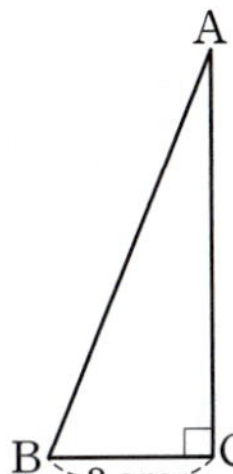

① $6\,\text{cm}$ ② $3\sqrt{5}\,\text{cm}$
③ $6\sqrt{2}\,\text{cm}$ ④ $3\sqrt{10}\,\text{cm}$
⑤ $10\,\text{cm}$

8 오른쪽 그림의 직각삼각형 ABC에서 $\overline{AC}=6\sqrt{2}\,\text{cm}$, $\cos A=\dfrac{\sqrt{2}}{2}$일 때, △ABC의 넓이를 구하시오.

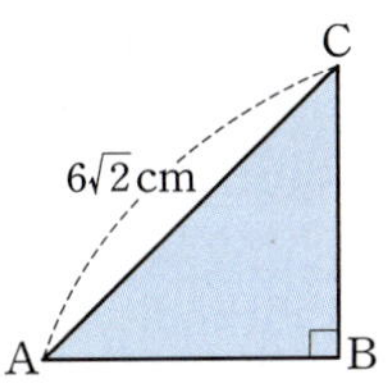

9 오른쪽 그림의 직각삼각형 ABC에서 $\overline{BC}=6$, $\sin A=\dfrac{3}{4}$일 때, $\cos A$의 값을 구하시오.

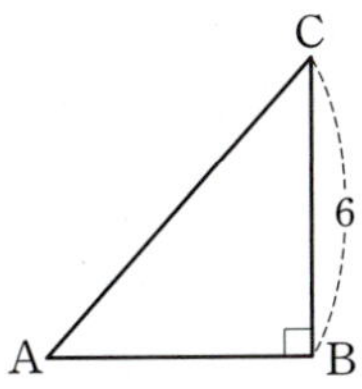

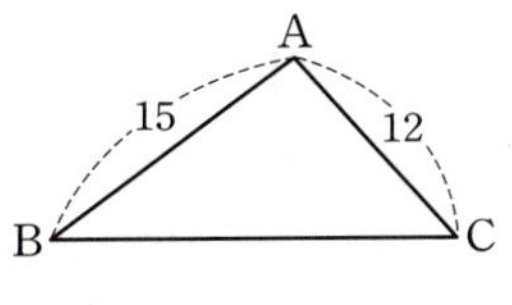

까다로운 기출문제

10 오른쪽 그림의 △ABC에서 $\overline{AB}=15$, $\overline{AC}=12$이고 $\sin B=\dfrac{3}{5}$일 때, $\tan B+\cos C$의 값을 구하시오.

유형 3 한 삼각비의 값이 주어질 때, 다른 삼각비의 값 구하기 개념편 8~9쪽

sin, cos, tan 중 어느 하나의 값이 주어질 때
❶ 주어진 삼각비의 값을 만족시키는 직각삼각형을 그린다.
❷ 피타고라스 정리를 이용하여 나머지 한 변의 길이를 구한다.
❸ 다른 삼각비의 값을 구한다.

11 ∠C=90°인 직각삼각형 ABC에서 $\sin B=\dfrac{8}{17}$일 때, 다음 중 옳은 것은?

① $\sin A=\dfrac{8}{17}$ ② $\cos B=\dfrac{8}{15}$
③ $\tan B=\dfrac{15}{8}$ ④ $\tan A=\dfrac{8}{17}$
⑤ $\cos A=\dfrac{8}{17}$

12 ∠B=90°인 직각삼각형 ABC에서 $\cos A=\dfrac{4}{5}$일 때, $\sin A+\tan A$의 값을 구하시오.

13 ∠B=90°인 직각삼각형 ABC에서 $\tan A=2$일 때, $\dfrac{\sin A+\cos A}{\sin A-\cos A}$의 값은?

① $\sqrt{5}$ ② 3 ③ $2\sqrt{5}$
④ 5 ⑤ $5\sqrt{5}$

14 ∠B＝90°인 직각삼각형 ABC에서 $7\cos A-5=0$일 때, $\sin A\times\tan A$의 값을 구하시오.

서술형

풀이 과정

답

15 이차방정식 $6x^2+x-1=0$의 양수인 근이 $\tan A$의 값과 같을 때, $\cos A-\sin A$의 값은?

(단, $0°<A<90°$)

① $\dfrac{\sqrt{10}}{10}$ ② $\dfrac{1}{3}$ ③ $\dfrac{\sqrt{10}}{5}$

④ $\dfrac{2}{3}$ ⑤ $\dfrac{3\sqrt{10}}{10}$

직각삼각형에서 크기가 $(90°-A)$인 각과 A인 각은 직각을 제외한 삼각형의 두 내각임을 이용해 봐.

까다로운 기출문제

16 $\sin(90°-A)=\dfrac{12}{13}$일 때, $\tan A$의 값은?

(단, $0°<A<90°$)

① $\dfrac{5}{13}$ ② $\dfrac{5}{12}$ ③ $\dfrac{13}{12}$

④ $\dfrac{12}{5}$ ⑤ $\dfrac{13}{5}$

유형 4 **직각삼각형의 닮음을 이용하여 삼각비의 값 구하기**

개념편 8~9쪽

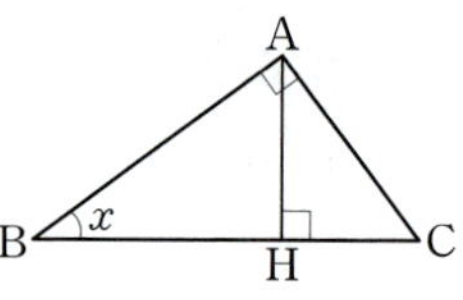

직각삼각형 ABC에서
$\overline{AH}\perp\overline{BC}$일 때
$\triangle ABC\backsim\triangle HBA\backsim\triangle HAC$
(AA 닮음)이므로
∠ABC＝∠HAC, ∠BCA＝∠BAH

➡ 서로 닮은 직각삼각형에서 대응각에 대한 삼각비의 값은 일정함을 이용한다.

17 오른쪽 그림의 직각삼각형 ABC에서 $\overline{AH}\perp\overline{BC}$일 때, 다음 보기 중 $\cos x$와 그 값이 항상 같은 것을 모두 고르시오.

보기

ㄱ. $\dfrac{\overline{BH}}{\overline{AB}}$ ㄴ. $\dfrac{\overline{AH}}{\overline{AC}}$ ㄷ. $\dfrac{\overline{AC}}{\overline{AH}}$ ㄹ. $\dfrac{\overline{CH}}{\overline{AC}}$

18 다음 그림의 직각삼각형 ABC에서 $\overline{AH}\perp\overline{BC}$일 때, 주어진 식의 값을 구하시오.

(1) $\cos x+\tan x$

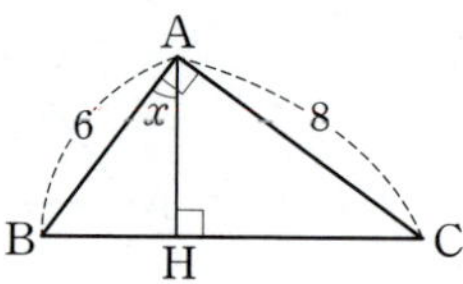

(2) $\sin x+\cos y$

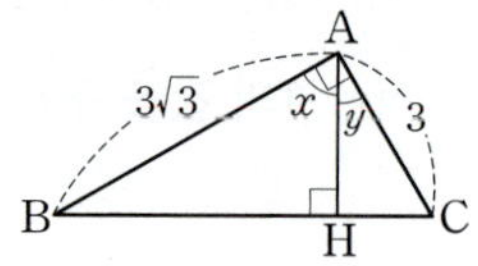

19 오른쪽 그림과 같이 직사각형 ABCD의 꼭짓점 A에서 대각선 BD에 내린 수선의 발을 H라고 하자. $\overline{AB}=9$, $\overline{BC}=12$이고 ∠BAH＝x라고 할 때, $\cos x-\sin x$의 값을 구하시오.

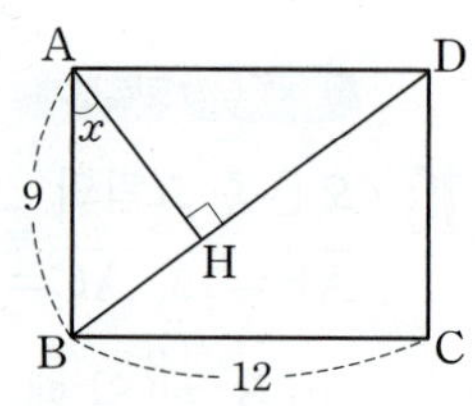

20 오른쪽 그림의 직각삼각형
ABC에서 $\overline{BC} \perp \overline{DE}$일 때,
$\cos x$의 값을 구하시오.

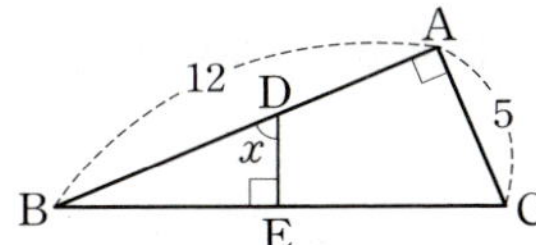

21 다음 그림의 직각삼각형 ABC에서
$\angle ABC = \angle AED$일 때, $\cos B \times \tan C$의 값을 구하시오.

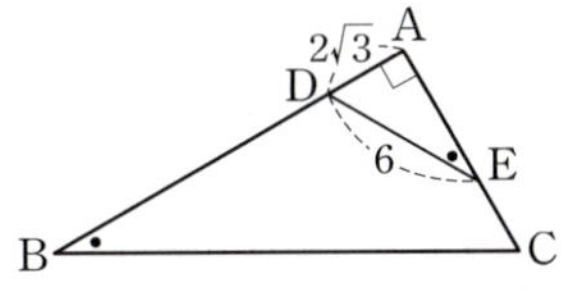

22 오른쪽 그림과 같이 직사각형 ABCD에서 $\overline{AF}$를 접는 선으로 하여 꼭짓점 D가 $\overline{BC}$ 위의 점 E에 오도록 접었다. $\angle EFC = x$라고 할 때, $\sin x + \cos x$의 값은?

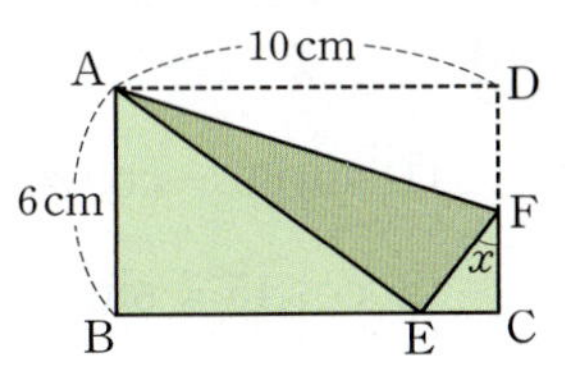

① 1
② $\dfrac{6}{5}$
③ $\dfrac{7}{5}$
④ $\dfrac{8}{5}$
⑤ $\dfrac{9}{5}$

유형 5 입체도형에서 삼각비의 값 구하기 개념편 8쪽

❶ 입체도형에서 직각삼각형을 찾는다.

❷ 피타고라스 정리를 이용하여 변의 길이를 구한다.

❸ 삼각비의 값을 구한다.

> **참고** 세 모서리의 길이가 각각 a, b, c인 직육면체에서 대각선의 길이를 l이라고 하면
> $$l = \sqrt{a^2 + b^2 + c^2}$$

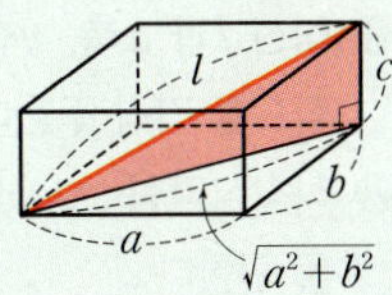

23 오른쪽 그림과 같이 한 모서리의 길이가 8인 정육면체에서 $\angle CEG = x$라고 할 때, $\cos x$의 값을 구하시오.

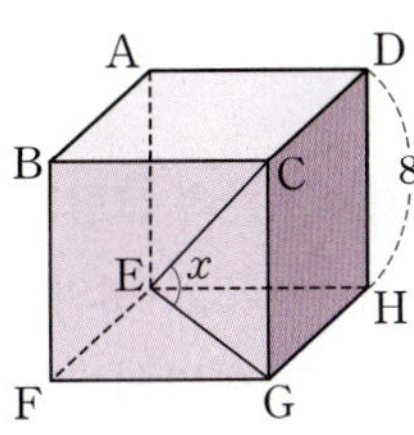

24 오른쪽 그림의 직육면체에서 $\angle BHF = x$라고 할 때, $\sin x \times \cos x$의 값을 구하시오.

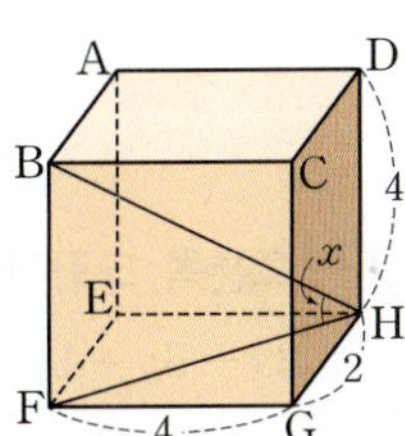

> 점 H가 △BCD의 무게중심임을 이용하여 $\overline{DH}$의 길이를 구해 봐.

25 오른쪽 그림과 같이 한 모서리의 길이가 6인 정사면체에서 $\overline{BM} = \overline{CM}$이고 꼭짓점 A에서 밑면에 내린 수선의 발 H는 △BCD의 무게중심이다. $\angle ADM = x$라고 할 때, $\cos x$의 값을 구하려고 한다. 다음을 구하시오.

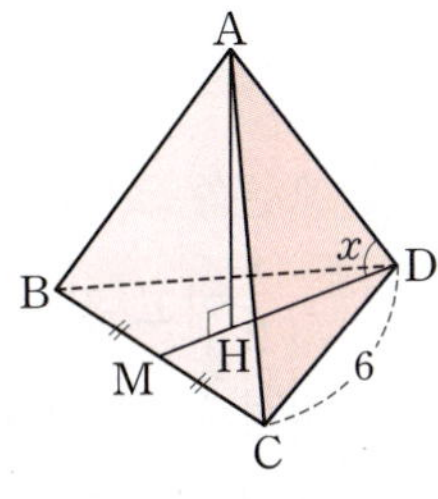

(1) $\overline{DM}$의 길이

(2) $\overline{DH}$의 길이

(3) $\cos x$의 값

유형 6 직선의 방정식이 주어질 때, 삼각비의 값 구하기

개념편 8쪽

직선 l이 x축과 이루는 예각의 크기를 a라고 할 때

❶ 직선 l과 x축, y축의 교점 A, B의 좌표를 각각 구한다.

❷ 직각삼각형 AOB에서 삼각비의 값을 구한다.

$$\Rightarrow \sin a=\frac{\overline{BO}}{\overline{AB}},\ \cos a=\frac{\overline{AO}}{\overline{AB}},\ \tan a=\frac{\overline{BO}}{\overline{AO}}$$

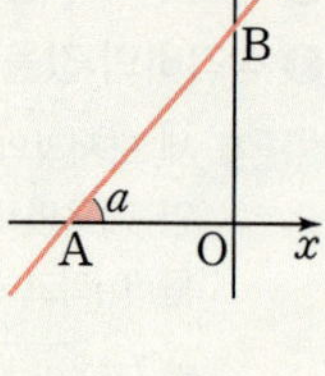

26 오른쪽 그림과 같이 일차함수 $y=3x+6$의 그래프가 x축과 이루는 예각의 크기를 a라고 할 때, $\cos a$의 값을 구하시오.

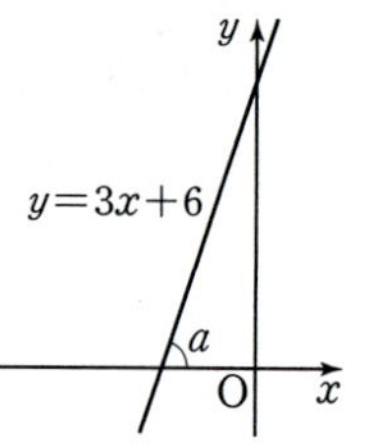

27 오른쪽 그림과 같이 직선 $3x-5y+15=0$이 y축과 이루는 예각의 크기를 a라고 할 때, $\tan a$의 값은?

① $\dfrac{3}{5}$　　② $\dfrac{5}{3}$　　③ $\dfrac{\sqrt{34}}{3}$

④ 3　　⑤ 5

28 오른쪽 그림과 같이 기울기가 $-\dfrac{1}{2}$이고 점 $(2,\ 1)$을 지나는 직선과 x축, y축의 교점을 각각 A, B라고 하자. $\angle BAO=a$일 때, $\sin a+\cos a$의 값을 구하시오. (단, O는 원점)

유형 7 30°, 45°, 60°의 삼각비의 값

개념편 10쪽

삼각비 ＼ A	30°	45°	60°
$\sin A$	$\dfrac{1}{2}$	$\dfrac{\sqrt{2}}{2}$	$\dfrac{\sqrt{3}}{2}$
$\cos A$	$\dfrac{\sqrt{3}}{2}$	$\dfrac{\sqrt{2}}{2}$	$\dfrac{1}{2}$
$\tan A$	$\dfrac{\sqrt{3}}{3}$	1	$\sqrt{3}$

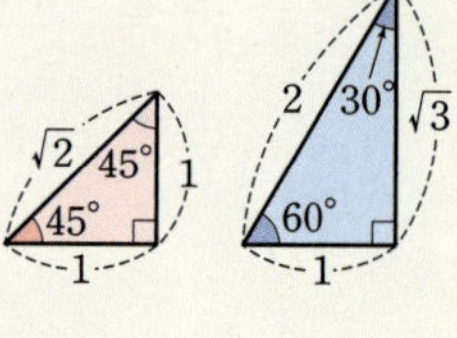

주의
- $\sin^2 A=(\sin A)^2 \neq \sin A^2$
- $\cos^2 A=(\cos A)^2 \neq \cos A^2$

29 다음을 계산하시오.

(1) $\sin 60° \times \tan 30°$

(2) $(\cos 30°-1)(\sin 60°+1)$

(3) $2\sin 30° \times \tan 45° \div \cos 60°$

보기 다 多 모아~

30 다음 중 옳은 것을 모두 고르면?

① $\sin 60°-\cos 30°=0$

② $\cos 45°+\sin 45°=\dfrac{\sqrt{2}}{2}$

③ $\tan 45° \times \tan 60°=\dfrac{\sqrt{3}}{3}$

④ $\tan 45° \div \sin 30°=2$

⑤ $\dfrac{\sin 30°}{\cos 30°}=\sqrt{3}$

⑥ $2\sin 30°-\sqrt{3}\tan 30°=0$

⑦ $\sin^2 60°+\cos^2 60°=\dfrac{\sqrt{3}+1}{2}$

31 오른쪽 그림과 같이 원 O 위의 두 점 A, B에 대하여 $\angle AOB=90°$ 일 때, $\cos x$의 값은?

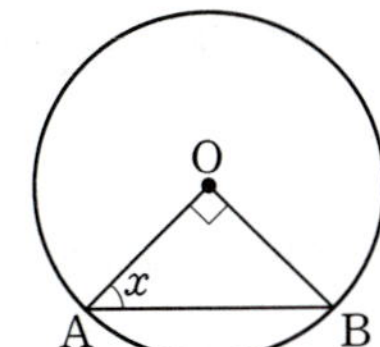

① $\dfrac{1}{2}$ 　② $\dfrac{\sqrt{3}}{3}$

③ $\dfrac{\sqrt{2}}{2}$ 　④ $\dfrac{\sqrt{3}}{2}$

⑤ 1

32 $0°<x<75°$일 때, $\cos(x+15°)=\dfrac{1}{2}$을 만족시키는 x의 크기는?

① 15° 　② 30° 　③ 45°

④ 60° 　⑤ 70°

33 오른쪽 그림과 같이 $\angle C=90°$인 직각삼각형 ABC에서 $\overline{AB}=6\sqrt{3}$, $\overline{AC}=9$ 일 때, $\angle B$의 크기를 구하시오.

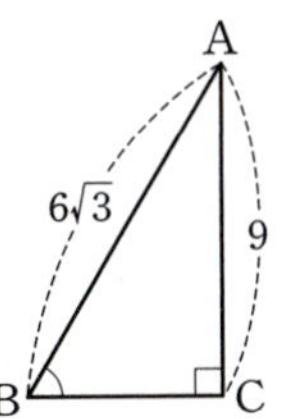

34 $\triangle ABC$의 세 내각의 크기의 비가 $\angle A : \angle B : \angle C=2 : 3 : 4$일 때, $\sin B \times \tan B$의 값을 구하시오.

유형 8 30°, 45°, 60°의 삼각비를 이용하여 변의 길이 구하기

개념편 10~11쪽

예 오른쪽 그림의 직각삼각형 ABC에서

$$\sin 60°=\frac{\overline{AC}}{4}=\frac{\sqrt{3}}{2} \qquad \therefore \overline{AC}=2\sqrt{3}$$

$$\cos 60°=\frac{\overline{BC}}{4}=\frac{1}{2} \qquad \therefore \overline{BC}=2$$

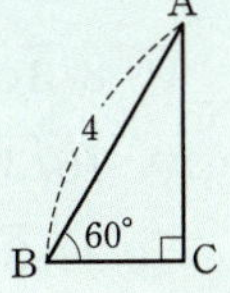

35 오른쪽 그림과 같은 두 직각삼각형 ABC와 BCD에서 x의 값을 구하시오.

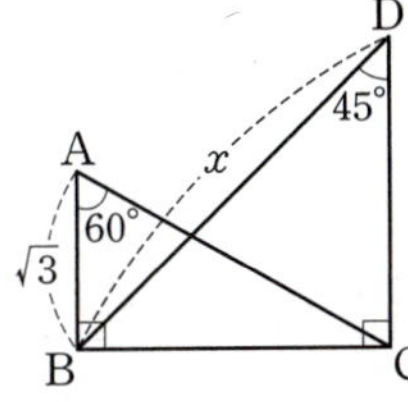

36 오른쪽 그림과 같은 두 직각삼각형 ABC와 ACD에서 xy의 값은?

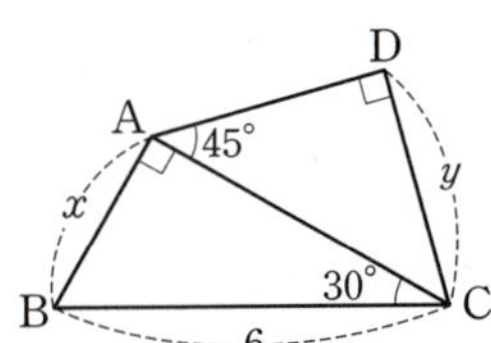

① $\dfrac{3\sqrt{6}}{2}$ 　② $\dfrac{9\sqrt{2}}{2}$

③ $\dfrac{9\sqrt{3}}{2}$ 　④ $\dfrac{9\sqrt{6}}{2}$

⑤ $9\sqrt{3}$

37 오른쪽 그림의 직각삼각형 ABC에서 $\angle B=30°$, $\angle ADC=60°$이고 $\overline{AC}=12\,\text{cm}$일 때, $\overline{BD}$의 길이를 구하시오.

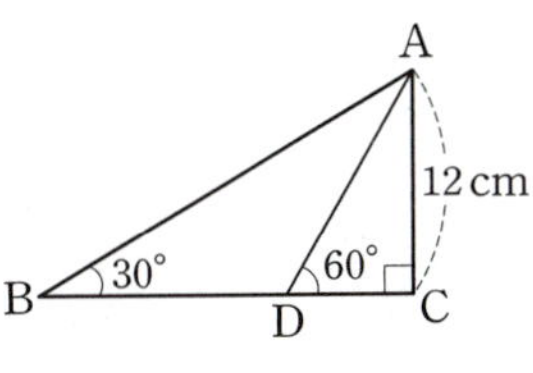

38 오른쪽 그림과 같이 두 직각삼각형 ABC와 ADE가 겹쳐져 있다. 겹쳐진 부분인 △ADF의 넓이는?

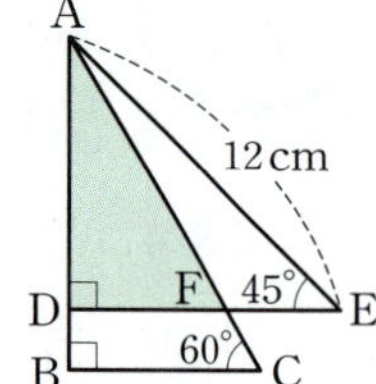

① $8\sqrt{3}\,\text{cm}^2$ ② $12\sqrt{3}\,\text{cm}^2$

③ $16\sqrt{3}\,\text{cm}^2$ ④ $20\sqrt{3}\,\text{cm}^2$

⑤ $24\sqrt{3}\,\text{cm}^2$

39 다음 그림과 같이 $\overline{AB}=\overline{CD}=4\,\text{cm}$, $\overline{BC}=8\,\text{cm}$이고, $\angle B=60°$인 등변사다리꼴 ABCD의 넓이를 구하시오.

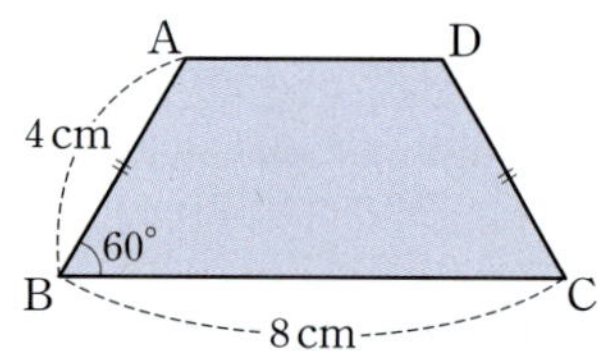

40 오른쪽 그림과 같이 $\angle C=90°$인 직각삼각형 ABC에서 $\angle B=15°$, $\angle ADC=30°$, $\overline{BD}=8$일 때, 다음을 구하시오.

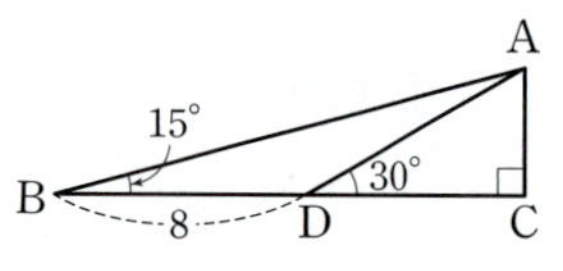

(1) $\tan 15°$의 값

(2) $\tan 75°$의 값

41 오른쪽 그림의 직각삼각형 ABC에서 $\overline{AD}\perp\overline{BC}$, $\overline{AC}\perp\overline{DE}$이고 $\angle B=60°$, $\overline{AB}=6\,\text{cm}$일 때, $\overline{CE}$의 길이를 구하시오.

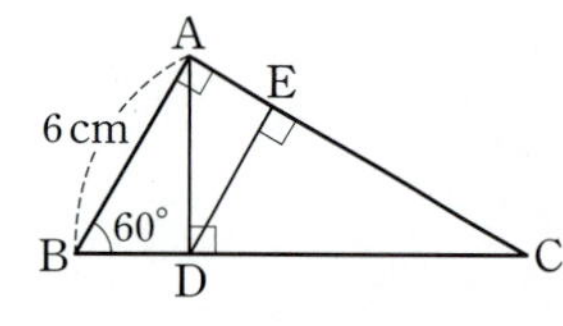

직선 $y=mx+n\,(m>0)$이 x축과 이루는 예각의 크기를 a라고 하면

$$\text{(직선의 기울기)}=m=\frac{\overline{BO}}{\overline{AO}}$$
$$=\tan a$$

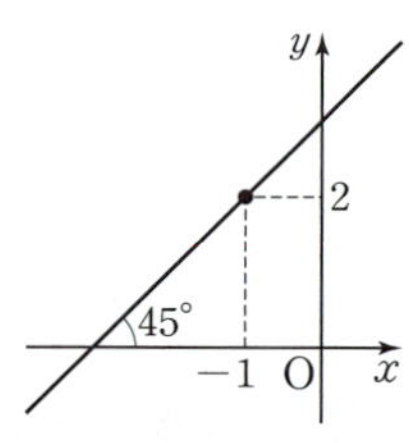

42 직선 $y=\sqrt{3}x+1$이 x축과 이루는 예각의 크기는?

① $30°$ ② $45°$ ③ $60°$

④ $65°$ ⑤ $80°$

43 오른쪽 그림과 같이 점 $(-1,\ 2)$를 지나고 x축과 이루는 예각의 크기가 45°인 직선의 방정식을 $y=ax+b$라고 할 때, 상수 a, b에 대하여 $a+b$의 값을 구하시오.

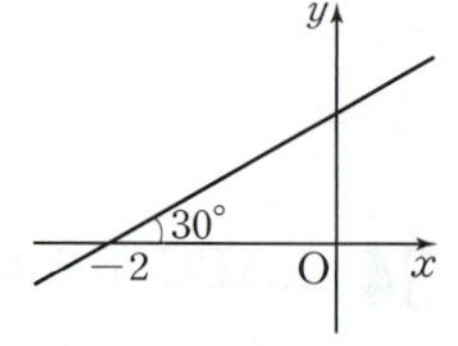

44 오른쪽 그림과 같이 x절편이 -2이고, x축과 이루는 예각의 크기가 30°인 직선의 방정식을 구하시오.

유형10 사분원을 이용하여 삼각비의 값 구하기

개념편 13쪽

반지름의 길이가 1인 사분원에서

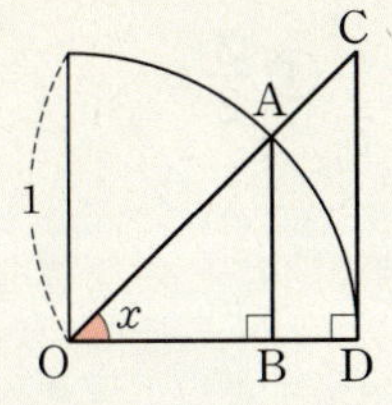

(1) $\sin x = \dfrac{\overline{AB}}{\overline{OA}} = \dfrac{\overline{AB}}{1} = \overline{AB}$

(2) $\cos x = \dfrac{\overline{OB}}{\overline{OA}} = \dfrac{\overline{OB}}{1} = \overline{OB}$

(3) $\tan x = \dfrac{\overline{CD}}{\overline{OD}} = \dfrac{\overline{CD}}{1} = \overline{CD}$

45 오른쪽 그림과 같이 반지름의 길이가 1인 사분원에서 다음 중 옳지 <u>않은</u> 것을 모두 고르면? (정답 2개)

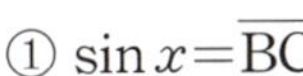
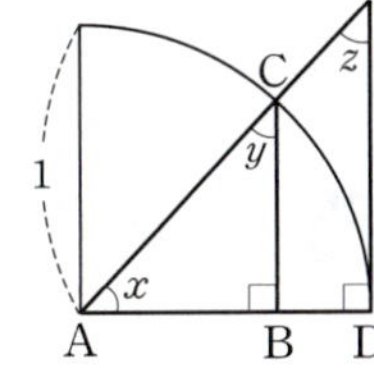

① $\sin x = \overline{BC}$

② $\cos x = \overline{AD}$

③ $\cos y = \overline{BC}$

④ $\sin z = \overline{AE}$

⑤ $\tan x = \overline{DE}$

46 오른쪽 그림과 같이 반지름의 길이가 1인 사분원을 좌표평면 위에 나타낼 때, $\cos a + \tan a$의 값을 구하시오.

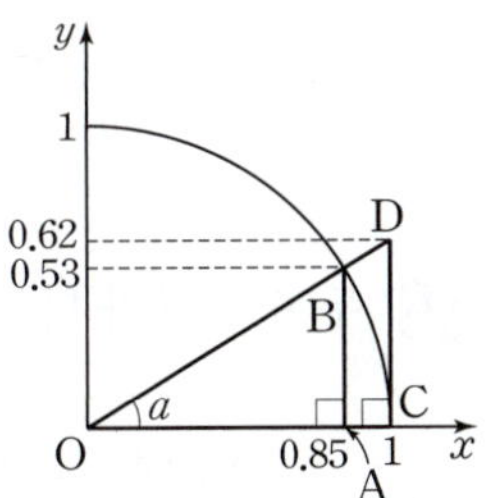

47 오른쪽 그림은 반지름의 길이가 1인 사분원을 좌표평면 위에 나타낸 것이다. 다음 중 옳지 <u>않은</u> 것은?

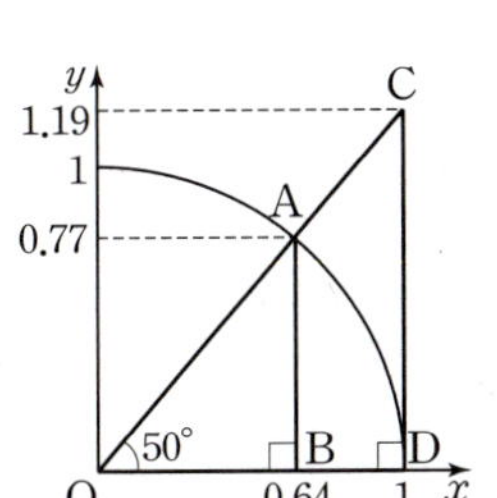

① $\sin 50° = 0.77$

② $\cos 50° = 0.64$

③ $\tan 50° = 1.19$

④ $\sin 40° = 0.36$

⑤ $\cos 40° = 0.77$

48 오른쪽 그림과 같이 반지름의 길이가 1인 사분원을 좌표평면 위에 나타낼 때, 다음 중 점 B의 좌표를 나타내는 것을 모두 고르면? (정답 2개)

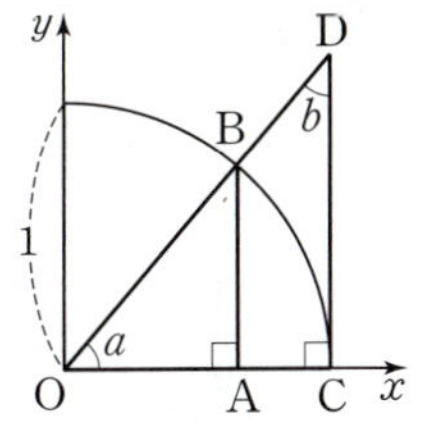

① $(\cos a, \sin a)$

② $(\sin a, \sin b)$

③ $(\cos a, \tan a)$

④ $(\sin b, \cos a)$

⑤ $(\sin b, \cos b)$

49 오른쪽 그림과 같이 반지름의 길이가 1이고 중심각의 크기가 50°인 부채꼴 AOB에서 $\overline{AH} \perp \overline{OB}$일 때, 다음 중 $\overline{BH}$의 길이를 나타내는 것은?

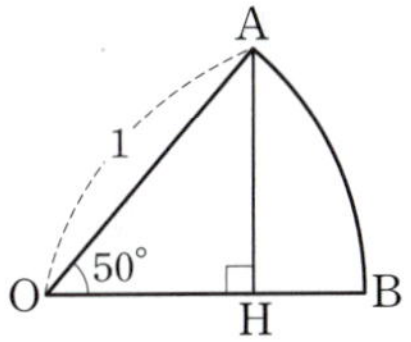

① $\cos 50°$　② $\sin 50°$　③ $\tan 50°$

④ $1 - \cos 50°$　⑤ $1 - \sin 50°$

까다로운 기출문제

$\square ABDC = \triangle COD - \triangle AOB$

50 서술형 오른쪽 그림과 같이 반지름의 길이가 1인 사분원에 ∠AOB=30°인 직각삼각형 AOB를 그리고, 점 D에서 그은 사분원의 접선이 $\overline{OA}$의 연장선과 만나는 점을 C라고 할 때, $\square ABDC$의 넓이를 구하시오.

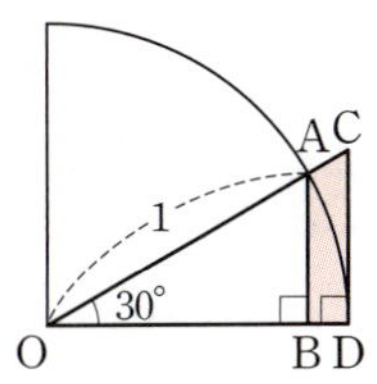

풀이 과정

답

유형 11 0°, 90°의 삼각비의 값 개념편 13~14쪽

A \ 삼각비	$\sin A$	$\cos A$	$\tan A$
$0°$	0	1	0
$90°$	1	0	정할 수 없다.

51 다음 보기 중 삼각비의 값이 0인 것의 개수는?

> ─┤ 보기 ├─
> ㄱ. $\sin 0°$　　　ㄴ. $\cos 0°$　　　ㄷ. $\tan 0°$
> ㄹ. $\sin 90°$　　ㅁ. $\cos 90°$　　ㅂ. $\tan 60°$

① 1개　　　　② 2개　　　　③ 3개
④ 4개　　　　⑤ 5개

52 다음 보기 중 옳은 것을 모두 고르시오.

> ─┤ 보기 ├─
> ㄱ. $\sin 0° = \cos 0°$　　　　ㄴ. $\sin 0° = \cos 90°$
> ㄷ. $\sin 90° = \tan 45°$　　　ㄹ. $\cos 0° = \tan 0°$

53 다음 중 옳지 <u>않은</u> 것을 모두 고르면? (정답 2개)

① $\sin 0° + \cos 90° = 0$
② $\sin 90° \times \cos 90° = 1$
③ $\cos 0° \times (\tan 45° + \sin 90°) = 2$
④ $\sin 0° - (1 + \cos 90°) \times (1 - \tan 0°) = 1$
⑤ $(\cos 0° + \cos 45°) \times (\sin 90° - \sin 45°) = \dfrac{1}{2}$

54 $\sin 0° + \tan 0° + \sin 90° \times \cos 0°$의 값은?

① 0　　　　② $\dfrac{1}{2}$　　　　③ 1
④ $\dfrac{3}{2}$　　　⑤ 2

55 다음을 계산하시오.

> $\cos 45° \times \tan 0° + \sin 60° \times \cos 0° + \sin 90°$

56 두 수 a, b가 다음과 같을 때, $6ab$의 값은?

> $a = \tan 45° \times \cos 30° - \sin 90° \times \tan 30°$
> $b = \cos 0° \times \sin 30° - \sin 60° \times \tan 60°$

① $-2\sqrt{3}$　　　② $1 - 2\sqrt{3}$　　　③ $-\sqrt{3}$
④ $\sqrt{3}$　　　⑤ $2\sqrt{3}$

유형12 삼각비의 값의 대소 관계   개념편 13~14쪽

$0° \leq x \leq 90°$일 때, x의 크기가 $0°$에서 $90°$로 증가하면

(1) $\sin x$의 값은 0에서 1로 증가한다.

(2) $\cos x$의 값은 1에서 0으로 감소한다.

(3) $\tan x$의 값은 0에서부터 한없이 증가한다.

참고 • $0° \leq x < 45°$일 때, $\sin x < \cos x$
 • $x = 45°$일 때, $\sin x = \cos x < \tan x$
 • $45° < x < 90°$일 때, $\cos x < \sin x < \tan x$

보기 다 모아~

57 $0° \leq A \leq 90°$일 때, 다음 중 옳지 _않은_ 것을 모두 고르면?

① A의 크기가 커지면 $\sin A$의 값도 커진다.

② A의 크기가 커지면 $\cos A$의 값은 작아진다.

③ $\tan 90°$의 값은 정할 수 없다.

④ $\sin A$의 값 중 가장 작은 값은 0, 가장 큰 값은 1이다.

⑤ $\cos A$의 값 중 가장 작은 값은 0, 가장 큰 값은 1이다.

⑥ $\tan A$의 값 중 가장 작은 값은 0, 가장 큰 값은 1이다.

⑦ $\sin A = \cos A$를 만족시키는 예각 A는 없다.

58 $45° < A < 90°$일 때, 다음 중 $\sin A$, $\cos A$, $\tan A$의 대소 관계로 옳은 것은?

① $\sin A < \cos A < \tan A$

② $\sin A < \tan A < \cos A$

③ $\cos A < \sin A < \tan A$

④ $\tan A < \sin A < \cos A$

⑤ $\tan A < \cos A < \sin A$

까다로운 기출문제

59 다음 보기의 삼각비의 값을 작은 것부터 차례로 나열하시오.

┌ 보기 ┐
ㄱ. $\tan 60°$ ㄴ. $\sin 35°$ ㄷ. $\sin 0°$
ㄹ. $\cos 45°$ ㅁ. $\tan 75°$ ㅂ. $\cos 0°$

까다로운 유형13 삼각비의 값의 대소 관계를 이용한 식의 계산
개념편 13~14쪽

❶ 근호 안의 삼각비의 값의 대소를 비교한다.

❷ 제곱근의 성질을 이용하여 주어진 식을 간단히 한다.

$$\Rightarrow \sqrt{A^2} = \begin{cases} A & (A \geq 0) \\ -A & (A < 0) \end{cases}$$

60 $0° < x < 90°$일 때, $\sqrt{(\sin x - 1)^2} + \sqrt{(\sin x + 1)^2}$을 간단히 하면?

① 0   ② 1   ③ 2

④ $\sin x$ ⑤ $2\sin x$

61 $0° < A < 45°$일 때, 다음 식을 간단히 하시오.

$$\sqrt{(\sin A + \cos A)^2} - \sqrt{(\sin A - \cos A)^2}$$

62 $45° < A < 90°$일 때, $\sqrt{(1 - \tan A)^2} - \sqrt{(\tan A - \tan 45°)^2}$을 간단히 하시오.

서술형

풀이 과정

답

유형 **14** 삼각비의 표를 이용하여 삼각비의 값, 각의 크기, 변의 길이 구하기

개념편 14쪽

(1) 삼각비의 값 구하기: 삼각비의 표에서 각도의 가로줄과 삼각비의 세로줄이 만나는 칸에 있는 수를 읽는다.
(2) 각의 크기 구하기: 삼각비의 표에서 주어진 삼각비의 값을 찾아 왼쪽의 각도를 읽는다.

63 다음 삼각비의 표를 이용하여 $x+y$의 크기를 구하시오.

$$\sin x = 0.3090, \qquad \tan y = 0.2867$$

각도	사인(sin)	코사인(cos)	탄젠트(tan)
$16°$	0.2756	0.9613	0.2867
$17°$	0.2924	0.9563	0.3057
$18°$	0.3090	0.9511	0.3249

[64~65] 다음 삼각비의 표에 대하여 물음에 답하시오.

각도	사인(sin)	코사인(cos)	탄젠트(tan)
$40°$	0.6428	0.7660	0.8391
$41°$	0.6561	0.7547	0.8693
$42°$	0.6691	0.7431	0.9004
$43°$	0.6820	0.7314	0.9325

64 $\cos 42° - \sin 40° + \tan 43°$의 값을 구하시오.

65 오른쪽 그림의 직각삼각형 ABC에서 $\overline{AC}$의 길이는?

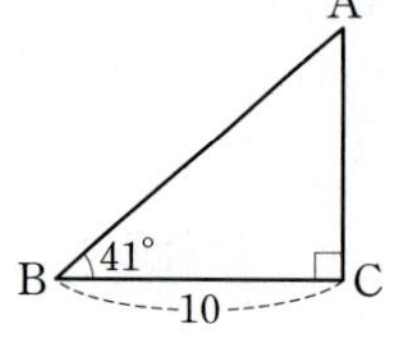

① 6.561 ② 7.547
③ 8.391 ④ 8.693
⑤ 9.004

톡톡 튀는 문제

66 오르막 도로가 수평면과 이루는 경사각의 크기를 A라고 할 때, 도로의 경사도는 다음과 같이 나타낸다.

$$(\text{도로의 경사도}) = \tan A \times 100\,(\%)$$

아래 삼각비의 표를 이용하여 물음에 답하시오.

각도	사인(sin)	코사인(cos)	탄젠트(tan)
$14°$	0.24	0.97	0.25
$15°$	0.26	0.97	0.27
$24°$	0.41	0.91	0.45
$25°$	0.42	0.91	0.47

(1) 경사도가 25 %인 오르막 도로의 경사각의 크기는 몇 °인지 구하시오.
(2) 경사각의 크기가 24°인 오르막 도로의 경사도는 몇 %인지 구하시오.

67 다음 그림과 같이 길이가 1인 $\overline{AB}$에 계속해서 길이가 1인 빗변이 아닌 선분을 그려 새로운 직각삼각형을 만들어 나간다. n번째 만들어진 새로운 직각삼각형에서 $\angle A = x_n$이라고 할 때, $\sin x_9 + \cos x_9$의 값은?

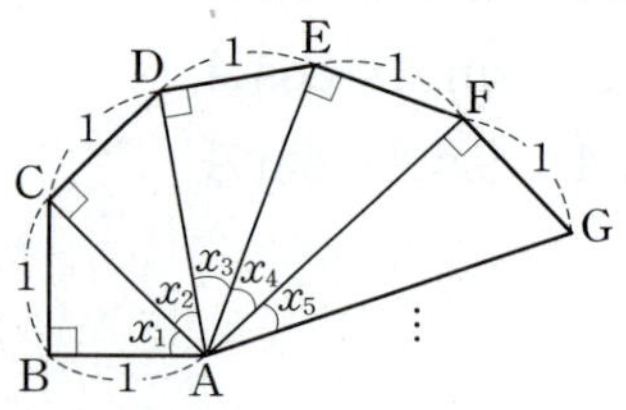

① $\dfrac{\sqrt{10}}{10}$ ② $\dfrac{\sqrt{10}}{5}$ ③ $\dfrac{3\sqrt{10}}{10}$

④ $\dfrac{2\sqrt{10}}{5}$ ⑤ $\dfrac{\sqrt{10}}{2}$

단원 마무리

⭐ 중요

LEVEL 1 꼭 나오는 **기본 문제**

1 오른쪽 그림의 직각삼각형 ABC에서 $\tan B + \sin C$의 값을 구하시오.

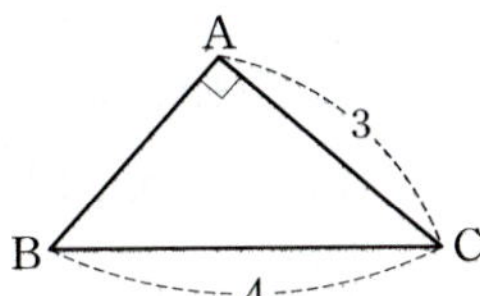

2 오른쪽 그림의 직각삼각형 ABC에서 $\overline{AC}=6\,cm$, $\sin A=\dfrac{2}{3}$일 때, $\triangle ABC$의 넓이를 구하시오.

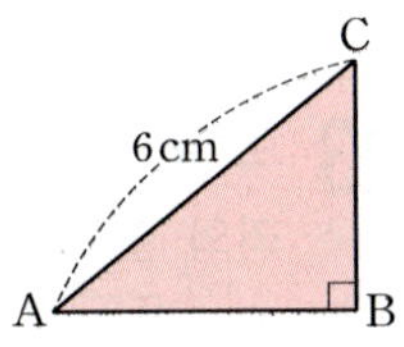

3 $\angle A=90°$인 직각삼각형 ABC에서 $\cos C=\dfrac{3}{7}$일 때, $\tan C$의 값을 구하시오.

4 오른쪽 그림의 직각삼각형 ABC에서 $\overline{AB}\perp\overline{CD}$일 때, $\cos x + \tan y$의 값은?

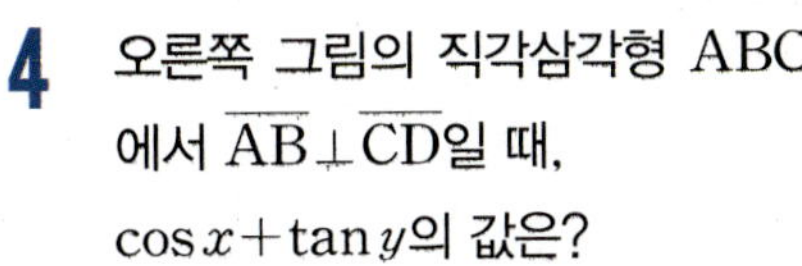

① $\dfrac{12}{13}$ ② $\dfrac{27}{20}$

③ $\dfrac{7}{5}$ ④ 2

⑤ $\dfrac{25}{12}$

5 일차방정식 $2x-5y+10=0$의 그래프가 x축과 이루는 예각의 크기를 a라고 할 때, $\sin a \times \cos a$의 값을 구하시오.

6 다음 보기 중 옳은 것을 모두 고른 것은?

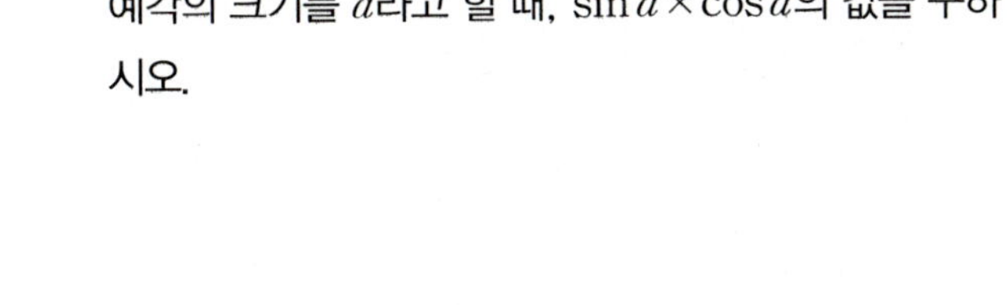

보기
ㄱ. $\sin 60° \times \tan 60° = \cos 30°$
ㄴ. $\sin^2 30° + \cos^2 30° = 1$
ㄷ. $\tan 30° = \dfrac{1}{\tan 60°}$
ㄹ. $\cos 30° + \cos 60° = \cos 90°$
ㅁ. $\tan 45° - \sin 90° = 0$

① ㄱ, ㄴ, ㄹ ② ㄱ, ㄹ, ㅁ ③ ㄴ, ㄷ, ㄹ

④ ㄴ, ㄷ, ㅁ ⑤ ㄷ, ㄹ, ㅁ

7  오른쪽 그림의 $\triangle ABC$에서 $\overline{AD}\perp\overline{BC}$이고 $\angle B=60°$, $\angle C=45°$, $\overline{AC}=10$일 때, xy의 값을 구하시오.

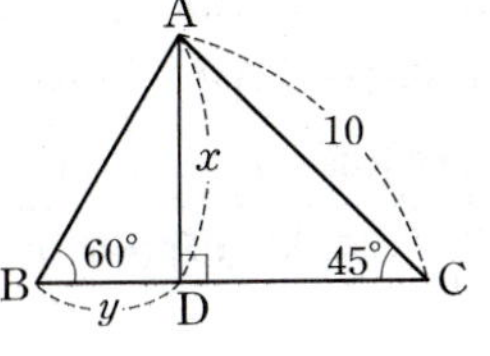

풀이 과정

답

8 오른쪽 그림과 같이 일차방정식 $\sqrt{3}x-y+4\sqrt{3}=0$의 그래프가 x축과 이루는 예각의 크기를 a라고 할 때, $\sin\dfrac{a}{2}$의 값을 구하시오.

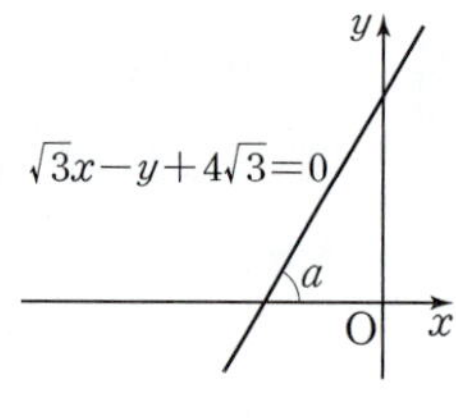

9 오른쪽 그림과 같이 반지름의 길이가 1인 사분원을 좌표평면 위에 나타낼 때, $\tan 52°-\sin 38°$의 값은?

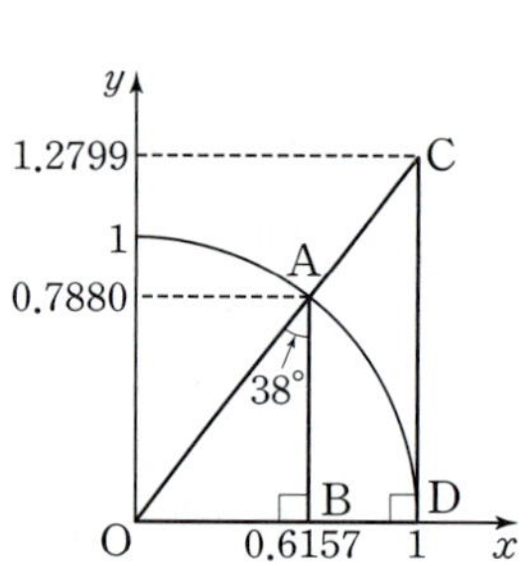

① 0.1723
② 0.2120
③ 0.3843
④ 0.4919
⑤ 0.6642

10 다음 중 삼각비의 값의 대소 관계로 옳지 <u>않은</u> 것은?

① $\sin 20°<\sin 22°$
② $\cos 30°<\cos 35°$
③ $\sin 42°<\cos 42°$
④ $\tan 30°<\tan 33°$
⑤ $\cos 60°<\tan 60°$

11 $\sin x=0.1736$, $\cos y=0.9976$일 때, 다음 삼각비의 표를 이용하여 $\tan(x-y)$의 값을 구하면?

각도	사인(sin)	코사인(cos)	탄젠트(tan)
4°	0.0698	0.9976	0.0699
6°	0.1045	0.9945	0.1051
8°	0.1392	0.9903	0.1405
10°	0.1736	0.9848	0.1763
12°	0.2079	0.9781	0.2126

① 0.0699
② 0.1051
③ 0.1405
④ 0.1763
⑤ 0.2126

자주 나오는 **실력 문제**

12 오른쪽 그림의 직각삼각형 ABC에서 $\overline{BC}\perp\overline{DE}$일 때, $\tan x-\cos x$의 값을 구하시오.

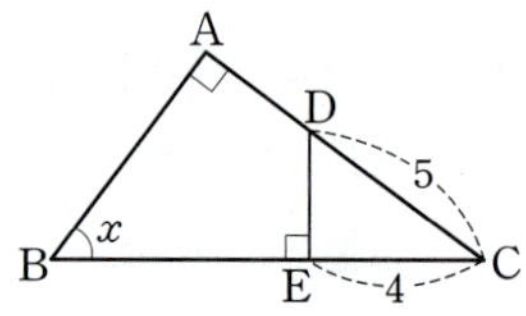

13 오른쪽 그림과 같이 한 모서리의 길이가 4인 정사면체에서 $\overline{BM}=\overline{CM}$이고 꼭짓점 A에서 밑면에 내린 수선의 발 H는 $\triangle BCD$의 무게중심이다. $\angle AMD=x$라고 할 때, $\sin x$의 값을 구하시오.

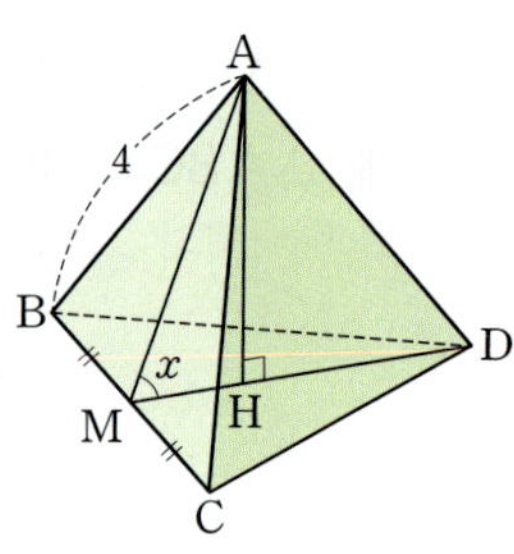

14 $25°<x<70°$이고 $\tan(2x-50°)=\dfrac{\sqrt{3}}{3}$일 때, $\cos(x+20°)$의 값을 구하시오.

서술형

풀이 과정

답

15 오른쪽 그림과 같이 빗변의 길이가 6 cm이고 서로 합동인 두 직각삼각형 ABC와 DCB의 빗변을 겹쳐 놓았다. $\angle EBC = 30°$일 때, $\triangle EBC$의 넓이를 구하시오.

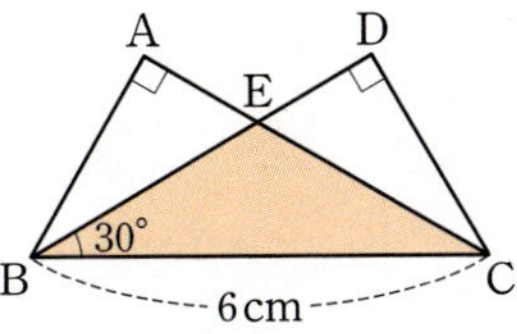

16 오른쪽 그림의 직각삼각형 ABC에서 $\overline{AD} = \overline{BD}$일 때, $\tan B$의 값을 구하시오.

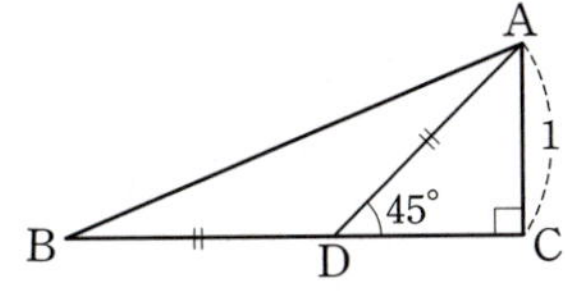

17 다음 보기 중 옳은 것은 모두 몇 개인가?

> **보기**
>
> ㄱ. $0° < A < 45°$일 때, $\sin A > \cos A$
>
> ㄴ. $A = 45°$일 때, $\sin A = \cos A$
>
> ㄷ. $45° < A < 90°$일 때, $\tan A < \cos A < \sin A$
>
> ㄹ. $0° \leq A \leq 90°$일 때, $0 \leq \sin A \leq 1$

① 없다. ② 1개 ③ 2개
④ 3개 ⑤ 4개

18 오른쪽 그림과 같이 반지름의 길이가 1인 사분원에서 $\overline{DE} = 0.8098$일 때, 다음 삼각비의 표를 이용하여 $\overline{BD}$의 길이를 구하시오.

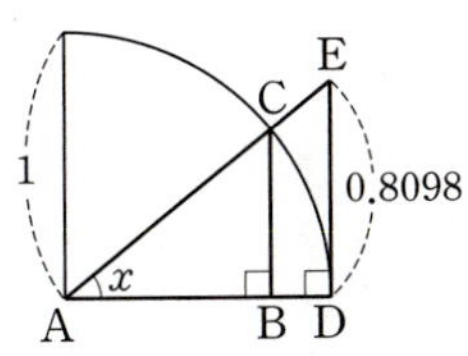

각도	사인(sin)	코사인(cos)	탄젠트(tan)
38°	0.6157	0.7880	0.7813
39°	0.6293	0.7771	0.8098
40°	0.6428	0.7660	0.8391

만점을 위한 도전 문제

19 $\angle B = 90°$인 직각삼각형 ABC에서 $\sin A : \cos A = 1 : 2$일 때, $\sin C$의 값을 구하시오.

20 오른쪽 그림의 직각삼각형 ABC에서 $\overline{BD} = \overline{CD} = 3$이고 $\sin x = \dfrac{1}{3}$일 때, $\tan y$의 값을 구하시오.

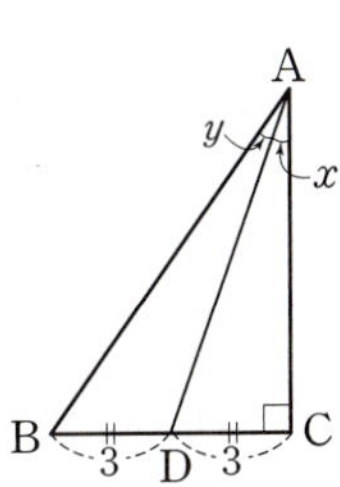

21 $45° < x < 90°$이고 $\sqrt{(\sin x + \cos x)^2} - \sqrt{(\cos x - \sin x)^2} = \dfrac{4}{3}$일 때, $\sin x$의 값을 구하시오.

2 삼각비의 활용

2 삼각비의 활용

⭐ 중요

유형 1 직각삼각형의 변의 길이 개념편 24쪽

직각삼각형에서 한 예각의 크기와 한 변의 길이를 알면 삼각비를 이용하여 나머지 두 변의 길이를 구할 수 있다.

$\angle B = 90°$인 직각삼각형 ABC에서

(1) $\sin A = \dfrac{a}{b}$ ➡ $a = b \sin A,\ b = \dfrac{a}{\sin A}$

(2) $\cos A = \dfrac{c}{b}$ ➡ $c = b \cos A,\ b = \dfrac{c}{\cos A}$

(3) $\tan A = \dfrac{a}{c}$ ➡ $a = c \tan A,\ c = \dfrac{a}{\tan A}$

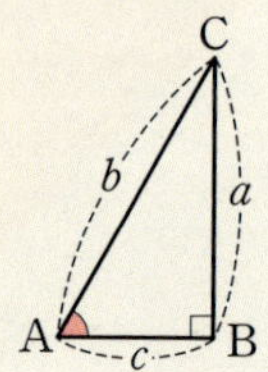

---

1 오른쪽 그림의 직각삼각형에서 다음 중 x의 값을 구하는 식으로 옳은 것은?

① $9 \sin 61°$ ② $9 \cos 61°$

③ $9 \tan 61°$ ④ $\dfrac{9}{\sin 61°}$

⑤ $\dfrac{9}{\cos 61°}$

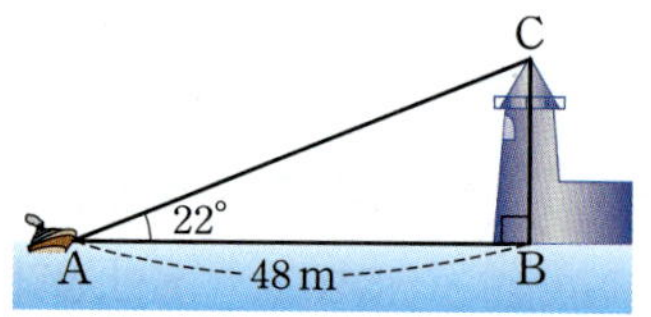

---

2 오른쪽 그림의 직육면체에서 $\overline{EF} = \overline{FG} = 3\,cm$이고 $\angle BHF = 60°$일 때, 이 직육면체의 부피를 구하시오.

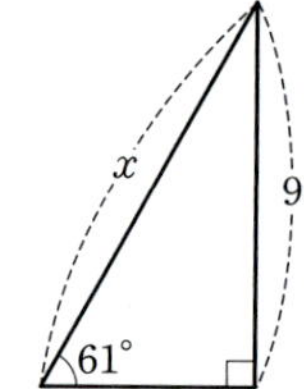

$\overline{BE}$를 그어 $\angle ABE$, $\angle C'BE$의 크기를 구해 봐.

까다로운 기출문제

3 오른쪽 그림과 같이 한 변의 길이가 $6\sqrt{3}\,cm$인 정사각형 ABCD를 꼭짓점 B를 중심으로 시계 반대 방향으로 30°만큼 회전시켜 정사각형 A'BC'D'을 만들었다. 이때 두 정사각형이 겹쳐지는 부분의 넓이를 구하시오.

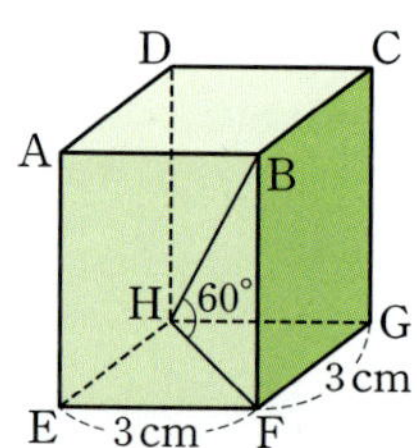

유형 2 실생활에서 직각삼각형의 변의 길이 개념편 24쪽

❶ 주어진 그림에서 직각삼각형을 찾는다.
❷ 삼각비를 이용하여 변의 길이를 구한다.

---

4 다음 그림과 같이 바다를 항해하는 배와 등대 사이의 거리가 48 m이고 배에서 등대의 꼭대기 C 지점을 올려본각의 크기가 22°일 때, 등대의 높이 $\overline{BC}$를 구하시오.
(단, $\tan 22° = 0.4$로 계산한다.)

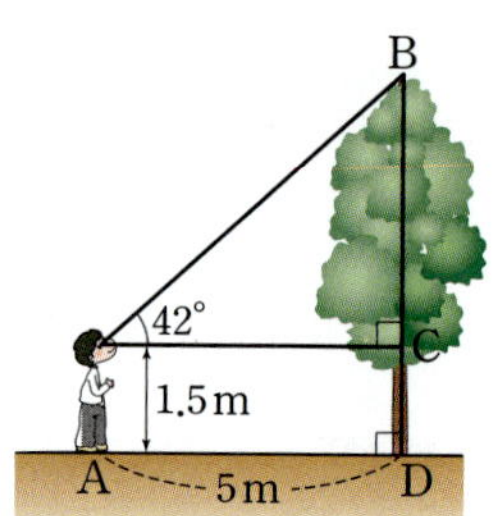

---

5 오른쪽 그림과 같이 나무로부터 5 m 떨어진 A 지점에서 도윤이가 나무의 꼭대기 B 지점을 올려본각의 크기가 42°이었다. 도윤이의 눈높이가 1.5 m일 때, 나무의 높이를 구하시오. (단, $\tan 42° = 0.9$로 계산한다.)

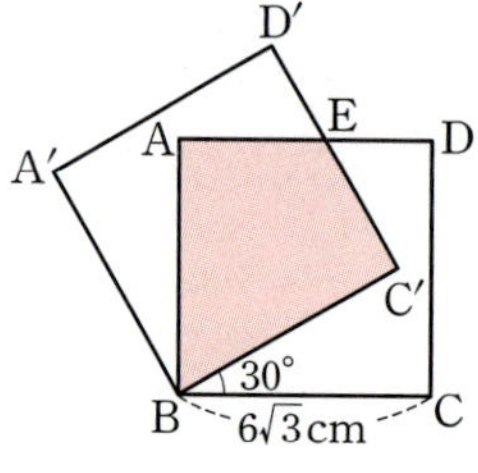

---

6 서술형 오른쪽 그림과 같이 지면에 수직으로 서 있던 전봇대가 부러졌다. 부러진 전봇대와 지면이 이루는 각의 크기가 30°일 때, 부러지기 전의 전봇대의 높이를 구하시오.

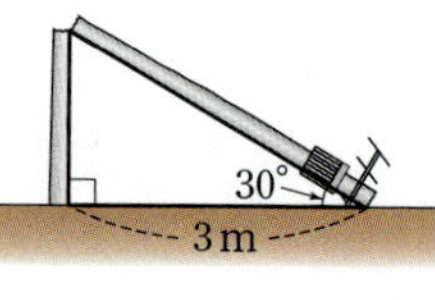

풀이 과정

답

7 오른쪽 그림과 같이 타워에서 100 m 떨어진 건물의 꼭대기 부분 A에서 타워의 꼭대기 부분 B를 올려본각의 크기는 60°이고, 타워의 아랫부분 C를 내려본각의 크기는 45°일 때, 타워의 높이를 구하시오.

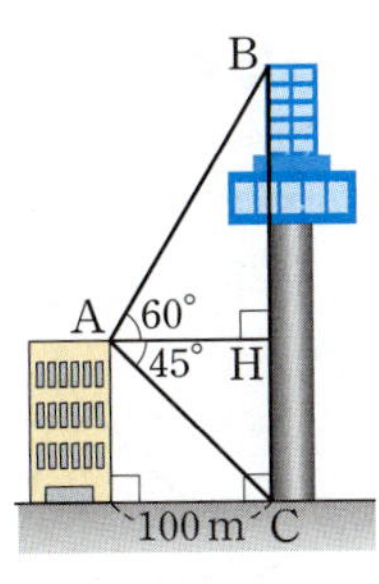

8 오른쪽 그림은 어느 건물에 설치된 광고판의 세로의 길이를 구하기 위해 B 지점에서 측량한 결과를 나타낸 것이다. 이때 광고판의 세로의 길이 $\overline{AD}$는?

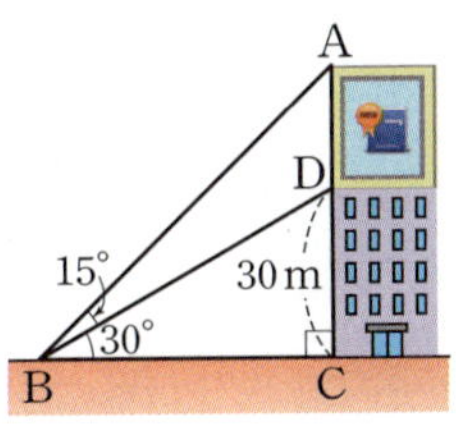

① $30(\sqrt{3}-\sqrt{2})$ m ② 15 m
③ $30(\sqrt{2}-1)$ m ④ 20 m
⑤ $30(\sqrt{3}-1)$ m

9 산의 높이를 구하기 위해 오른쪽 그림과 같이 산 아래쪽의 수평면 위에 거리가 620 m가 되도록 두 지점 C, D를 잡고 필요한 각의 크기를 측량하였다. 이때 산의 높이 $\overline{AB}$를 구하시오.

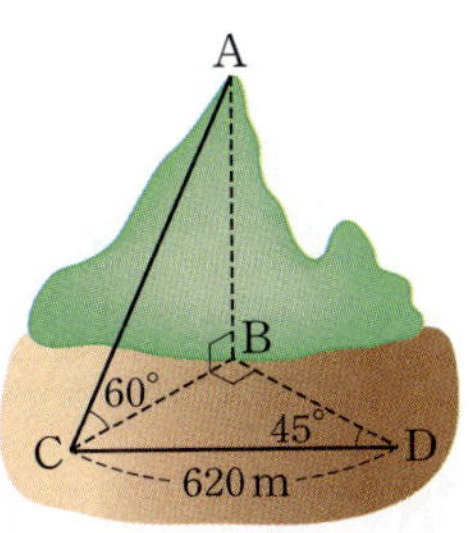

10 오른쪽 그림과 같이 줄의 길이가 2 m인 그네가 앞뒤로 30°씩 흔들렸을 때, B 지점은 A 지점보다 몇 m 더 높이 있는가?

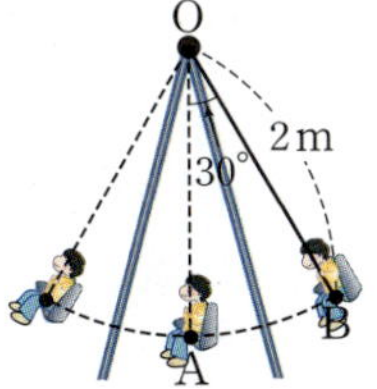

① $(\sqrt{2}-1)$ m ② $(\sqrt{3}-1)$ m
③ $(2-\sqrt{3})$ m ④ $2(\sqrt{3}-1)$ m
⑤ $2(2-\sqrt{3})$ m

11 오른쪽 그림과 같이 수평면에 대하여 25°만큼 기울어진 비탈길 위에 수평면으로부터의 높이가 10 m인 C 지점이 있다. A 지점에서 출발하여 비탈길을 초속 2 m로 걸을 때, A 지점에서 C 지점까지 가는 데 걸리는 시간은?
(단, $\sin 25° = 0.4$로 계산한다.)

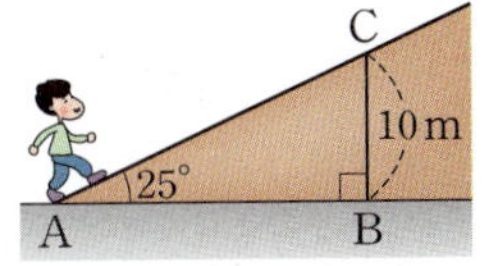

① 11초 ② 12.5초 ③ 13.5초
④ 14초 ⑤ 15초

12 오른쪽 그림과 같이 ㈎ 나무의 꼭대기 P 지점에 있던 새가 지면의 C 지점에 있는 먹이를 잡아서 ㈏ 나무의 꼭대기 Q 지점으로 올라갔다. ㈎ 나무의 높이가 5 m이고, 두 나무 ㈎, ㈏ 사이의 거리가 8 m일 때, 새가 날아간 거리를 구하시오. (단, 새는 직선으로 날아간다.)

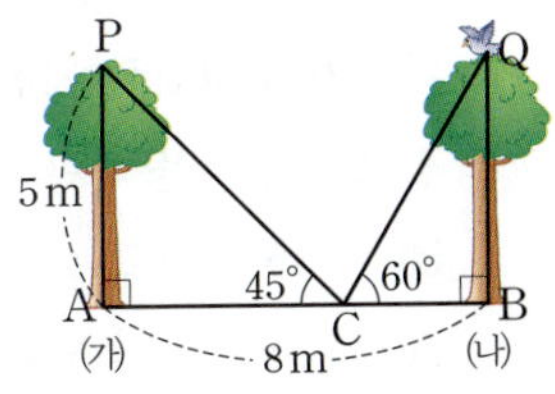

유형 3 일반 삼각형의 변의 길이 (1) 개념편 25쪽

삼각형의 두 변의 길이와 그 끼인각의 크기를 알 때
수선을 그어 구하는 변을 빗변으로 하는 직각삼각형을 만든다.

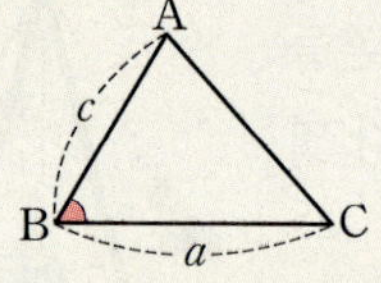
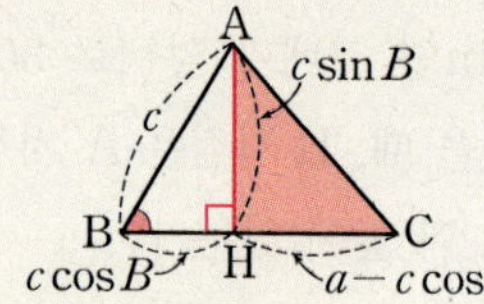

$$\overline{AC}=\sqrt{(c\sin B)^2+(a-c\cos B)^2}$$

유형 4 일반 삼각형의 변의 길이 (2) 개념편 25쪽

삼각형의 한 변의 길이와 그 양 끝 각의 크기를 알 때
내각이 가장 큰 꼭짓점에서 수선을 그어 직각삼각형을 만든다.

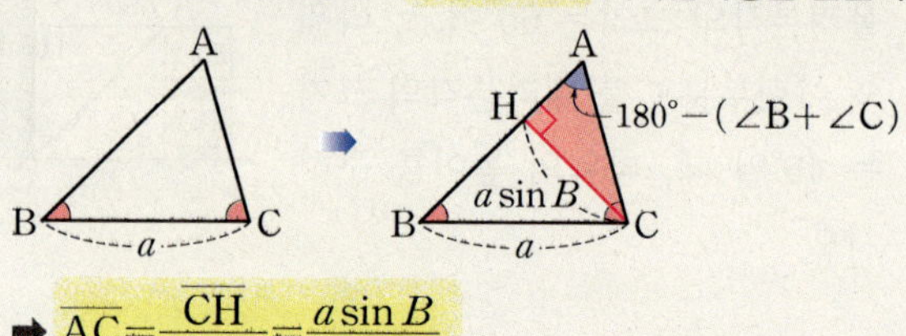

$$\overline{AC}=\dfrac{\overline{CH}}{\sin A}=\dfrac{a\sin B}{\sin A}$$

---

13 서술형 오른쪽 그림의 △ABC에서 $\overline{AB}=3\sqrt{2}$, $\overline{BC}=5$이고 ∠B=45°일 때, $\overline{AC}$의 길이를 구하시오.

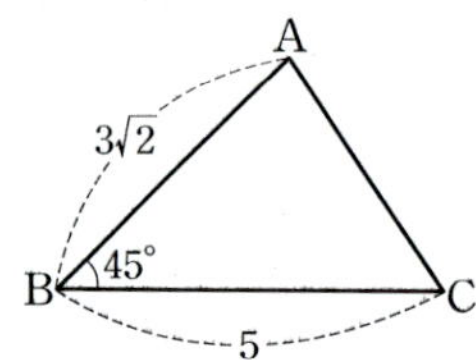

풀이 과정

답

14 오른쪽 그림과 같이 저수지의 가장자리의 두 지점 A, B 사이의 거리를 구하기 위해 저수지의 바깥쪽 지점 C에서 필요한 부분을 측량하였더니 $\overline{AC}=10$ m, $\overline{BC}=15$ m이고 ∠ACB=60°이었다. 이때 두 지점 A, B 사이의 거리를 구하시오.

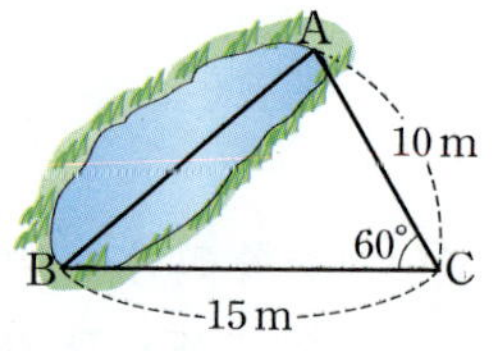

15 오른쪽 그림의 △ABC에서 $\overline{AC}=4$ cm, $\overline{BC}=5$ cm이고 ∠C=120°일 때, $\overline{AB}$의 길이를 구하시오.

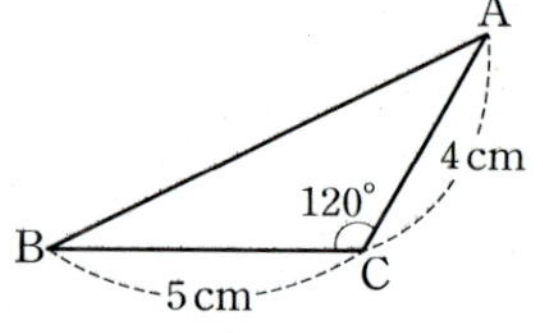

16 다음 그림의 △ABC에서 x의 값을 구하시오.

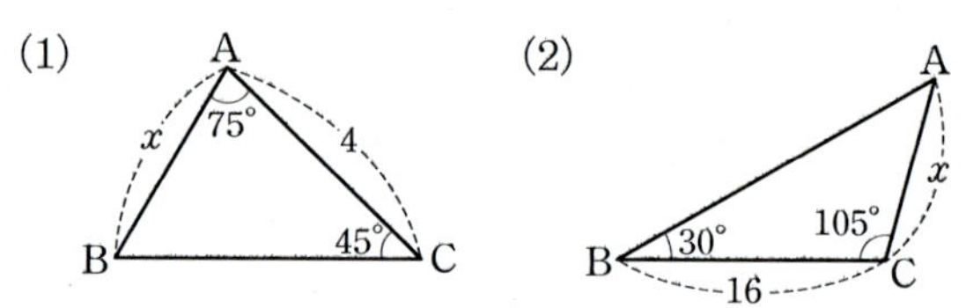

(1)   (2)

17 오른쪽 그림과 같이 세 학생 A, B, C가 운동장에 있다. 두 학생 A, B 사이의 거리가 8 m이고 ∠B=75°, ∠C=45°일 때, 두 학생 B, C 사이의 거리를 구하시오.

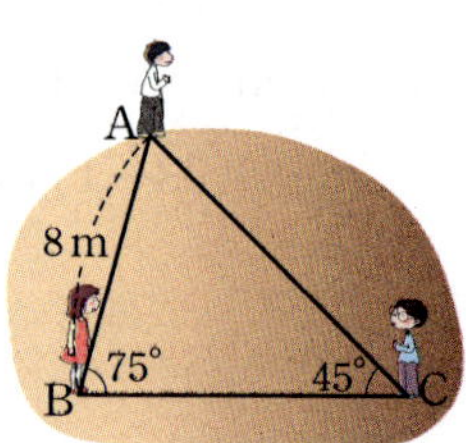

까다로운 기출문제

꼭짓점 B에서 $\overline{AC}$에 수선을 그어 만든 두 직각삼각형에서 삼각비를 각각 이용해 봐.

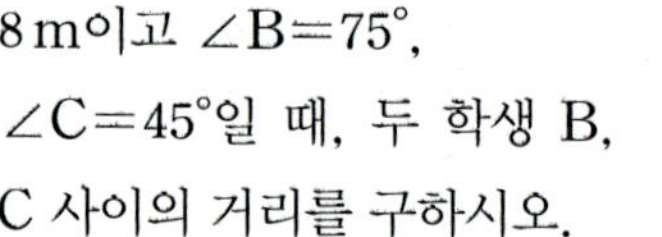

18 오른쪽 그림과 같이 강을 사이에 두고 양쪽에 위치한 두 지점 A, C 사이의 거리를 구하기 위해 A 지점과 같은 쪽에 $\overline{AB}=10$ m인 지점 B를 잡았다. ∠A=45°, ∠B=105°일 때, 두 지점 A, C 사이의 거리를 구하시오.

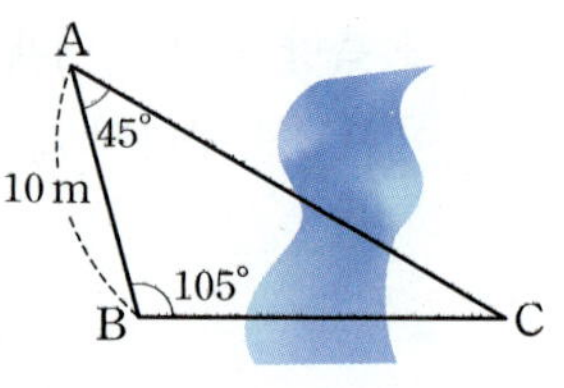

유형 5 삼각형의 높이 (1) 개념편 26쪽

$\triangle$ABC에서 한 변의 길이가 a이고 그 양 끝 각 $\angle$B, $\angle$C 가 모두 예각일 때

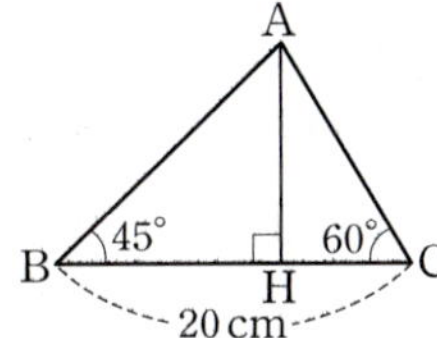

$$\Rightarrow a=\frac{h}{\tan x}+\frac{h}{\tan y} \qquad \therefore h=\frac{a\tan x\tan y}{\tan x+\tan y}$$

유형 6 삼각형의 높이 (2) 개념편 26쪽

$\triangle$ABC에서 한 변의 길이가 a이고 그 양 끝 각 $\angle$B, $\angle$C 중 $\angle$C가 둔각일 때

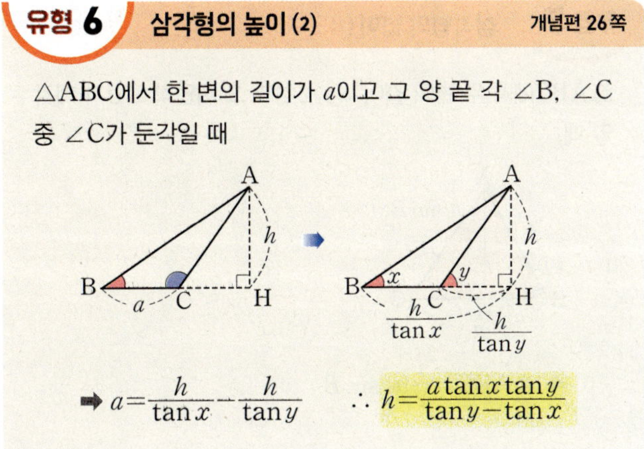

$$\Rightarrow a=\frac{h}{\tan x}-\frac{h}{\tan y} \qquad \therefore h=\frac{a\tan x\tan y}{\tan y-\tan x}$$

19 오른쪽 그림의 $\triangle$ABC에서 $\overline{AH}\perp\overline{BC}$이고 $\angle$B$=45°$, $\angle$C$=60°$, $\overline{BC}=20$ cm일 때, $\overline{AH}$의 길이를 구하시오.

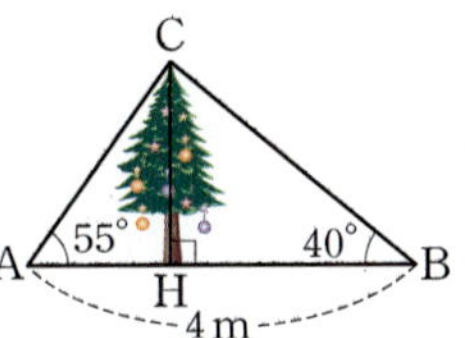

20 오른쪽 그림과 같이 4 m 떨어진 두 지점 A, B에서 크리스마스트리의 꼭대기 지점 C를 올려본각의 크기가 각각 55°, 40°일 때, 다음 중 이 크리스마스트리의 높이 $\overline{CH}$를 구하는 식으로 알맞은 것은?

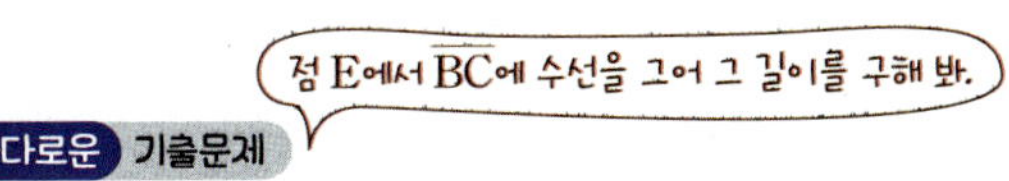

① $\dfrac{4}{\sin 55°+\sin 40°}$ m ② $\dfrac{4}{\sin 55°-\cos 40°}$ m

③ $\dfrac{4}{\tan 35°+\tan 50°}$ m ④ $\dfrac{4}{\tan 55°-\tan 40°}$ m

⑤ $(4\tan 35°+4\tan 50°)$ m

까다로운 기출문제

21 오른쪽 그림과 같은 두 직각삼각형 ABC와 DBC에서 $\angle$A$=60°$, $\angle$DBC$=45°$이고 $\overline{AB}=4$ cm일 때, $\triangle$EBC의 넓이를 구하시오.

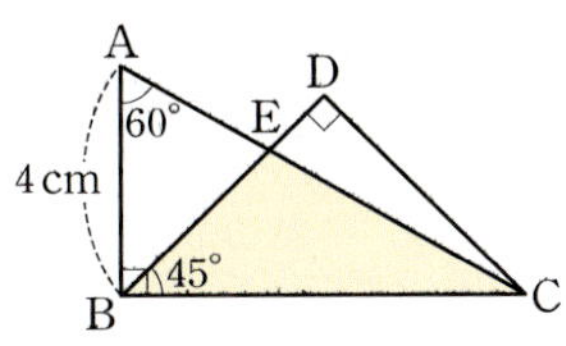

22 오른쪽 그림과 같이 100 m 떨어진 두 지점 B, C에서 산꼭대기 지점 A를 올려본각의 크기가 각각 30°, 45°일 때, 산의 높이 $\overline{AD}$를 구하시오.

23 오른쪽 그림에서 $\angle$B$=45°$, $\angle$BCA$=120°$이고 $\overline{BC}=2$ cm일 때, $\triangle$ABC의 넓이를 구하시오.

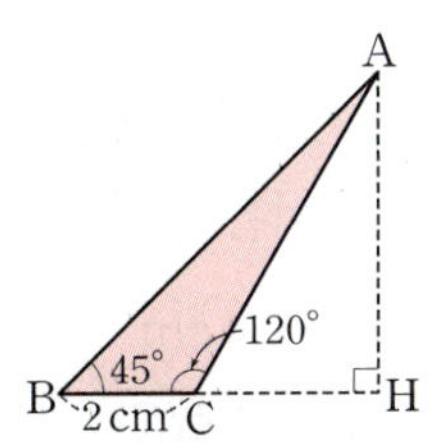

까다로운 기출문제

24 오른쪽 그림과 같이 200 km 떨어진 두 관측소 A, B에서 인공위성 D를 올려본각의 크기가 각각 41°, 53°이었다. 이때 인공위성의 높이 $\overline{CD}$를 구하시오.

(단, $\tan 37°=0.75$, $\tan 49°=1.15$로 계산한다.)

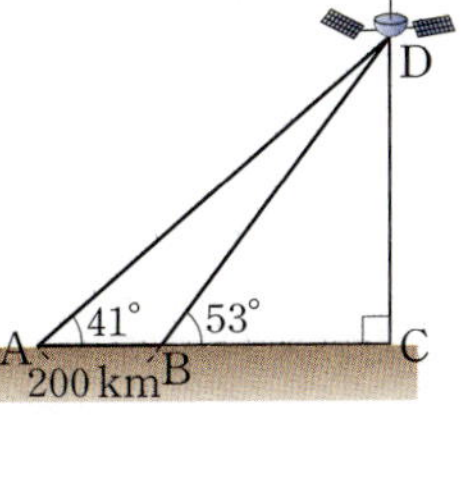

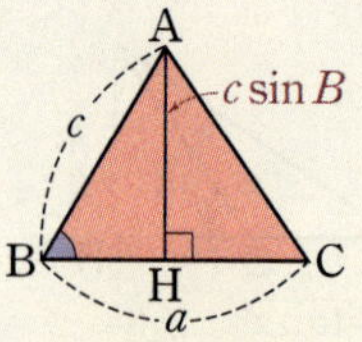

△ABC에서 두 변의 길이가 a, c이고 그 끼인각 ∠B가 예각일 때

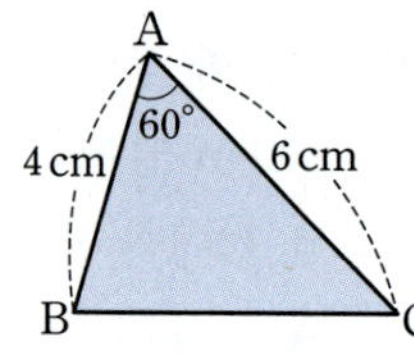

➡ $\triangle ABC = \dfrac{1}{2}ac\sin B$

25 오른쪽 그림과 같은 △ABC의 넓이를 구하시오.

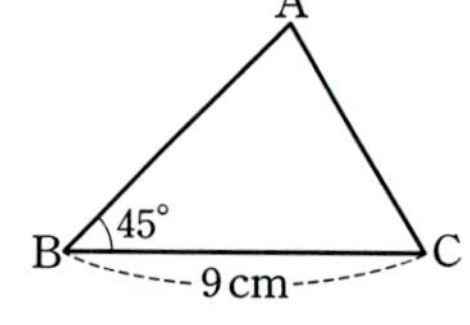

26 오른쪽 그림의 △ABC에서 $\overline{BC}=9\,cm$, ∠B=45°이고 넓이가 $18\sqrt{2}\,cm^2$일 때, $\overline{AB}$의 길이는?

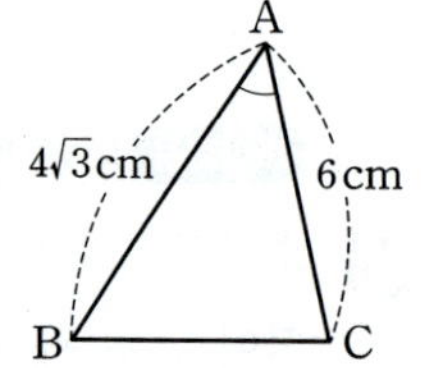

① 4 cm ② $4\sqrt{2}$ cm ③ $4\sqrt{3}$ cm
④ 8 cm ⑤ $6\sqrt{3}$ cm

27 오른쪽 그림과 같은 △ABC의 넓이가 $6\sqrt{6}\,cm^2$일 때, ∠A의 크기를 구하시오.

(단, ∠A는 예각)

28 오른쪽 그림에서 점 G는 △ABC의 무게중심이다. ∠B=45°이고 $\overline{AB}=7\,cm$, $\overline{BC}=6\,cm$일 때, △AGC의 넓이를 구하시오.

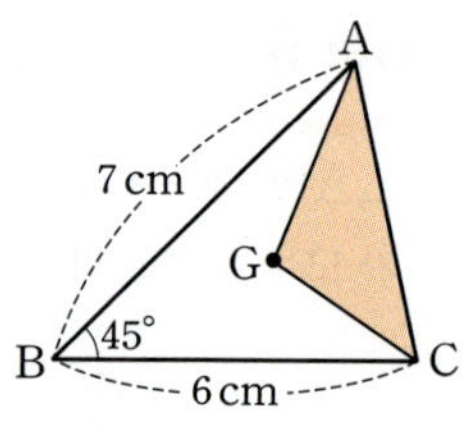

29 오른쪽 그림의 △ABC에서 $\overline{AD}$는 ∠A의 이등분선이다. ∠BAC=60°, $\overline{AB}=12$, $\overline{AC}=10$일 때, $\overline{AD}$의 길이를 구하시오.

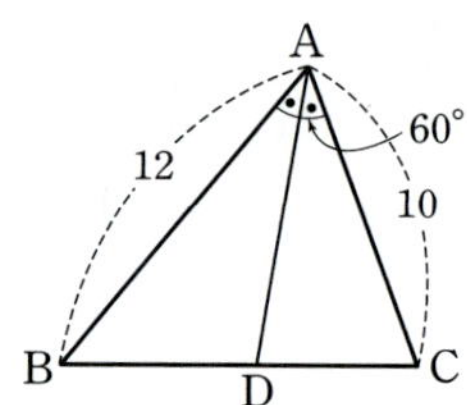

까다로운 기출문제

30 오른쪽 그림에서 □ABCD는 정사각형이고 두 점 E, F는 각각 $\overline{AD}$, $\overline{CD}$의 중점이다. ∠EBF=x라고 할 때, $\sin x$의 값은?

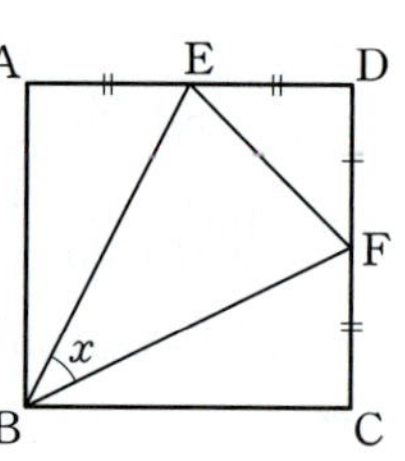

① $\dfrac{2}{5}$ ② $\dfrac{1}{2}$ ③ $\dfrac{3}{5}$
④ $\dfrac{2}{3}$ ⑤ $\dfrac{3}{4}$

유형 8 **삼각형의 넓이 (2)** 개념편 29쪽

$\triangle ABC$에서 두 변의 길이가 a, c이고 그 끼인각 $\angle B$가 둔각일 때

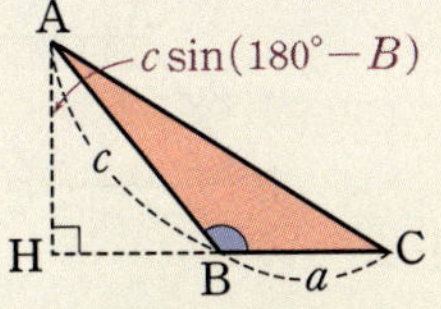

$\Rightarrow \triangle ABC = \dfrac{1}{2}ac\sin(180°-B)$

---

31 오른쪽 그림과 같은 $\triangle ABC$의 넓이를 구하시오.

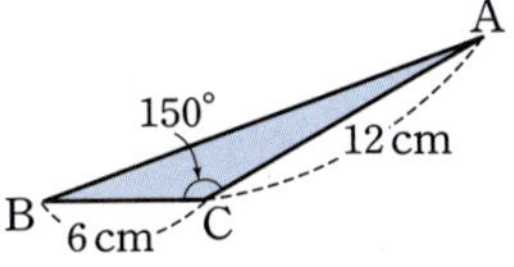

32 오른쪽 그림과 같은 $\triangle ABC$의 넓이가 $10\sqrt{3}\,\mathrm{cm}^2$일 때, $\angle C$의 크기를 구하시오.
(단, $\angle C$는 둔각)

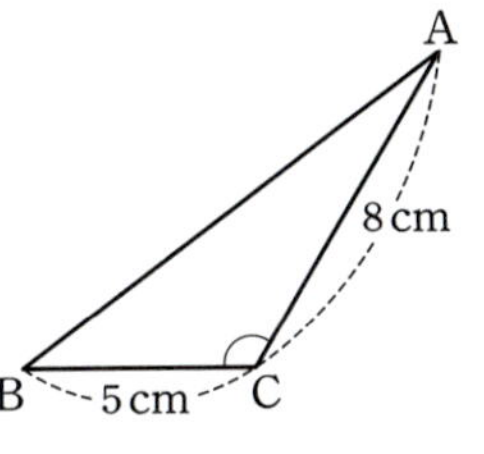

33 오른쪽 그림에서 $\triangle ABC$는 $\overline{BC}$를 빗변으로 하는 직각삼각형이고 $\square BDEC$는 한 변의 길이가 $12\,\mathrm{cm}$인 정사각형일 때, $\triangle ABD$의 넓이를 구하시오.

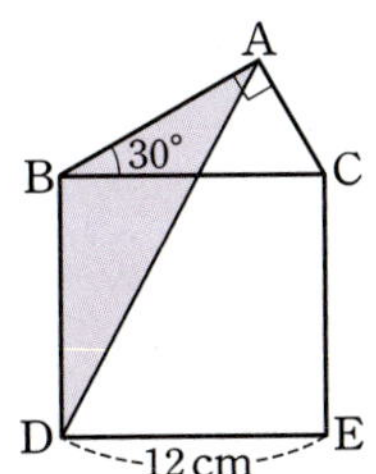

34 오른쪽 그림과 같이 반지름의 길이가 4인 반원 O에서 색칠한 부분의 넓이를 S라고 할 때, $3S$의 값을 구하시오.

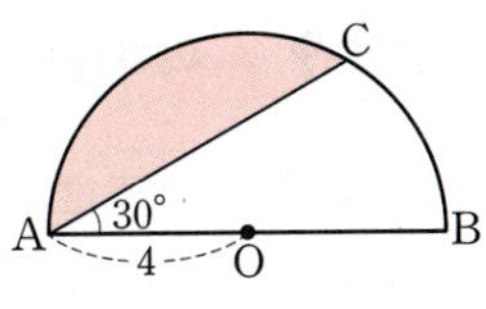

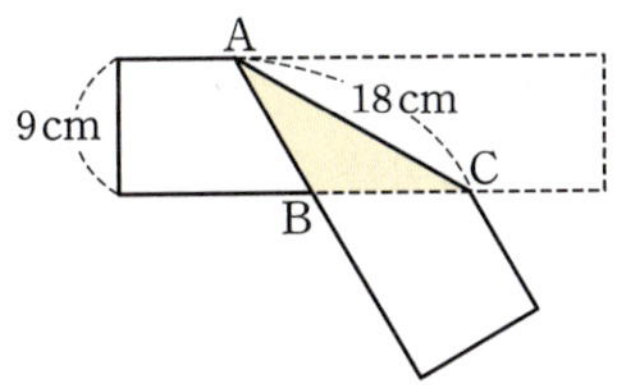

까다로운 **기출문제**

35 폭이 $9\,\mathrm{cm}$로 일정한 직사각형 모양의 종이테이프를 다음 그림과 같이 $\overline{AC}$를 접는 선으로 하여 접었다. $\overline{AC}=18\,\mathrm{cm}$일 때, $\triangle ABC$의 넓이를 구하시오.

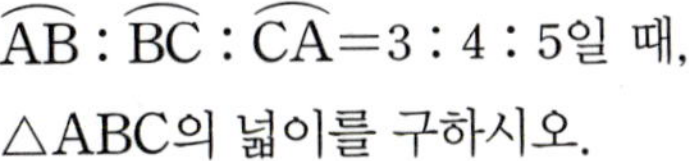

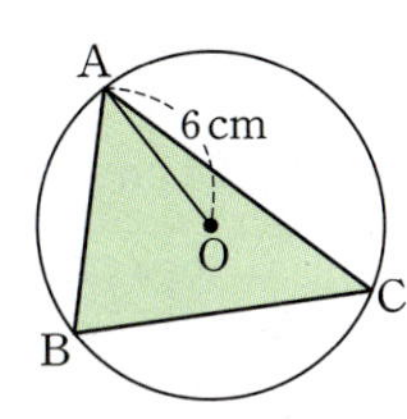

까다로운 **기출문제**

36 오른쪽 그림과 같이 $\triangle ABC$는 반지름의 길이가 $6\,\mathrm{cm}$인 원 O에 내접한다. $\overparen{AB}:\overparen{BC}:\overparen{CA}=3:4:5$일 때, $\triangle ABC$의 넓이를 구하시오.

유형 9 다각형의 넓이 　　　개념편 29쪽

❶ 다각형에 보조선을 그어 여러 개의 삼각형으로 나눈다.
❷ 각 삼각형의 넓이를 구하여 더한다.

37 오른쪽 그림과 같은 □ABCD의 넓이를 구하시오.

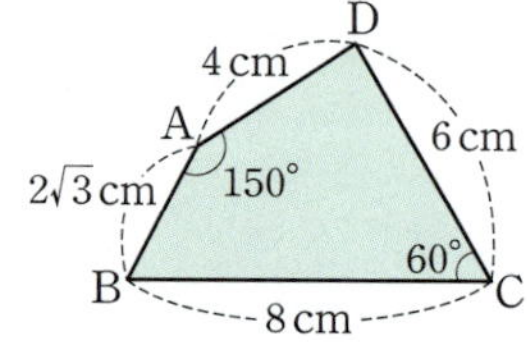

38 오른쪽 그림과 같은 □ABCD의 넓이를 구하시오.

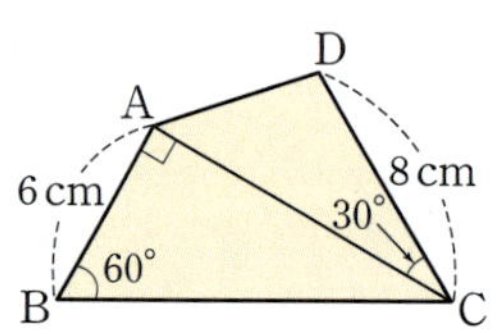

39 오른쪽 그림과 같이 반지름의 길이가 4 cm인 원 O에 내접하는 정십이각형의 넓이는?

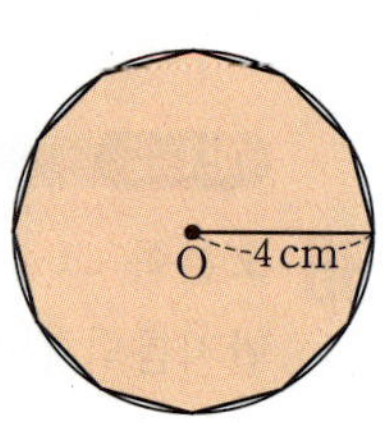

① 24 cm² 　　② 48 cm²
③ 48√2 cm² 　④ 48√3 cm²
⑤ 96 cm²

유형 10 평행사변형의 넓이 　　개념편 30쪽

평행사변형에서 이웃하는 두 변의 길이 a, b와 그 끼인각 x의 크기를 알 때

(1) x가 예각인 경우
➡ $\square ABCD = ab \sin x$

(2) x가 둔각인 경우
➡ $\square ABCD = ab \sin(180° - x)$

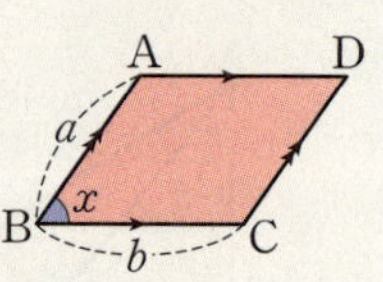

40 오른쪽 그림과 같은 평행사변형 ABCD의 넓이는?

① 6√3 　　② 12
③ 12√3 　④ 24
⑤ 24√3

41 다음 그림과 같은 마름모 ABCD의 넓이를 구하시오.

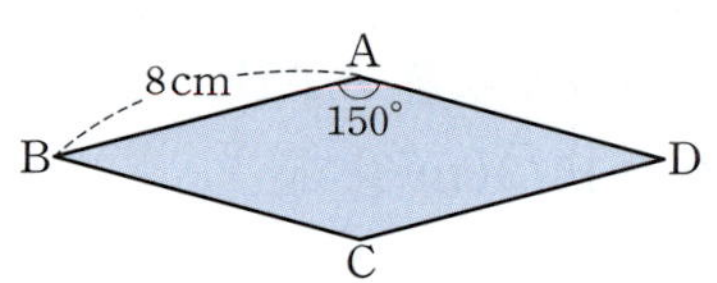

42 다음 그림과 같은 평행사변형 ABCD의 넓이가 20 cm²일 때, ∠B의 크기를 구하시오.

(단, ∠B는 예각)

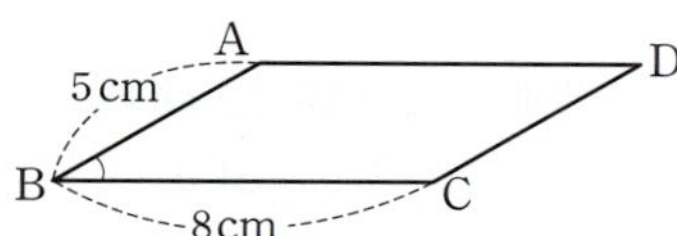

43 폭이 6 cm인 직사각형 모양의 두 종이테이프가 오른쪽 그림과 같이 겹쳐져 있을 때, 겹쳐진 부분의 넓이를 구하시오.

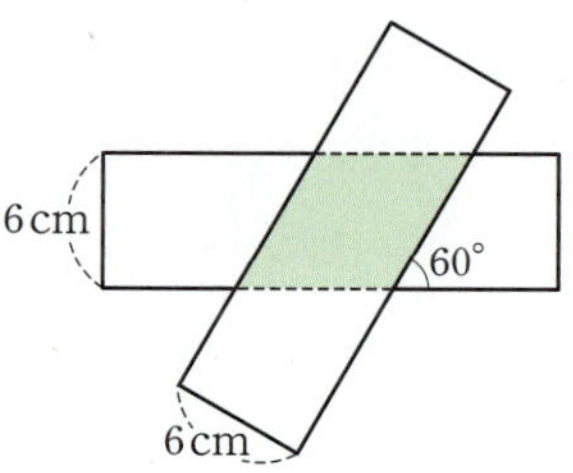

유형 11 사각형의 넓이 개념편 31쪽

사각형에서 두 대각선의 길이 a, b와 두 대각선이 이루는 각
x의 크기를 알 때

(1) x가 예각인 경우

→ $\square ABCD = \dfrac{1}{2}ab\sin x$

(2) x가 둔각인 경우

→ $\square ABCD = \dfrac{1}{2}ab\sin(180°-x)$

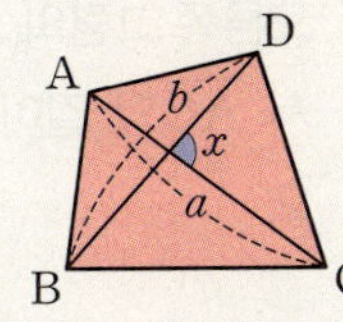

44 오른쪽 그림의 $\square ABCD$에
서 두 대각선이 이루는 각의
크기가 60°이고
$\overline{AC}=4\,cm$, $\overline{BD}=6\,cm$일
때, $\square ABCD$의 넓이를 구하시오.

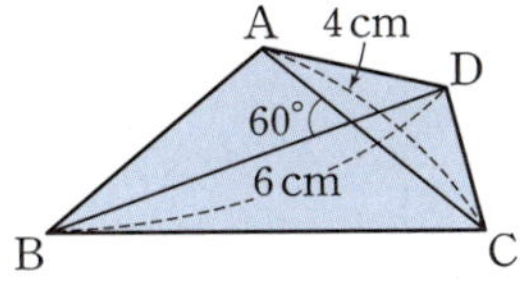

45 다음 그림의 $\square ABCD$에서 $\angle ACB=35°$,
$\angle DBC=25°$이고 $\overline{AC}=9$, $\overline{BD}=12$일 때, $\square ABCD$
의 넓이를 구하시오.

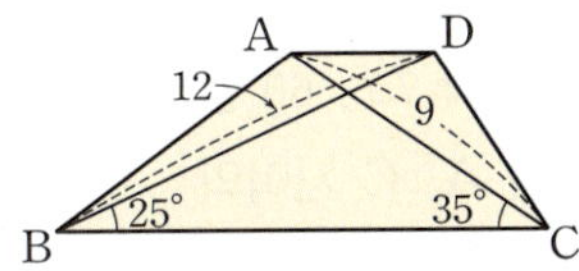

46 오른쪽 그림과 같이
$\overline{AD} /\!/ \overline{BC}$이고 두 대각선이
이루는 각의 크기가 120°인
등변사다리꼴 ABCD의 넓이
가 $12\sqrt{3}\,cm^2$일 때, $\overline{AC}$의 길이는?

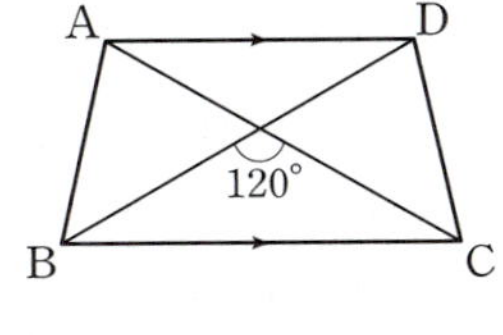

① $2\sqrt{3}\,cm$ ② $4\,cm$ ③ $4\sqrt{2}\,cm$

④ $4\sqrt{3}\,cm$ ⑤ $7\,cm$

톡톡 튀는 문제

47 오른쪽 그림과 같이 초속
200 m의 일정한 속력으로 움
직이는 비행기가 있다. 이 비
행기가 A 지점에 있을 때 지
면의 C 지점에서 올려본각의 크기는 60°이었고, 15초
후에 비행기가 B 지점에 있을 때 C 지점에서 올려본
각의 크기는 30°이었다. 이 비행기가 지면과 수평을
유지하며 일직선으로 움직였다고 할 때, 지면에서 이
비행기까지의 높이를 구하시오.

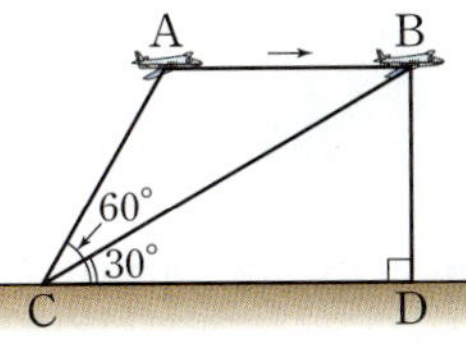

48 오른쪽 그림의 $\triangle ABC$에서
$\overline{AB}=x$, $\overline{BC}=y$이고
$\angle B=30°$이다. 한 개의 주사
위를 두 번 던져서 첫 번째로
나오는 눈의 수를 x, 두 번째로 나오는 눈의 수를 y라
고 할 때, $\triangle ABC$의 넓이가 자연수가 될 확률은?

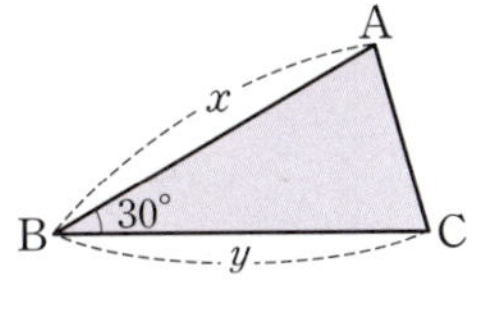

① $\dfrac{2}{9}$ ② $\dfrac{1}{4}$ ③ $\dfrac{7}{18}$

④ $\dfrac{5}{12}$ ⑤ $\dfrac{7}{12}$

⭐ 중요

꼭 나오는 기본 문제

1 오른쪽 그림의 직각삼각형 ABC에서 $\overline{AC}=8$이고 $\angle A=42°$일 때, $x+y$의 값은?
(단, $\sin 42°=0.6691$, $\cos 42°=0.7431$로 계산한다.)

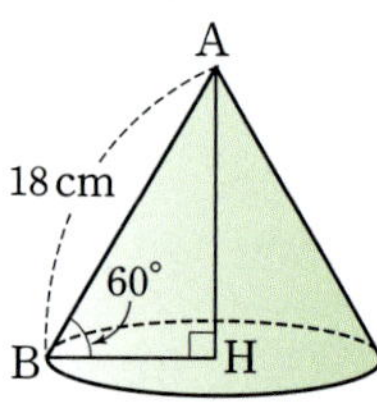

① 6.6139 ② 11.2976 ③ 12.5560
④ 13.1480 ⑤ 14.2376

2  서술형
오른쪽 그림과 같이 원뿔의 꼭짓점 A에서 밑면에 내린 수선의 발을 H라고 하자. 모선의 길이가 18 cm이고 $\angle ABH=60°$일 때, 이 원뿔의 부피를 구하시오.

【풀이 과정】

【답】

3 다음 그림과 같이 지연이가 가로등의 꼭대기를 올려본 각의 크기는 27°이고 지연이와 가로등 사이의 거리는 10 m이다. 지연이의 눈높이가 1.5 m일 때, 가로등의 높이를 구하시오. (단, $\tan 27°=0.51$로 계산한다.)

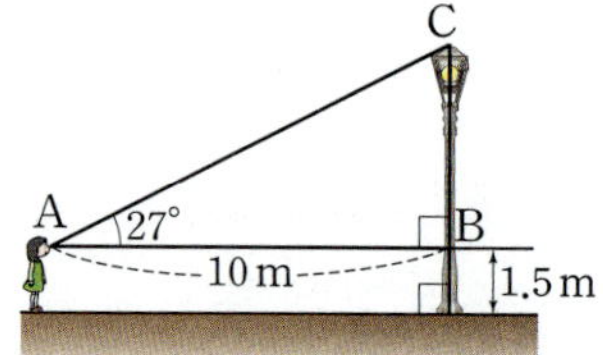

4 서술형
오른쪽 그림의 △ABC에서 $\overline{AC}$의 길이를 구하시오.

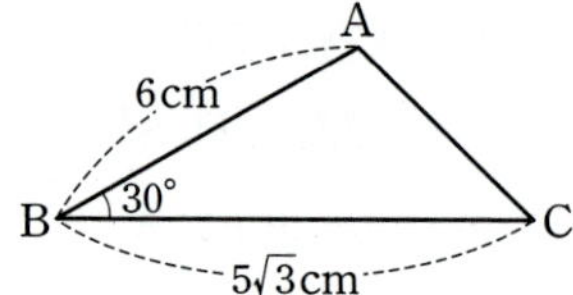

【풀이 과정】

【답】

5 오른쪽 그림과 같이 200 m 떨어진 해안가의 두 지점 B, C에서 바다 위의 A 지점에 있는 배를 바라본 각의 크기가 각각 75°, 60°일 때, 두 지점 A, C 사이의 거리를 구하시오.

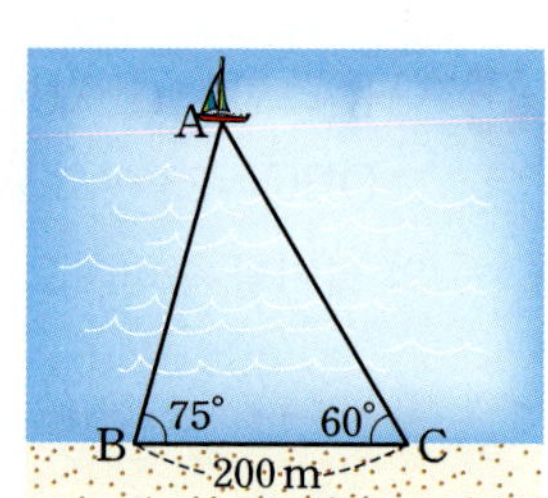

6 오른쪽 그림의 △ABC에서 $\angle B=135°$, $\angle C=30°$이고 $\overline{BC}=6\,\text{cm}$일 때, $\overline{AH}$의 길이는?

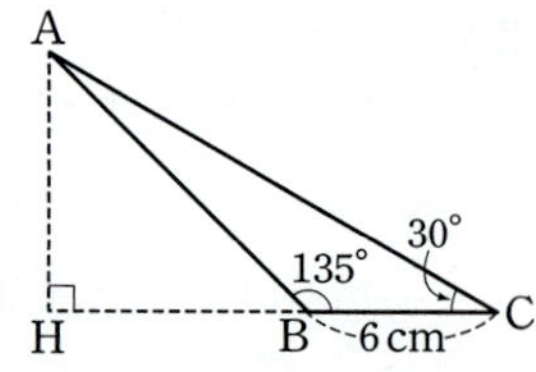

① $2(\sqrt{3}-1)\,\text{cm}$ ② $2(\sqrt{3}+1)\,\text{cm}$
③ $3(\sqrt{3}-1)\,\text{cm}$ ④ $3(\sqrt{3}+1)\,\text{cm}$
⑤ $6(\sqrt{3}+1)\,\text{cm}$

7 오른쪽 그림과 같이 $\overline{AB}=\overline{AC}=3\sqrt{3}\,cm$인 이등변삼각형 ABC에서 $\angle B=75°$일 때, $\triangle ABC$의 넓이는?

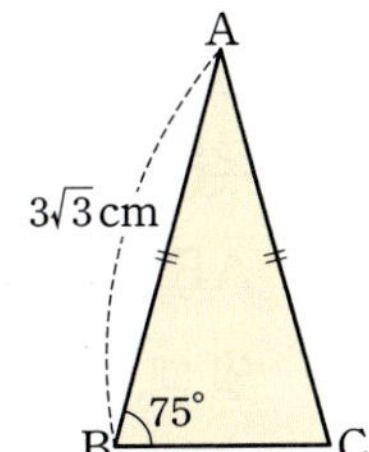

① $\dfrac{27}{4}\,cm^2$ ② $\dfrac{27\sqrt{3}}{4}\,cm^2$

③ $\dfrac{27}{2}\,cm^2$ ④ $\dfrac{27\sqrt{3}}{2}\,cm^2$

⑤ $27\sqrt{3}\,cm^2$

8 오른쪽 그림과 같이 한 변의 길이가 6 cm인 정삼각형 ABC에 정삼각형 DEF가 내접할 때, $\triangle DEF$의 넓이는?

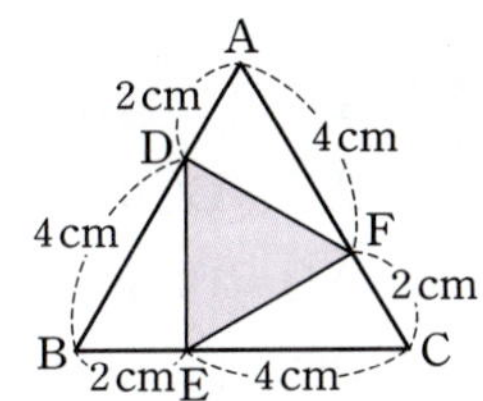

① $\dfrac{3}{2}\,cm^2$ ② $\dfrac{3\sqrt{3}}{2}\,cm^2$

③ $3\,cm^2$ ④ $2\sqrt{3}\,cm^2$

⑤ $3\sqrt{3}\,cm^2$

9 오른쪽 그림과 같은 $\triangle ABC$의 넓이가 $6\sqrt{2}\,cm^2$일 때, $\overline{AC}$의 길이를 구하시오.

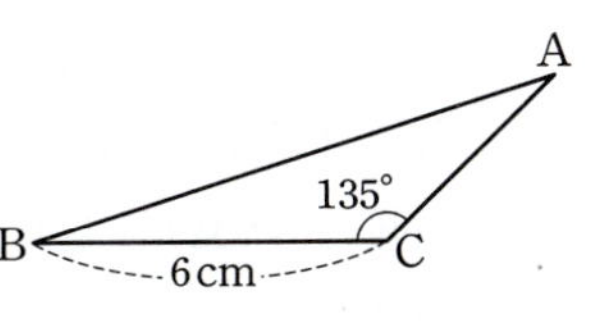

10 오른쪽 그림과 같은 $\square ABCD$의 넓이는?

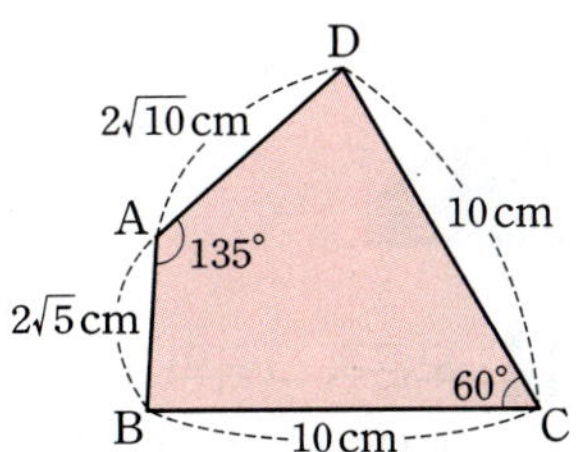

① $(10+20\sqrt{3})\,cm^2$

② $(10+25\sqrt{3})\,cm^2$

③ $(10+50\sqrt{3})\,cm^2$

④ $(20+25\sqrt{3})\,cm^2$

⑤ $(20+50\sqrt{3})\,cm^2$

11 오른쪽 그림과 같은 평행사변형 ABCD의 넓이가 $70\sqrt{3}\,cm^2$일 때, $\overline{AB}$의 길이는?

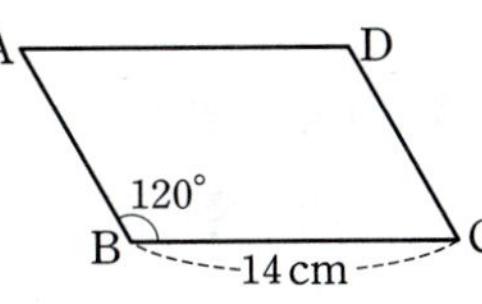

① $6\,cm$ ② $5\sqrt{3}\,cm$ ③ $10\,cm$

④ $12\,cm$ ⑤ $12\sqrt{3}\,cm$

12 오른쪽 그림의 평행사변형 ABCD에서 점 M은 $\overline{BC}$의 중점이고 $\overline{AB}=8\,cm$, $\overline{AD}=10\,cm$, $\angle D=45°$일 때, $\triangle AMC$의 넓이는?

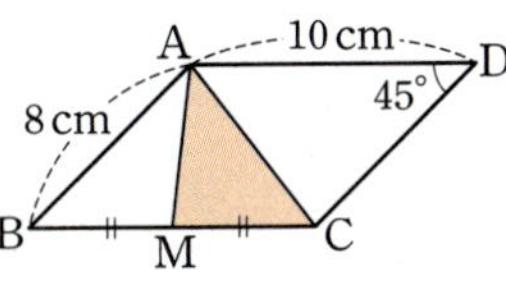

① $5\sqrt{3}\,cm^2$ ② $10\sqrt{2}\,cm^2$ ③ $10\sqrt{3}\,cm^2$

④ $15\sqrt{2}\,cm^2$ ⑤ $15\sqrt{3}\,cm^2$

13 오른쪽 그림의 $\square ABCD$에서 $\overline{AC}=12$, $\overline{BD}=16$이고 넓이가 $48\sqrt{3}$일 때, x의 크기를 구하시오.

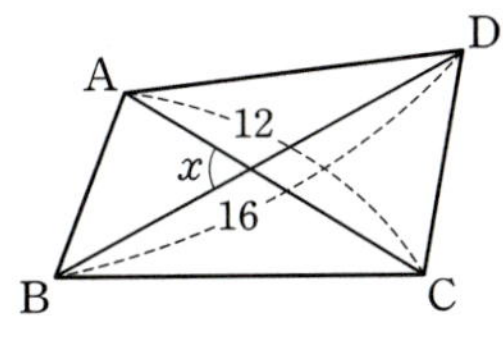

(단, $0°<x<90°$)

자주 나오는 **실력 문제**

14 오른쪽 그림의 △ABC에서 $\overline{AH} \perp \overline{BC}$이고 $\overline{AB} = 3\sqrt{2}$, $\angle B = 45°$, $\angle C = 60°$일 때, x, y의 값을 각각 구하시오.

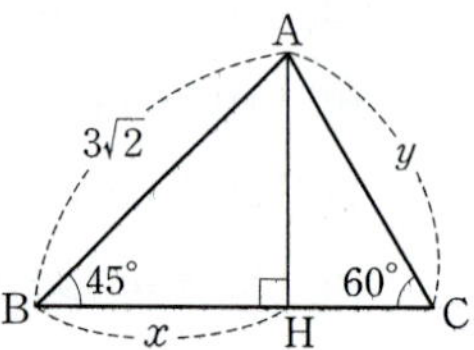

15 다음 그림과 같이 호수 위에 떠 있는 열기구 A에서 호수의 가장자리의 두 지점 B, C를 내려본각의 크기가 각각 30°, 45°이었다. 호수의 수면으로부터 열기구까지의 높이가 200 m일 때, 두 지점 B, C 사이의 거리를 구하시오.

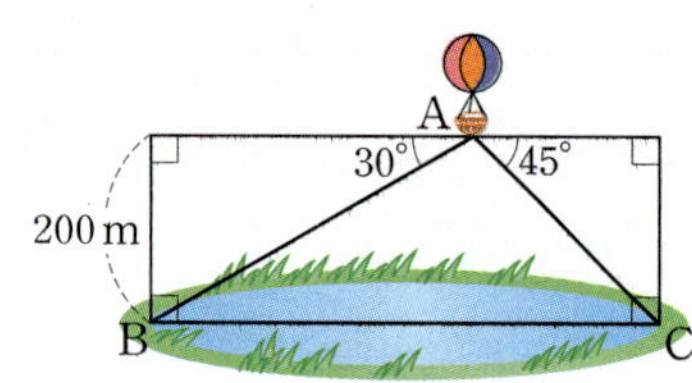

16 오른쪽 그림의 평행사변형 ABCD에서 $\overline{AB} = 4\,\text{cm}$, $\overline{BC} = 6\,\text{cm}$이고 $\angle A = 120°$일 때, 대각선 BD의 길이는?

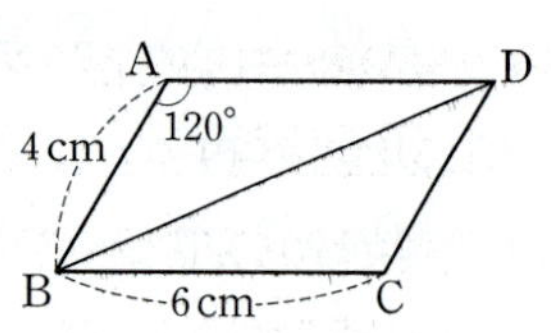

① $2\sqrt{13}\,\text{cm}$ ② $2\sqrt{17}\,\text{cm}$ ③ $2\sqrt{19}\,\text{cm}$

④ $3\sqrt{17}\,\text{cm}$ ⑤ $3\sqrt{19}\,\text{cm}$

17 오른쪽 그림의 △ABC에서 $\overline{AB} = 7$, $\overline{AC} = 6$이고 $\cos A = \dfrac{\sqrt{5}}{3}$일 때, △ABC의 넓이는?

(단, $\angle A$는 예각)

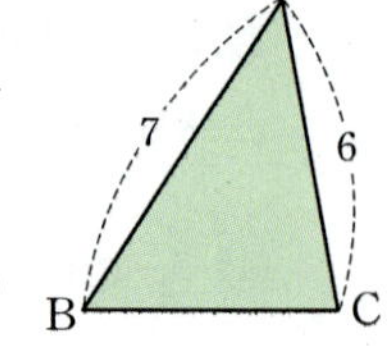

① 14 ② $14\sqrt{2}$

③ $14\sqrt{5}$ ④ $21\sqrt{2}$

⑤ $21\sqrt{3}$

18 오른쪽 그림에서 $\overline{AE} \,/\!/\, \overline{DC}$이고 $\angle B = 45°$, $\overline{AB} = 10\,\text{cm}$, $\overline{BC} = 14\,\text{cm}$일 때, □ABED의 넓이를 구하시오.

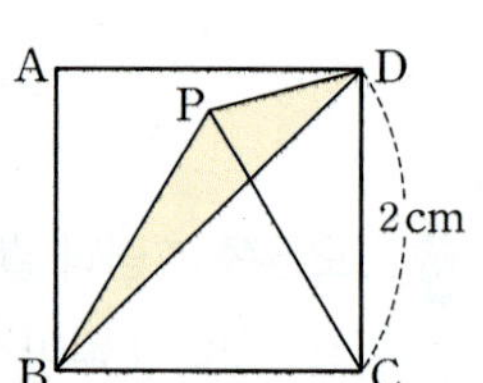

19 오른쪽 그림과 같이 한 변의 길이가 2 cm인 정사각형 ABCD에서 △PBC가 정삼각형이 되도록 점 P를 잡았다. 이때 △PBD의 넓이를 구하시오.

20 오른쪽 그림과 같은 □ABCD의 넓이를 구하시오.

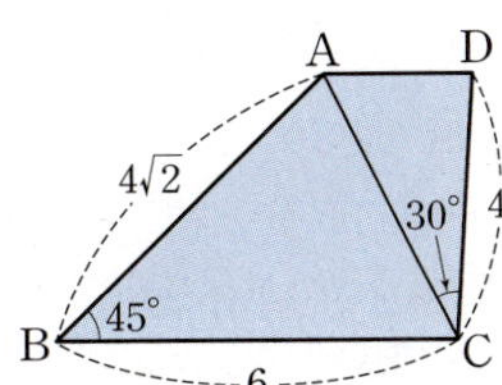

21 오른쪽 그림과 같이 반지름의 길이가 3 cm인 원 O에 외접하는 정육각형의 넓이를 구하시오.

서술형

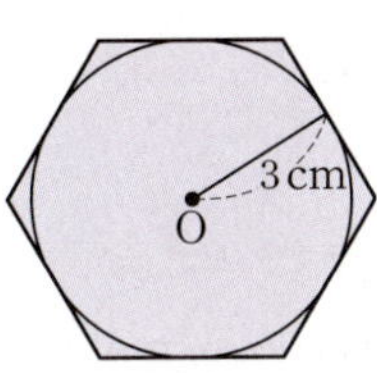

풀이 과정

답

22 오른쪽 그림과 같이 서로 합동인 6개의 마름모로 이루어진 도형이 있다. 마름모의 한 변의 길이가 10 cm일 때, 이 도형의 넓이를 구하시오.

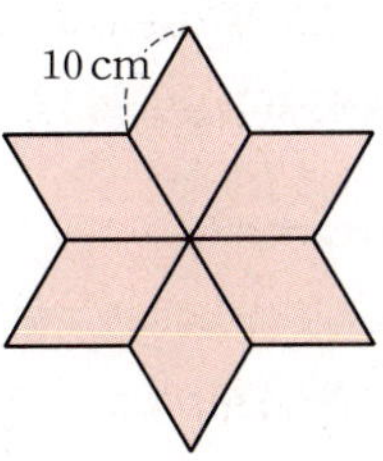

LEVEL 3 할 수 있어! 만점을 위한 **도전 문제**

23 다음 그림과 같이 헬리콥터가 좌초된 배에서 나오는 불빛을 처음 관측하였을 때, 배를 내려본각의 크기는 30° 이었다. 불빛을 처음 관측한 후 수면으로부터 일정한 높이를 유지하면서 시속 120 km로 배를 향해 일직선으로 이동하여 2분 후 다시 불빛을 관측하였을 때, 배를 내려본각의 크기가 60°이었다. 헬리콥터가 좌초된 지점의 상공 A 지점에 도착하기 위해서는 두 번째로 불빛을 관측한 지점으로부터 몇 초 더 이동해야 하는지 구하시오.

(단, 배는 좌초된 지점에서 이동하지 않는다.)

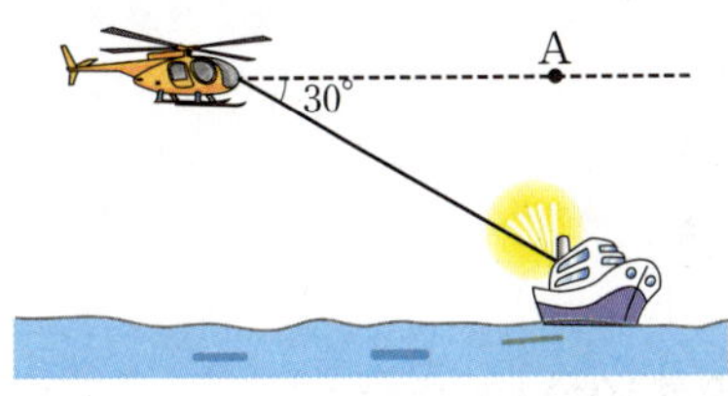

24 다음 그림과 같이 폭이 6 cm로 일정한 직사각형 모양의 종이테이프를 $\overline{AC}$를 접는 선으로 하여 접었다. ∠ABC=45°일 때, △ABC의 넓이는?

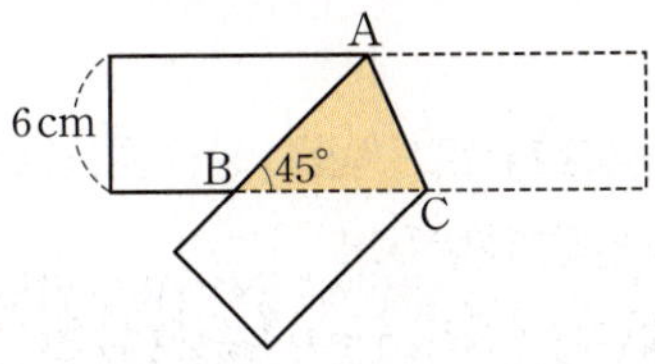

① 9 cm² ② 9√2 cm² ③ 18 cm²
④ 18√2 cm² ⑤ 36 cm²

3 원과 직선

3 원과 직선

⭐ 중요

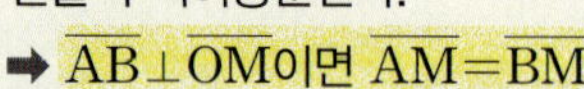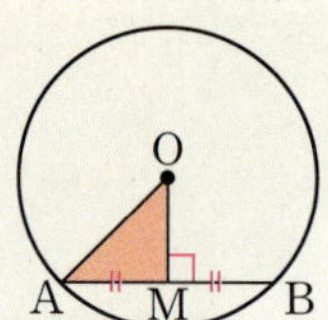

유형 1　현의 수직이등분선 (1)　**개념편 42쪽**

(1) 원에서 현의 수직이등분선은 그 원의 중심을 지난다.
(2) 원의 중심에서 현에 내린 수선은 그 현을 수직이등분한다.
➡ $\overline{AB} \perp \overline{OM}$이면 $\overline{AM} = \overline{BM}$
참고 △OAM에서 $\overline{AM}^2 + \overline{OM}^2 = \overline{OA}^2$

1 다음은 '원의 중심에서 현에 내린 수선은 그 현을 수직이등분한다.'를 설명하는 과정이다. ㈎~㈊에 알맞은 것을 구하시오.

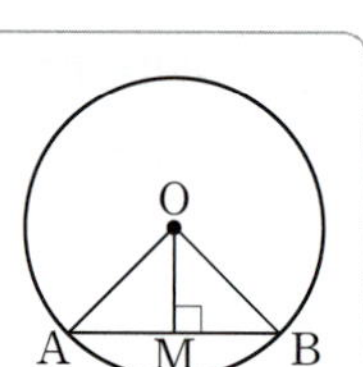

원 O의 중심에서 현 AB에 내린 수선의 발을 M이라고 하면 △OAM과 △OBM에서
∠OMA = ㈎ = 90°,
$\overline{OA}$ = ㈏ (원의 반지름),
㈐ 은 공통이므로
△OAM ≡ △OBM (㈑ 합동)
∴ $\overline{AM}$ = ㈒

2 ⭐ 오른쪽 그림의 원 O에서 $\overline{AB} \perp \overline{OM}$이고 $\overline{OA} = 5\,\text{cm}$, $\overline{OM} = 4\,\text{cm}$일 때, $\overline{AB}$의 길이는?

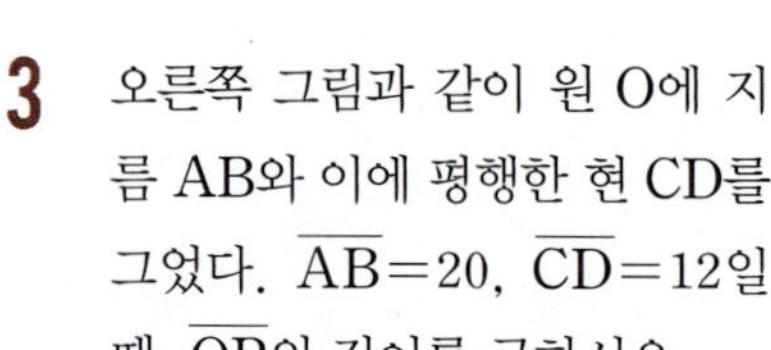

① 3 cm　　② 6 cm
③ $\sqrt{41}$ cm　　④ 8 cm
⑤ 9 cm

3 오른쪽 그림과 같이 원 O에 지름 AB와 이에 평행한 현 CD를 그었다. $\overline{AB} = 20$, $\overline{CD} = 12$일 때, $\overline{OP}$의 길이를 구하시오.

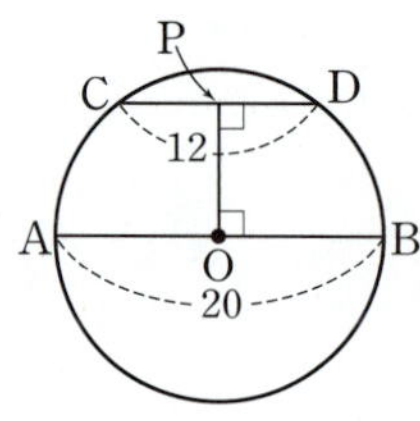

4 오른쪽 그림의 원 O에서 $\overline{AB} \perp \overline{OM}$, $\overline{CD} \perp \overline{ON}$이고 $\overline{AB} = 10$, $\overline{OM} = 3$, $\overline{ON} = 4$일 때, $\overline{CD}$의 길이는?

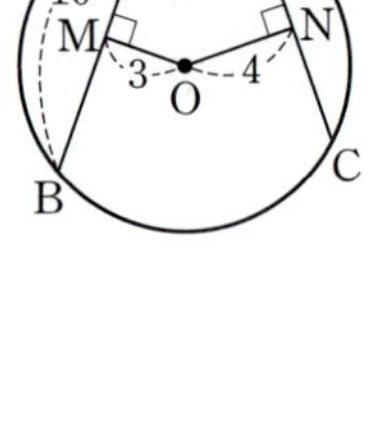

① $5\sqrt{2}$　　② 8
③ $6\sqrt{2}$　　④ $5\sqrt{3}$
⑤ 9

5 오른쪽 그림에서 원 O의 지름의 길이는 10 cm이고 $\overline{AB} = 4\,\text{cm}$일 때, △AOB의 넓이는?

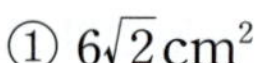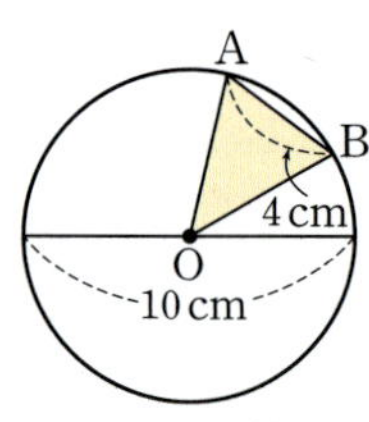

① $6\sqrt{2}\,\text{cm}^2$　　② $5\sqrt{3}\,\text{cm}^2$
③ $4\sqrt{5}\,\text{cm}^2$　　④ $2\sqrt{21}\,\text{cm}^2$
⑤ $3\sqrt{10}\,\text{cm}^2$

6 서술형 오른쪽 그림에서 $\overrightarrow{PB}$는 원 O의 접선이고 점 B는 그 접점이다. ∠ABP = 60°이고 $\overline{AB} = 18\,\text{cm}$일 때, 원 O의 반지름의 길이를 구하시오.

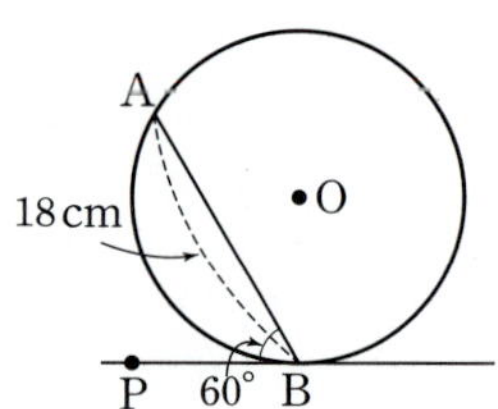

풀이 과정

답

유형 2 현의 수직이등분선 (2) 개념편 42쪽

원 O의 반지름의 길이를 r라고 하면
(1) $\overline{OA}=\overline{OC}=r$, $\overline{OM}=r-a$
(2) $\overline{AB}\perp\overline{OM}$이면 $\overline{AM}=\overline{BM}$
(3) $\triangle OAM$에서
$$\overline{AM}^2+\overline{OM}^2=\overline{OA}^2$$

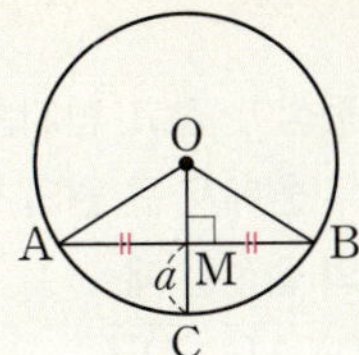

7 오른쪽 그림과 같이 반지름의 길이가 6 cm인 원 O에서 $\overline{AB}\perp\overline{OC}$이고 $\overline{OM}=\overline{CM}$일 때, $\overline{AB}$의 길이를 구하시오.

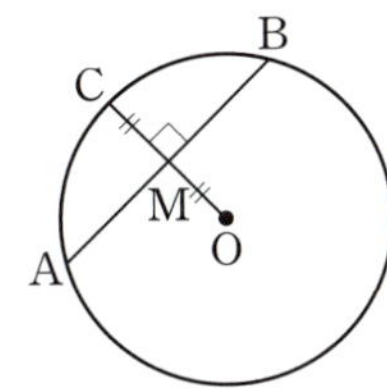

8 오른쪽 그림의 원 O에서 $\overline{AB}\perp\overline{OC}$이고 $\overline{AC}=10\,cm$, $\overline{CD}=6\,cm$일 때, 원 O의 반지름의 길이를 구하시오.

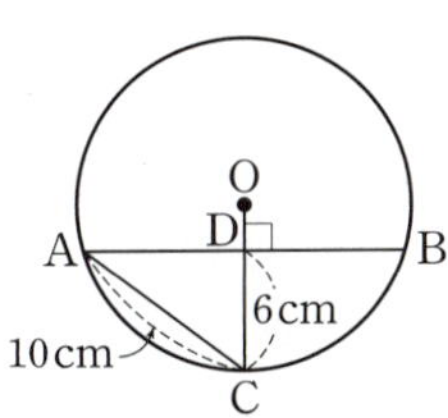

9 서술형 오른쪽 그림에서 $\overline{AC}=\overline{BC}$인 이등변삼각형 ABC가 원 O에 내접하고 원 O의 반지름의 길이는 15 cm이다. $\overline{AB}=24\,cm$일 때, $\overline{AC}$의 길이를 구하시오.

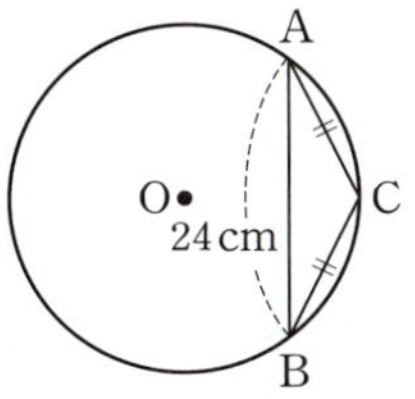

풀이 과정

답

유형 3 원의 일부분이 주어질 때, 원의 중심과 현의 수직이등분선 개념편 42쪽

원의 일부분이 주어진 경우 원의 반지름의 길이는 다음과 같은 방법으로 구한다.
❶ 현의 수직이등분선은 그 원의 중심을 지남을 이용하여 원의 중심을 찾는다.
❷ 원의 반지름의 길이를 r로 놓고, 피타고라스 정리를 이용한다.
➡ $(r-a)^2+b^2=r^2$

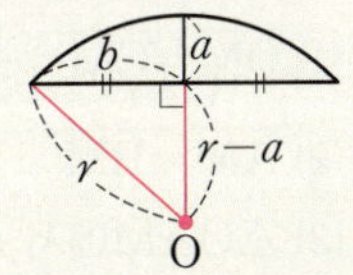

10 오른쪽 그림에서 $\overparen{AB}$는 원의 일부분이다. $\overline{AB}\perp\overline{CM}$이고 $\overline{AM}=\overline{BM}=6$, $\overline{CM}=4$일 때, 이 원의 반지름의 길이는?

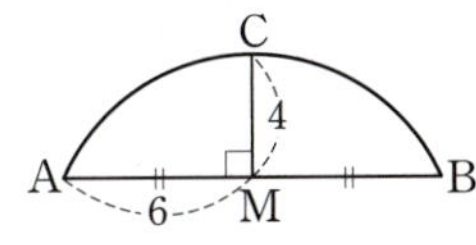

① $\dfrac{13}{2}$ ② 7 ③ $\dfrac{15}{2}$

④ 8 ⑤ $\dfrac{17}{2}$

11 오른쪽 그림에서 $\overparen{AB}$는 반지름의 길이가 9 cm인 원의 일부분이다. $\overline{AB}\perp\overline{PH}$이고 $\overline{AH}=\overline{BH}$, $\overline{PH}=3\,cm$일 때, $\triangle APB$의 넓이를 구하시오.

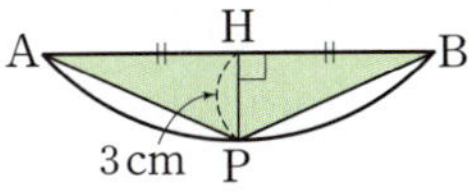

12 오른쪽 그림과 같이 깨진 원 모양의 수막새를 복원하려고 한다. $\overline{AB}\perp\overline{CM}$이고 $\overline{AB}=8$, $\overline{CM}=2$일 때, 원래 이 수막새의 지름의 길이를 구하시오.

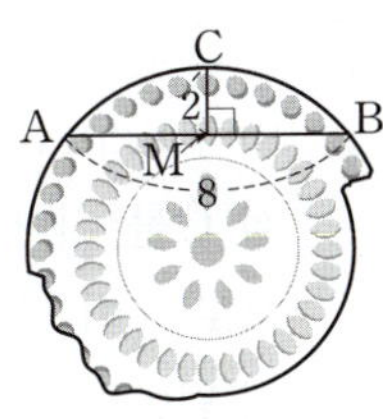

유형 4 원의 일부분을 접었을 때, 원의 중심과 현의 수직이등분선
개념편 42쪽

원 위의 한 점이 원의 중심에 오도록 접었을 때

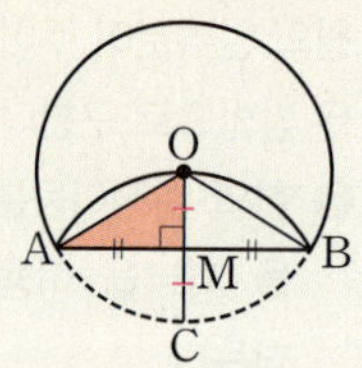

(1) $\overline{OM}=\overline{CM}=\dfrac{1}{2}\overline{OC}=\dfrac{1}{2}\overline{OA}$

(2) $\overline{AM}=\overline{BM}$

(3) $\triangle OAM$에서 $\overline{AM}^2+\overline{OM}^2=\overline{OA}^2$

유형 5 중심이 같은 두 원에서의 현의 수직이등분선
개념편 42쪽

중심이 같고 반지름의 길이가 다른 두 원에서 큰 원의 현 AB가 작은 원의 접선일 때

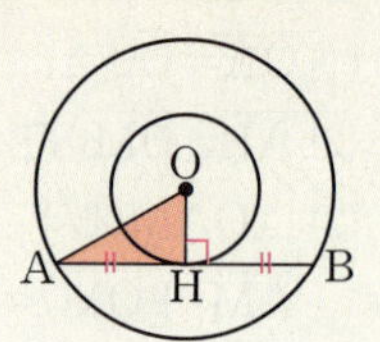

(1) $\overline{AB}\perp\overline{OH}$

(2) $\overline{AH}=\overline{BH}$

(3) $\triangle OAH$에서 $\overline{AH}^2+\overline{OH}^2=\overline{OA}^2$

13 오른쪽 그림과 같이 반지름의 길이가 10인 원 모양의 종이를 원 위의 한 점이 원의 중심 O에 오도록 접었을 때, $\overline{AB}$의 길이는?

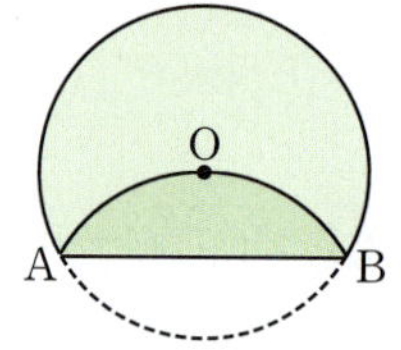

① 5 ② $5\sqrt{3}$ ③ 10
④ $8\sqrt{3}$ ⑤ $10\sqrt{3}$

16 오른쪽 그림과 같이 점 O를 중심으로 하는 두 원의 반지름의 길이가 각각 12 cm, 15 cm이고 큰 원의 현 AB가 작은 원의 접선일 때, $\overline{AB}$의 길이를 구하시오.

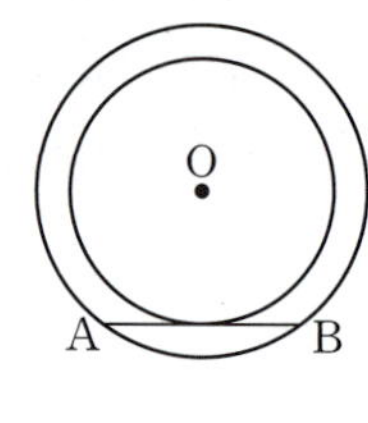

14 오른쪽 그림과 같이 원 모양의 종이를 $\overline{AB}$를 접는 선으로 하여 접었더니 $\overarc{AB}$가 원의 중심 O를 지나게 되었다. $\overline{AB}=8\sqrt{3}$일 때, 원 O의 반지름의 길이를 구하시오.

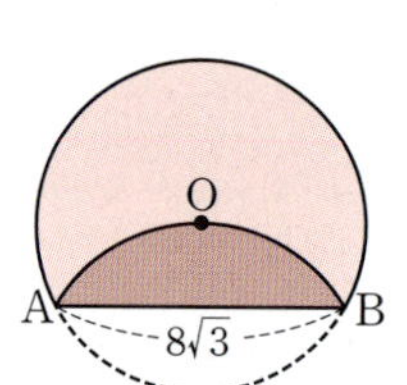

17 오른쪽 그림과 같이 점 O를 중심으로 하는 두 원에서 큰 원의 현 AB는 작은 원의 접선이고 점 P는 그 접점이다. $\overline{OP}=5$, $\overline{PQ}=6$일 때, $\overline{AB}$의 길이를 구하시오.
(단, 세 점 O, P, Q는 한 직선 위에 있다.)

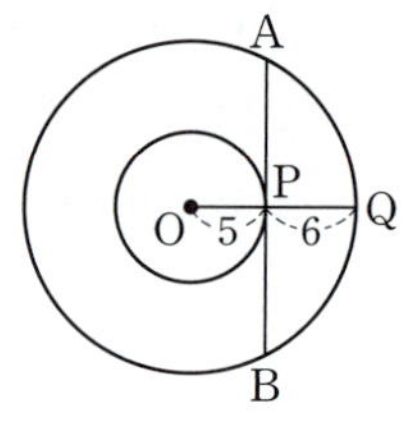

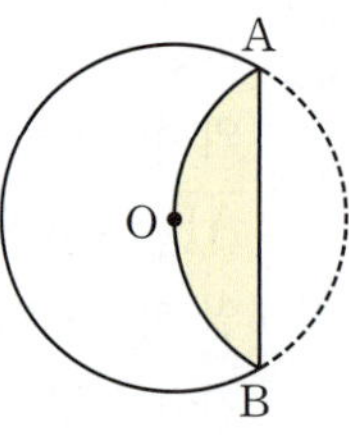

까다로운 기출문제

15 오른쪽 그림과 같이 반지름의 길이가 6 cm인 원을 $\overarc{AB}$가 원의 중심 O를 지나도록 $\overline{AB}$를 접는 선으로 하여 접었을 때, 색칠한 부분의 넓이를 구하시오.

18 오른쪽 그림과 같이 점 O를 중심으로 하는 두 원에서 작은 원의 접선이 큰 원과 만나는 두 점을 각각 A, B라고 하자. $\overline{AB}=8$ cm일 때, 색칠한 부분의 넓이는?

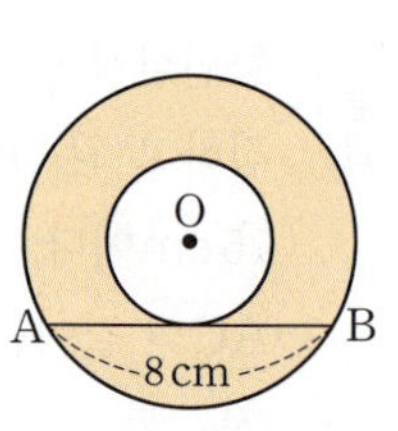

① 9π cm^2 ② 12π cm^2 ③ 14π cm^2
④ 16π cm^2 ⑤ 18π cm^2

유형 6 현의 길이 개념편 43쪽

한 원 또는 합동인 두 원에서
(1) $\overline{OM}=\overline{ON}$이면
 $\overline{AB}=\overline{CD}$
(2) $\overline{AB}=\overline{CD}$이면
 $\overline{OM}=\overline{ON}$

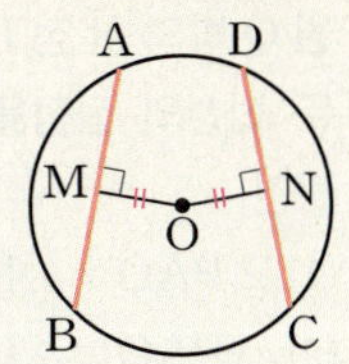

19 오른쪽 그림의 원 O에서 $\overline{AB}\perp\overline{OM}$, $\overline{CD}\perp\overline{ON}$이고 $\overline{OM}=\overline{ON}=6\,cm$, $\overline{CD}=14\,cm$일 때, $\overline{AM}$의 길이를 구하시오.

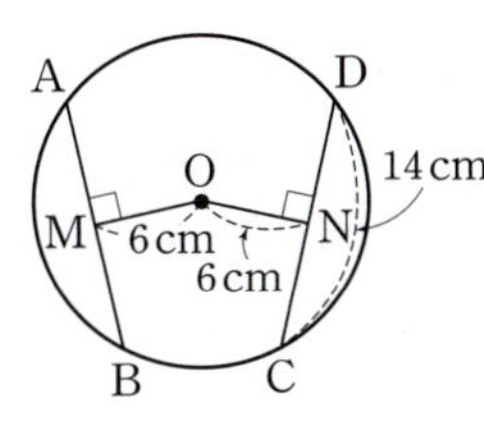

20 다음 중 x의 값이 가장 큰 것은?

① 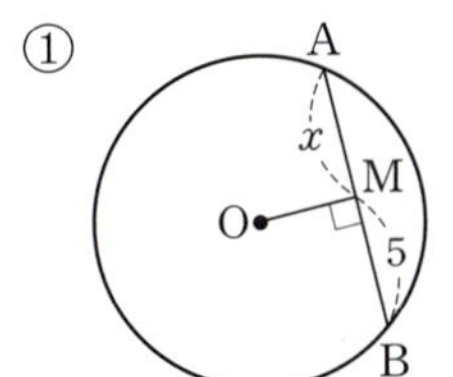
② 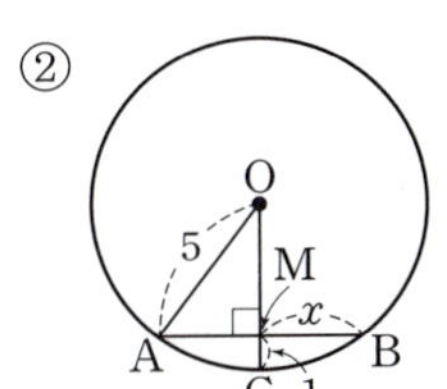
③ 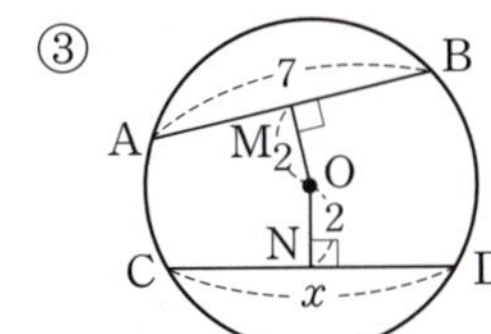
④ 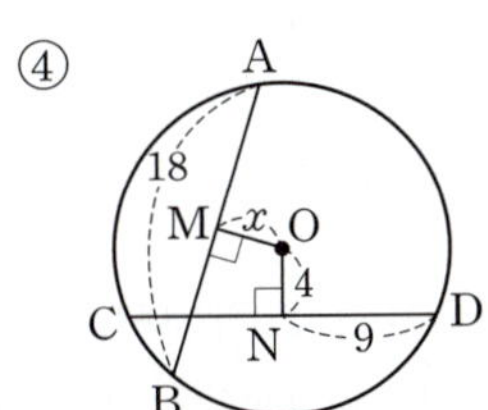
⑤ 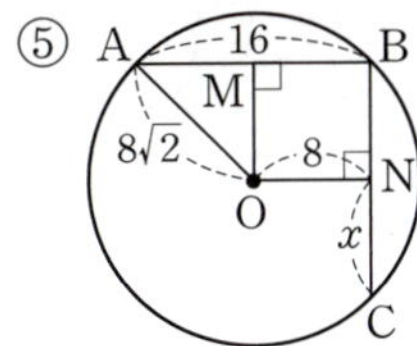

21 오른쪽 그림의 원 O에서 $\overline{AB}\perp\overline{OM}$, $\overline{CD}\perp\overline{ON}$이고 $\overline{OM}=\overline{ON}=3$, $\overline{AB}=6$일 때, x의 값을 구하시오.

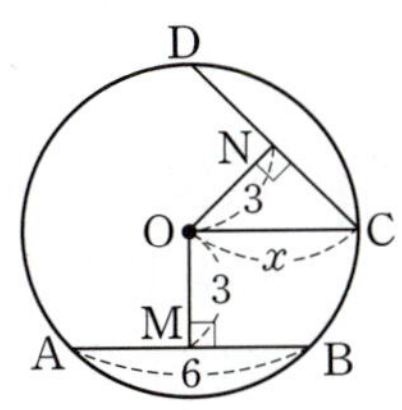

22 오른쪽 그림과 같이 원 O의 중심에서 두 현 AB와 CD에 이르는 거리가 같고 $\angle OCD=30°$, $\overline{AB}=12$일 때, 원 O의 둘레의 길이는?

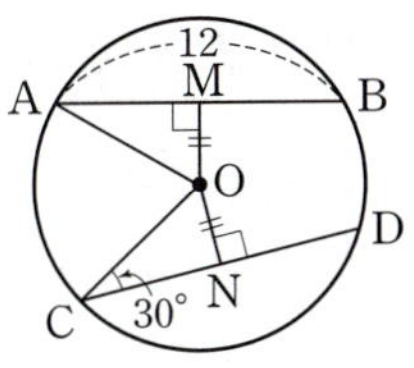

① $4\sqrt{3}\pi$ ② $6\sqrt{3}\pi$ ③ $8\sqrt{3}\pi$
④ $10\sqrt{3}\pi$ ⑤ $12\sqrt{3}\pi$

23 서술형 오른쪽 그림과 같이 지름의 길이가 $20\,cm$인 원 O에서 $\overline{AB}\,/\!/\,\overline{CD}$이고 $\overline{AB}=\overline{CD}=16\,cm$일 때, 두 현 AB와 CD 사이의 거리를 구하시오.

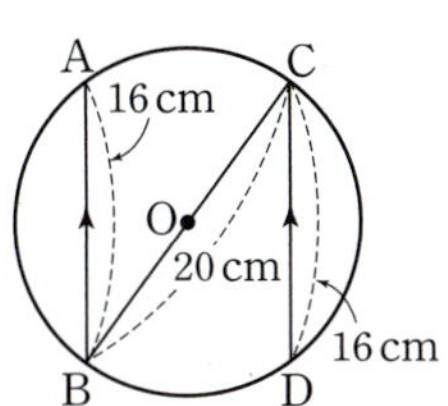

풀이 과정

답

24 오른쪽 그림과 같이 반지름의 길이가 $6\,cm$인 원 O가 $\overline{AB}=\overline{AC}$인 이등변삼각형 ABC의 외접원이다. $\overline{AB}\perp\overline{OD}$이고 $\overline{OD}=2\,cm$일 때, $\triangle AOC$의 넓이를 구하시오.

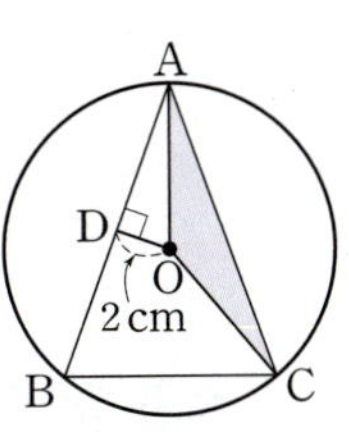

유형 7 | 길이가 같은 두 현이 만드는 삼각형   개념편 43쪽

오른쪽 그림의 원 O에서
$\overline{OM}=\overline{ON}$이면
➡ $\overline{AB}=\overline{AC}$
➡ △ABC는 이등변삼각형
➡ ∠ABC=∠ACB

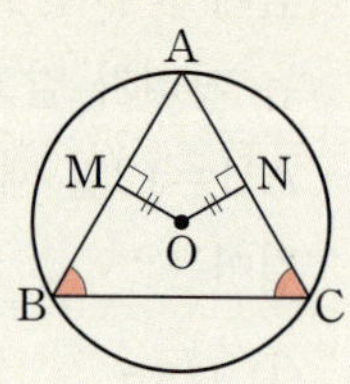

유형 8 | 접선의 성질 (1)   개념편 45쪽

원 O 밖의 한 점 P에서 원 O에 그은
두 접선의 접점을 각각 A, B라고
하면
(1) ∠PAO=∠PBO=90°
(2) △PAO≡△PBO(RHS 합동)

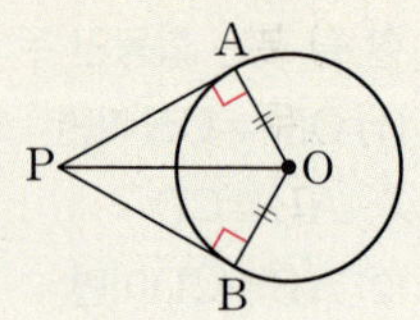

---

25 오른쪽 그림의 원 O에서
$\overline{AB}\perp\overline{OM}$, $\overline{AC}\perp\overline{ON}$이고
$\overline{OM}=\overline{ON}$이다. ∠BAC=40°일
때, ∠x의 크기를 구하시오.

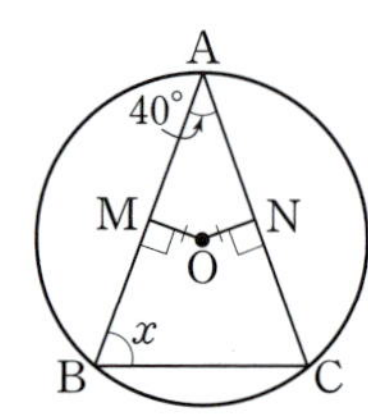

29 서술형 오른쪽 그림에서 두 점 A, B
는 점 P에서 원 O에 그은 두
접선의 접점이다. $\overline{OA}=3\,cm$,
∠P=60°일 때, 색칠한 부분
의 넓이를 구하시오.

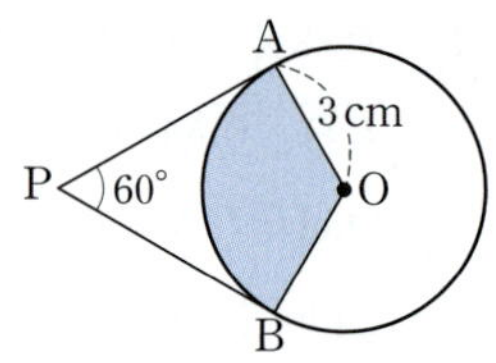

풀이 과정

답

---

26 오른쪽 그림의 원 O에서
$\overline{AB}\perp\overline{OM}$, $\overline{AC}\perp\overline{ON}$이고
$\overline{OM}=\overline{ON}$이다. $\overline{AM}=3\,cm$,
∠ABC=60°일 때, $\overline{BC}$의 길이
는?

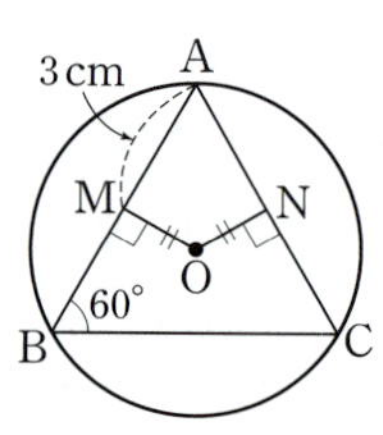

① 5 cm   ② $\dfrac{11}{2}$ cm   ③ 6 cm

④ $\dfrac{13}{2}$ cm   ⑤ 7 cm

---

27 오른쪽 그림과 같이 원 O의 중심
에서 $\overline{BC}$, $\overline{AC}$에 내린 수선의 발을
각각 P, Q라고 하자. $\overline{OP}=\overline{OQ}$이
고 ∠POQ=110°일 때, ∠BAC의
크기를 구하시오.

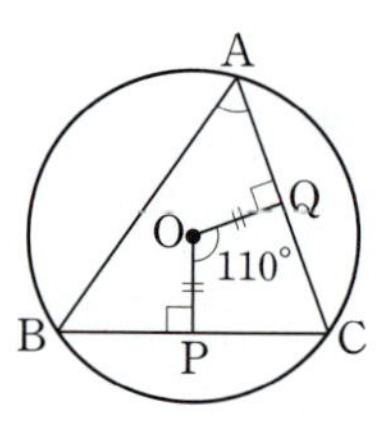

30 오른쪽 그림에서 두 점 A,
B는 점 P에서 원 O에 그은
두 접선의 접점이고 점 Q는
$\overline{OP}$와 원 O의 교점이다.
$\overline{OA}=8\,cm$, $\overline{PQ}=9\,cm$일
때, □APBO의 넓이를 구하시오.

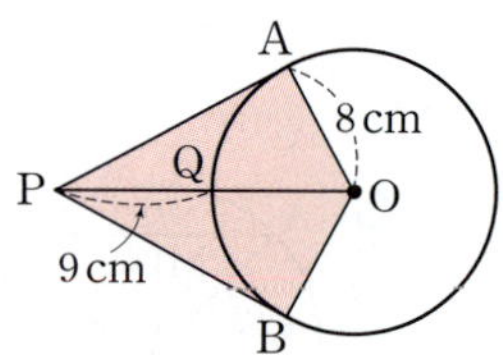

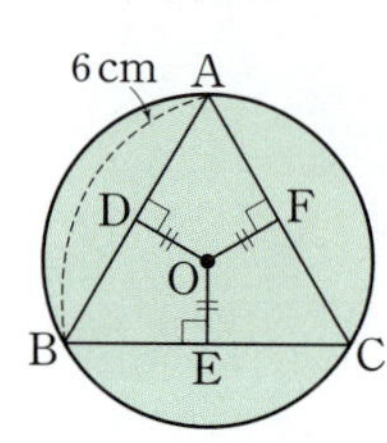

까다로운 기출문제

28 오른쪽 그림의 원 O에서
$\overline{AB}\perp\overline{OD}$, $\overline{BC}\perp\overline{OE}$, $\overline{CA}\perp\overline{OF}$
이고 $\overline{OD}=\overline{OE}=\overline{OF}$이다.
$\overline{AB}=6\,cm$일 때, 원 O의 넓이를
구하시오.

31 오른쪽 그림에서 두 점 A, B
는 점 P에서 원 O에 그은 두
접선의 접점이다.
∠AOB=120°이고
$\overline{PA}=12$일 때, 색칠한 부분
의 넓이를 구하시오.

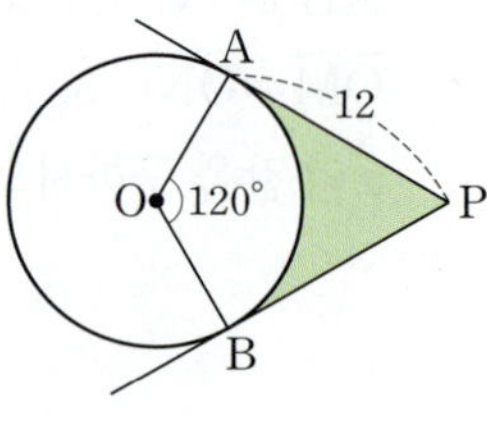

유형 9 접선의 성질 (2)

개념편 45~46쪽

원 O 밖의 한 점 P에서 원 O에 그은 두 접선의 접점을 각각 A, B라고 하면

➡ △PAO≡△PBO이므로 $\overline{PA}=\overline{PB}$

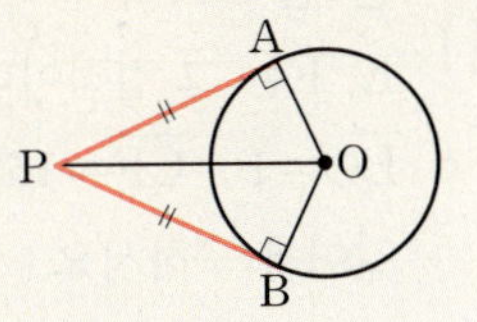

32 오른쪽 그림에서 두 점 A, B는 점 P에서 원 O에 그은 두 접선의 접점일 때, x, y의 값을 각각 구하시오.

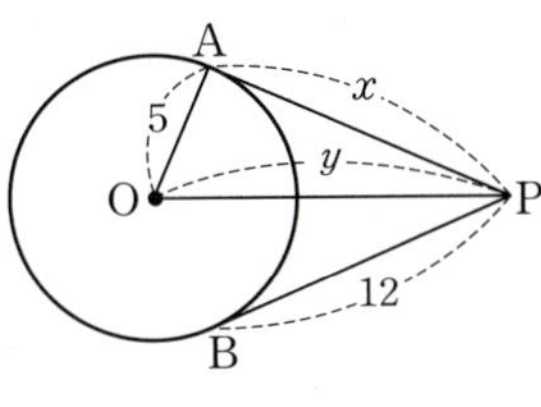

33 오른쪽 그림에서 $\overline{PA}$, $\overline{PB}$, $\overline{PC}$는 원 O 또는 원 O′의 접선이고 세 점 A, B, C는 그 접점일 때, x의 값을 구하시오.

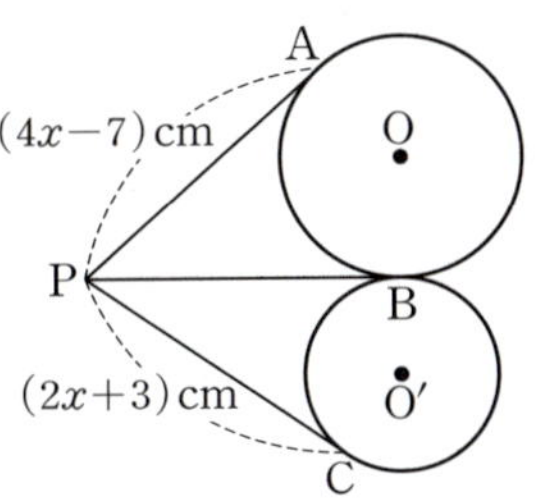

34 오른쪽 그림에서 두 점 A, B는 점 P에서 원 O에 그은 두 접선의 접점이다. $\angle P=42°$일 때, $\angle x$의 크기는?

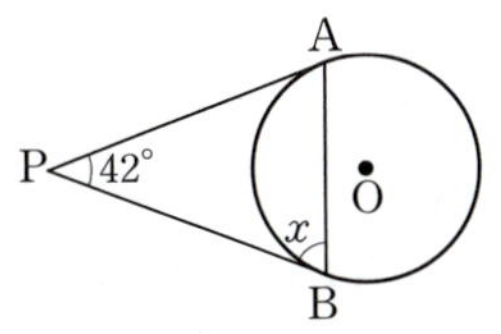

① 42° ② 59° ③ 61°
④ 69° ⑤ 72°

35 오른쪽 그림에서 두 점 A, B는 점 P에서 원 O에 그은 두 접선의 접점이다. $\overline{PA}=12$cm, $\angle P=60°$일 때, △PAB의 둘레의 길이를 구하시오.

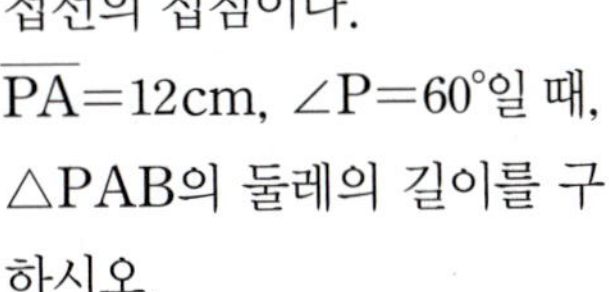

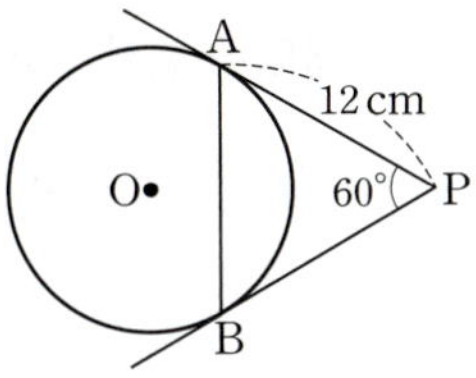

36 오른쪽 그림에서 두 점 A, B는 점 P에서 원 O에 그은 두 접선의 접점이고 점 C는 $\overline{OP}$와 원 O의 교점이다. $\overline{PA}=12$, $\overline{PC}=6$일 때, 원 O의 넓이를 구하시오.

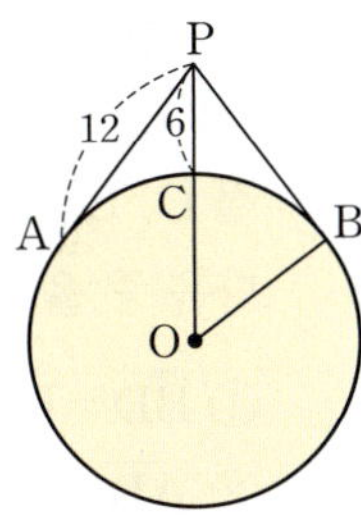

37 서술형 오른쪽 그림과 같이 점 P에서 원 O에 두 접선 $\overline{PA}$, $\overline{PB}$를 그어 원 O의 일부와 그 접선으로 이루어진 물방울 모양의 도형을 만들었다. $\angle P=60°$이고 $\overline{PA}=3\sqrt{3}$ cm일 때, 물방울 모양의 도형의 둘레의 길이를 구하시오.

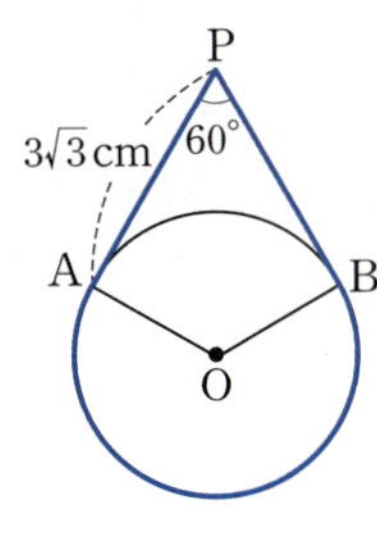

풀이 과정

답

유형 **10** 접선의 성질의 응용 개념편 45~46쪽

$\overrightarrow{AD}$, $\overrightarrow{AE}$, $\overrightarrow{BC}$는 원 O의 접선이고
세 점 D, E, F는 그 접점일 때

(1) $\overline{AD}=\overline{AE}$, $\overline{BD}=\overline{BF}$,
  $\overline{CE}=\overline{CF}$

(2) ($\triangle ABC$의 둘레의 길이)
  $=\overline{AB}+\overline{BC}+\overline{AC}$
  $=\overline{AB}+(\overline{BF}+\overline{CF})+\overline{AC}$
  $=(\overline{AB}+\overline{BD})+(\overline{CE}+\overline{AC})$
  $=\overline{AD}+\overline{AE}$
  $=2\overline{AD}=2\overline{AE}$ ← $\overline{AD}=\overline{AE}$

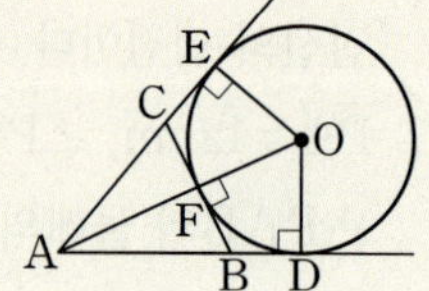

38 오른쪽 그림에서 $\overline{BC}$, $\overline{AE}$,
$\overline{AF}$는 원 O의 접선이고 세
점 D, E, F는 그 접점일 때,
다음 중 옳지 <u>않은</u> 것은?

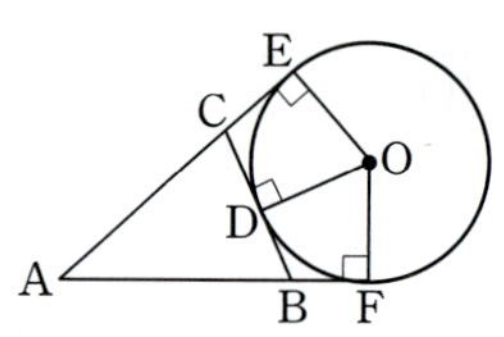

① $\overline{BD}=\overline{BF}$ ② $\overline{CD}=\overline{CE}$
③ $\overline{AB}=\overline{AC}$ ④ $\overline{AE}=\overline{AF}$
⑤ $\overline{AB}+\overline{BC}+\overline{CA}=2\overline{AE}$

39 오른쪽 그림에서 $\overline{BC}$, $\overrightarrow{AE}$, $\overrightarrow{AF}$
는 원 O의 접선이고 세 점 D, E,
F는 그 접점이다. $\overline{AB}=10\,cm$,
$\overline{AC}=9\,cm$, $\overline{BE}=5\,cm$일 때,
$\triangle ABC$의 둘레의 길이를 구하
시오.

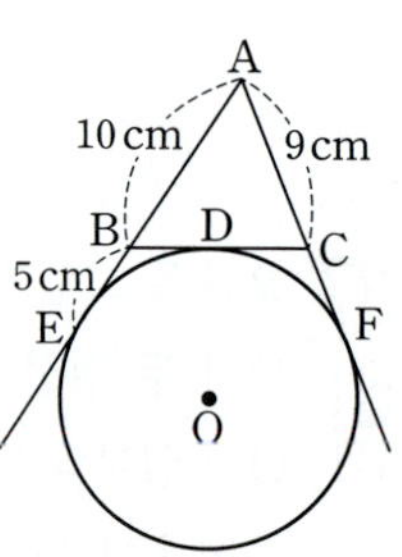

40 오른쪽 그림에서 직선 모양
의 산책로 $\overrightarrow{PA}$, $\overrightarrow{PB}$, $\overline{DE}$는
원 모양의 호수에 각각 A,
B, C 세 지점에서 접한다.
$\triangle DPE$의 둘레의 길이가
8 km일 때, P 지점에서 B 지점까지의 거리는?

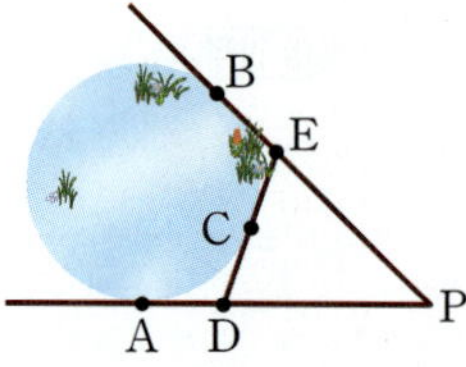

① 1 km   ② 2 km   ③ 3 km
④ 4 km   ⑤ 5 km

41 오른쪽 그림에서 $\overline{AB}$, $\overline{CE}$, $\overline{CF}$
는 원 O의 접선이고 세 점 D,
E, F는 그 접점이다. $\overline{AC}=12$,
$\overline{BC}=10$, $\overline{CF}=16$일 때, $\overline{AB}$의
길이를 구하시오.

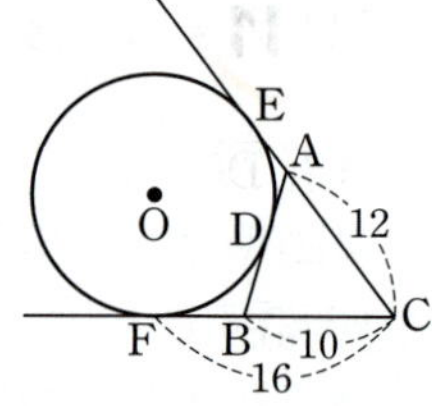

풀이 과정

답

42 다음 그림에서 $\overline{BC}$, $\overline{AE}$, $\overline{AF}$는 원 O의 접선이고 세
점 D, E, F는 그 접점이다. $\overline{AB}=8$, $\overline{BC}=4$, $\overline{BE}=1$
일 때, x의 값은?

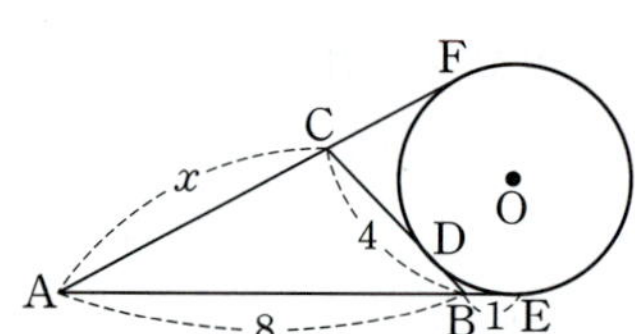

① $\dfrac{9}{2}$ ② 5   ③ $\dfrac{11}{2}$
④ 6   ⑤ 7

43 오른쪽 그림에서 $\overline{AB}$, $\overline{CE}$,
$\overline{CF}$는 원 O의 접선이고 세 점
D, E, F는 그 접점이다.
$\overline{OE}=6$, $\overline{OC}=10$일 때,
$\triangle ABC$의 둘레의 길이를 구
하시오.

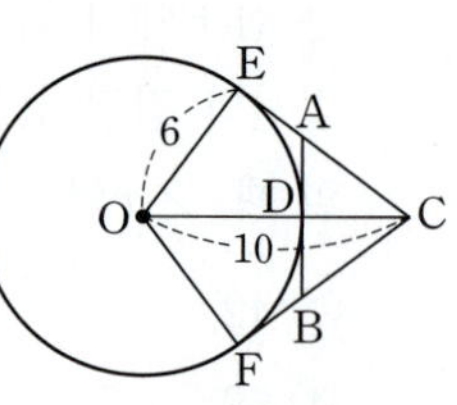

유형11 반원에서의 접선의 길이   개념편 45~46쪽

$\overline{AB}$, $\overline{DC}$, $\overline{AD}$가 반원 O의 접선
일 때
(1) $\overline{AB}=\overline{AE}$, $\overline{DC}=\overline{DE}$
   $\therefore \overline{AD}=\overline{AB}+\overline{DC}$
(2) $\triangle AHD$에서
   $\overline{BC}=\overline{AH}=\sqrt{\overline{AD}^2-\overline{DH}^2}$

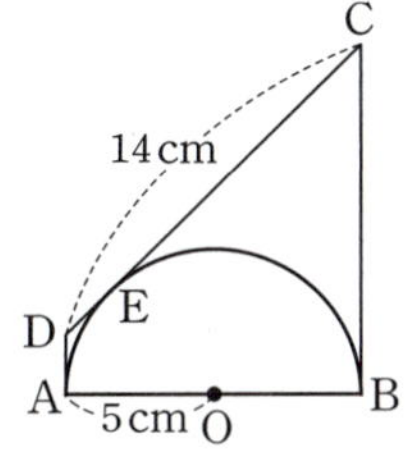

44 오른쪽 그림에서 $\overline{AD}$, $\overline{BC}$, $\overline{CD}$
는 $\overline{AB}$를 지름으로 하는 반원 O
의 접선이고 세 점 A, B, E는 그
접점이다. $\overline{OA}=5\,cm$,
$\overline{CD}=14\,cm$일 때, $\square ABCD$의
둘레의 길이는?

① 34 cm   ② 36 cm   ③ 38 cm
④ 40 cm   ⑤ 42 cm

45 오른쪽 그림에서 $\overline{AD}$, $\overline{BC}$, $\overline{CD}$는
$\overline{AB}$를 지름으로 하는 반원 O의 접
선이고 세 점 A, B, E는 그 접점이
다. $\overline{AD}=2$, $\overline{BC}=4$일 때, $\overline{AB}$의
길이를 구하시오.

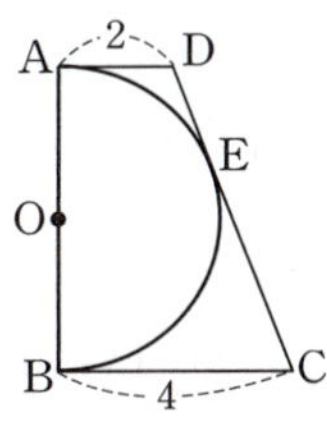

46 오른쪽 그림에서 $\overline{AD}$,
$\overline{BC}$, $\overline{CD}$는 $\overline{AB}$를 지름으
로 하는 반원 O의 접선이
고 세 점 A, B, E는 그 접
점이다. $\overline{AD}=9\,cm$,
$\overline{BC}=4\,cm$일 때, $\square ABCD$의 넓이를 구하시오.

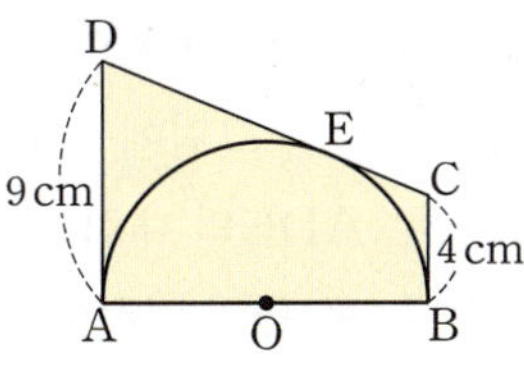

47 서술형 오른쪽 그림에서 $\overline{AD}$, $\overline{BC}$, $\overline{CD}$는
$\overline{AB}$를 지름으로 하는 반원 O의 접선
이고 세 점 A, B, E는 그 접점이다.
$\overline{AD}=5\,cm$, $\overline{BC}=8\,cm$일 때,
$\triangle DOC$의 넓이를 구하시오.

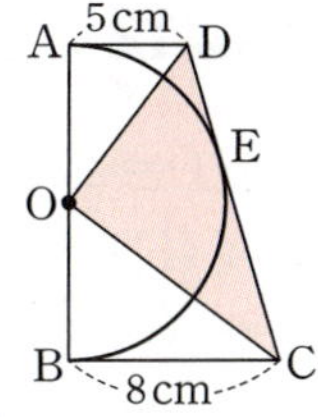

풀이 과정

답

48 오른쪽 그림과 같이 원 O의
지름의 양 끝 점 A, B에서 그
은 두 접선과 원 위의 점 P에
서 그은 접선이 만나는 점을
각각 C, D라고 하자.
$\overline{OA}=4\sqrt{2}$, $\overline{BD}=8$일 때, $\overline{AC}$
의 길이는?

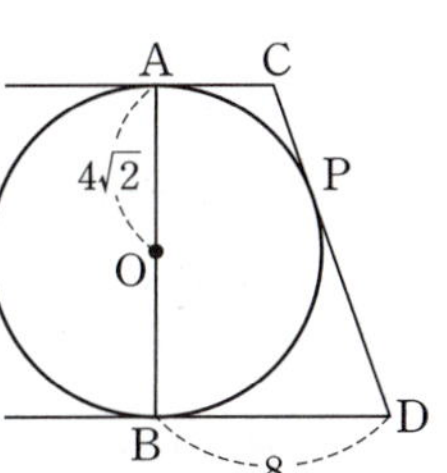

① 2   ② $2\sqrt{2}$ ③ 4
④ $2\sqrt{6}$ ⑤ $4\sqrt{2}$

까다로운 기출문제

49 오른쪽 그림에서 $\square ABCD$는 한
변의 길이가 6인 정사각형이다.
$\overline{AE}$는 $\overline{BC}$를 지름으로 하는 반
원 O의 접선이고 점 F는 그 접점
일 때, $\overline{AE}$의 길이를 구하시오.

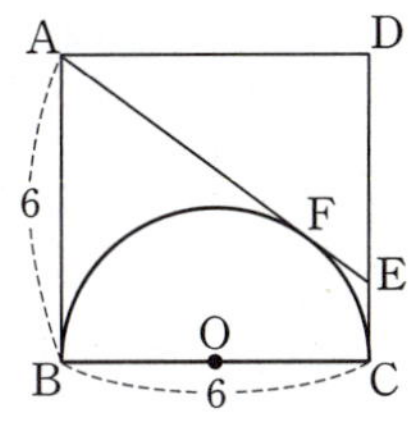

유형 12 **삼각형의 내접원** **개념편 47쪽**

원 O는 △ABC의 내접원이고
세 점 D, E, F는 그 접점일 때
➡ $\overline{AD}=\overline{AF}$, $\overline{BD}=\overline{BE}$,
$\overline{CE}=\overline{CF}$

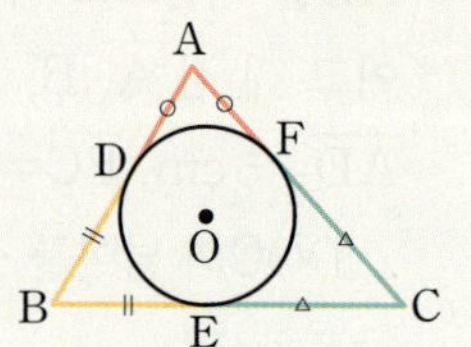

50 오른쪽 그림에서 원 O는
△ABC의 내접원이고 세
점 D, E, F는 그 접점이다.
$\overline{AD}=2\,cm$, $\overline{BE}=3\,cm$,
$\overline{CF}=5\,cm$일 때, △ABC의 둘레의 길이를 구하시
오.

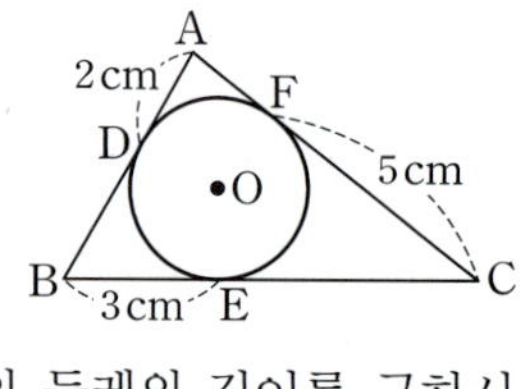

51 오른쪽 그림에서 원 O는
△ABC의 내접원이고 세
점 D, E, F는 그 접점이다.
$\overline{AB}=10\,cm$, $\overline{BC}=9\,cm$,
$\overline{CF}=3\,cm$일 때, x의 값을
구하시오.

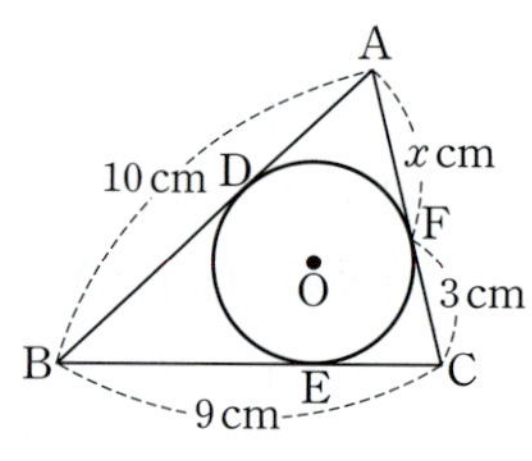

52 오른쪽 그림에서 원 O는
△ABC의 내접원이고 세
점 D, E, F는 그 접점이다.
△ABC의 둘레의 길이가
34 cm일 때, x의 값은?

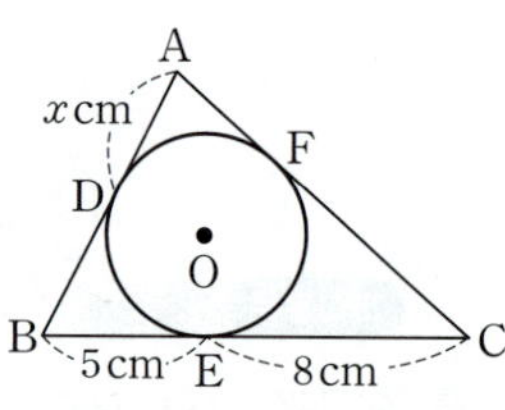

① 3 　　② $\dfrac{7}{2}$ 　　③ 4

④ 5 　　⑤ $\dfrac{13}{2}$

53 오른쪽 그림에서 원 O는
△ABC의 내접원이고 세 점
D, E, F는 그 접점이다.
$\overline{AB}=10\,cm$, $\overline{BC}=5\,cm$,
$\overline{CA}=13\,cm$일 때, $\overline{CF}$의 길이
를 구하시오.

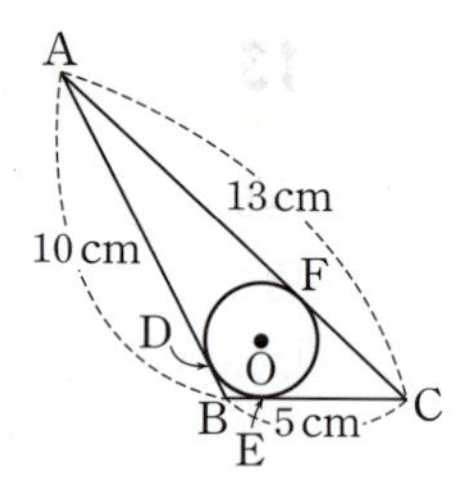

서술형

> 풀이 과정

> 답

54 오른쪽 그림에서 원 O는
△ABC의 내접원이고 세
점 D, E, F는 그 접점이다.
점 G는 $\overline{OB}$와 원 O의 교점
이고 $\overline{OG}=5\,cm$,
$\overline{AB}=18\,cm$, $\overline{AF}=6\,cm$일 때, $\overline{BG}$의 길이는?

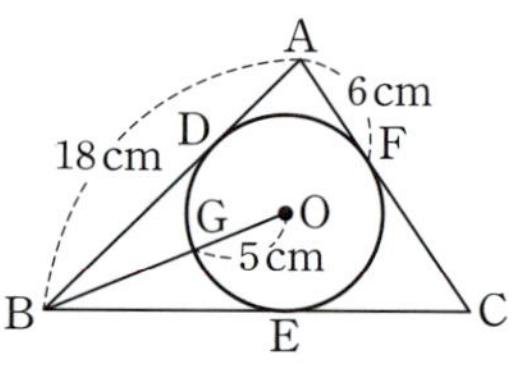

① 8 cm 　　② 9 cm 　　③ 10 cm

④ 11 cm 　　⑤ 12 cm

> △ABC의 둘레의 길이를 구하려면
> 접선의 길이를 알아야 해.

까다로운 **기출문제**

55 오른쪽 그림에서 원 O는
△ADE의 내접원이고 $\overline{BC}$
는 원 O의 접선이다.
$\overline{AD}=7$, $\overline{AE}=6$, $\overline{DE}=5$
일 때, △ABC의 둘레의 길
이를 구하시오.

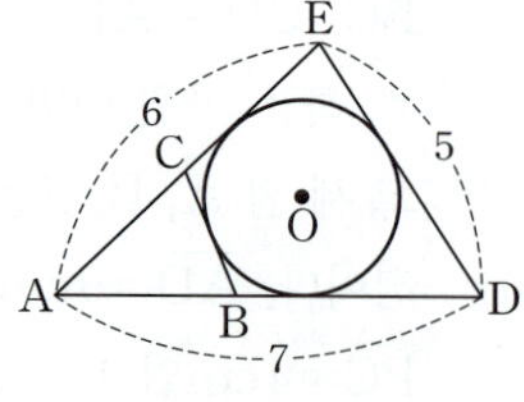

유형13 **직각삼각형의 내접원** 개념편 47쪽

∠C=90°인 직각삼각형 ABC의 내접원 O와 $\overline{BC}$, $\overline{AC}$의 접점을 각각 D, E라고 하면

➡ □ODCE는 정사각형
→ 한 변의 길이가 원 O의 반지름의 길이와 같다.

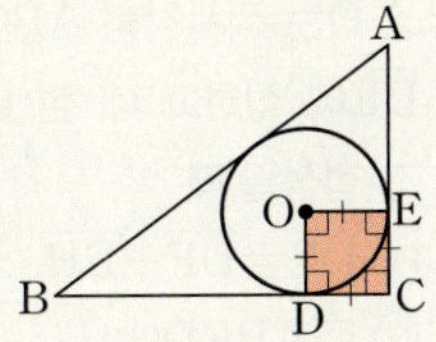

56 오른쪽 그림에서 원 O는 ∠C=90°인 직각삼각형 ABC의 내접원이고 세 점 D, E, F는 그 접점이다. $\overline{AC}=9$, $\overline{BC}=12$일 때, 다음을 구하시오.

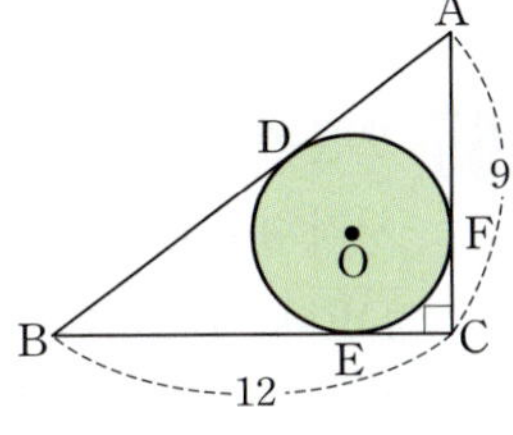

(1) 원 O의 반지름의 길이

(2) 원 O의 넓이

57 오른쪽 그림에서 원 O는 ∠B=90°인 직각삼각형 ABC의 내접원이고 세 점 D, E, F는 그 접점이다. $\overline{AF}=5$, $\overline{CF}=12$일 때, 원 O의 반지름의 길이를 구하시오.

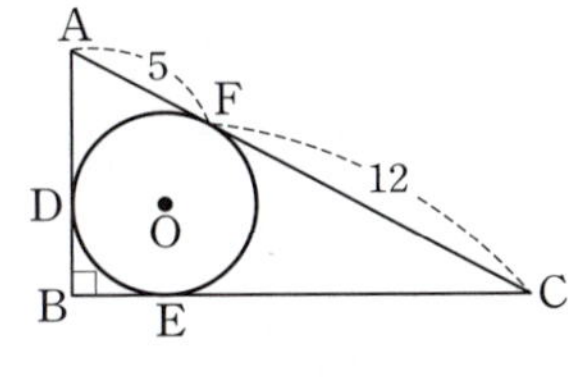

58 오른쪽 그림에서 원 O는 ∠A=90°인 직각삼각형 ABC의 내접원이고 세 점 D, E, F는 그 접점이다. $\overline{AF}=3$, $\overline{CF}=6$일 때, △ABC의 넓이는?

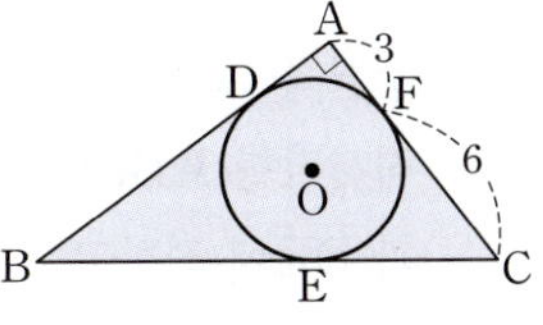

① 45 ② 48 ③ 50
④ 54 ⑤ 60

유형14 **원에 외접하는 사각형의 성질** 개념편 48쪽

원 O에 외접하는 사각형 ABCD에서

➡ $\overline{AB}+\overline{CD}=\overline{AD}+\overline{BC}$
→ 대변의 길이의 합이 같다.

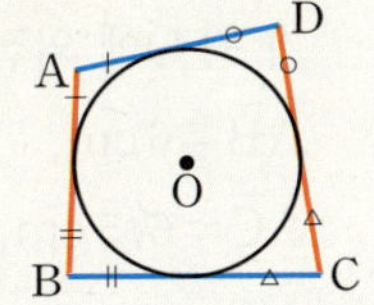

59 오른쪽 그림에서 □ABCD는 원 O에 외접하고 $\overline{AB}=7$ cm, $\overline{AD}=3$ cm, $\overline{CD}=5$ cm일 때, $\overline{BC}$의 길이는?

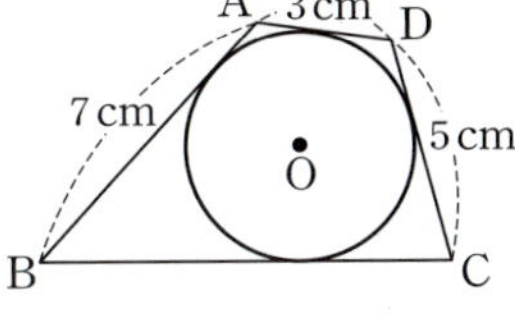

① 6 cm ② 7 cm ③ 8 cm
④ 9 cm ⑤ 10 cm

60 오른쪽 그림에서 □ABCD는 원 O에 외접하고 네 점 P, Q, R, S는 그 접점이다. $\overline{AP}=3$ cm, $\overline{BQ}=4$ cm, $\overline{CD}=11$ cm일 때, □ABCD의 둘레의 길이를 구하시오.

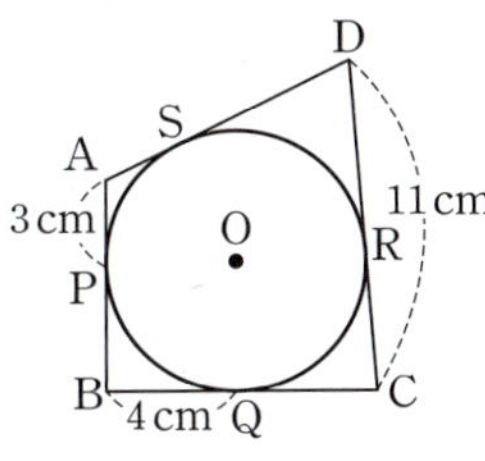

61 오른쪽 그림과 같이 원 O에 외접하는 □ABCD의 둘레의 길이가 20 cm일 때, x, y의 값을 각각 구하시오.

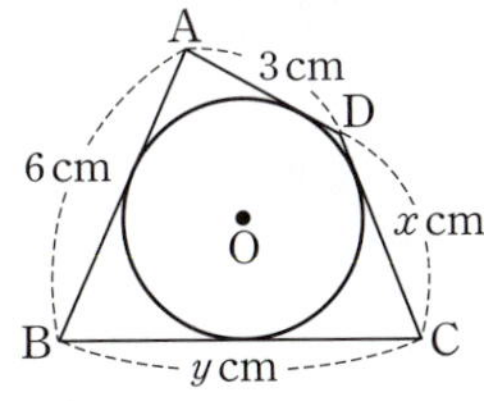

62 오른쪽 그림과 같이 ∠B=90°인 □ABCD 가 원 O에 외접하고 $\overline{AB}=6$ cm, $\overline{AC}=6\sqrt{5}$ cm, $\overline{AD}=4$ cm일 때, $\overline{CD}$의 길이를 구하시오.

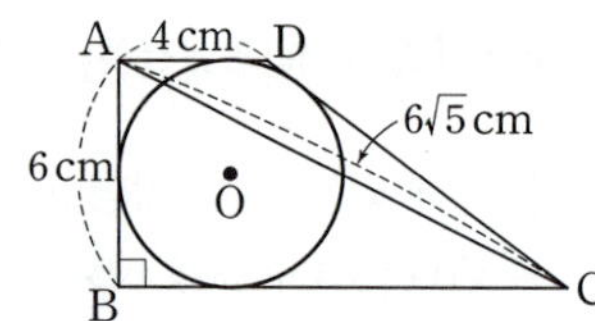

63 오른쪽 그림에서 □ABCD 는 원 O에 외접하고 $\overline{AD}:\overline{BC}=4:3$이다. $\overline{AB}=15$ cm, $\overline{CD}=13$ cm 일 때, $\overline{AD}$의 길이는?

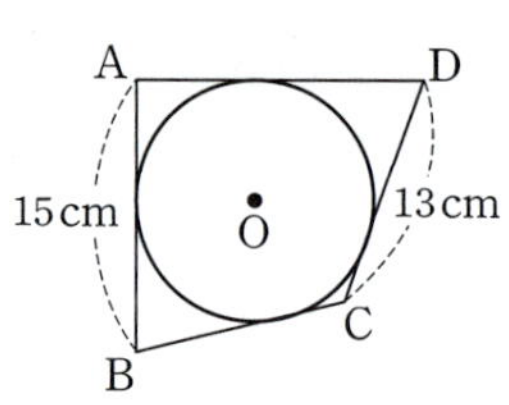

① 14 cm ② 15 cm ③ 16 cm
④ 18 cm ⑤ 20 cm

64 오른쪽 그림과 같이 ∠A=∠B=90°이고, $\overline{CD}=6$ cm인 사다리꼴 ABCD가 반지름의 길이가 2 cm인 원 O에 외접할 때, □ABCD의 넓이를 구하시오.

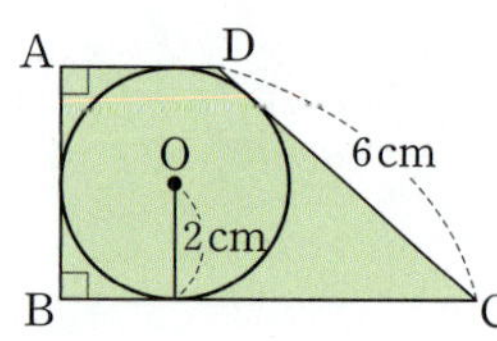

【풀이 과정】

【답】

 원에 외접하는 사각형의 성질의 응용 개념편 48쪽

원 O는 직사각형 ABCD의 세 변과 $\overline{DE}$에 접하고 네 점 F, G, H, I는 그 접점일 때

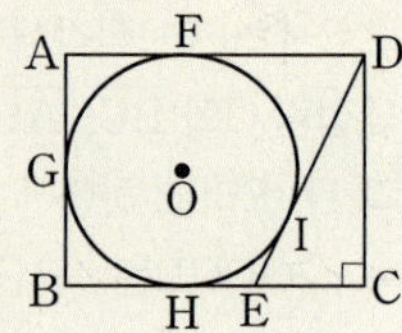

(1) $\overline{DE}=\overline{DF}+\overline{EH}$ → $\overline{DF}=\overline{DI}$, $\overline{EH}=\overline{EI}$

(2) □ABED에서 $\overline{AB}+\overline{DE}=\overline{AD}+\overline{BE}$

(3) △DEC에서 $\overline{CE}^2+\overline{CD}^2=\overline{DE}^2$

65 오른쪽 그림에서 원 O는 직사각형 ABCD의 세 변과 $\overline{DE}$에 접하고 $\overline{CD}=8$, $\overline{DE}=10$일 때, $\overline{BE}$의 길이를 구하시오.

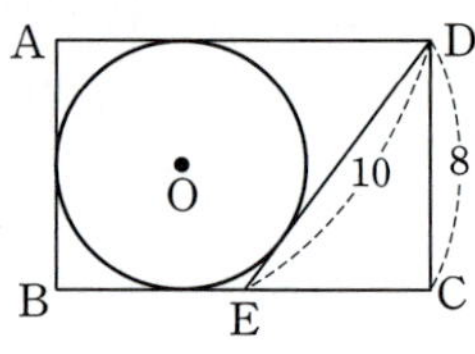

66 오른쪽 그림에서 원 O는 직사각형 ABCD의 세 변과 $\overline{BE}$에 접하고 네 점 F, G, H, I는 그 접점일 때, 다음을 구하시오.

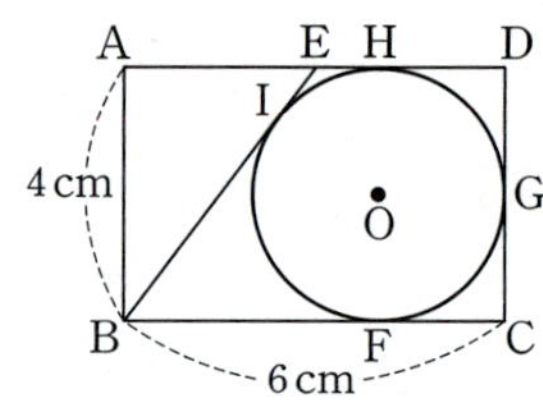

(1) $\overline{BE}$의 길이

(2) $\overline{EH}$의 길이

67 오른쪽 그림에서 원 O는 직사각형 ABCD의 세 변과 $\overline{DE}$에 접하고 $\overline{AB}=10$ cm, $\overline{BC}=15$ cm일 때, △DEC의 넓이를 구하시오.

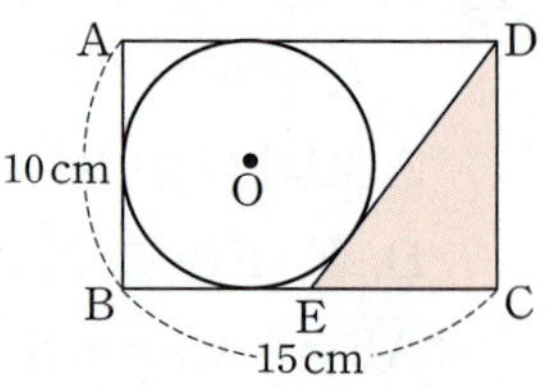

유형16 접하는 원에서의 응용
개념편 45~48쪽

직사각형 ABCD의 변에 접하면서 동시에 서로 외접하는 두 원 O, O′의 반지름의 길이를 각각 r, $r'(r>r')$이라고 하면

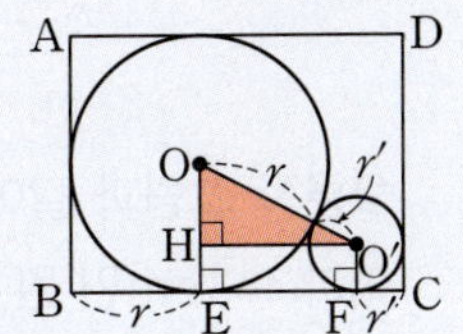

(1) $\overline{OO'}=r+r'$, $\overline{OH}=r-r'$,
  $\overline{HO'}=\overline{EF}=\overline{BC}-(r+r')$

(2) $\triangle OHO'$에서 $\overline{HO'}^2+\overline{OH}^2=\overline{OO'}^2$

---

68 오른쪽 그림과 같이 반지름의 길이가 $12\,\mathrm{cm}$이고 ∠AOB$=60°$인 부채꼴 AOB에 원 O′이 내접할 때, 원 O′의 넓이를 구하시오.

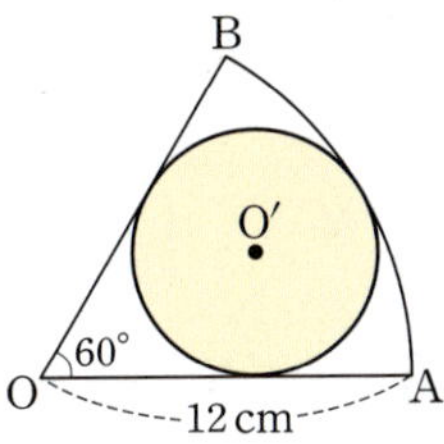

---

69 오른쪽 그림과 같이 반원 O에 내접하는 원 Q와 반원 P가 서로 외접하고 있다. 원 Q의 지름의 길이가 8일 때, 반원 P의 반지름의 길이를 구하시오.

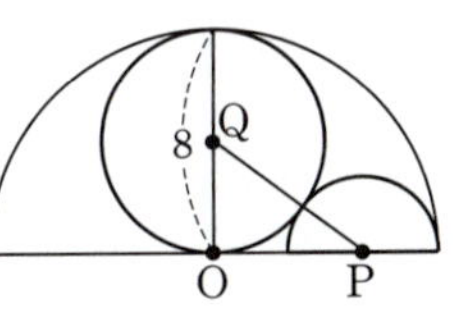

점 O에서 $\overline{BC}$에, 점 O′에서 $\overline{BC}$, $\overline{AB}$에 각각 수선을 그은 후 피타고라스 정리를 이용해 봐.

70 오른쪽 그림과 같이 직사각형 ABCD의 세 변에 접하는 원 O와 두 변에 접하는 원 O′이 서로 외접하고 있다. $\overline{AB}=8$, $\overline{AD}=10$일 때, 원 O′의 반지름의 길이를 구하시오.

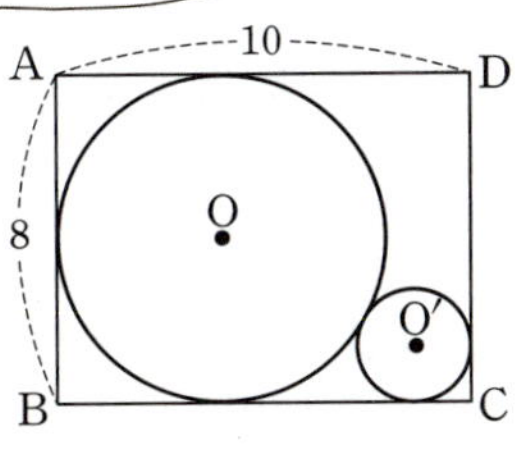

톡톡 튀는 문제

71 다음 그림에서 두 점 A, B는 점 P에서 반지름의 길이가 $2\,\mathrm{cm}$인 원 O에 그은 두 접선의 접점이다. 원 O와 $\overrightarrow{PA}$의 접점이 점 A가 되도록 고정한 채 원 O를 반지름의 길이가 $2\sqrt{3}\,\mathrm{cm}$인 원 O′이 될 때까지 늘이면 접선 $\overrightarrow{PB}$는 시계 반대 방향으로 접선 $\overrightarrow{PC}$까지 회전하고, 접점 B는 부채꼴의 호를 그리면서 접점 C까지 이동한다고 한다. $\overline{PA}=2\,\mathrm{cm}$일 때, 부채꼴 PBC의 넓이는?

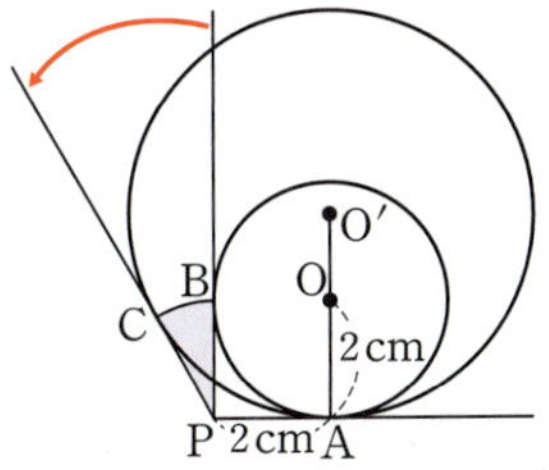

① $\dfrac{1}{2}\pi\,\mathrm{cm}^2$ ② $\dfrac{1}{3}\pi\,\mathrm{cm}^2$ ③ $\dfrac{1}{4}\pi\,\mathrm{cm}^2$

④ $\dfrac{1}{6}\pi\,\mathrm{cm}^2$ ⑤ $\dfrac{1}{8}\pi\,\mathrm{cm}^2$

---

72 다음 그림과 같이 지면 위에 반지름의 길이가 $5\,\mathrm{cm}$인 구 모양의 공이 있다. 공의 중심을 O, 공과 지면의 교점을 H라고 할 때, $\overrightarrow{HO}$ 위의 한 지점 A에서 공을 향해 수직으로 손전등을 비추었다. $\overline{AH}=18\,\mathrm{cm}$일 때, 지면에 비친 공의 그림자의 넓이를 구하시오.

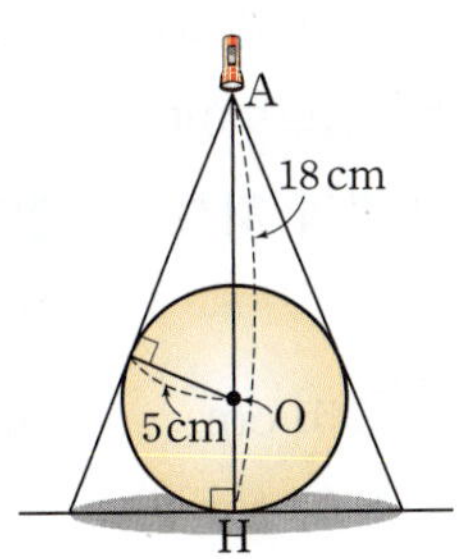

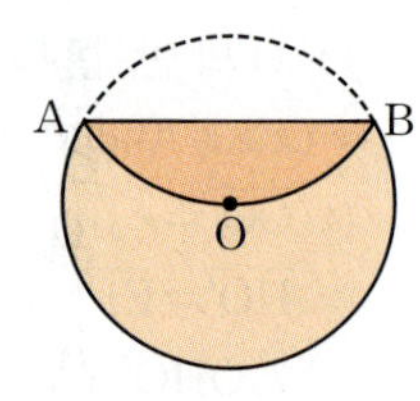

⭐ 중요

꼭 나오는 기본 문제

1 오른쪽 그림과 같이 원 O의 중심에서 현 AB에 내린 수선의 발을 M이라고 하자. $\overline{AB}=6\,cm$, $\overline{OM}=2\,cm$일 때, 원 O의 둘레의 길이는?

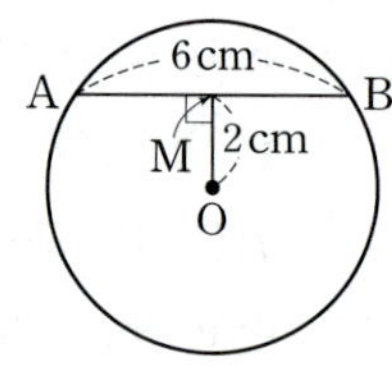

① $\sqrt{13}\pi\,cm$ ② $2\sqrt{13}\pi\,cm$ ③ $8\pi\,cm$

④ $4\sqrt{10}\pi\,cm$ ⑤ $8\sqrt{10}\pi\,cm$

2 오른쪽 그림에서 $\overline{CD}$는 원 O의 지름이고 $\overline{AB}\perp\overline{CD}$이다. $\overline{CM}=18\,cm$, $\overline{DM}=6\,cm$일 때, $\overline{AB}$의 길이는?

① $10\,cm$ ② $6\sqrt{3}\,cm$

③ $12\,cm$ ④ $10\sqrt{3}\,cm$

⑤ $12\sqrt{3}\,cm$

3 오른쪽 그림은 원 모양의 자동차 바퀴의 일부분이다. 이 자동차 바퀴의 지름의 길이는?

① $50\,cm$ ② $51\,cm$

③ $52\,cm$ ④ $53\,cm$

⑤ $54\,cm$

4 오른쪽 그림과 같이 반지름의 길이가 $4\sqrt{3}\,cm$인 원 모양의 종이를 $\overset{\frown}{AB}$가 원의 중심 O를 지나도록 $\overline{AB}$를 접는 선으로 하여 접었을 때, $\overline{AB}$의 길이를 구하시오.

5 오른쪽 그림과 같이 반지름의 길이가 5인 원 O에서 $\overline{AB}\perp\overline{OM}$, $\overline{CD}\perp\overline{ON}$이고 $\overline{OM}=\overline{ON}$이다. $\overline{BM}=4$일 때, $\triangle OCN$의 넓이는?

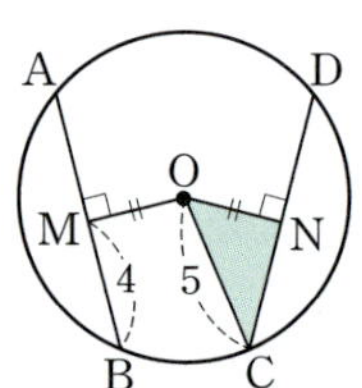

① $\dfrac{9}{2}$ ② 5

③ $\dfrac{11}{2}$ ④ 6

⑤ $\dfrac{13}{2}$

6 오른쪽 그림에서 $\overline{AB}\perp\overline{OM}$, $\overline{AC}\perp\overline{ON}$이고 $\overline{OM}=\overline{ON}$이다. $\overline{AM}=4\,cm$, $\angle MON=120°$일 때, $\overline{BC}$의 길이는?

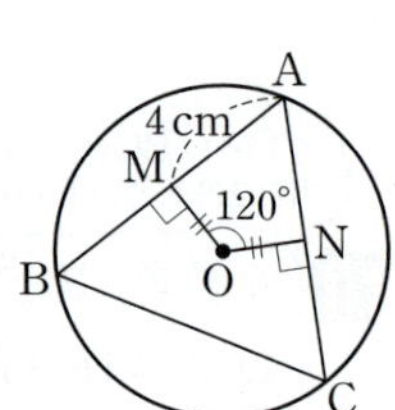

① $5\,cm$ ② $6\,cm$

③ $7\,cm$ ④ $8\,cm$

⑤ $9\,cm$

7 오른쪽 그림에서 두 점 A, B 는 점 P에서 원 O에 그은 두 접선의 접점이다. $\angle P = 60°$ 이고 $\overline{PA} = 9\,cm$일 때, 색칠한 부분의 넓이를 구하시오.

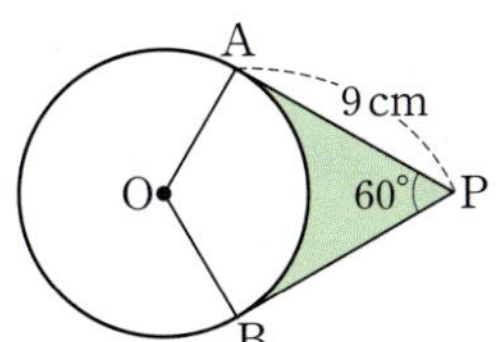

풀이 과정

답

8 오른쪽 그림에서 두 점 A, B 는 점 P에서 원 O에 그은 두 접선의 접점이고 점 C는 $\overline{OP}$와 원 O의 교점이다. $\overline{OB} = 8\,cm$, $\overline{PC} = 9\,cm$일 때, $\overline{PA}$의 길이를 구하시오.

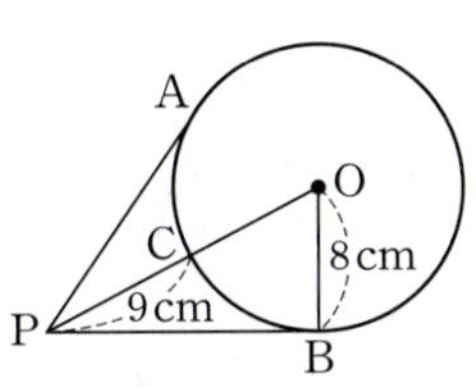

9 오른쪽 그림에서 $\overrightarrow{BC}$, $\overrightarrow{AE}$, $\overrightarrow{AF}$는 원 O의 접선이고 세 점 D, E, F는 그 접점일 때, $\overline{BE}$의 길이를 구하시오.

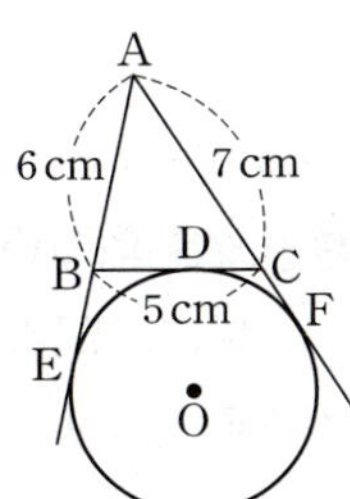

10 오른쪽 그림에서 원 O는 △ABC의 내접원이고 세 점 D, E, F는 그 접점이다. $\overline{AB} = 8$, $\overline{AC} = 5$, $\overline{AD} = 3$일 때, $\overline{BC}$의 길이를 구하시오.

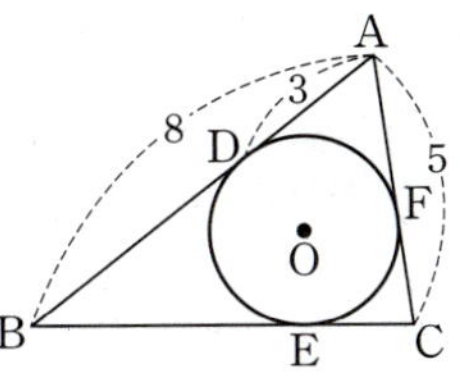

11 오른쪽 그림에서 원 O는 $\angle C = 90°$ 인 직각삼각형 ABC의 내접원이고 $\overline{AB} = 10$, $\overline{BC} = 6$일 때, 원 O의 반지름의 길이는?

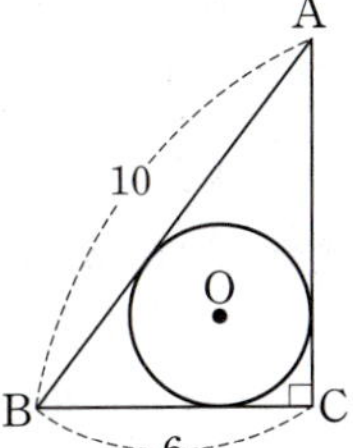

① 1　　　　　② $\dfrac{3}{2}$

③ 2　　　　　④ $\dfrac{5}{2}$

⑤ 3

12 오른쪽 그림에서 □ABCD는 원 O에 외접하고 네 점 P, Q, R, S는 그 접점이다. $\overline{AB} = 8\,cm$, $\overline{AD} = 6\,cm$, $\overline{BC} = 12\,cm$, $\overline{DR} = 2\,cm$일 때, $\overline{CR}$의 길이는?

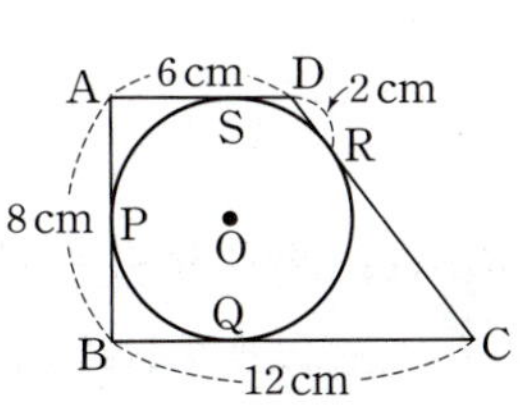

① 6 cm　　　② 7 cm　　　③ 8 cm

④ 9 cm　　　⑤ 10 cm

가뿐하지!
LEVEL 2   자주 나오는 **실력 문제**

13 오른쪽 그림에서 $\overline{AC}=\overline{BC}=2\sqrt{13}$인 이등변삼각형 ABC가 원 O에 내접하고 $\overline{AB}=12$일 때, 원 O의 반지름의 길이를 구하시오.

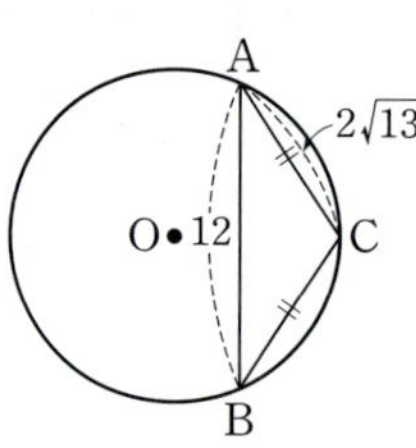

14 오른쪽 그림과 같이 점 O를 중심으로 하는 두 원에서 큰 원의 현 AD가 작은 원과 만나는 두 점을 각각 B, C라고 하자. $\overline{BC}=8$, $\overline{CD}=6$이고 두 원의 반지름의 길이의 합이 21일 때, 큰 원의 반지름의 길이는?

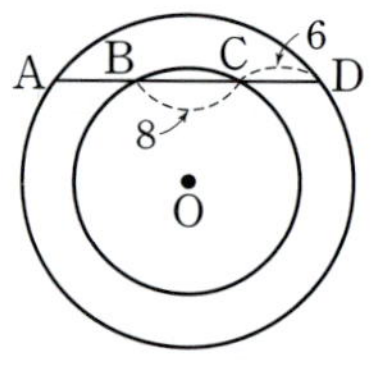

① $\dfrac{23}{2}$ ② 12   ③ $\dfrac{25}{2}$

④ 13   ⑤ $\dfrac{27}{2}$

15 오른쪽 그림과 같이 지름의 길이가 30 cm인 원 모양의 석쇠가 있다. 이 석쇠에서 가로로 평행하게 놓인 두 철사의 길이는 같고 그 사이의 간격은 12 cm일 때, 이 두 철사의 길이의 합을 구하시오.

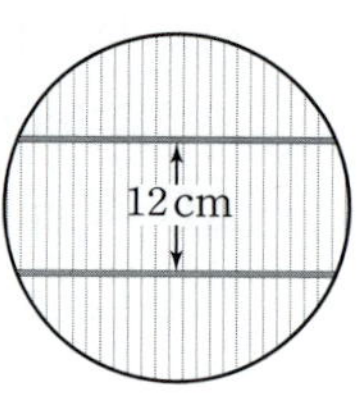

(단, 철사의 굵기는 생각하지 않는다.)

16 오른쪽 그림과 같이 지름의 길이가 8 cm인 원 O에서 $\overline{AC}\perp\overline{OE}$, $\overline{BC}\perp\overline{OD}$이고 $\overline{OD}=\overline{OE}=2$ cm, $\angle BAC=60°$일 때, 색칠한 부분의 넓이를 구하시오.

서술형

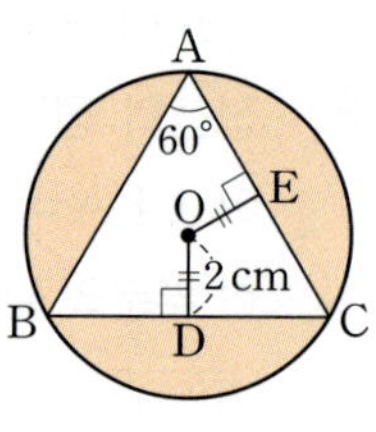

풀이 과정

답

17 오른쪽 그림과 같이 점 A에서 원 O에 그은 두 접선의 접점을 각각 P, Q라 하고 $\overline{OA}$가 원 O와 만나는 점을 D, 점 D에서 그은 접선이 $\overline{AP}$, $\overline{AQ}$와 만나는 점을 각각 B, C라고 하자. $\overline{AC}=10$ cm, $\overline{CQ}=6$ cm일 때, 원 O의 넓이를 구하시오.

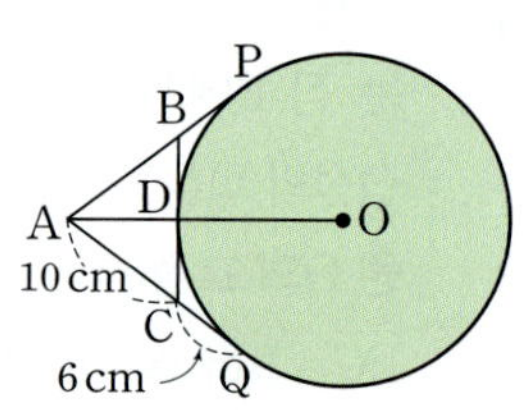

18 오른쪽 그림과 같이 원 O의 지름의 양 끝 점 A, B에서 그은 두 접선과 원 위의 점 P에서 그은 접선이 만나는 점을 각각 C, D라고 하자. $\overline{AC}=4$ cm, $\overline{BD}=7$ cm일 때, 원 O의 둘레의 길이는?

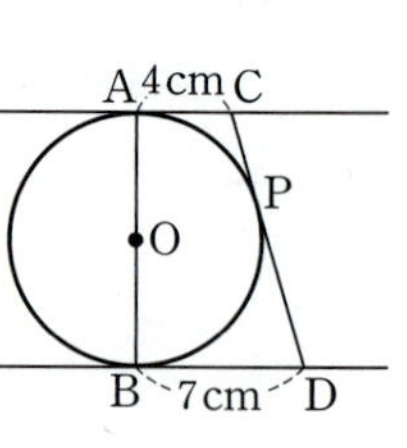

① $2\sqrt{7}\pi$ cm   ② 8π cm   ③ 10π cm

④ $4\sqrt{7}\pi$ cm   ⑤ 12π cm

19 오른쪽 그림과 같이 직선 $4x-3y+36=0$이 x축, y축과 만나는 점을 각각 A, B라고 할 때, 원 I는 △AOB의 내접원이고 세 점 D, E, F는 그 접점이다. 이때 원 I의 반지름의 길이를 구하시오. (단, O는 원점)

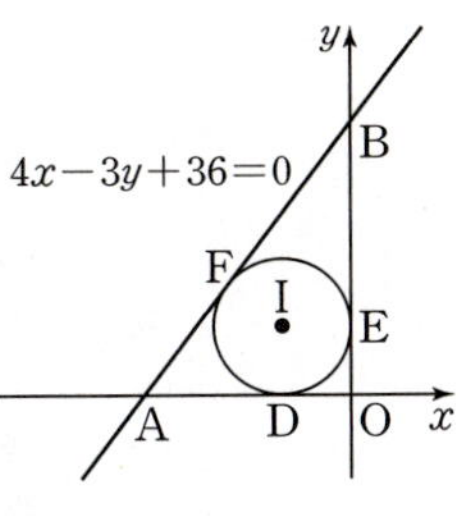

20 오른쪽 그림과 같이 원 O에 내접하는 직각삼각형 ABC의 내접원을 I라고 하자. 원 O의 반지름의 길이는 5, 원 I의 반지름의 길이는 2일 때, △ABC의 넓이는?

(단, 세 점 D, E, F는 △ABC와 원 I의 접점이다.)

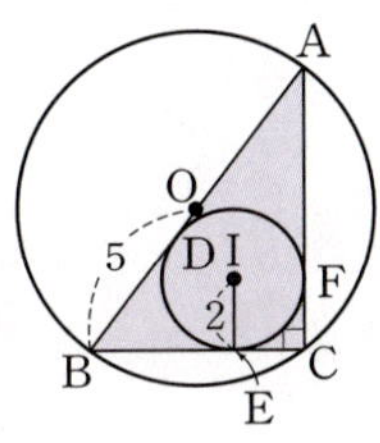

① 21 ② 24 ③ 27
④ 30 ⑤ 33

21 오른쪽 그림에서 원 O는 직사각형 ABCD의 세 변과 $\overline{CE}$에 접하고 네 점 F, G, H, I는 그 접점이다. $\overline{AB}=8$, $\overline{BC}=12$일 때, △CDE의 둘레의 길이를 구하시오.

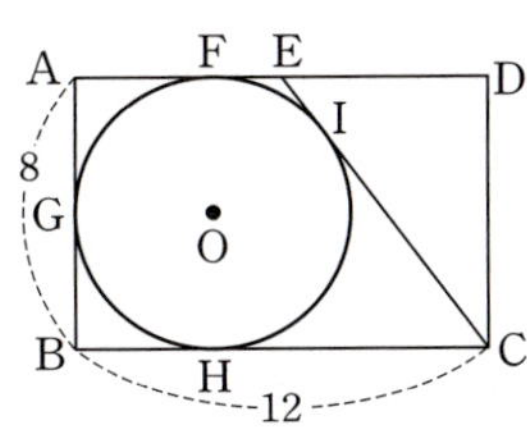

만점을 위한 도전 문제

22 오른쪽 그림의 원 O에서 두 현 AB, CD는 점 P에서 수직으로 만난다. $\overline{AP}=8$, $\overline{BP}=6$, $\overline{CP}=12$, $\overline{DP}=4$일 때, 원 O의 넓이는?

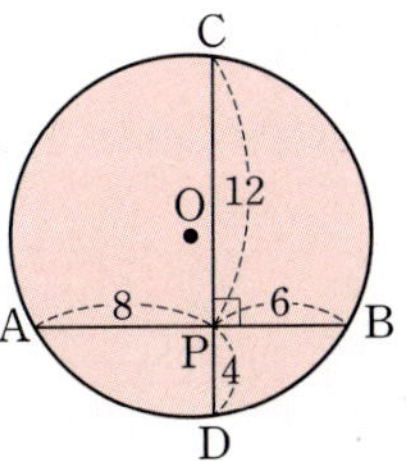

① 65π ② 66π
③ 67π ④ 68π
⑤ 69π

23 오른쪽 그림과 같이 두 원 O, O′이 서로 외접하고 두 원의 공통인 접선의 교점을 P, 한 접선과 두 원 O, O′의 접점을 각각 A, B라고 하자. $\overline{PA}=\overline{AB}=4\,cm$일 때, 원 O의 반지름의 길이를 구하시오.

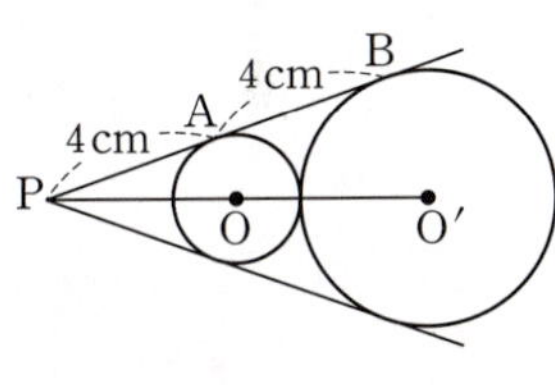

4 원주각

4 원주각

⭐ 중요

(원주각의 크기)
$= \dfrac{1}{2} \times$ (중심각의 크기)

➡ $\angle APB = \dfrac{1}{2} \angle AOB$

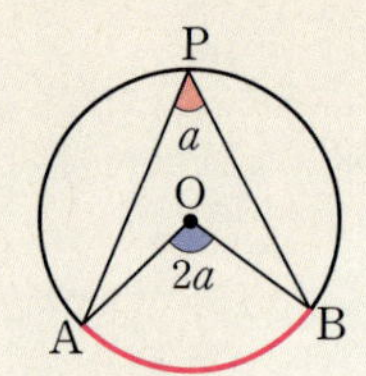

1 오른쪽 그림의 원 O에서 $\angle AOB = 74°$일 때, $\angle x$의 크기를 구하시오.

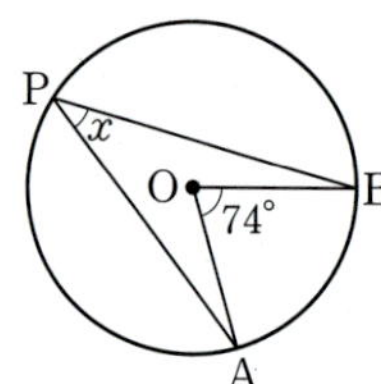

2 오른쪽 그림의 원 O에서 $\angle AEB = 30°$, $\angle BDC = 20°$일 때, $\angle x$의 크기는?

① $95°$ ② $100°$

③ $105°$ ④ $110°$

⑤ $115°$

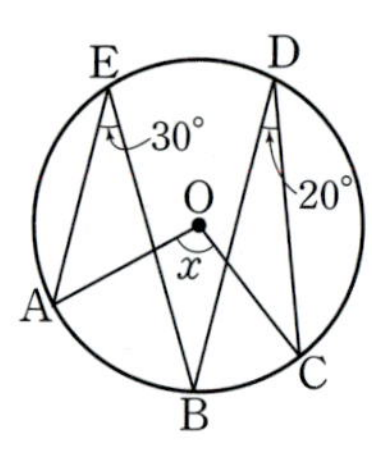

3 오른쪽 그림의 원 O에서 $\angle APB = 36°$, $\overarc{AB} = 8\pi$ cm일 때, 원 O의 넓이는?

① 40π cm²   ② 100π cm²

③ 256π cm²   ④ 324π cm²

⑤ 400π cm²

4 오른쪽 그림과 같이 반지름의 길이가 4 cm인 원 O에서 $\overarc{AB}$에 대한 원주각의 크기가 30°일 때, $\overarc{AB}$의 길이를 구하시오.

서술형

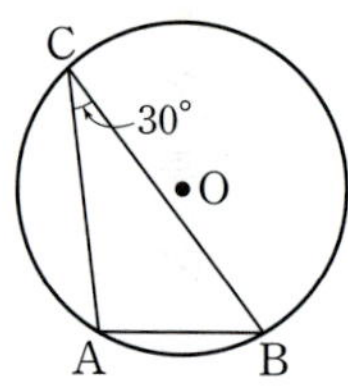

풀이 과정

답

5 오른쪽 그림의 원 O에서 $\angle PAO = 18°$, $\angle PBO = 34°$일 때, $\angle x$의 크기를 구하시오.

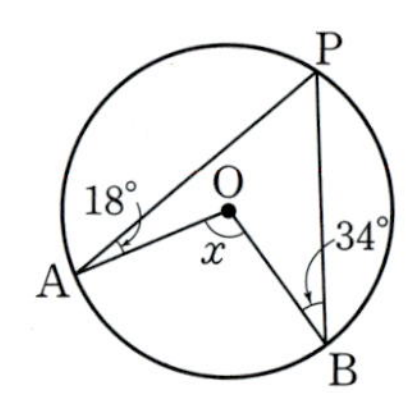

> $\overline{BC}$를 긋고 원주각과 중심각의 크기 사이의 관계를 이용해 봐.

까다로운 기출문제

6 오른쪽 그림에서 점 P는 원 O의 두 현 AB, CD의 연장선의 교점이다. $\angle AOC = 130°$이고 $\angle BOD = 50°$일 때, $\angle P$의 크기를 구하시오.

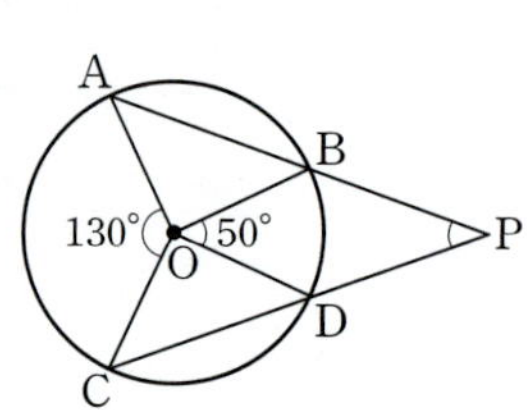

유형 2 원주각과 중심각의 크기 (2) 개념편 60쪽

원 O의 두 반지름과 두 현 AP, BP
로 이루어진 □AOBP에서

$\angle APB = \dfrac{1}{2} \times (360° - \angle AOB)$

└→ ACB에 대한 중심각의 크기

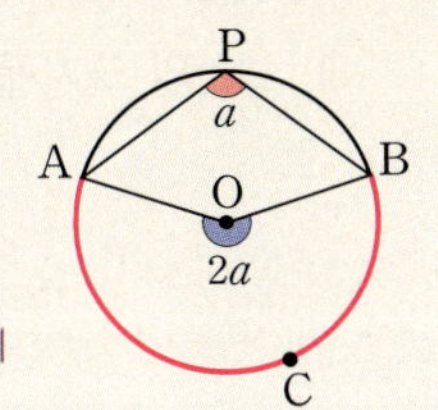

유형 3 두 접선이 주어졌을 때, 원주각과 중심각의 크기 개념편 60쪽

두 점 A, B가 점 P에서 원 O
에 그은 두 접선의 접점일 때

(1) $\angle PAO = \angle PBO = 90°$

➡ $\angle P + \angle AOB = 180°$

(2) $\angle ACB = \dfrac{1}{2} \angle AOB$

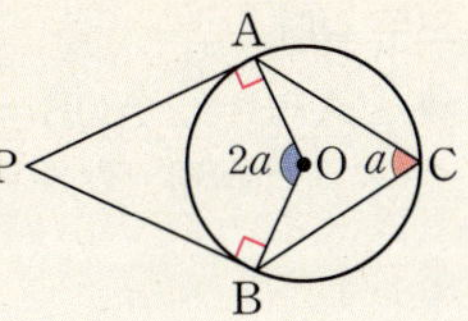

---

7 오른쪽 그림의 원 O에서
$\angle APB = 115°$일 때, $\angle x$의 크
기를 구하시오.

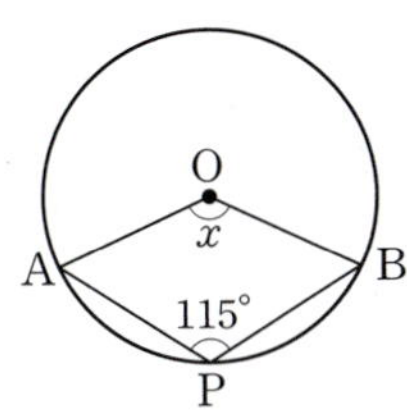

8 오른쪽 그림의 원 O에서 $\angle x$의
크기는?

① 50°   ② 54°
③ 58°   ④ 62°
⑤ 66°

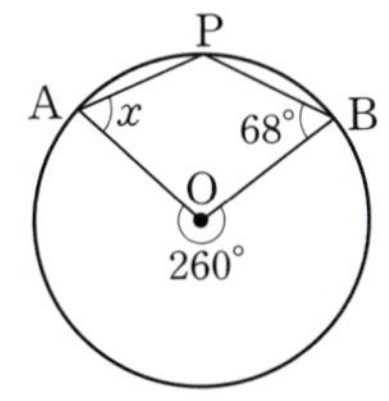

9 서술형 오른쪽 그림과 같이 $\overline{AB} = \overline{AC}$인
이등변삼각형 ABC가 원 O에 내
접하고 $\angle ABC = 28°$일 때, $\angle x$의
크기를 구하시오.

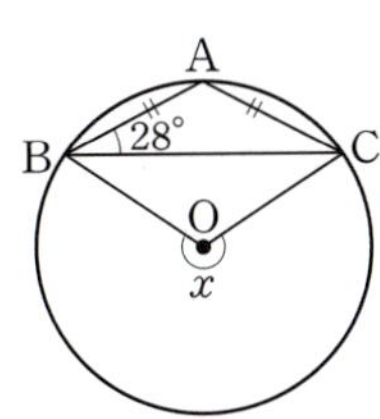

풀이 과정

답

---

10 다음 그림에서 두 점 A, B는 점 P에서 원 O에 그은
두 접선의 접점이다. $\angle ACB = 70°$일 때, $\angle P$의 크기
를 구하시오.

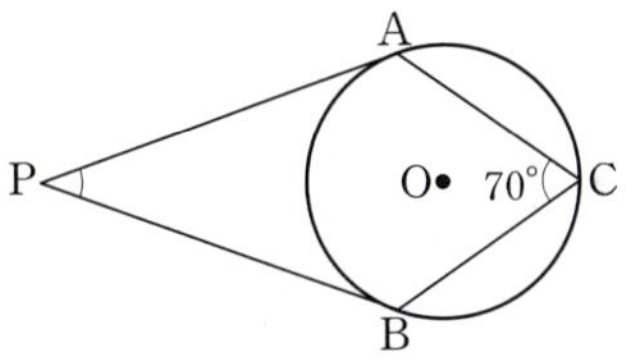

11 다음 그림에서 두 점 A, B는 점 P에서 원 O에 그은
두 접선의 접점이다. $\angle P = 30°$일 때, $\angle x$의 크기를
구하시오.

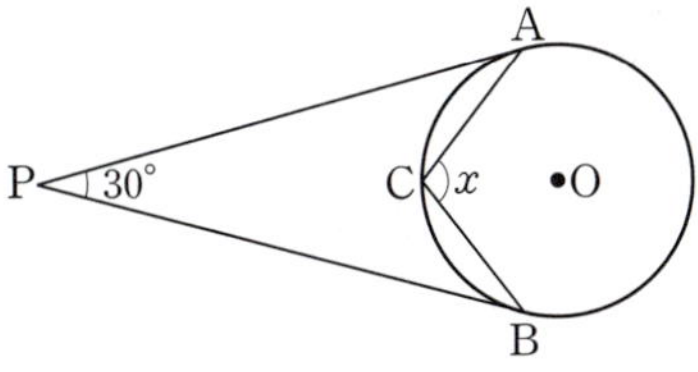

12 오른쪽 그림에서 두 점 A, B
는 점 P에서 원 O에 그은 두
접선의 접점이고 △ABC는
원 O에 내접한다. $\angle P = 64°$
일 때, 다음을 구하시오.

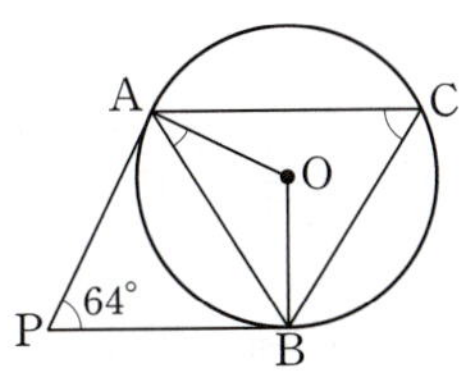

(1) $\angle ACB$의 크기

(2) $\angle OAB$의 크기

유형 **4**　원주각의 성질　　개념편 **61쪽**

원에서 한 호에 대한 원주각의 크기는
모두 같다.

➡ $\angle APB = \angle AQB = \angle ARB$
└→ $\overset{\frown}{AB}$에 대한 원주각

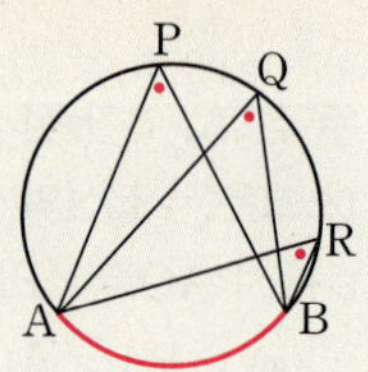

---

13 오른쪽 그림에서 점 P는 두 현
AB, CD의 교점일 때, 다음 중
옳지 <u>않은</u> 것은?

① $\angle CAP = \angle BDP$

② $\angle ACP = \angle DBP$

③ $\angle CPB = \angle CAP + \angle ACP$

④ $\overset{\frown}{AD} = \overset{\frown}{BC}$

⑤ $\triangle ACP \backsim \triangle DBP$

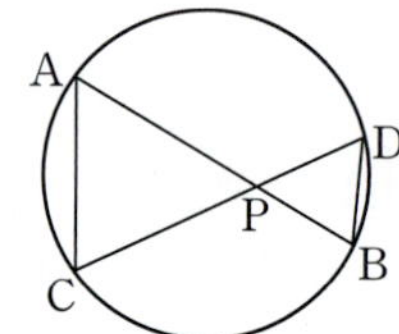

---

14 오른쪽 그림에서 점 E는 두 현
AB, CD의 교점이다.
$\angle ADC = 45°$, $\angle AEC = 70°$일
때, $\angle x$의 크기는?

① $20°$　　② $25°$　　③ $30°$

④ $35°$　　⑤ $40°$

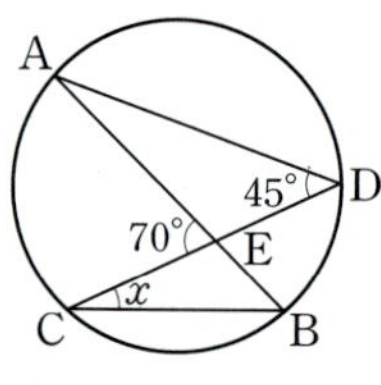

---

15 오른쪽 그림에서
$\angle APB = 40°$, $\angle BRC = 30°$
일 때, $\angle AQC$의 크기를 구하
시오.

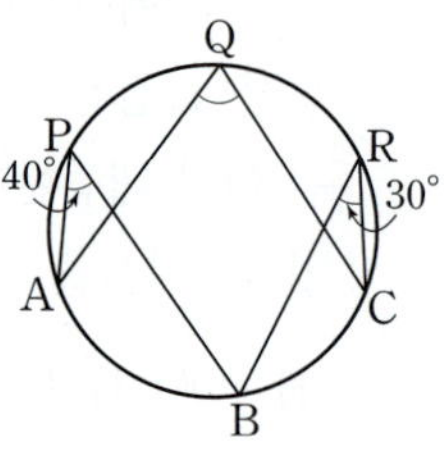

---

16 오른쪽 그림의 원 O에서
$\angle AQC = 68°$, $\angle BOC = 90°$일
때, $\angle x$의 크기를 구하시오.

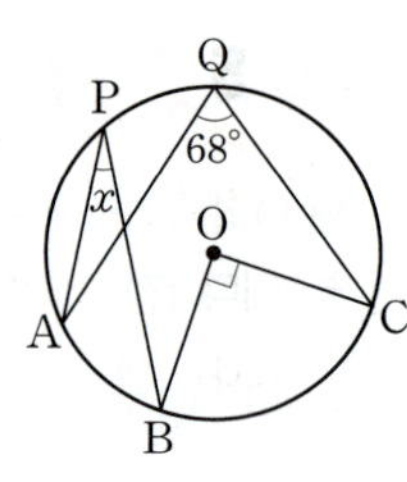

---

17 오른쪽 그림에서 점 P는 두 현
AC, BD의 교점이다.
$\angle ABD = 42°$, $\angle BDC = 58°$일
때, $\angle x + \angle y$의 크기는?

① $75°$　　② $80°$　　③ $85°$

④ $90°$　　⑤ $95°$

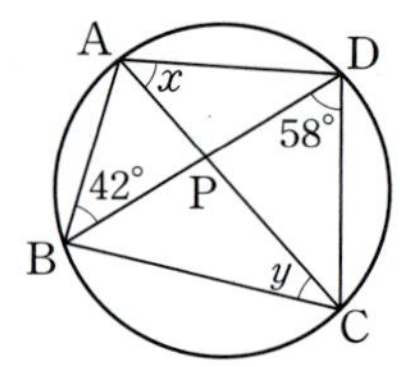

---

18 오른쪽 그림과 같이 두 현
AC, BD의 교점을 P라
하고, 두 현 AB, DC의
연장선의 교점을 Q라고
하자. $\angle APD = 70°$,
$\angle Q = 30°$일 때, $\angle x$의 크기는?

① $10°$　　② $15°$　　③ $18°$

④ $20°$　　⑤ $25°$

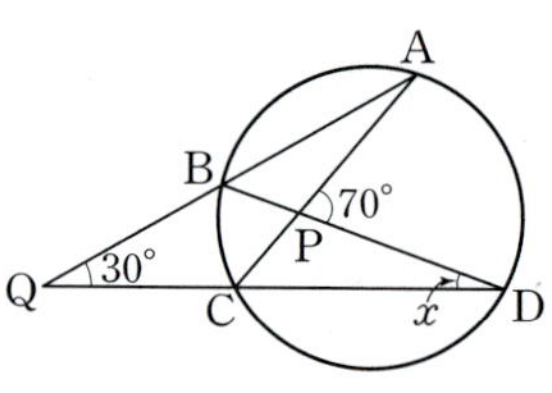

까다로운 **기출문제**

19 오른쪽 그림에서
$\angle a + \angle b + \angle c + \angle d + \angle e$의
크기는?

① $100°$　　② $110°$

③ $130°$　　④ $160°$

⑤ $180°$

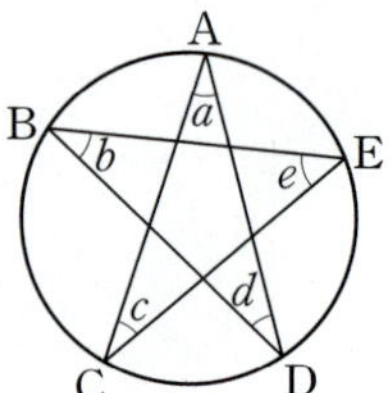

반원에 대한 원주각의 크기　　개념편 61쪽

반원에 대한 원주각의 크기는 90°이다.

→ $\overline{AB}$가 원 O의 지름이면
　→ $\overline{AB}$가 원의 중심 O를 지나면
　　$\angle APB = \angle AQB = \angle ARB$
　　$= 90° \leftarrow \dfrac{1}{2}\angle AOB$

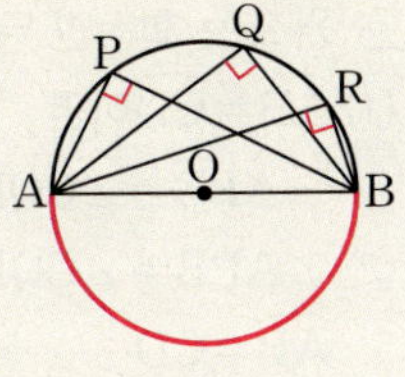

20 오른쪽 그림에서 $\overline{BD}$는 원 O의 지름이고 $\angle BAC = 55°$일 때, $\angle DBC$의 크기를 구하시오.

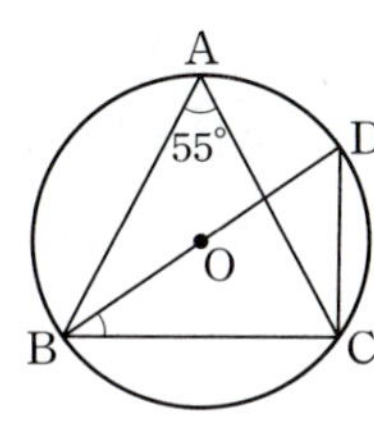

21 오른쪽 그림에서 $\overline{BD}$는 원 O의 지름이고 $\angle ABD = 50°$, $\angle BDC = 60°$일 때, $\angle ACB$의 크기는?

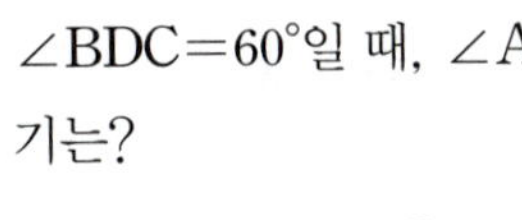

① 30°　　② 35°　　③ 40°
④ 45°　　⑤ 50°

22 오른쪽 그림에서 $\overline{AC}$는 원 O의 중심을 지나고 $\angle ABD = 56°$, $\angle DEC = 80°$일 때, $\angle y - \angle x$의 크기를 구하시오.

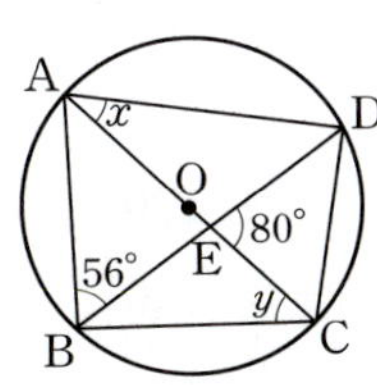

23 오른쪽 그림에서 $\overline{AD}$는 원 O의 지름이고 $\angle DBE = 30°$일 때, $\angle ACE$의 크기는?

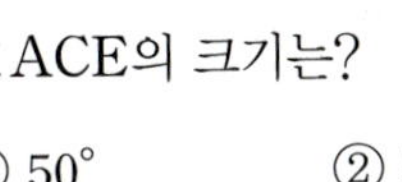
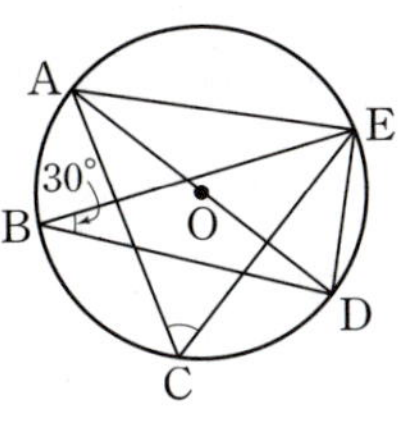

① 50°　　② 55°
③ 60°　　④ 65°
⑤ 70°

24 오른쪽 그림에서 $\overline{AB}$는 원 O의 지름이고 $\angle DEB = 49°$일 때, $\angle ACD$의 크기는?

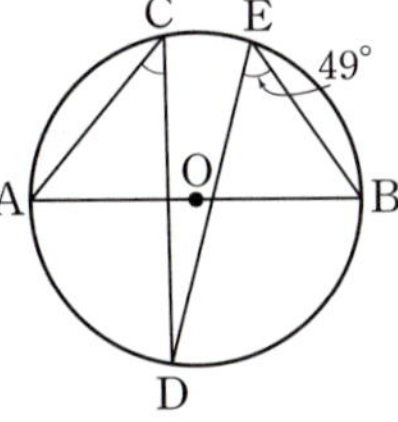

① 33°　　② 37°
③ 41°　　④ 45°
⑤ 49°

25 오른쪽 그림과 같이 $\overline{AB}$를 지름으로 하는 반원 O에서 $\overline{AC}$, $\overline{BD}$의 연장선의 교점을 P라고 하자. $\angle COD = 60°$일 때, $\angle x$의 크기를 구하시오.

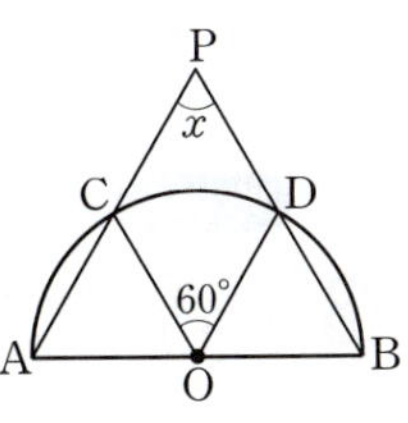

풀이 과정

답

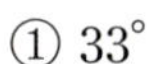

유형 6 원주각의 성질과 삼각비 개념편 61쪽

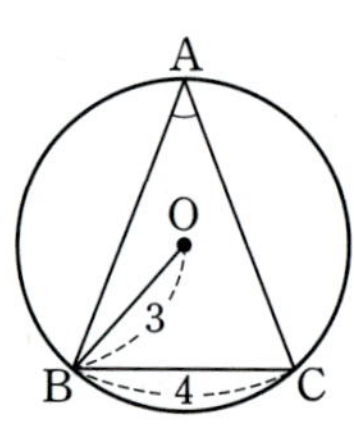

$\triangle ABC$가 원 O에 내접할 때, 원의 지름 $A'B$를 그어 원에 내접하는 직각삼각형 $A'BC$를 만들면

➡ $\angle A = \angle A'$이므로

$$\sin A = \sin A' = \frac{\overline{BC}}{\overline{A'B}}$$

$$\cos A = \cos A' = \frac{\overline{A'C}}{\overline{A'B}}$$

$$\tan A = \tan A' = \frac{\overline{BC}}{\overline{A'C}}$$

26 오른쪽 그림과 같이 반지름의 길이가 3인 원 O에 내접하는 $\triangle ABC$에서 $\overline{BC}=4$일 때, $\cos A$의 값을 구하시오.

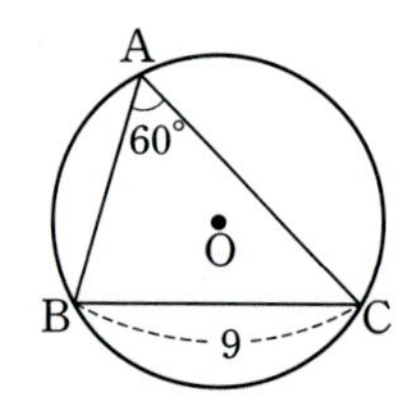

27 오른쪽 그림과 같이 원 O에 내접하는 $\triangle ABC$에서 $\angle BAC=60°$이고 $\overline{BC}=9$일 때, 원 O의 반지름의 길이를 구하시오.

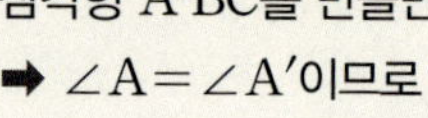

까다로운 기출문제

28 오른쪽 그림과 같이 원 모양의 공연장 한쪽에 무대가 있다. 이 공연장 가장자리의 한 지점 P에서 무대의 양 끝 지점 A, B를 바라본 각의 크기는 45°이고 $\overline{AB}$는 원의 현이다.
$\overline{AB}=20\,\text{m}$일 때, 무대를 제외한 공연장의 넓이는?

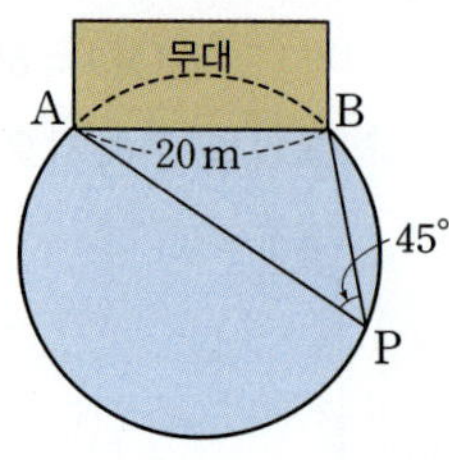

① $(100+150\pi)\,\text{m}^2$ ② $(100+200\pi)\,\text{m}^2$
③ $(200+150\pi)\,\text{m}^2$ ④ $(200+200\pi)\,\text{m}^2$
⑤ $(300+150\pi)\,\text{m}^2$

유형 7 원주각의 크기와 호의 길이 (1) 개념편 62쪽

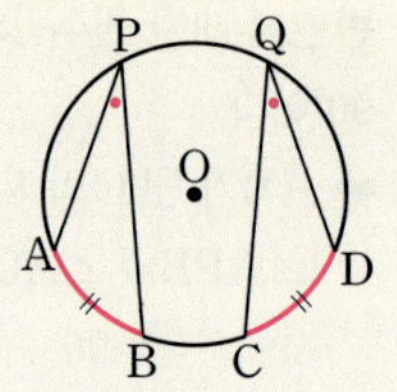

한 원 또는 합동인 두 원에서
(1) $\overparen{AB}=\overparen{CD}$이면
　　$\angle APB = \angle CQD$
(2) $\angle APB = \angle CQD$이면
　　$\overparen{AB}=\overparen{CD}$

29 오른쪽 그림의 원 O에서 $\overparen{AB}=\overparen{BC}$이고 $\angle APB=35°$일 때, $\angle BOC$의 크기를 구하시오.

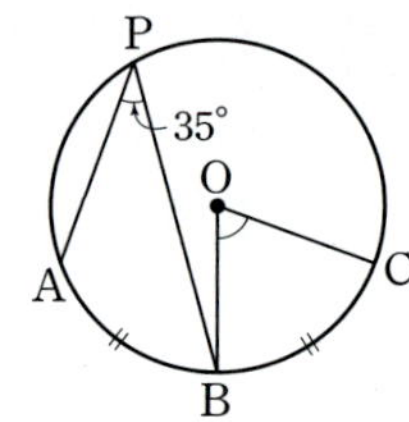

30 오른쪽 그림에서 점 P는 두 현 AB, CD의 교점이다. $\overparen{AC}=\overparen{BD}$이고 $\angle ABC=23°$일 때, $\angle x$의 크기를 구하시오.

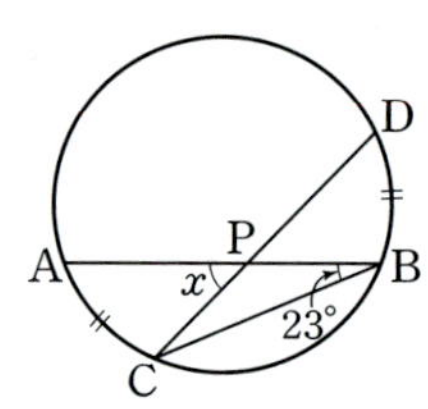

31 오른쪽 그림의 원 O에서 $\overparen{BC}=\overparen{CD}$이고 $\angle BAC=27°$일 때, $\angle x+\angle y$의 크기는?

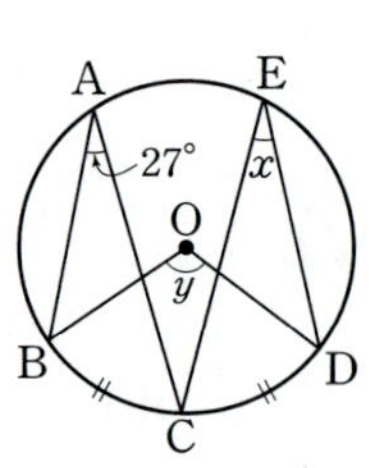

① 120°　② 125°
③ 130°　④ 135°
⑤ 140°

32 오른쪽 그림에서 $\overset{\frown}{AB}=\overset{\frown}{BC}$이고 ∠ADB=30°, ∠CAD=53°일 때, ∠ABD의 크기는?

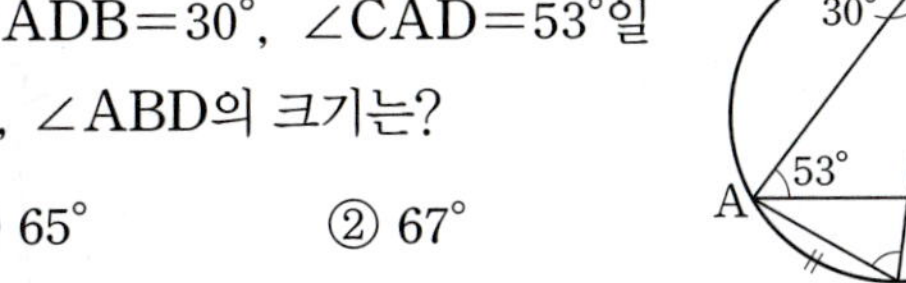

① 65° ② 67°
③ 70° ④ 73°
⑤ 75°

유형 8 원주각의 크기와 호의 길이 (2) 개념편 62쪽

한 원 또는 합동인 두 원에서 호의 길이는 그 호에 대한 원주각의 크기에 정비례한다.

➡ $\overset{\frown}{AB} : \overset{\frown}{BC} = \angle x : \angle y$

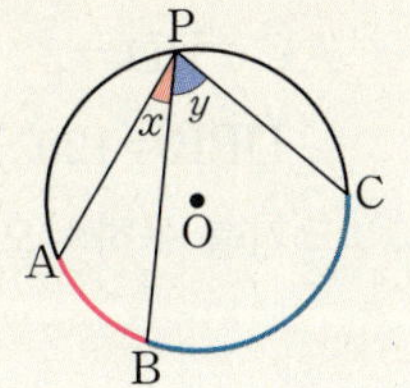

35 오른쪽 그림의 원 O에서 ∠BQC=20°이고 $\overset{\frown}{AB}=6\,cm$, $\overset{\frown}{BC}=3\,cm$일 때, ∠$x$의 크기를 구하시오.

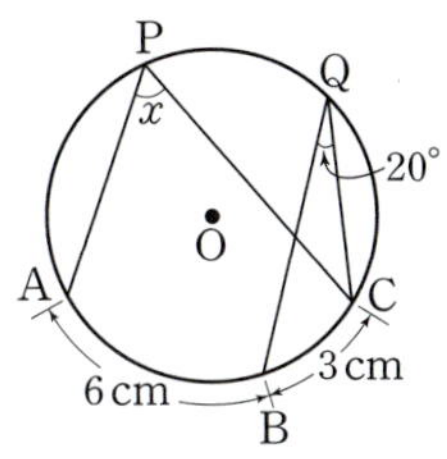

33 오른쪽 그림에서 $\overline{AD}\,/\!/\,\overline{BE}$, $\overset{\frown}{AB}=\overset{\frown}{BC}$, ∠ADC=62°일 때, ∠DCE의 크기는?

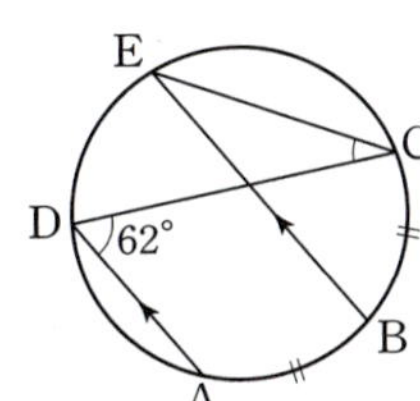

① 28° ② 29°
③ 30° ④ 31°
⑤ 32°

36 오른쪽 그림에서 $\overline{AB}$는 원 O의 지름이고 ∠ABC=25°, $\overset{\frown}{AC}=10\,cm$일 때, $\overset{\frown}{BC}$의 길이는?

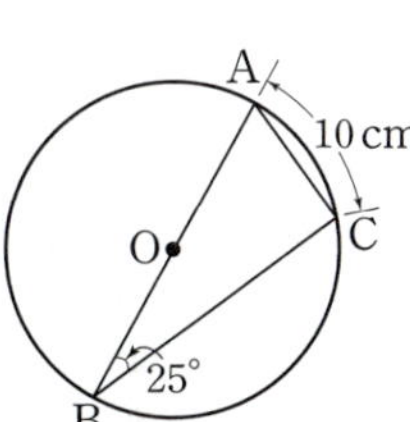

① 24 cm ② 26 cm
③ 28 cm ④ 30 cm
⑤ 32 cm

34 오른쪽 그림과 같이 $\overline{AB}$를 지름으로 하는 반원 O에서 점 E는 두 현 AC, BD의 교점이다. $\overset{\frown}{AD}=\overset{\frown}{CD}$이고 ∠ABD=25°일 때, ∠$x$의 크기를 구하시오.

서술형

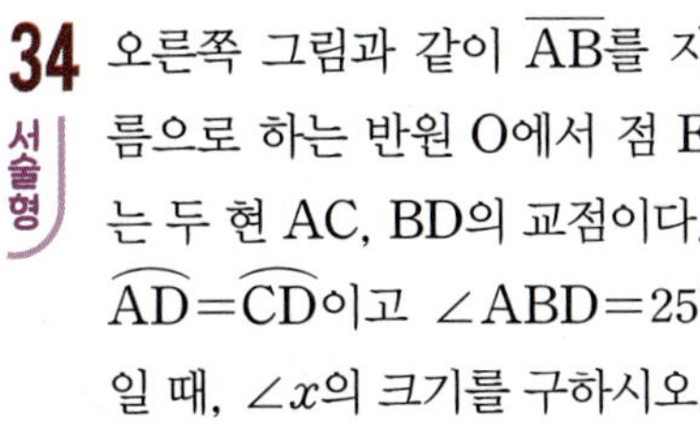

풀이 과정

답

37 오른쪽 그림과 같이 원 O의 두 현 DA, CB의 연장선의 교점을 P라고 하자. ∠ACB=30°이고 $\overset{\frown}{AB}=2\,cm$, $\overset{\frown}{CD}=4\,cm$일 때, ∠$x$의 크기를 구하시오.

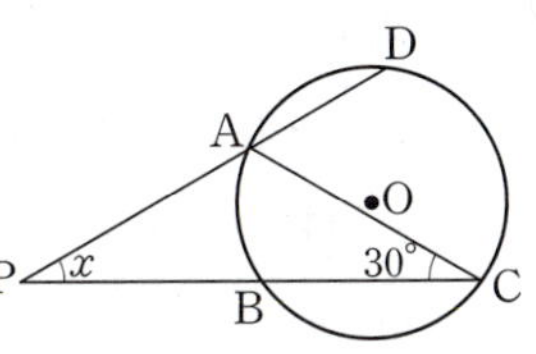

38 오른쪽 그림에서 점 P는 두 현
AB, CD의 교점이다.
$\overarc{AC} : \overarc{BD} = 2 : 1$이고
∠DPB=120°일 때, ∠ABC의
크기를 구하시오.

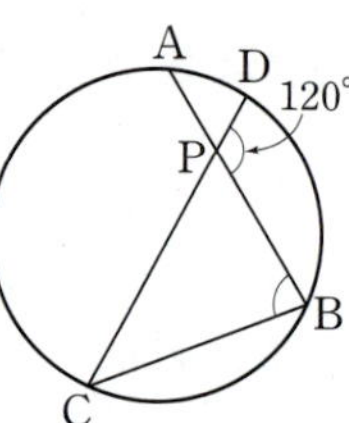

39 오른쪽 그림과 같이 $\overline{AD}$,
$\overline{BC}$의 연장선의 교점을 P,
$\overline{AC}$, $\overline{BD}$의 교점을 Q라고
하자. $\overarc{AB} : \overarc{CD} = 11 : 4$이
고 ∠AQB=75°일 때, ∠x의 크기는?

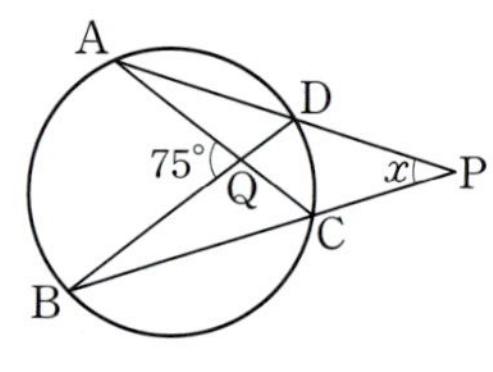

① 20° ② 25° ③ 30°
④ 35° ⑤ 40°

까다로운 기출문제

40 오른쪽 그림에서 $\overline{AB}$는 원 O의
지름이고 점 P는 $\overline{AB}$와 $\overline{CE}$의
교점이다. $\overarc{AC} : \overarc{BC} = 5 : 4$,
$\overarc{AD} = \overarc{DE} = \overarc{EB}$일 때, ∠$x$의
크기를 구하시오.

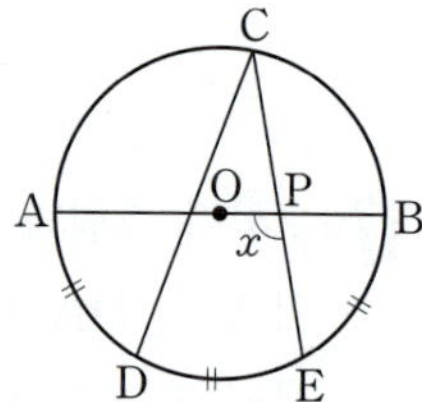

유형 9 **원주각의 크기와 호의 길이 (3)** 개념편 62쪽

$\overarc{AB}$의 길이가 원주의 $\dfrac{1}{n}$이면

➡ ∠APB$=180° \times \dfrac{1}{n}$

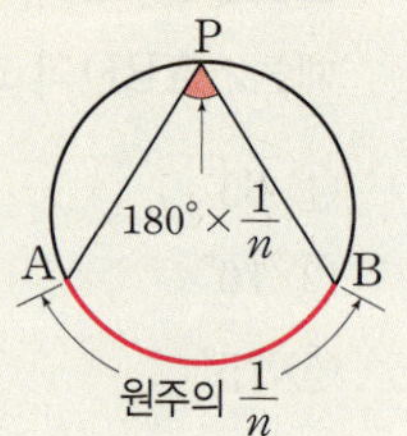

참고 한 원에서 모든 호에 대한 원주각의 크기의 합은 180°이다.

41 오른쪽 그림에서 원 O는 △ABC
의 외접원이다.
$\overarc{AB} : \overarc{BC} : \overarc{CA} = 3 : 4 : 5$일 때,
∠x, ∠y, ∠z의 크기를 각각 구
하시오.

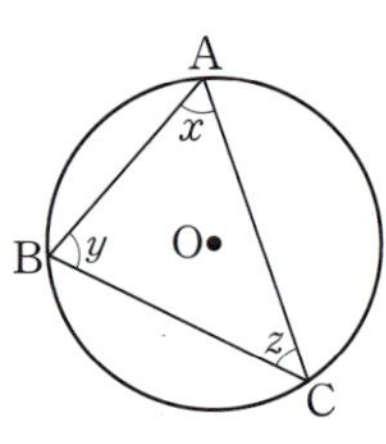

42 오른쪽 그림에서
$\overarc{AB} = \overarc{BC} = \overarc{CD} = \overarc{DE} = \overarc{EA}$
일 때, ∠CAD의 크기를 구하
시오.

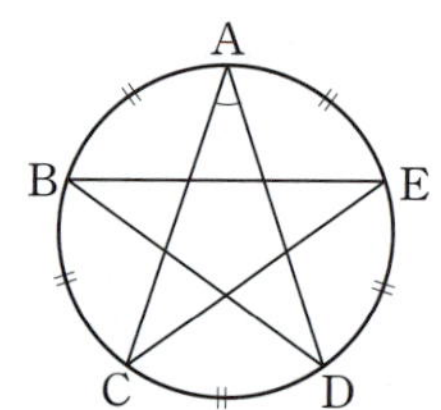

43 오른쪽 그림에서 점 P는 두 현
AB, CD의 교점이다.
∠ACD=40°, ∠CPB=100°,
$\overarc{BC}=8\,cm$일 때, 이 원의 둘레의
길이는?

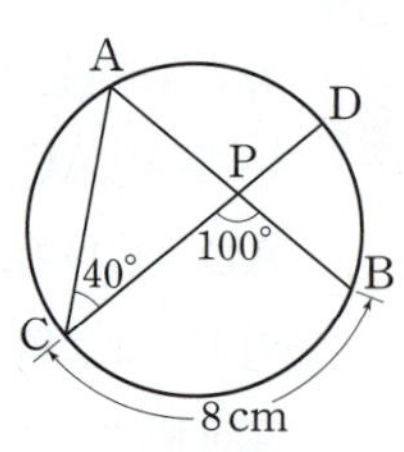

① 24 cm ② 26 cm ③ 28 cm
④ 30 cm ⑤ 32 cm

44 ^{서술형} 오른쪽 그림에서 점 P는 두 현 AB, CD의 교점이다. $\overarc{BD}$의 길이는 원의 둘레의 길이의 $\frac{1}{12}$이고 $\overarc{AC}=2\overarc{BD}$일 때, ∠BPD의 크기를 구하시오.

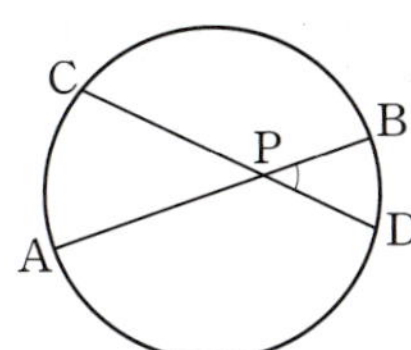

[풀이 과정]

[답]

---

45 오른쪽 그림에서 점 P는 두 현 AB, CD의 교점이다. 원 O의 반지름의 길이가 9 cm이고 ∠APC=30°일 때, $\overarc{AC}+\overarc{BD}$의 길이는?

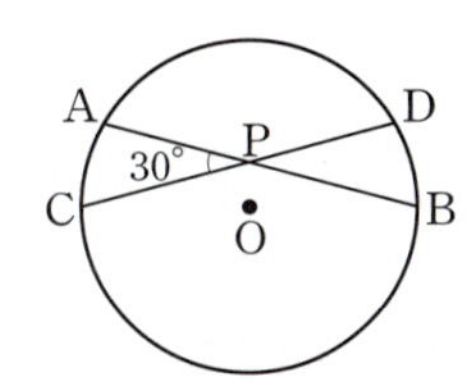

① $\frac{18}{7}\pi$ cm   ② 3π cm   ③ $\frac{18}{5}\pi$ cm

④ $\frac{9}{2}\pi$ cm   ⑤ 6π cm

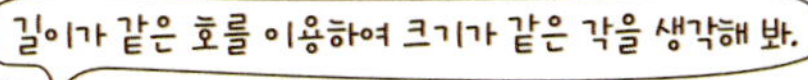

까다로운 기출문제

46 오른쪽 그림과 같이 원 O의 두 현 AB, CD의 연장선의 교점을 P라고 하자. $\overarc{AB}=\overarc{AC}=\overarc{CD}$이고 ∠P=32°일 때, ∠$x$의 크기를 구하시오.

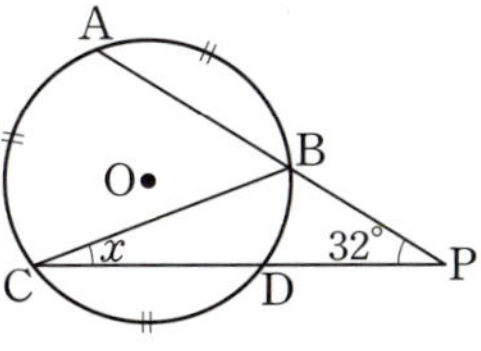

---

(1) ∠ACB=∠ADB이면
  ➡ 네 점 A, B, C, D는 한 원 위에 있다.
(2) 네 점 A, B, C, D가 한 원 위에 있으면
  ➡ ∠ACB=∠ADB

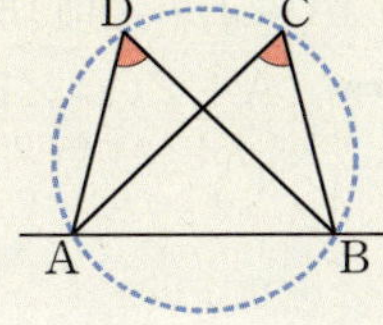

47 다음 중 네 점 A, B, C, D가 한 원 위에 있는 것을 모두 고르면? (정답 2개)

① 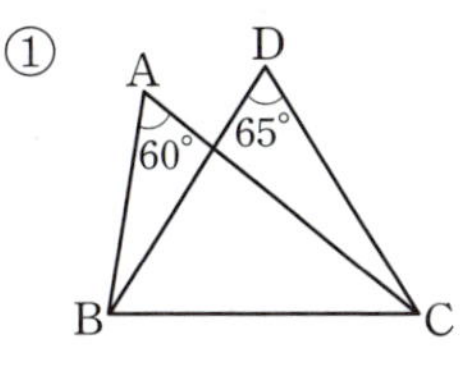   ② 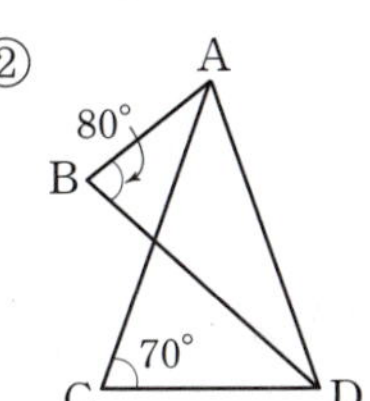

③ 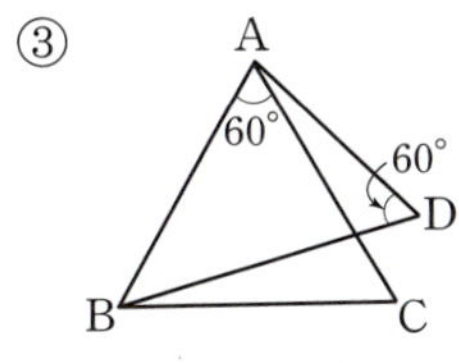   ④ 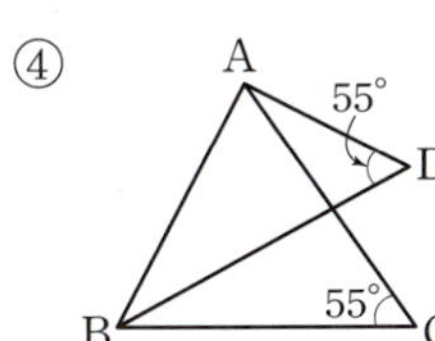

⑤ 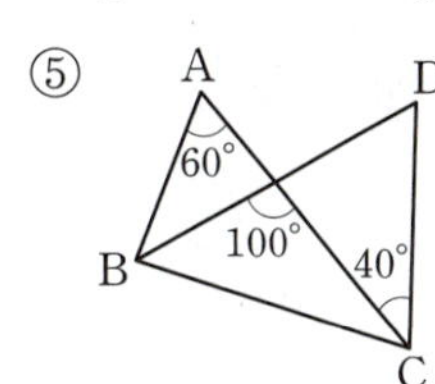

48 오른쪽 그림에서 네 점 A, B, C, D가 한 원 위에 있도록 하는 ∠x의 크기를 구하시오.

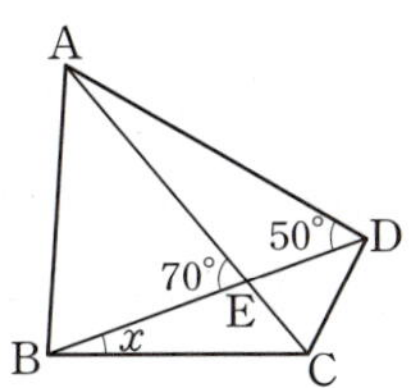

49 오른쪽 그림에서 네 점 A, B, C, D가 한 원 위에 있도록 하는 ∠D의 크기를 구하시오.

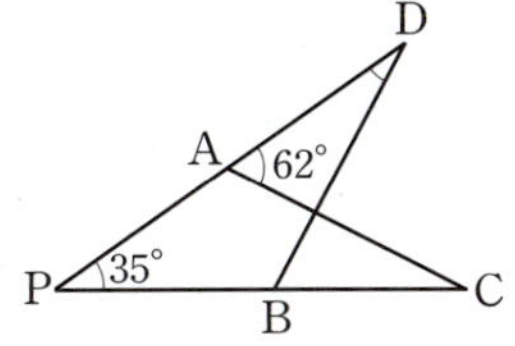

유형 11 원에 내접하는 사각형의 성질 (1) 개념편 66쪽

□ABCD가 원에 내접할 때
➡ $\angle A + \angle C = \angle B + \angle D = 180°$
   └─ (대각의 크기의 합) ─┘

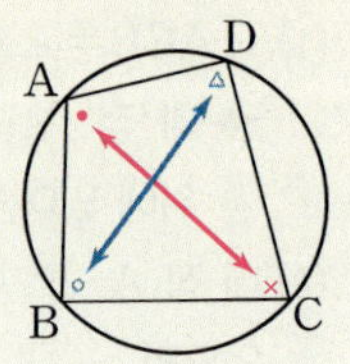

50 오른쪽 그림과 같이 원에 내접하는 □ABCD에서 $\overline{AB}=\overline{AC}$이고 $\angle BAC=38°$일 때, $\angle x$의 크기는?

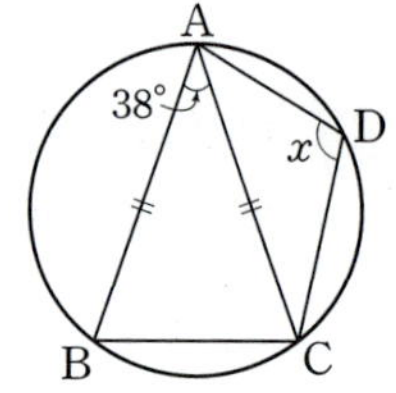

① 100° ② 105°
③ 106° ④ 108°
⑤ 109°

51 오른쪽 그림에서 □ABCD가 원 O에 내접하고 $\angle BCD=105°$일 때, $\angle x$, $\angle y$의 크기를 각각 구하시오.

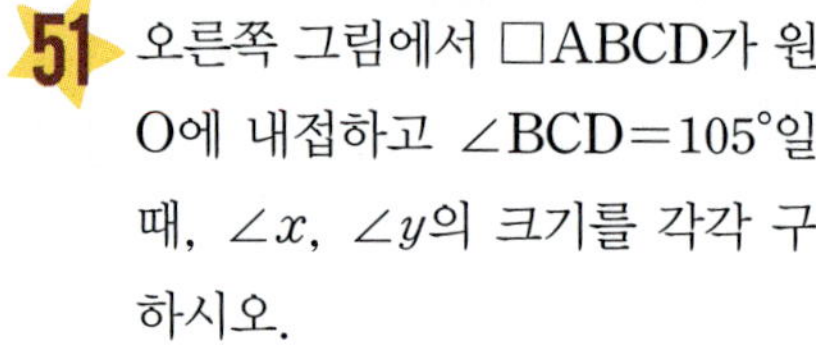

52 오른쪽 그림에서 □ABCD가 원 O에 내접하고 $\angle ACD=50°$, $\angle CAD=48°$일 때, $\angle x$의 크기는?

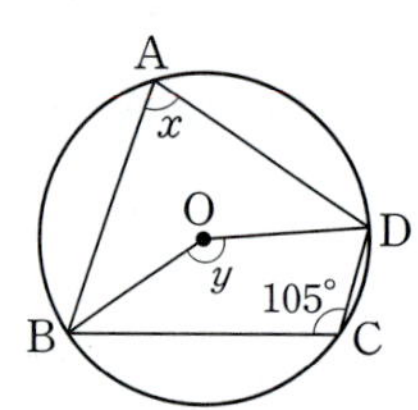

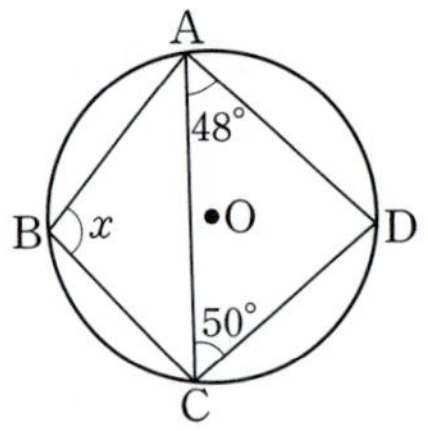

① 92° ② 94°
③ 96° ④ 98°
⑤ 100°

53 오른쪽 그림에서 □ABCD가 원 O에 내접하고 $\angle OAB=34°$, $\angle OCB=22°$일 때, $\angle x$의 크기를 구하시오.

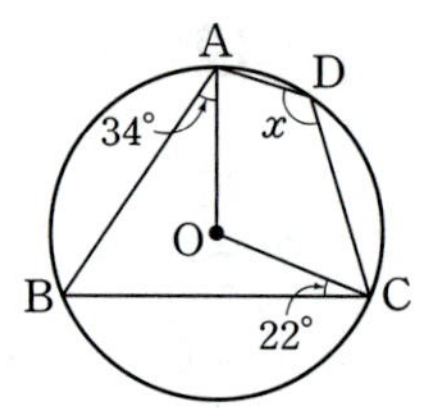

54 오른쪽 그림과 같이 원 O에 내접하는 □ABCD에서 $\overline{BC}$는 원 O의 지름이다. $\angle ADC=120°$, $\overline{AC}=3$일 때, 원 O의 넓이는?

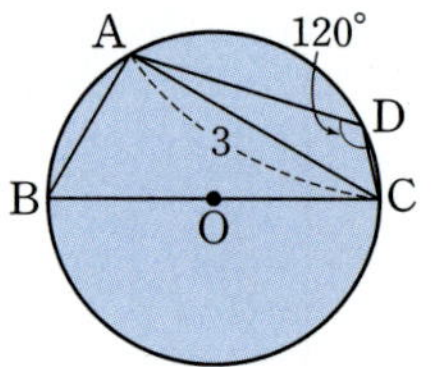

① 2π ② $\dfrac{5}{2}\pi$ ③ 3π
④ $\dfrac{7}{2}\pi$ ⑤ 4π

55 서술형 오른쪽 그림에서 □ABCD가 원에 내접하고 $\angle ADB=60°$, $\angle BDC=50°$, $\angle BCD=100°$일 때, $\angle y - \angle x$의 크기를 구하시오.

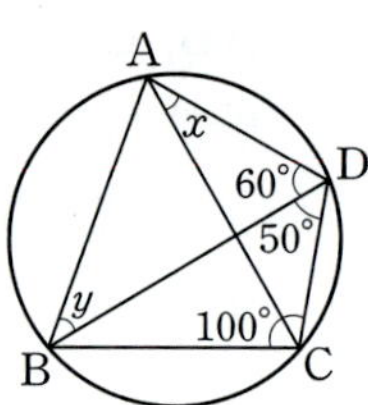

풀이 과정

답

까다로운 기출문제

56 오른쪽 그림과 같이 □ABCD는 원 O에 내접하고 $\angle BAO=70°$, $\angle BCO=20°$일 때, $\angle ADC$의 크기를 구하시오.

$\overline{OB}$를 긋고 $\angle ABC$의 크기를 구해 봐.

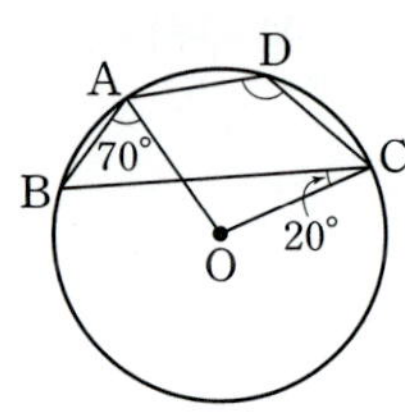

유형 12 원에 내접하는 사각형의 성질 (2)　　개념편 66쪽

□ABCD가 원에 내접할 때
➡ ∠DCE＝∠A

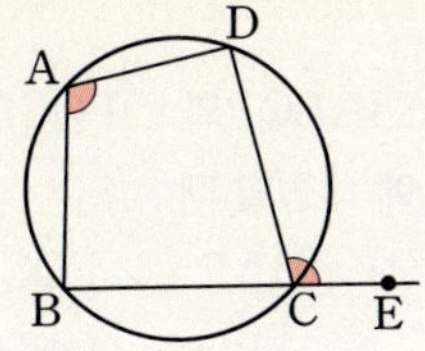

유형 13 원에 내접하는 다각형　　개념편 66쪽

원에 내접하는 다각형이 있으면 보조
선을 그어 사각형을 만든다.
➡ 원 O에 내접하는 오각형
ABCDE에서 $\overline{BD}$를 그으면
(1) ∠ABD＋∠AED＝180°
(2) ∠COD＝2∠CBD

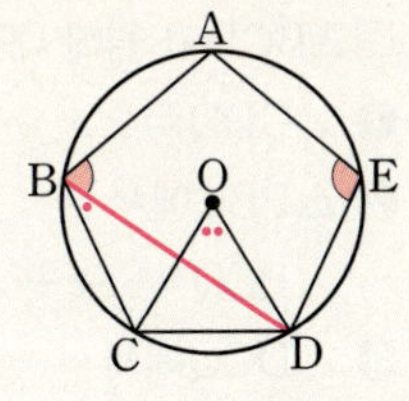

57 오른쪽 그림과 같이 원에 내
접하는 □ABCD에서 $\overline{DA}$,
$\overline{CB}$의 연장선의 교점을 P라
고 하자. ∠DAB＝110°,
∠P＝43°일 때, ∠x의 크기
를 구하시오.

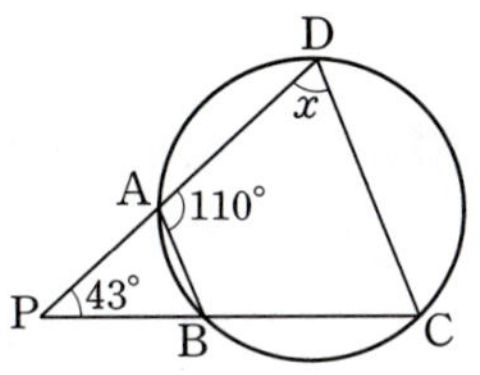

60 오른쪽 그림에서 오각형
ABCDE가 원 O에 내접하고
∠A＝80°, ∠D＝140°일 때,
∠x의 크기는?

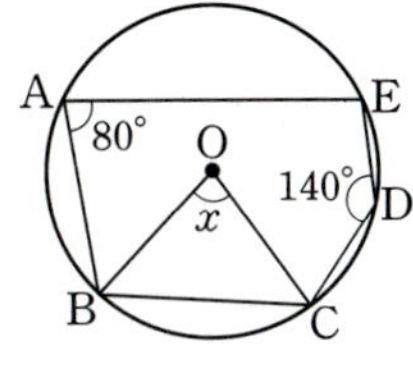

① 60°　　② 65°　　③ 70°
④ 75°　　⑤ 80°

58 오른쪽 그림에서 □ABCD
는 $\overline{AD}$가 지름인 원 O에 내
접하고, 점 E는 $\overline{DA}$의 연장
선 위의 점이다. $\overline{BC}＝\overline{CD}$
이고 ∠BAE＝114°일 때,
∠x, ∠y의 크기를 각각 구하시오.

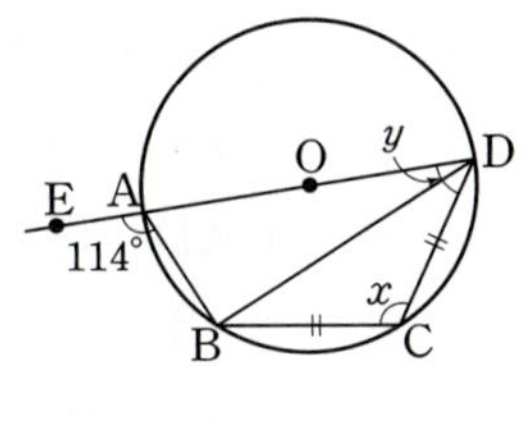

61 오른쪽 그림과 같이 원 O에 내
접하는 오각형 ABCDE에서
∠AOE＝50°일 때,
∠B＋∠D의 크기를 구하시오.

서술형

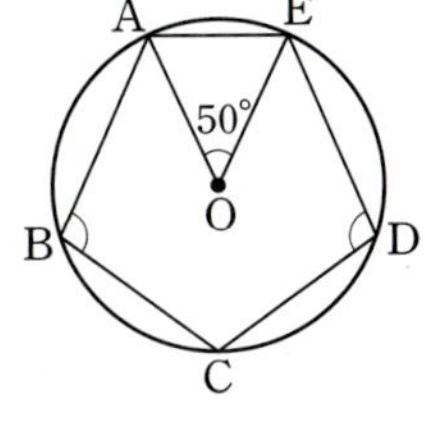

풀이 과정

답

59 오른쪽 그림에서 □ABCD는
원 O에 내접하고, 점 E는 $\overline{BC}$
의 연장선 위의 점이다.
∠OBC＝55°, ∠DCE＝85°일
때, ∠x의 크기를 구하시오.

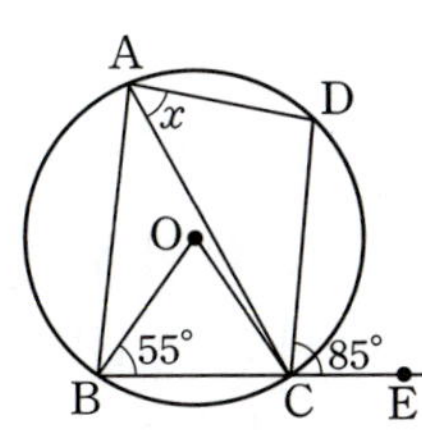

62 오른쪽 그림에서 육각형
ABCDEF가 원에 내접할 때,
∠A＋∠C＋∠E의 크기를 구
하시오.

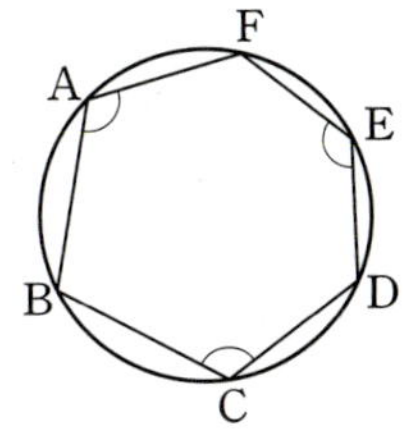

유형 14 원에 내접하는 사각형과 외각의 성질 개념편 66쪽

□ABCD가 원에 내접할 때

❶ ∠CDQ=∠x

❷ △PBC에서

  ∠PCQ=∠x+∠a

❸ △DCQ에서

  ∠x+(∠x+∠a)+∠b=180°

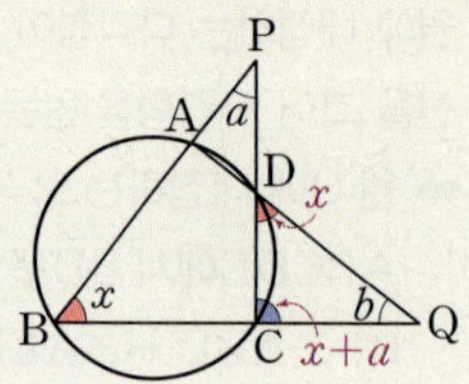

유형 15 두 원에서 원에 내접하는 사각형의 성질의 응용

개념편 66쪽

□ABQP와 □PQCD가 각각 원에 내접할 때

(1) ∠BAP=∠PQC=∠PDE

  ∠ABQ=∠QPD=∠QCF

(2) $\overline{AB}\,/\!/\,\overline{CD}$ ← 엇각의 크기가 같다.

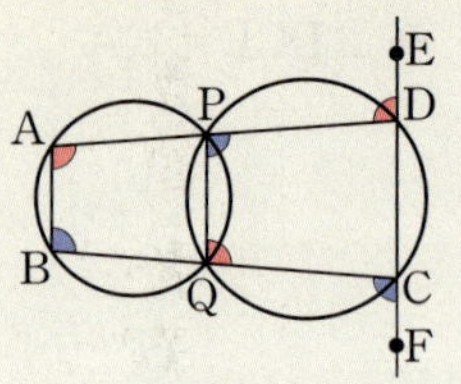

63 오른쪽 그림과 같이 원에 내접하는 □ABCD에서 $\overline{BA}$, $\overline{CD}$의 연장선의 교점을 P라 하고, $\overline{AD}$, $\overline{BC}$의 연장선의 교점을 Q라고 하자. ∠BPC=27°, ∠ABC=59°일 때, ∠x의 크기를 구하시오.

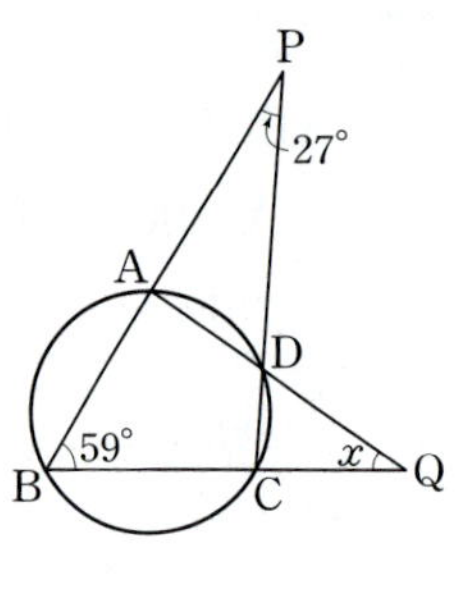

66 오른쪽 그림과 같이 두 원의 교점 P, Q를 지나는 두 직선이 두 원과 만나는 점을 각각 A, B, C, D라고 하자. ∠PDC=58°일 때, ∠ABP의 크기를 구하시오.

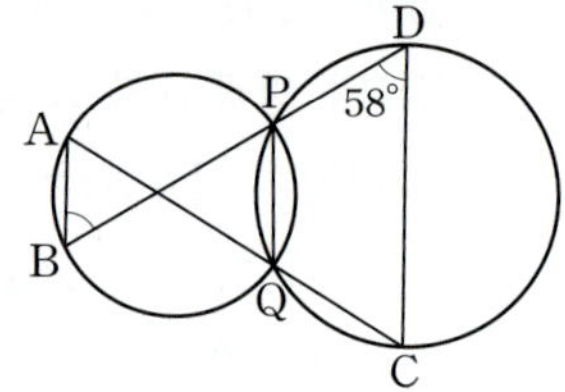

64 오른쪽 그림과 같이 원에 내접하는 □ABCD에서 $\overline{BA}$, $\overline{CD}$의 연장선의 교점을 P라 하고, $\overline{AD}$, $\overline{BC}$의 연장선의 교점을 Q라고 하자. ∠P=21°, ∠Q=33°일 때, ∠x의 크기를 구하시오.

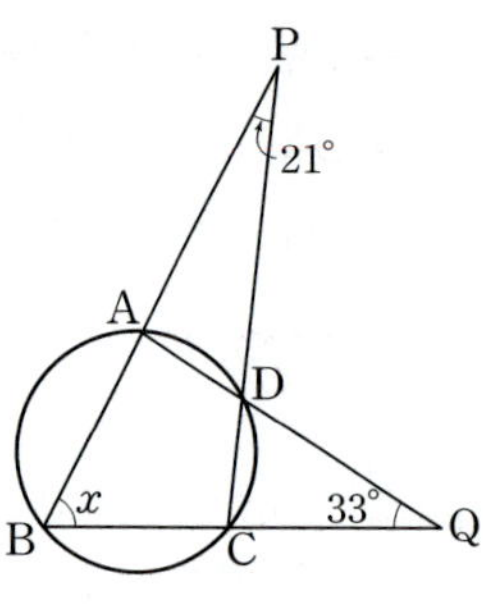

67 오른쪽 그림에서 $\overline{PQ}$가 두 원 O, O′의 공통인 현이고 ∠BAD=105°일 때, 다음 중 옳은 것을 모두 고르면? (정답 2개)

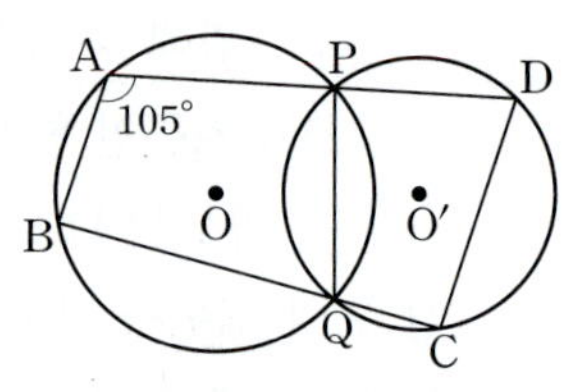

① ∠ABC=75° 　② ∠PQB=105°

③ ∠PDC=75° 　④ $\overline{AB}\,/\!/\,\overline{PQ}$

⑤ $\overline{AB}\,/\!/\,\overline{CD}$

65 오른쪽 그림과 같이 원에 내접하는 □ABCD에서 $\overline{BA}$, $\overline{CD}$의 연장선의 교점을 P라 하고, $\overline{AD}$, $\overline{BC}$의 연장선의 교점을 Q라고 하자. ∠BPC=15°, ∠ADC=105°일 때, ∠x의 크기는?

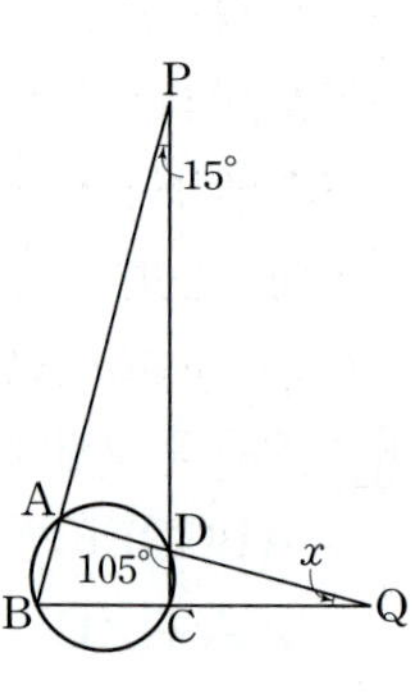

① 5°　　② 10°　　③ 15°

④ 20°　　⑤ 25°

68 오른쪽 그림과 같이 두 원 O, O′이 두 점 P, Q에서 만나고 ∠ABC=95°, ∠BAD=75°일 때, ∠DO′Q의 크기를 구하시오.

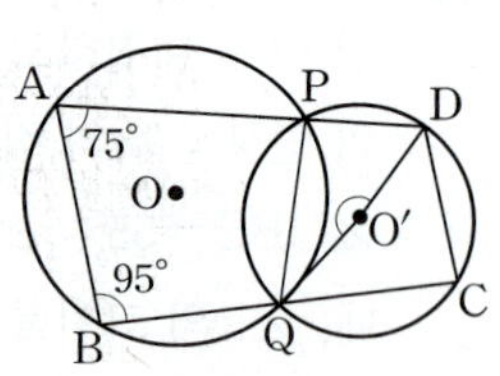

유형 16   사각형이 원에 내접하기 위한 조건   개념편 67쪽

다음의 각 경우에 □ABCD는 원에 내접한다.

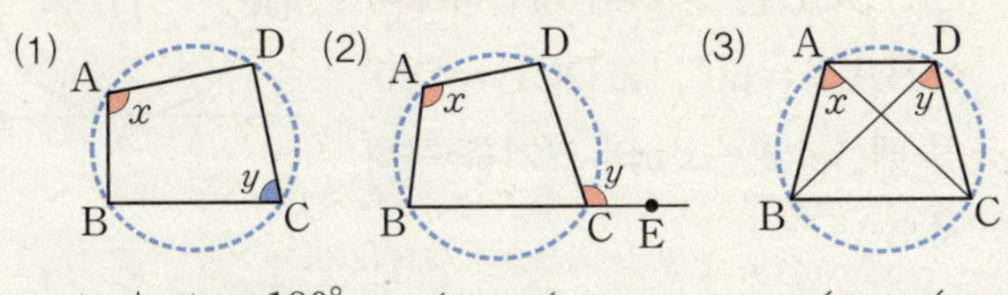

$\angle x + \angle y = 180°$ $\angle x = \angle y$ $\angle x = \angle y$

참고   네 점 A, B, C, D가 한 원 위에 있으면 □ABCD는 그 원에 내접한다.

69 다음 중 □ABCD가 원에 내접하는 것을 모두 고르면? (정답 2개)

① 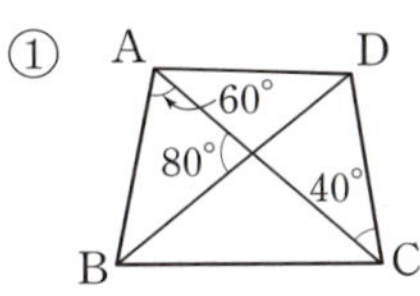
② 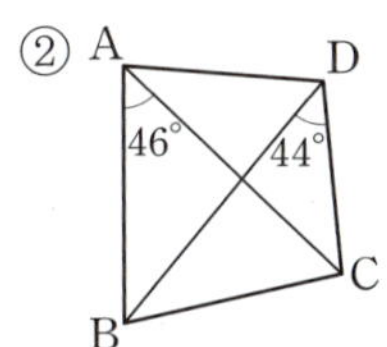

③ 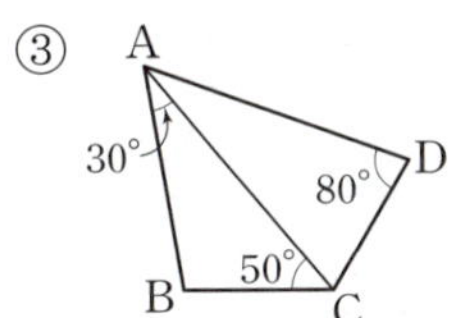
④ 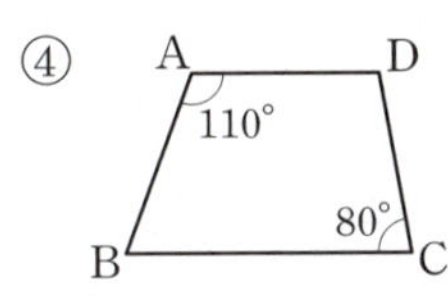

⑤ 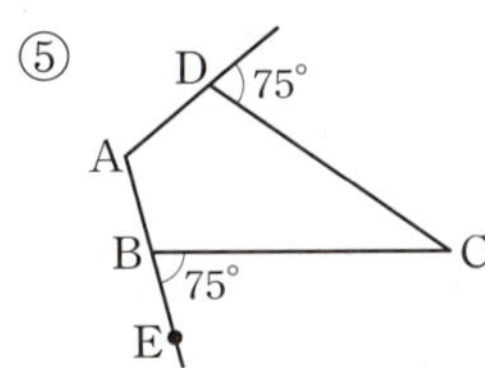

70 오른쪽 그림에서 $\angle BAC = 45°$, $\angle ACB = 35°$일 때, □ABCD가 원에 내접하도록 하는 $\angle D$의 크기는?

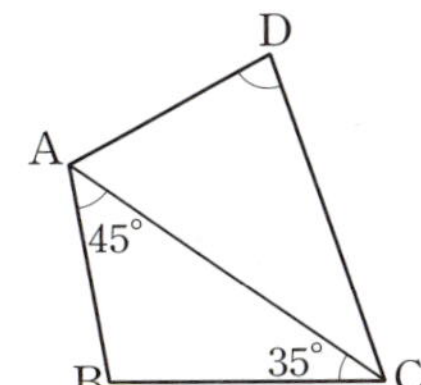

① 70°
② 75°
③ 80°
④ 85°
⑤ 90°

71 다음 보기 중 항상 원에 내접하는 사각형을 모두 고른 것은?

> 보기
> ㄱ. 직사각형   ㄴ. 평행사변형   ㄷ. 사다리꼴
> ㄹ. 마름모   ㅁ. 등변사다리꼴

① ㄱ, ㄴ
② ㄱ, ㄷ
③ ㄱ, ㅁ
④ ㄴ, ㄹ
⑤ ㄷ, ㅁ

72 오른쪽 그림의 □ABCD에서 $\angle ABD = \angle ACD = 60°$, $\angle BAD = 70°$, $\angle BDC = 45°$일 때, $\angle x$의 크기를 구하시오.

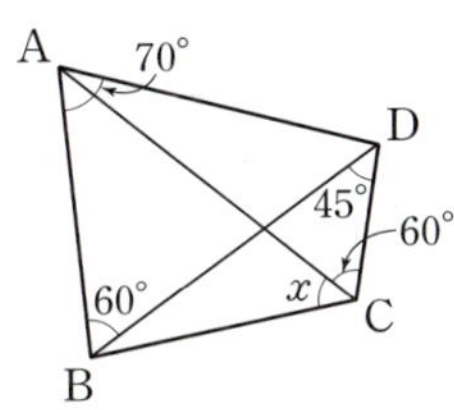

> 한 쌍의 대각의 크기의 합이 180°인 경우와 한 변에 대하여 같은 쪽에 있는 두 각의 크기가 같은 경우로 나누어 찾아봐.

까다로운 기출문제

73 오른쪽 그림에서 점 H는 △ABC의 세 꼭짓점에서 대변에 내린 수선의 교점이다. 이때 점 A, B, C, D, E, F, H 중 네 점을 선택하여 만들 수 있는 원에 내접하는 사각형은 모두 몇 개인지 구하시오.

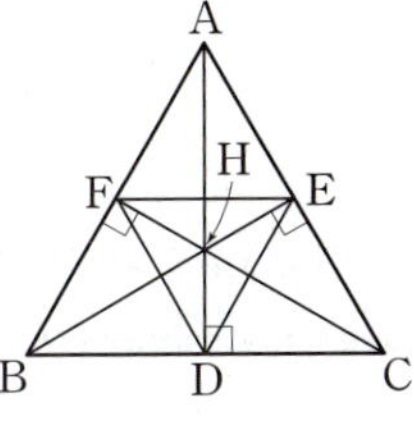

유형 17 접선과 현이 이루는 각 　　　　개념편 70쪽

$\overleftrightarrow{TT'}$은 원의 접선이고 점 P는
그 접점일 때
➡ $\angle APT = \angle ABP$
　 $\angle BPT' = \angle BAP$

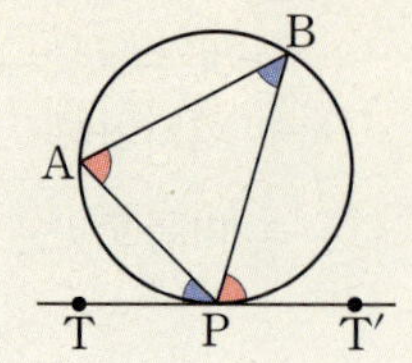

74 다음 그림에서 두 직선 l, m은 각각 두 원 O, O′의 접선이고 두 점 A, D는 각각 그 접점일 때, $\angle x + \angle y + \angle z$의 크기를 구하시오.

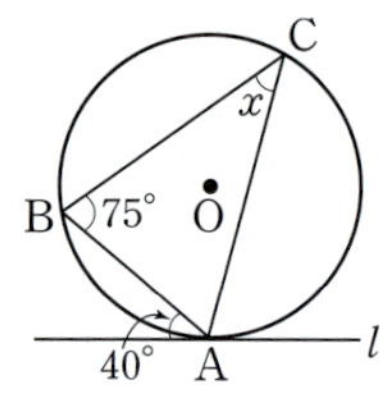 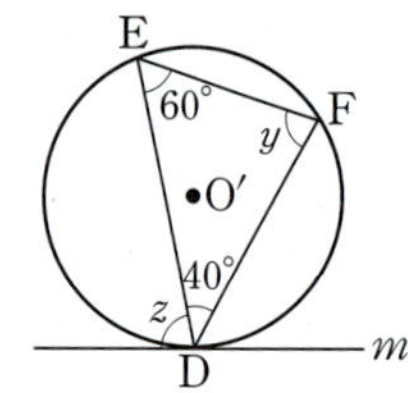

75 오른쪽 그림에서 $\overleftrightarrow{AT}$는 원 O의 접선이고 점 A는 그 접점이다. $\angle BAT = 72°$일 때, $\angle BOA$의 크기는?

① 140°　② 144°
③ 148°　④ 152°
⑤ 156°

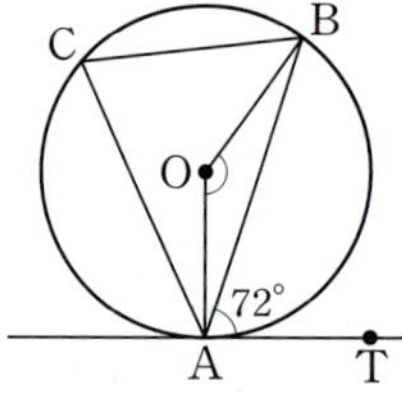

76 오른쪽 그림에서 $\overleftrightarrow{CT}$는 원 O의 접선이고 점 C는 그 접점이다. □ABCD는 원 O에 내접하고 $\overarc{BC} = \overarc{CD}$, $\angle BAD = 70°$일 때, $\angle x$의 크기를 구하시오.

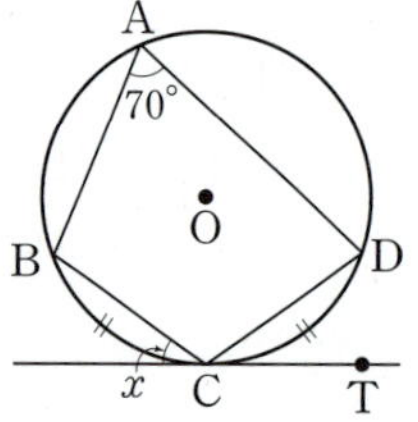

77 서술형 오른쪽 그림에서 $\overleftrightarrow{AT}$는 원 O의 접선이고 점 A는 그 접점이다. □ABCD는 원 O에 내접하고 $\angle BAT = 60°$, $\angle DCB = 100°$일 때, $\angle x - \angle y$의 크기를 구하시오.

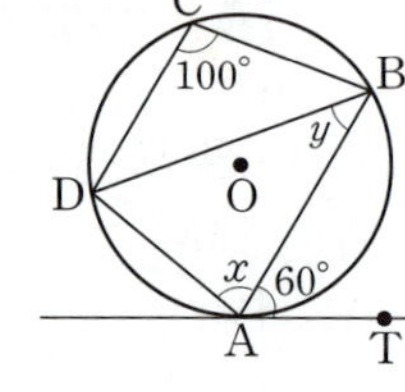

[풀이 과정]

[답]

78 오른쪽 그림에서 $\overleftrightarrow{PT}$는 원 O의 접선이고 점 T는 그 접점이다. $\angle BPT = 35°$, $\angle BTQ = 75°$일 때, $\angle x$의 크기는?

① 35°　② 40°　③ 45°
④ 50°　⑤ 55°

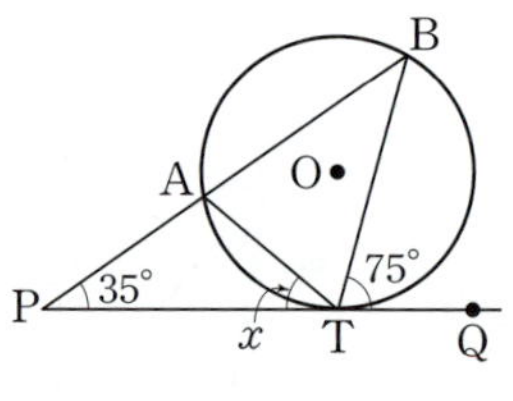

79 오른쪽 그림에서 $\overleftrightarrow{TP}$는 원 O의 접선이고 점 T는 그 접점이다. $\overarc{AB} : \overarc{BT} : \overarc{TA} = 15 : 8 : 13$일 때, $\angle x$의 크기는?

① 40°　② 50°
③ 60°　④ 65°
⑤ 70°

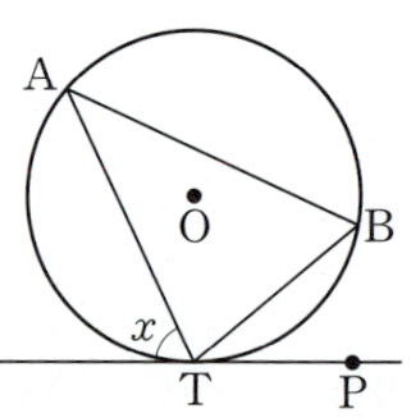

80 오른쪽 그림에서 $\overleftrightarrow{PB}$는 원 O의 접선이고 점 B는 그 접점이다. □ABCD는 원 O에 내접하고 $\angle PDB = 39°$, $\angle DCB = 109°$일 때, $\angle x$의 크기를 구하시오.

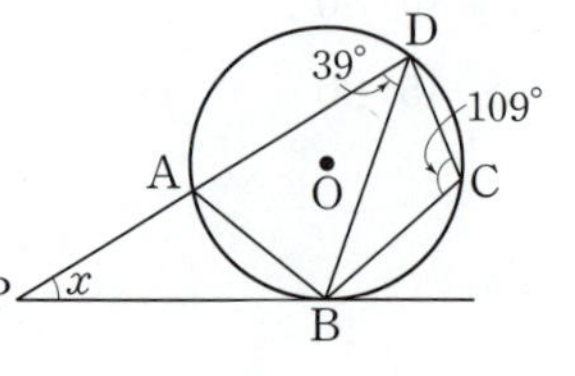

 접선과 현이 이루는 각의 응용 (1) 개념편 70쪽

$\overrightarrow{PT}$는 원의 접선이고 $\overline{PB}$가 원의
중심을 지날 때
(1) $\angle ATB=90°$
(2) $\angle ATP=\angle ABT$

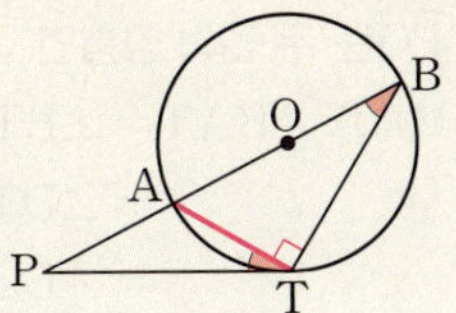

81 오른쪽 그림에서 $\overleftrightarrow{BT}$는 원
O의 접선이고 점 B는 그 접
점이다. $\overline{AD}$는 원 O의 지름
이고 $\angle BCD=125°$일 때,
$\angle ABT$의 크기를 구하시오.

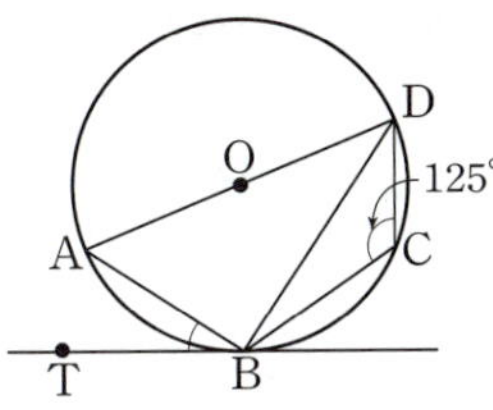

82 오른쪽 그림에서 $\overrightarrow{PT}$는 원 O의
접선이고 점 T는 그 접점이다.
$\overline{AB}$는 원 O의 지름이고
$\angle PBT=25°$일 때, $\angle x$의 크기
를 구하시오.

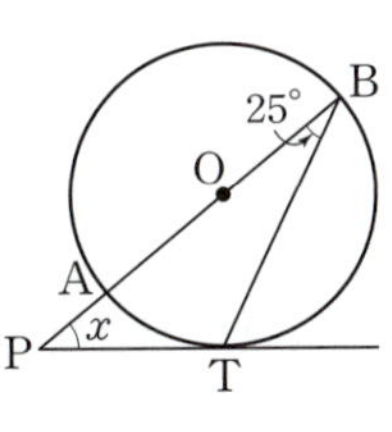

83 오른쪽 그림에서 $\overleftrightarrow{PQ}$는 원 O의
접선이고 점 T는 그 접점이다.
$\overline{AC}$는 원 O의 지름이고
$\angle CAT=21°$, $\angle BTQ=64°$일
때, $\angle ATB$의 크기를 구하시오.

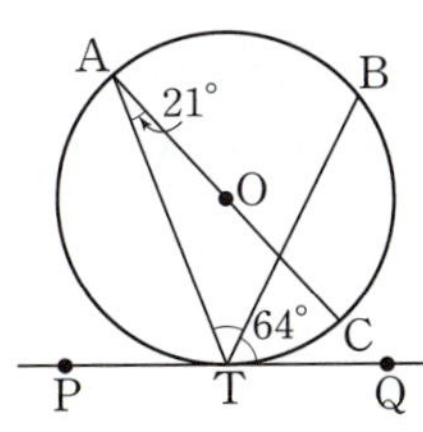

84 오른쪽 그림에서 $\overrightarrow{PT}$는 원 O
의 접선이고 점 T는 그 접점
이다. $\overline{AT}=6$, $\tan x=\dfrac{3}{4}$일
때, 원 O의 반지름의 길이를
구하시오.

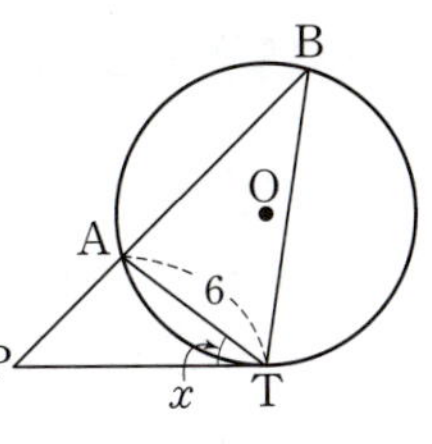

85 오른쪽 그림과 같이 원 O
위의 점 T를 지나는 접선
과 지름 AB의 연장선의
교점을 P라고 하자.
$\angle APT=30°$일 때,
$\angle ABT$의 크기를 구하시오.

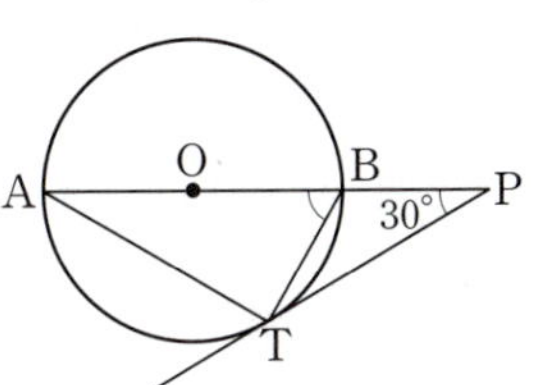

까다로운 **기출문제**

86 오른쪽 그림에서 $\overleftrightarrow{CD}$는 원 O
의 접선이고 점 C는 그 접점
이다. $\overline{AB}$는 원 O의 지름이고
$\overline{AB}=8\,cm$, $\overline{BD}=6\,cm$,
$\overline{BD}\perp\overline{CD}$일 때, $\overline{AC}:\overline{CD}$는?

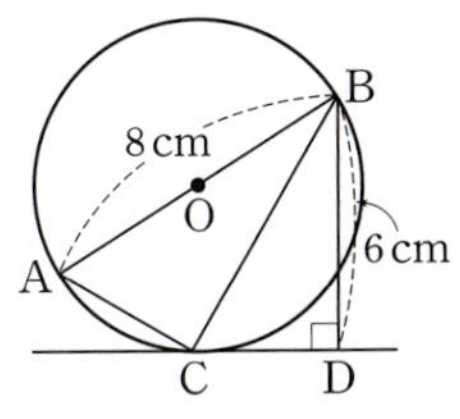

① $1:1$ ② $2:1$ ③ $2:\sqrt{3}$
④ $3:2$ ⑤ $4:\sqrt{3}$

유형19 접선과 현이 이루는 각의 응용 (2)   개념편 70쪽

$\overrightarrow{PA}$, $\overrightarrow{PB}$는 원의 접선이고 두 점
A, B는 그 접점일 때
(1) △PBA는 $\overline{PA}=\overline{PB}$인
   이등변삼각형
(2) ∠PAB＝∠PBA
       ＝∠ACB

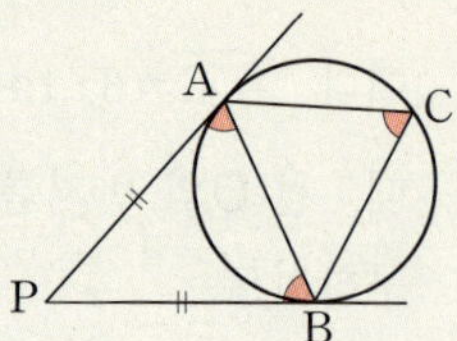

유형20 두 원에서 접선과 현이 이루는 각   개념편 71쪽

$\overrightarrow{PQ}$는 두 원의 공통인 접선이고 점 T는 그 접점일 때
(1) ① ∠BAT＝∠BTQ
       ＝∠DTP
       ＝∠DCT
  ② ∠BAT＝∠DCT이므로
   $\overline{AB}/\!/\overline{CD}$ → 엇각
(2) ① ∠BAT＝∠BTQ＝∠CDT
  ② ∠BAT＝∠CDT이므로
   $\overline{AB}/\!/\overline{CD}$ → 동위각

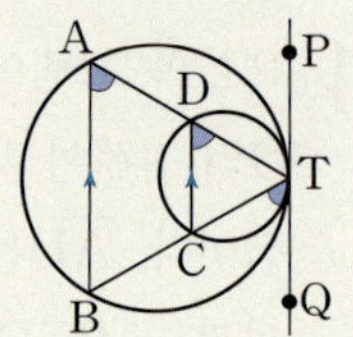

87 오른쪽 그림에서 $\overrightarrow{PD}$, $\overrightarrow{PE}$
는 원 O의 접선이고 두 점
A, B는 그 접점이다.
∠CAD＝72°, ∠P＝40°일
때, ∠x의 크기를 구하시오.

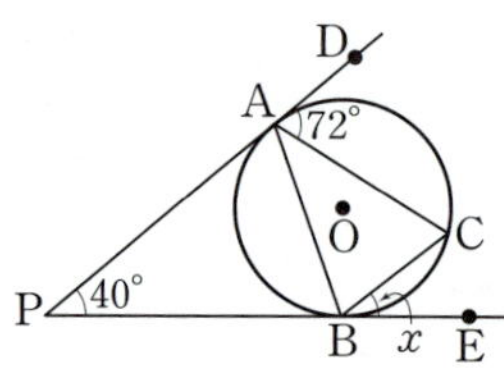

90 다음 그림에서 $\overleftrightarrow{ST}$는 두 원의 공통인 접선이고, 그 접
점 P를 지나는 두 직선이 두 원과 만나는 점을 각각
A, B, C, D라고 할 때, 다음 중 옳지 <u>않은</u> 것은?

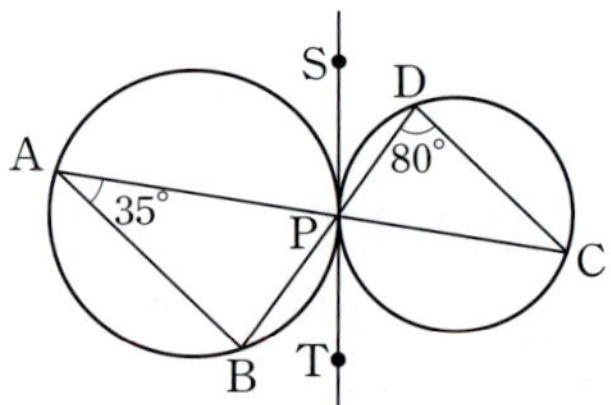

① ∠CPT＝80°   ② ∠DCP＝35°
③ ∠BPC＝115°   ④ ∠DPS＝20°
⑤ $\overline{AB}/\!/\overline{CD}$

88 오른쪽 그림에서 원 O는
△ABC의 내접원이면서
△DEF의 외접원이고, 세 점
D, E, F는 접점이다.
∠B＝50°, ∠EDF＝60°일
때, ∠DEF의 크기를 구하시오.

(서술형)

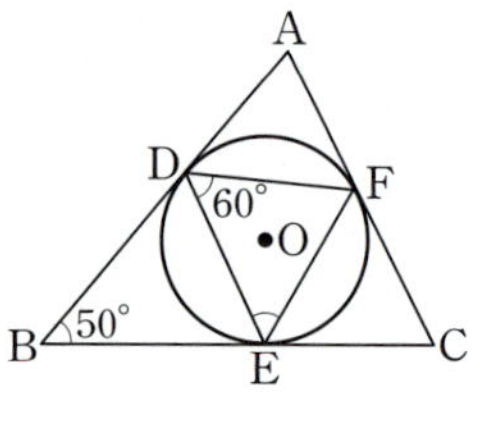

> 풀이 과정
>
>
>
>
> 답

91 다음 그림에서 $\overleftrightarrow{ST}$는 두 원 O, O′의 공통인 접선이고
점 P는 그 접점이다. ∠ABD＝70°, ∠BDC＝50°일
때, ∠AOP의 크기를 구하시오.

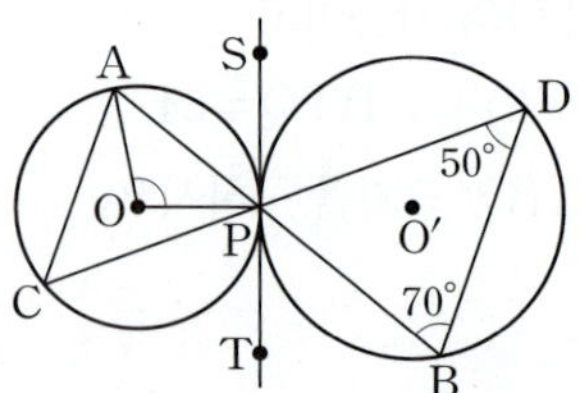

89 오른쪽 그림에서 두 점
A, B는 점 P에서 원 O에
그은 두 접선의 접점이다.
$\overset{\frown}{AC}:\overset{\frown}{BC}＝1:3$이고
∠P＝52°일 때, ∠x의 크
기를 구하시오.

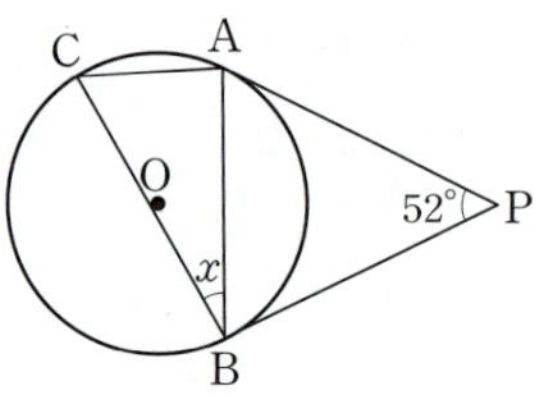

92 다음 중 $\overline{AC} \parallel \overline{BD}$가 아닌 것은?

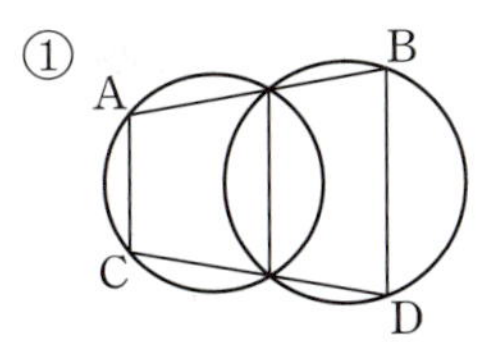 ①

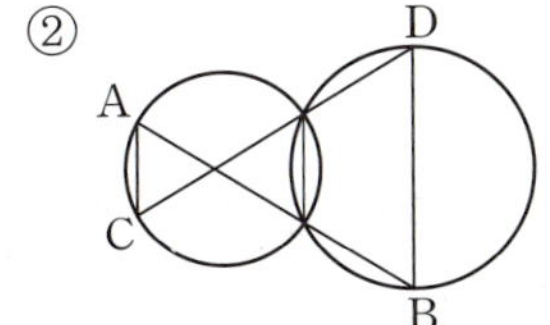 ②

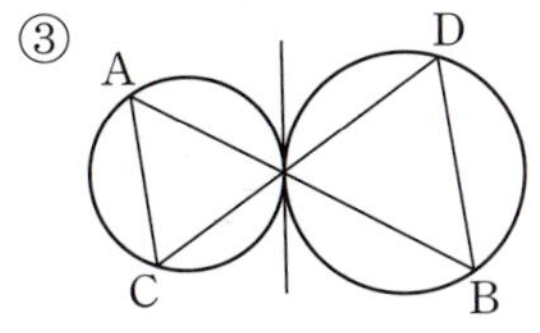 ③

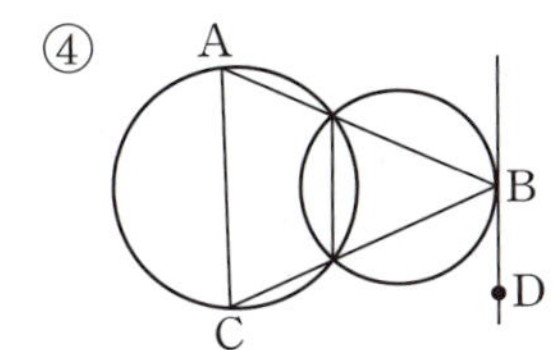 ④

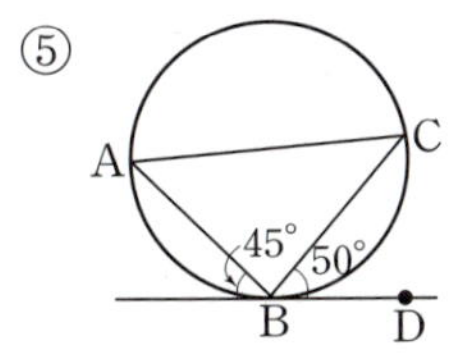 ⑤

93 오른쪽 그림에서 $\overleftrightarrow{PQ}$는 두 원의 공통인 접선이고 점 T는 그 접점일 때, 다음 중 옳지 않은 것은?

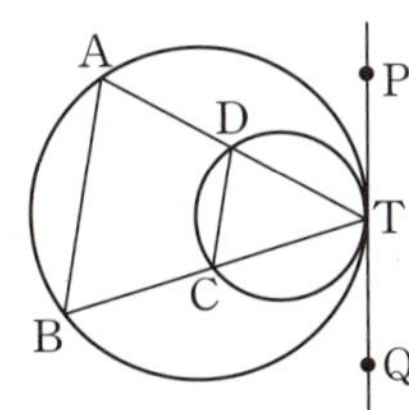

① $\angle ABT = \angle ATP$
② $\angle BAT = \angle CDT$
③ $\overline{TA} : \overline{TB} = \overline{TC} : \overline{TD}$
④ $\overline{AB} \parallel \overline{CD}$
⑤ $\triangle ABT \backsim \triangle DCT$

94 오른쪽 그림에서 $\overleftrightarrow{TT'}$은 두 원의 공통인 접선이고 점 P는 그 접점이다. $\angle ABC = 120°$, $\angle CDP = 80°$일 때, $\angle x$의 크기를 구하시오.

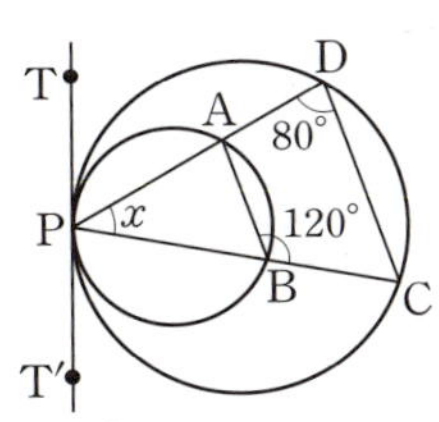

95 오른쪽 그림과 같이 한 칸의 가로와 세로의 길이가 각각 1인 모눈종이 위에 두 점 A, B를 포함한 42개의 점이 있다. 이 점 중에서 한 점을 선택하여 그 점을 P라고 할 때, $\angle APB = 90°$를 만족시키는 점 P의 개수를 구하시오.

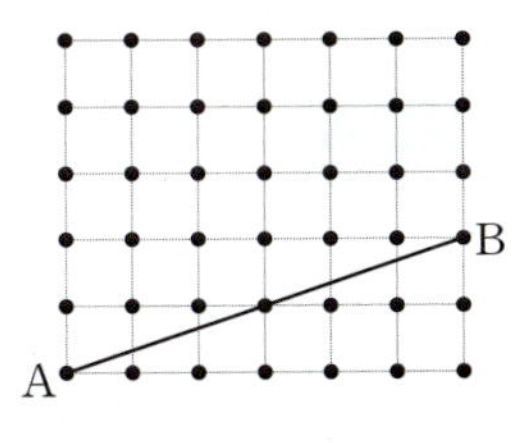

96 성범이가 오른쪽 그림과 같은 원 모양의 산책로를 일정한 속력으로 화살표 방향으로 걷고 있다. B 지점에서 C 지점까지 가는 데 4분이 걸렸다고 할 때, C 지점에서 D 지점을 지나 A 지점까지 가는 데 걸리는 시간은? (단, 산책로의 폭은 생각하지 않는다.)

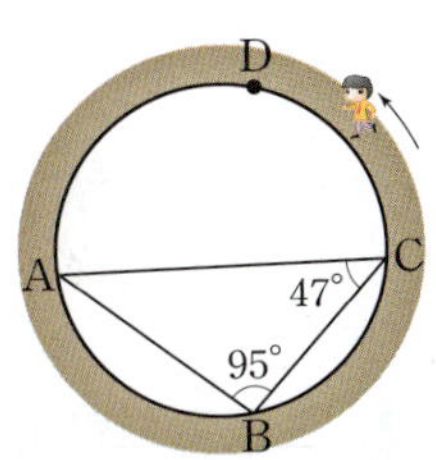

① 8분   ② 9분   ③ 10분
④ 11분   ⑤ 12분

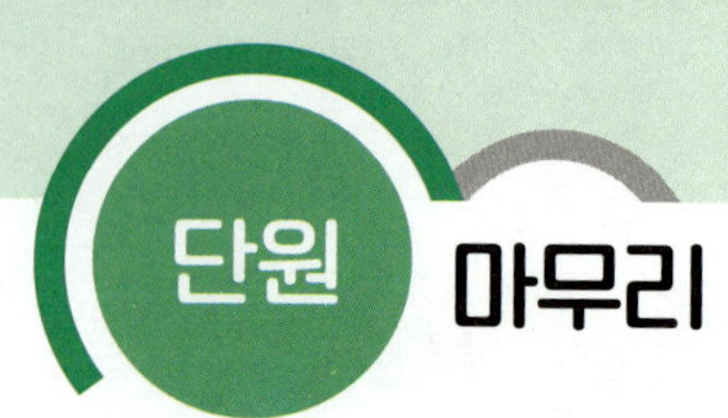

★ 중요

1 오른쪽 그림의 원 O에서 $\angle APB=40°$일 때, $\angle x$의 크기는?

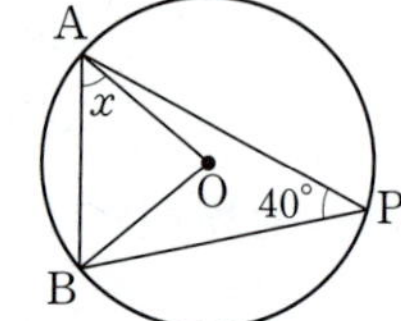

① 30°   ② 35°
③ 40°   ④ 45°
⑤ 50°

2 오른쪽 그림의 원 O에서 $\angle AOC=136°$, $\angle BCO=42°$일 때, $\angle x$의 크기를 구하시오.

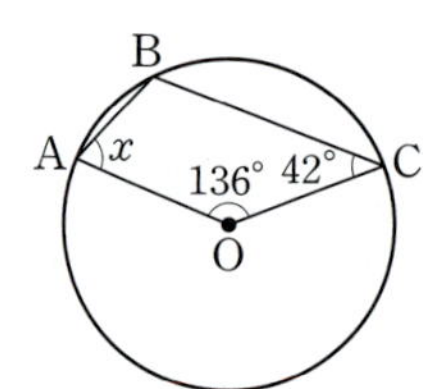

3 오른쪽 그림에서 두 점 A, C는 점 P에서 원 O에 그은 두 접선의 접점이다. $\angle P=46°$일 때, $\angle ABC$의 크기를 구하시오.

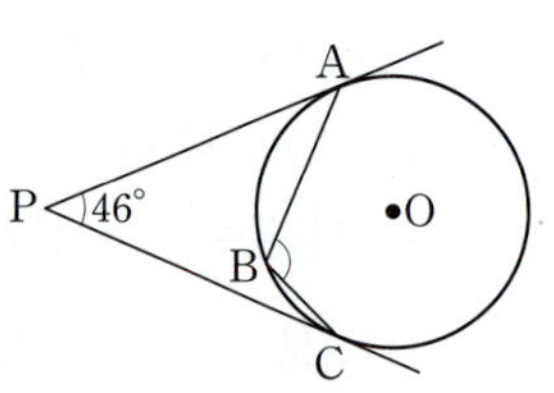

4 다음 그림과 같이 두 현 AB, ED의 연장선의 교점을 P라고 하자. $\angle ABC=26°$, $\angle APE=27°$, $\angle CDE=24°$일 때, $\angle x$의 크기를 구하시오.

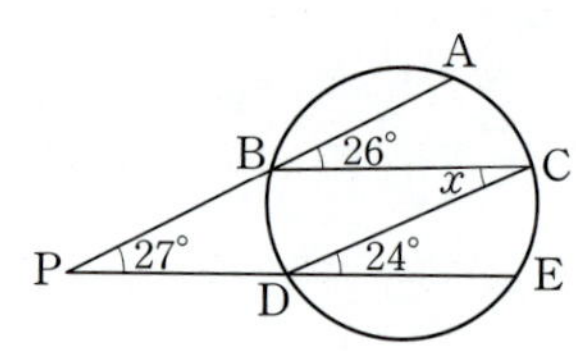

5 오른쪽 그림에서 $\overline{AB}$는 원 O의 지름이고 $\angle BDE=20°$일 때, $\angle x$의 크기는?

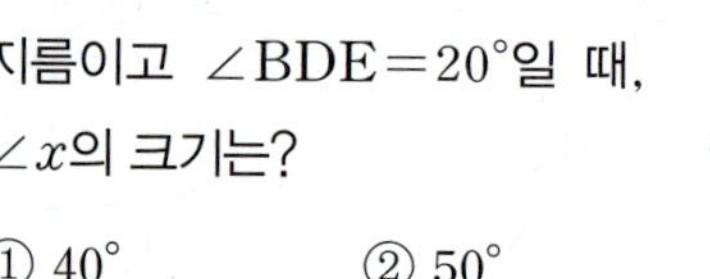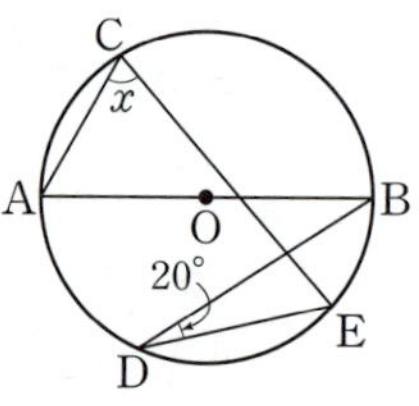

① 40°   ② 50°
③ 60°   ④ 70°
⑤ 80°

6 오른쪽 그림에서 $\overset{\frown}{AD}=\overset{\frown}{CD}$이고 $\angle ABD=32°$, $\angle BDC=50°$일 때, $\angle ACB$의 크기를 구하시오.

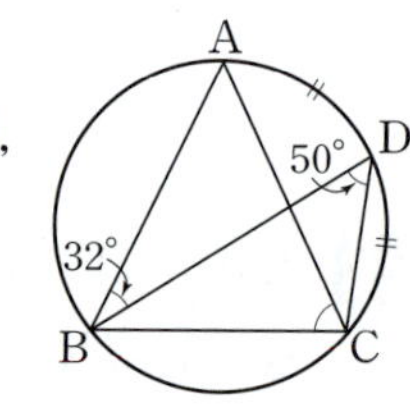

7 오른쪽 그림의 원 O에서 $\angle x+\angle y$의 크기는?

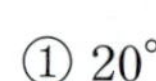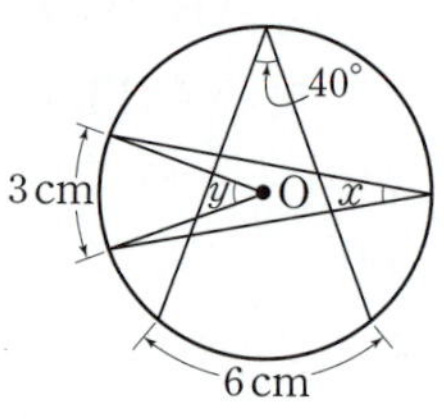

① 20°   ② 30°
③ 40°   ④ 50°
⑤ 60°

8 오른쪽 그림과 같이 □ABCD와 △EBC가 원에 내접하고 $\angle ABC=120°$, $\angle AFC=115°$일 때, $\angle x$의 크기를 구하시오.

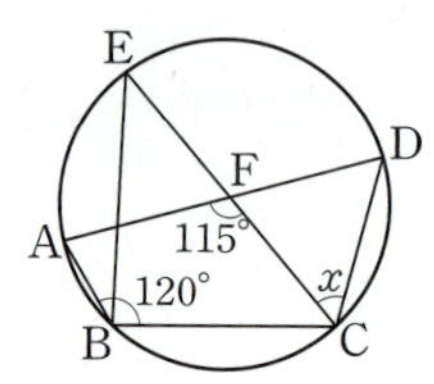

9 _{서술형} 오른쪽 그림에서 □ABCD는 원에 내접하고 점 E는 $\overline{CD}$의 연장선 위의 점이다.
$\angle ABD=50°$, $\angle BAC=45°$, $\angle BCD=110°$일 때, $\angle x+\angle y$의 크기를 구하시오.

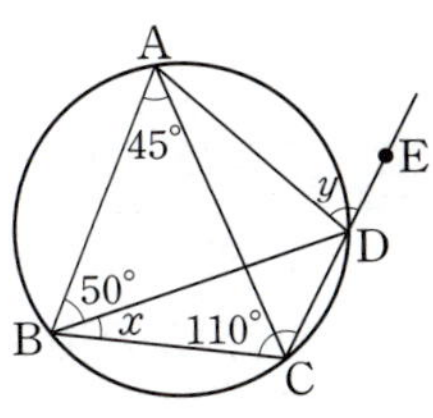

풀이 과정

답

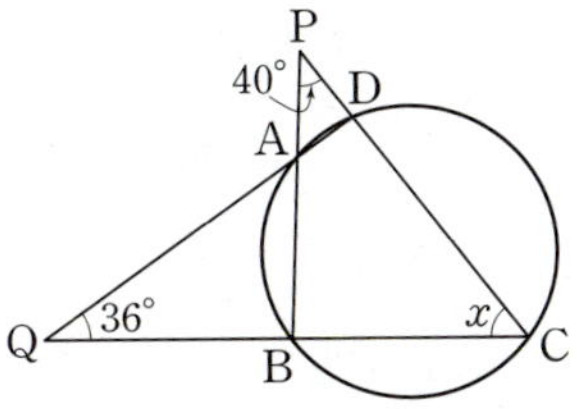

12 다음 중 □ABCD가 원에 내접하지 <u>않는</u> 것을 모두 고르면? (정답 2개)

① 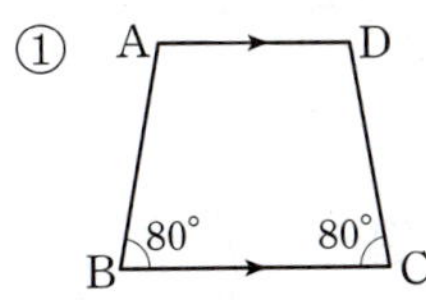

② 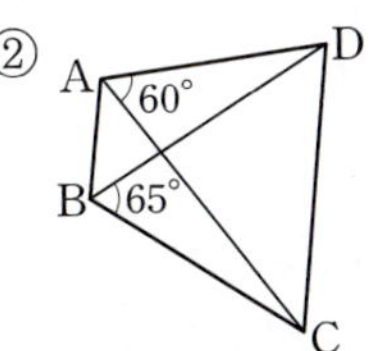

③ 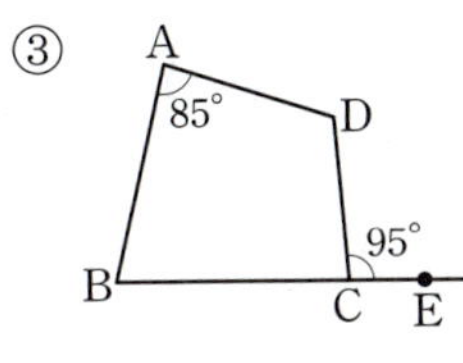

④ 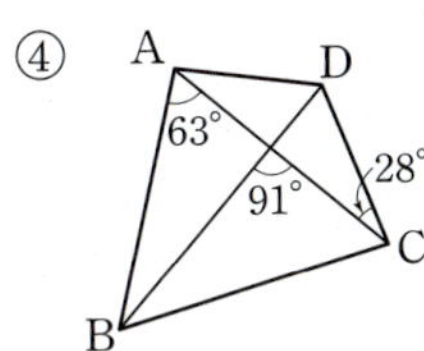

⑤ 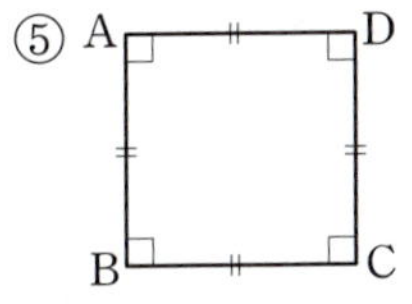

10 오른쪽 그림에서 오각형 ABCDE는 원 O에 내접하고 $\angle D=110°$, $\angle BOC=66°$일 때, $\angle A$의 크기를 구하시오.

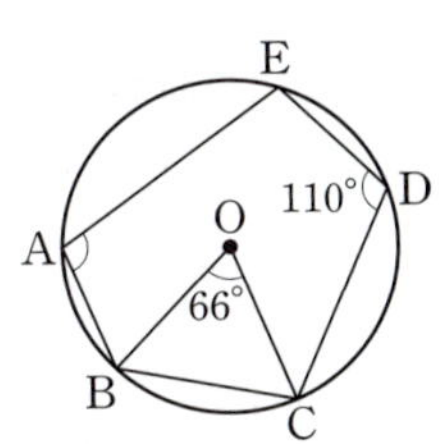

13 오른쪽 그림에서 $\overleftrightarrow{PC}$는 원 O의 접선이고 점 C는 그 접점이다. □ABCD는 원 O에 내접하고 $\angle PAC=35°$, $\angle ADC=100°$일 때, $\angle x$의 크기를 구하시오.

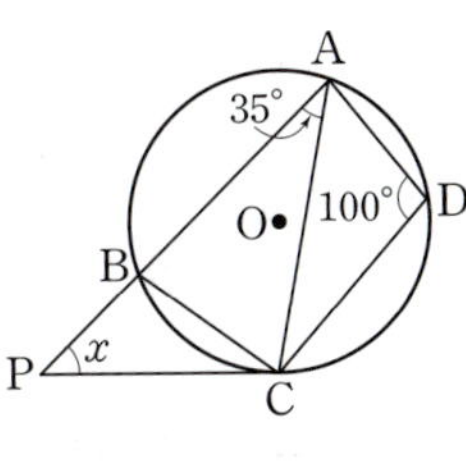

11 오른쪽 그림과 같이 원에 내접하는 □ABCD에서 $\overline{BA}$, $\overline{CD}$의 연장선의 교점을 P라 하고, $\overline{DA}$, $\overline{CB}$의 연장선의 교점을 Q라고 하자. $\angle P=40°$, $\angle Q=36°$일 때, $\angle x$의 크기를 구하시오.

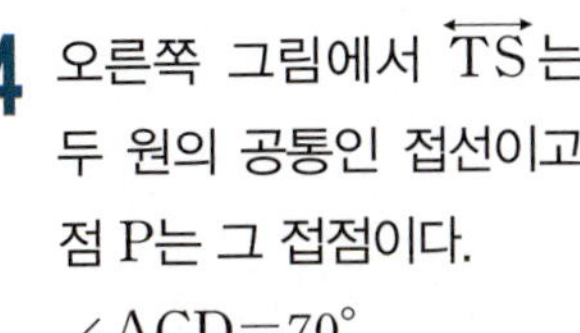

14 오른쪽 그림에서 $\overleftrightarrow{TS}$는 두 원의 공통인 접선이고 점 P는 그 접점이다. $\angle ACD=70°$, $\angle DBA=75°$일 때, $\angle x$의 크기를 구하시오.

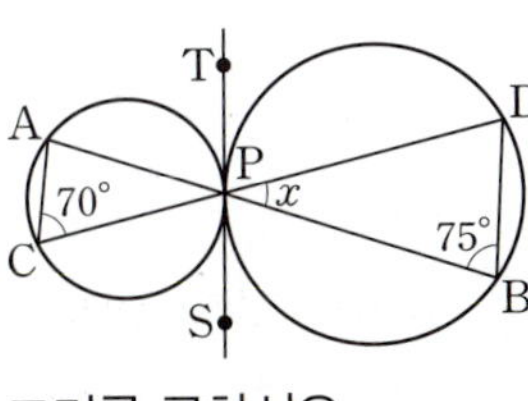

자주 나오는 실력 문제

15 오른쪽 그림의 원 O에서 $\angle PAO=63°$, $\angle PBO=25°$일 때, $\angle x$의 크기를 구하시오.

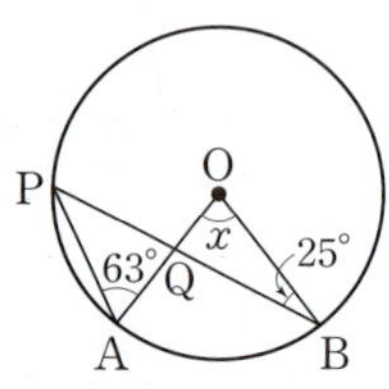

16 오른쪽 그림과 같이 반지름의 길이가 6인 원 O에 내접하는 $\triangle ABC$에서 $\angle BAC=30°$일 때, 색칠한 부분의 넓이를 구하시오.

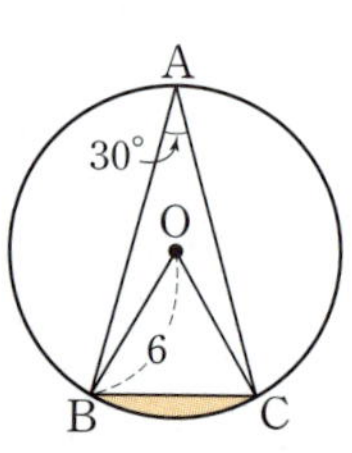

17 오른쪽 그림에서 두 삼각형 ABC와 ABD가 원에 내접하고 점 E는 $\overline{AD}$와 $\overline{BC}$의 교점이다. $\overline{AB}=\overline{AC}=10\,\text{cm}$, $\overline{AE}=6\,\text{cm}$일 때, $\overline{DE}$의 길이를 구하시오.

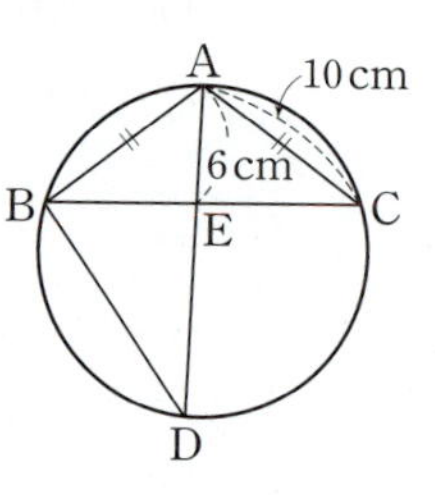

18 오른쪽 그림과 같이 원 O에 내접하는 $\triangle ABC$에서 $\overline{BC}=10$이고 $\tan A=\dfrac{5}{3}$일 때, 원 O의 넓이를 구하시오.

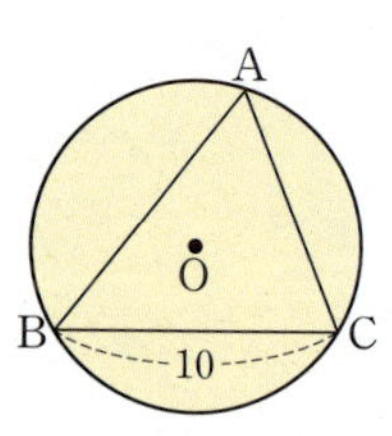

19 오른쪽 그림과 같이 현 DE가 두 현 AC, BC와 만나는 점을 각각 M, N이라고 하자. $\overarc{AD}=\overarc{CD}$, $\overarc{BE}=\overarc{CE}$이고 $\angle ACB=50°$일 때, $\angle CNM$의 크기를 구하시오.

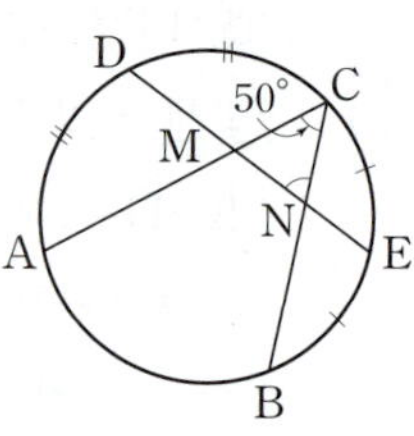

20 오른쪽 그림과 같이 $\triangle ABC$의 꼭짓점 B, C에서 $\overline{AC}$, $\overline{AB}$에 내린 수선의 발을 각각 D, E라 하고 $\overline{BC}$의 중점을 M이라고 하자. $\angle A=70°$일 때, $\angle EMD$의 크기를 구하시오.

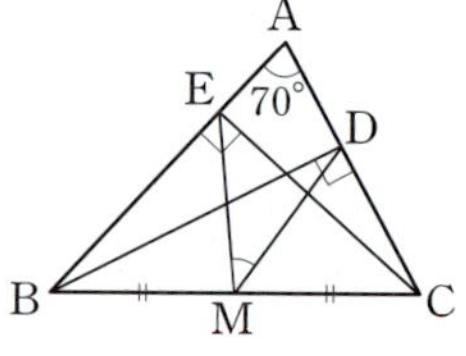

21 오른쪽 그림에서 $\overarc{BAD}$의 길이는 원의 둘레의 길이의 $\dfrac{3}{5}$이고 $\overarc{CDA}$의 길이는 원의 둘레의 길이의 $\dfrac{5}{9}$일 때, $\angle x+\angle y$의 크기는?

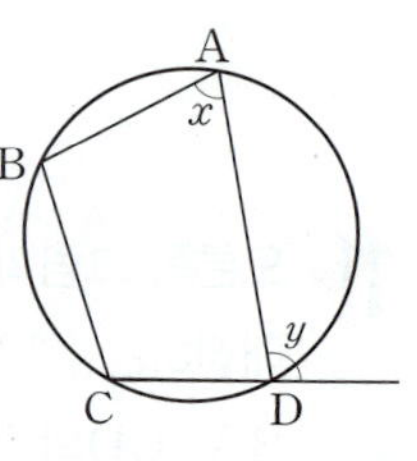

① $172°$ ② $184°$ ③ $196°$

④ $208°$ ⑤ $210°$

22 오른쪽 그림에서 □ABCD는 원에 내접하고 두 직선 l, m은 각각 두 점 B, D에서 원에 접한다. ∠BCD=68°일 때, ∠x+∠y의 크기를 구하시오.

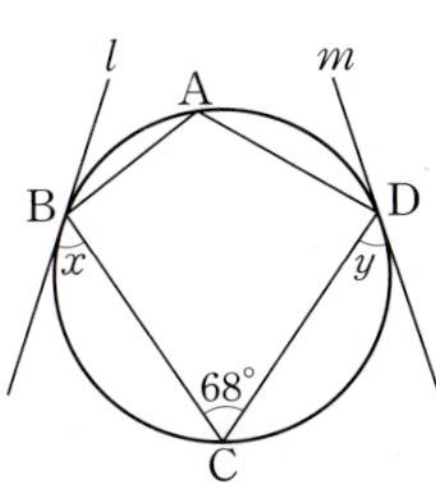

26 오른쪽 그림에서 $\overline{AD}$는 △ABC의 외접원 O의 지름이고 $\overline{AH}\perp\overline{BC}$이다. $\overline{AB}=18\,cm$, $\overline{AC}=12\,cm$, $\overline{OD}=12\,cm$일 때, $\overline{CH}$의 길이를 구하시오.

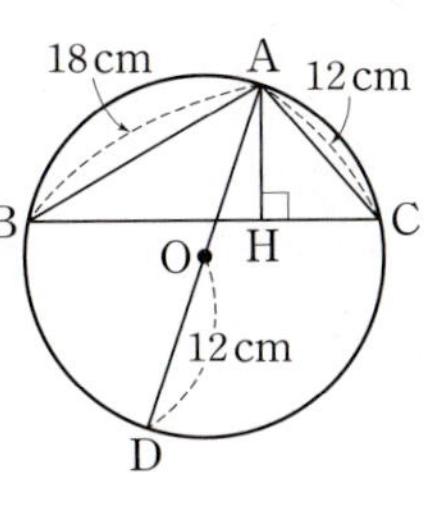

23 오른쪽 그림에서 $\overleftrightarrow{DE}$는 원 O의 접선이고 점 D는 그 접점이다. $\overline{AB}$는 지름이고 $\overline{AC}$ ∥ $\overleftrightarrow{DE}$, ∠BDE=25°일 때, 다음 각의 크기를 구하시오.

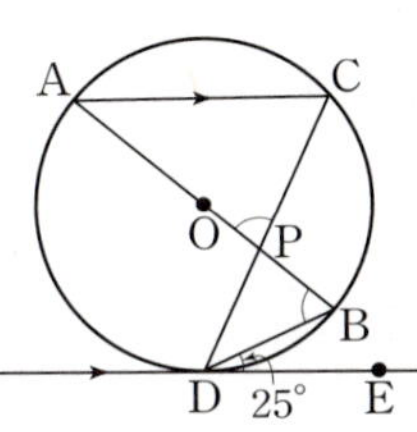

(1) ∠DBP

(2) ∠APC

27 오른쪽 그림에서 $\overline{CD}$는 원 O의 지름이고 $\overline{AB}$ ∥ $\overline{CD}$이다. $\overparen{BD}=\dfrac{3}{2}\pi$이고 $\overparen{AB}:\overparen{AC}=4:3$일 때, 원 O의 둘레의 길이를 구하시오.

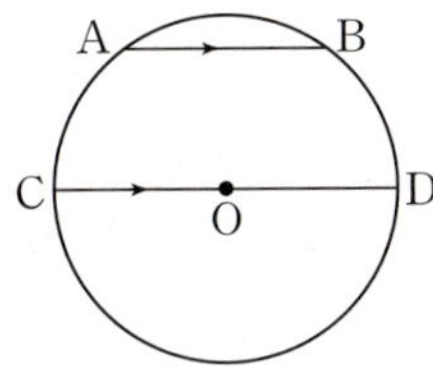

24 오른쪽 그림에서 두 점 A, B는 점 P에서 원 O에 그은 두 접선의 접점이다. $\overparen{AQ}=\overparen{BQ}$이고 ∠APB=36°일 때, ∠$x$의 크기는?

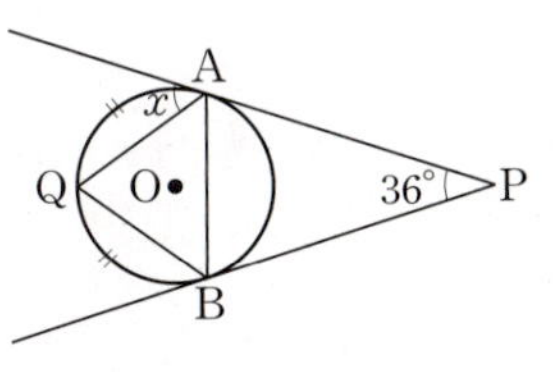

① 42°   ② 46°   ③ 50°

④ 54°   ⑤ 58°

28 오른쪽 그림과 같이 $\overline{AB}$를 지름으로 하는 큰 반원과 $\overline{AB}$ 위의 한 점 C에 대하여 $\overline{BC}$를 지름으로 하는 작은 반원이 있다. 점 A에서 작은 반원에 그은 접선이 작은 반원과 만나는 접점을 Q라 하고, 큰 반원과 만나는 점을 P라고 하자. ∠PQB=59°, $\overparen{AB}=45\,cm$일 때, $\overparen{PB}$의 길이를 구하시오.

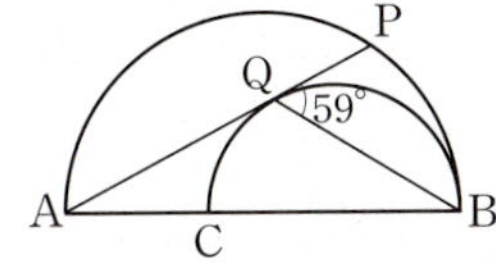

25 오른쪽 그림에서 $\overleftrightarrow{AB}$는 두 원 O, O′의 공통인 접선이고 두 점 P, Q는 두 원 O, O′의 교점이다. ∠PAQ=22°, ∠PBQ=40°일 때, ∠APB의 크기를 구하시오.

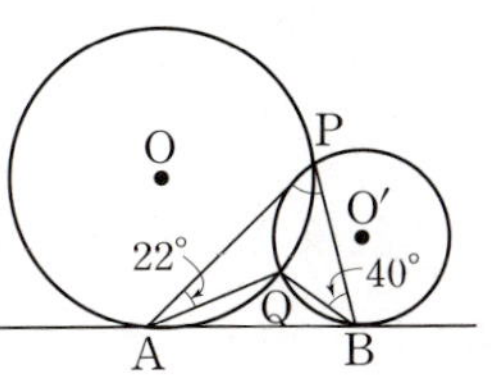

5 대푯값과 산포도

5 대푯값과 산포도

⭐ 중요

유형 1 대푯값과 평균 개념편 82~83쪽

(1) **대푯값**: 자료 전체의 중심 경향이나 특징을 대표적으로 나타내는 값 예 평균, 중앙값, 최빈값

(2) $(평균) = \dfrac{(변량의\ 총합)}{(변량의\ 개수)}$

1 다음 자료는 6년 동안 어느 프로 야구 선수가 해마다 친 홈런의 수를 조사하여 나타낸 것이다. 이 자료의 평균을 구하시오.

(단위: 개)

$$14,\ 23,\ 17,\ 26,\ 25,\ 21$$

2 오른쪽 줄기와 잎 그림은 7일 동안 하연이의 개인 홈페이지에 등록된 댓글의 수를 조사하여 나타낸 것이다. 이 자료의 평균은?

등록된 댓글의 수

(1|2는 12개)

줄기	잎
1	2 5 6 7
2	2 8
3	0

① 18개   ② 19개   ③ 20개
④ 21개   ⑤ 22개

3 3개의 변량 a, b, c의 평균이 7일 때, 다음 5개의 변량의 평균을 구하시오.

$$6,\ a,\ b,\ c,\ 13$$

4 5개의 변량 a, b, c, d, e의 평균이 9일 때, $2a+1$, $2b-3$, $2c-7$, $2d$, $2e+4$의 평균은?

① 16   ② 17   ③ 18
④ 19   ⑤ 20

유형 2 중앙값과 최빈값 개념편 82~83쪽

(1) **중앙값**: 변량을 작은 값부터 크기순으로 나열할 때 변량의 개수가
① 홀수이면 ➡ 한가운데 있는 값
② 짝수이면 ➡ 한가운데 있는 두 값의 평균

(2) **최빈값**: 자료의 변량 중에서 가장 많이 나타난 값
이때 최빈값은 자료에 따라 2개 이상일 수도 있다.

5 다음 자료는 진서네 반 학생 8명의 하루 동안의 수면 시간을 조사하여 나타낸 것이다. 이 자료의 중앙값과 최빈값을 각각 구하시오.

(단위: 시간)

$$7,\ 5,\ 8,\ 10,\ 10,\ 12,\ 5,\ 11$$

6 서술형

오른쪽 줄기와 잎 그림은 지원이네 반 학생 10명의 턱걸이 횟수를 조사하여 나타낸 것이다. 이 자료의 평균을 a회, 중앙값을 b회, 최빈값을 c회라고 할 때, $a+b+c$의 값을 구하시오.

턱걸이 횟수

(0|3은 3회)

줄기	잎
0	3 4 8 9
1	4 4 7 8
2	0 5

풀이 과정

답

7 오른쪽 표는 두 학생 A, B의 5회에 걸친 체육 수행평가 점수를 조사하여 나타낸 것이다. 다음 중 옳지 <u>않은</u> 것을 모두 고르면? (정답 2개)

A의 점수(점)	B의 점수(점)
7	3
9	8
7	7
7	8
10	9

① A의 점수의 평균은 최빈값과 같다.
② B의 점수의 중앙값과 최빈값은 같다.
③ A의 점수의 평균이 B의 점수의 평균보다 더 높다.
④ A와 B의 점수의 중앙값은 같다.
⑤ B의 점수의 최빈값이 A의 점수의 최빈값보다 더 높다.

8 다음 자료에서 x, y가 자연수이고 $x < y < 12$일 때, 중앙값과 최빈값을 차례로 나열한 것은?

$$6, \quad x, \quad 13, \quad 11, \quad 9, \quad y, \quad 13, \quad 17, \quad 13$$

① 9, 11 　　② 9, 13 　　③ 11, 11
④ 11, 13 　　⑤ 13, 13

9 8개의 변량 1, 3, 4, 6, 6, 6, 7, 8에 한 개의 변량이 추가될 때, 다음 보기 중 옳은 것을 모두 고른 것은?

┌─ 보기 ─┐
ㄱ. 이 자료의 중앙값은 변하지 않는다.
ㄴ. 이 자료의 평균은 변하지 않는다.
ㄷ. 이 자료의 최빈값은 변하지 않는다.

① ㄱ 　　② ㄴ 　　③ ㄱ, ㄴ
④ ㄱ, ㄷ 　　⑤ ㄴ, ㄷ

미지수 x를 포함한 자료와 그 대푯값이 주어질 때, 다음과 같이 x의 값을 구한다.

(1) 평균이 주어진 경우
➡ 주어진 평균을 이용하여 평균을 구하는 식을 세운 후 x의 값을 구한다.

(2) 중앙값이 주어진 경우
➡ 변량을 작은 값부터 크기순으로 나열한 후, 주어진 중앙값을 이용하여 x가 몇 번째 위치에 놓이는지 파악하여 x의 값을 구한다.

(3) 최빈값이 주어진 경우
➡ 가장 많이 나타난 변량을 찾아보고, 그 값이 없는 경우 x가 최빈값이 된다.

10 정원이는 4회에 걸친 과학 시험에서 각각 65점, 70점, 75점, x점을 받았다. 시험 점수의 중앙값이 71점일 때, x의 값은?

① 70 　　② 71 　　③ 72
④ 73 　　⑤ 74

11 다음 자료의 평균이 5일 때, 최빈값을 구하시오.

$$3, \quad 7, \quad 4, \quad 5, \quad x, \quad 6, \quad 3$$

12 다음 자료의 중앙값과 최빈값이 서로 같을 때, x의 값을 구하시오. (단, 자료의 최빈값은 1개이다.)

$$x, \quad 2, \quad 4, \quad 7, \quad 9, \quad 5, \quad 6, \quad 7, \quad 6, \quad 3, \quad 5, \quad 8$$

13 다음은 어느 동호회 회원 5명의 나이에 대한 설명이다. 이때 회원 5명의 나이의 중앙값을 구하시오.

> • 나이의 최빈값은 24세이다.
> • 나이의 평균은 21.6세이다.
> • 한 회원의 나이는 21세이다.
> • 가장 어린 회원의 나이는 17세이다.

14 다음 조건을 모두 만족시키는 자연수 a의 값을 모두 구하시오.

서술형

> **조건**
> (가) 5개의 변량 10, 15, 22, 25, a의 중앙값은 22이다.
> (나) 6개의 변량 24, 25, 35, 37, 38, a의 중앙값은 30이다.

풀이 과정

답

> 먼저 최빈값을 이용하여 a, b, c의 값을 추측해 봐.

까다로운 **기출문제**

15 다음 자료의 중앙값이 7이고 최빈값이 10일 때, $a+b+c$의 값을 구하시오.

> 4, 5, 5, 8, 10, a, b, c

한 걸음 더 연습

유형 3

16 신영이의 5회에 걸친 국어 성적의 평균은 91점이었다. 그런데 6회째의 국어 시험에서 성적이 향상되어 6회까지의 평균이 5회까지의 평균보다 1점이 더 높아졌다고 할 때, 6회째의 국어 성적은 몇 점인지 구하시오.

서술형

풀이 과정

답

17 어느 댄스 동아리 학생 5명의 키의 평균은 $164\,\text{cm}$이고 중앙값은 $163\,\text{cm}$이다. 이 중에서 키가 $a\,\text{cm}$인 한 학생이 동아리를 탈퇴하고 키가 $172\,\text{cm}$인 한 학생이 새로 가입했더니 키의 평균은 $165\,\text{cm}$가 되었고 중앙값은 $b\,\text{cm}$가 되었다. 이때 $a-b$의 값은?

① 1 　　② 2 　　③ 3
④ 4 　　⑤ 5

18 어느 중학교에 학생 5명으로 이루어진 배드민턴 동아리가 있다. 이 동아리 학생들의 몸무게의 평균은 $61\,\text{kg}$, 중앙값은 $59\,\text{kg}$, 최빈값은 $59\,\text{kg}$이다. 그런데 한 학생이 전학을 가고, 새로운 학생 1명이 동아리에 들어온 후 몸무게의 평균이 $62\,\text{kg}$이 되었다고 한다. 전학을 간 학생의 몸무게가 $54\,\text{kg}$이라고 할 때, 새로운 학생 1명이 들어온 후 동아리 학생들의 몸무게의 중앙값과 최빈값을 각각 구하시오.

유형 4 적절한 대푯값 찾기 개념편 82~83쪽

(1) 평균: 평균은 대푯값으로 가장 많이 쓰이며, 자료에 극단적인 값이 있으면 그 값에 영향을 받는다.

(2) 중앙값: 자료에 극단적인 값이 있는 경우 자료 전체의 특징을 평균보다 더 잘 나타낼 수 있다.

(3) 최빈값: 선호도를 조사할 때 주로 쓰이며, 숫자로 나타내지 못하는 자료에서도 구할 수 있다.

19 다음 자료 중 평균을 대푯값으로 사용하기에 가장 적절하지 <u>않은</u> 것은?

① 10, 20, 30, 40, 50
② 10, 11, 12, 13, 300
③ 5, 5, 5, 5, 5
④ 5, 5, 5, 10, 10
⑤ 1, 2, 3, 4, 5

20 다음 자료는 어느 조명 가게에서 하루 동안 판매된 전구의 소켓 크기를 조사하여 나타낸 것이다. 공장에 가장 많이 주문해야 할 전구의 소켓 크기를 정하려고 할 때, 평균, 중앙값, 최빈값 중에서 이 자료의 대푯값으로 가장 적절한 것을 말하고, 그 값을 구하시오.

(단위: mm)

12	26	14	26	17	26
17	39	26	39	26	26

21 다음 표는 A, B 두 가게의 월 매출을 5개월 동안 조사하여 나타낸 것이다. 물음에 답하시오.

(단위: 만 원)

	1월	2월	3월	4월	5월
A 가게	2200	2100	1800	1900	2000
B 가게	1100	5800	1000	900	1200

(1) A, B 두 가게의 월 매출의 평균을 각각 구하시오.

(2) A, B 두 가게의 월 매출의 평균과 중앙값의 차를 각각 구하시오.

(3) A, B 두 가게 중에서 월 매출의 대푯값으로 평균보다 중앙값이 더 적절한 가게를 말하시오.

유형 5 산포도와 편차 개념편 85쪽

(1) **산포도**: 자료의 변량이 흩어져 있는 정도를 하나의 수로 나타낸 값 〔예〕 분산, 표준편차

(2) **편차**: 각 변량에서 평균을 뺀 값

➡ (편차)=(변량)−(평균)

① 편차의 총합은 항상 0이다.

② 변량이 평균보다 크면 그 편차는 양수이고, 변량이 평균보다 작으면 그 편차는 음수이다.

22 현영이네 반 학생들의 수학 성적의 평균은 75점이다. 현영이의 수학 성적의 편차가 −3점일 때, 현영이의 수학 성적은?

① 70점
② 72점
③ 74점
④ 76점
⑤ 78점

23 다음은 5회에 걸친 줄넘기 횟수의 편차를 나타낸 것이다. 이때 x의 값을 구하시오.

(단위: 회)

−1	4	x	2	−3

24 6개의 변량의 편차가 다음과 같을 때, x의 값을 구하시오.

2	x	−1	$x+0.5$	−1.5	3

25 다음 표는 학생 5명의 봉사 활동 시간의 편차를 나타낸 것이다. 봉사 활동 시간의 평균이 20시간일 때, 학생 D의 봉사 활동 시간을 구하시오.

학생	A	B	C	D	E
편차(시간)	-5	7	2		-3

풀이 과정

답

---

26 다음 표는 야구 경기에서 어떤 투수가 한 타자를 상대로 던진 5개의 공의 속력과 편차를 나타낸 것이다. 이때 $a-b+c$의 값을 구하시오.

공의 속력(km/h)	145	a	134	b	131
편차(km/h)	8	-4	-3	c	-6

---

27 아래 표는 학생 5명의 몸무게의 편차를 나타낸 것이다. 몸무게의 평균이 $52\,$kg일 때, 다음 중 옳지 <u>않은</u> 것은?

학생	진아	승환	새별	예린	민석
편차(kg)	-4	2	-1	x	8

① x의 값은 -5이다.
② 예린이의 몸무게는 $47\,$kg이다.
③ 새별이는 평균보다 몸무게가 적게 나간다.
④ 중앙값은 승환이의 몸무게와 같다.
⑤ 평균보다 몸무게가 적게 나가는 학생은 3명이다.

유형 6 **분산과 표준편차** **개념편 86쪽**

분산과 표준편차는 다음과 같은 순서로 구한다.

평균 ➡ 편차 ➡ (편차)²의 총합 ➡ 분산 ➡ 표준편차

(1) $(\text{분산}) = \dfrac{\{(\text{편차})^2의\ 총합\}}{(\text{변량의 개수})}$ ← 편차의 제곱의 평균

(2) $(\textbf{표준편차}) = \sqrt{(\text{분산})}$ ← 분산의 음이 아닌 제곱근

---

28 다음 표는 5명의 학생 A, B, C, D, E의 분당 맥박 수의 편차를 나타낸 것인데 일부가 찢어져 보이지 않는다. 이 학생들의 분당 맥박 수의 표준편차를 구하시오.

학생	A	B	C	D	E
편차(회)	-3	0	4	3	

---

29 다음 표는 정국이가 6개월 동안 읽은 책의 수를 조사하여 나타낸 것이다. 책의 수의 분산과 표준편차를 각각 구하시오.

	1월	2월	3월	4월	5월	6월
책의 수(권)	3	6	3	4	3	5

풀이 과정

답

---

30 5개의 변량 7, 11, 5, x, 8의 평균이 9일 때, 분산은?

① 5　　　② 8　　　③ 10
④ 12　　　⑤ 15

한 걸음 더 연습 유형 6

31 3개의 변량 a, b, c의 합이 12이고 각 변량의 제곱의 총합이 90일 때, a, b, c의 표준편차는?

① $\sqrt{14}$ ② 4   ③ $2\sqrt{5}$
④ $2\sqrt{6}$ ⑤ $\sqrt{30}$

32 연속하는 네 짝수의 표준편차는?

① $\sqrt{5}$ ② $\sqrt{10}$ ③ $2\sqrt{5}$
④ $\dfrac{\sqrt{5}}{4}$ ⑤ $\dfrac{\sqrt{10}}{4}$

33 종원이네 동네 식당 5곳의 평점의 평균은 7점이고 분산은 4라고 한다. 5곳 중 평점이 7점인 식당 한 곳을 제외한 나머지 식당 4곳의 평점의 분산은?

① 2   ② 5   ③ 8
④ 10   ⑤ 20

34 다음 표는 아영이네 모둠 학생 5명 각각의 사회 점수에서 아영이의 사회 점수를 뺀 값을 나타낸 것이다. 이 학생들의 사회 점수의 표준편차를 구하시오.

(단위: 점)

학생	태호	서준	아영	상윤	은희
{(점수)−(아영이의 점수)}	−7	3	0	−5	−1

유형 7 산포도가 주어질 때, 식의 값 또는 변량 구하기

개념편 86쪽

n개의 변량 x_1, x_2, x_3, $\cdots$, x_n의 평균이 m, 분산이 s^2일 때, 다음을 이용하여 필요한 값을 구한다.

$$m = \frac{x_1 + x_2 + x_3 + \cdots + x_n}{n}$$

$$s^2 = \frac{(x_1-m)^2 + (x_2-m)^2 + (x_3-m)^2 + \cdots + (x_n-m)^2}{n}$$

35 3개의 변량 a, b, c의 평균이 3이고 표준편차가 4일 때, $(a-3)^2 + (b-3)^2 + (c-3)^2$의 값은?

① 36   ② 40   ③ 44
④ 48   ⑤ 52

36 3개의 변량 $5-a$, 5, $5+a$의 표준편차가 $\sqrt{6}$일 때, 양수 a의 값을 구하시오.

37 5개의 변량 a, 4, b, 5, 6의 평균이 5이고 표준편차가 $\sqrt{2}$일 때, $a^2 + b^2$의 값을 구하시오.

세 자연수를 a, 9, b로 놓고 a, b에 대한 식을 세워 봐.

까다로운 기출문제

38 어떤 세 자연수의 평균이 8, 중앙값이 9, 분산이 14일 때, 이 세 자연수 중 가장 큰 수는?

① 11   ② 12   ③ 13
④ 14   ⑤ 15

틀리기 쉬운
유형 8 변화된 자료의 평균과 표준편차   개념편 86쪽

n개의 변량 x_1, x_2, x_3, $\cdots$, x_n의 평균이 m, 표준편차가 s
일 때, n개의 변량 ax_1+b, ax_2+b, ax_3+b, $\cdots$, ax_n+b
(a, b는 상수)에 대하여

(1) (평균)$=\dfrac{1}{n}\{(ax_1+b)+(ax_2+b)+\cdots+(ax_n+b)\}$

$\qquad = a \times \dfrac{x_1+x_2+\cdots+x_n}{n}+b$

$\qquad = am+b$

(2) (분산)$=\dfrac{1}{n}\{(ax_1+b-am-b)^2+(ax_2+b-am-b)^2$
$\qquad\qquad\qquad\qquad\qquad +\cdots+(ax_n+b-am-b)^2\}$

$\qquad = a^2 \times \dfrac{1}{n}\{(x_1-m)^2+(x_2-m)^2$
$\qquad\qquad\qquad\qquad\qquad +\cdots+(x_n-m)^2\}$

$\qquad = a^2 s^2$

(3) (표준편차)$=\sqrt{a^2 s^2}=\sqrt{a^2}\sqrt{s^2}=|a|s$

참고 각 변량에 일정한 수를 더하거나 빼는 것은 분산과 표준편차
에 영향을 주지 않는다.

39 4개의 변량 a, b, c, d의 평균을 m, 표준편차를 s라
고 할 때, $a+2$, $b+2$, $c+2$, $d+2$의 평균과 분산을
각각 구하시오.

40 5개의 변량 a, b, c, d, e의 평균이 4이고 분산이 6이
다. $2a+3$, $2b+3$, $2c+3$, $2d+3$, $2e+3$의 평균을
x, 분산을 y라고 할 때, $x+y$의 값은?

① 25　　　　② 30　　　　③ 32

④ 35　　　　⑤ 40

유형 9 두 집단 전체의 분산과 표준편차   개념편 86쪽

평균이 같은 두 집단 A, B
의 도수와 표준편차가 오른
쪽 표와 같을 때

집단	A	B
도수	a	b
표준편차	x	y

➡ (두 집단 전체의 분산)

$\quad = \dfrac{\{(편차)^2의\ 총합\}}{(도수의\ 총합)} = \dfrac{ax^2+by^2}{a+b}$

➡ (두 집단 전체의 표준편차)$=\sqrt{\dfrac{ax^2+by^2}{a+b}}$

41 A, B 두 반의 수학 성적
이 오른쪽 표와 같을 때,
두 반 전체의 수학 성적
의 표준편차는?

반	A	B
평균(점)	75	75
표준편차(점)	6	4
학생 수(명)	20	20

① $2\sqrt{5}$점　　② $\sqrt{22}$점　　③ $2\sqrt{6}$점

④ $\sqrt{26}$점　　⑤ $2\sqrt{7}$점

42 남학생 15명과 여학생 10명으로 구성된 어느 반에서
남학생과 여학생의 영어 성적의 평균은 같고 분산은 각
각 3, 2이었다. 이 반 전체 학생의 영어 성적의 분산은?

① 2　　　　② $\dfrac{12}{5}$　　　　③ $\dfrac{13}{5}$

④ $\dfrac{14}{5}$　　　　⑤ 3

> a, b의 평균과 분산, c, d의 평균과 분산을 구하는 식을 이용
> 하여 $a+b+c+d$, $a^2+b^2+c^2+d^2$의 값을 구해 봐.

까다로운 기출문제

43 4개의 변량 a, b, c, d에
대하여 a, b와 c, d의 평
균과 분산이 각각 오른쪽
표와 같을 때, a, b, c, d의 표준편차는?

	a, b	c, d
평균	3	5
분산	1	4

① $\sqrt{2}$　　　　② $\sqrt{3}$　　　　③ $\dfrac{\sqrt{14}}{2}$

④ 2　　　　⑤ $\dfrac{7}{2}$

유형 **10**   산포도와 자료의 분포 상태   개념편 86쪽

(1) 분산 또는 표준편차가 **작다.**
  ➡ 변량들이 평균 가까이에 모여 있다.
  ➡ 변량들 간의 격차가 작다.
  ➡ 자료의 분포 상태가 **고르다.**
(2) 분산 또는 표준편차가 **크다.**
  ➡ 변량들이 평균에서 멀리 흩어져 있다.
  ➡ 변량들 간의 격차가 크다.
  ➡ 자료의 분포 상태가 **고르지 않다.**

44 다음 자료 중에서 표준편차가 가장 작은 것은?

① 7, 6, 8, 7, 7, 8, 6
② 5, 6, 7, 7, 8, 9, 7
③ 4, 10, 5, 7, 8, 8, 7
④ 7, 7, 7, 7, 7, 7, 7
⑤ 6, 7, 6, 6, 10, 8, 6

45 다음 막대그래프는 학생 수가 30명으로 같은 A, B 두 반의 학생들이 함께 영화를 보고 매긴 평점을 조사하여 각각 나타낸 것이다. 이 두 그래프에 대한 설명으로 옳은 것을 보기에서 모두 고르시오.

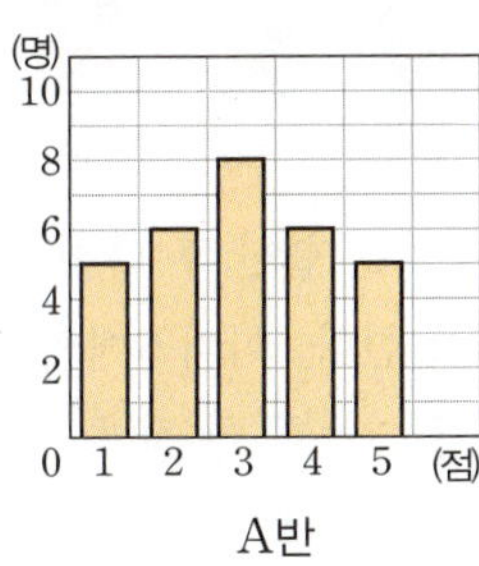

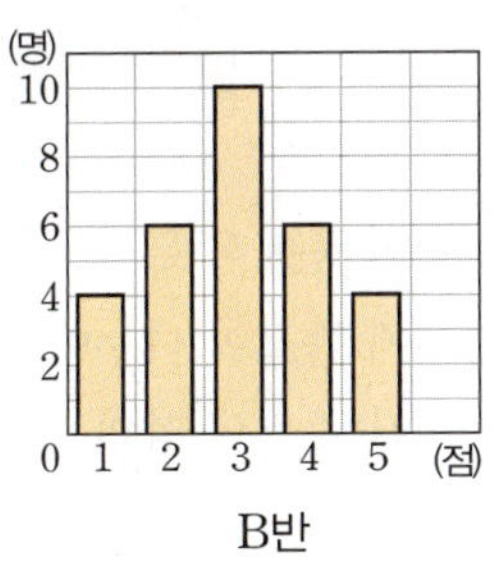

┌ 보기 ┐
ㄱ. A반과 B반의 평점의 평균은 서로 같다.
ㄴ. A반의 편차의 총합은 B반의 편차의 총합과 같다.
ㄷ. 평균을 대푯값으로 사용할 때, 평점의 산포도가 더 작은 반은 B반이다.
ㄹ. A반의 평점이 B반의 평점보다 더 고르다.

46 다음 표는 기준이와 우진이의 5회에 걸친 미술 수행 평가 점수를 조사하여 나타낸 것이다. 기준이와 우진이 중에서 누구의 점수가 더 고른지 말하시오.

(단위: 점)

회	1	2	3	4	5
기준	15	16	17	14	13
우진	18	17	18	17	20

47 다음 표는 두 가게 A, B에서 일주일 동안 판매한 핸드폰의 개수를 조사하여 나타낸 것이다. 두 가게 모두 하루 평균 10개의 핸드폰을 판매했을 때, 이 자료에 대한 설명으로 옳은 것을 보기에서 모두 고르시오.

(단위: 개)

요일	월	화	수	목	금	토	일
A	6	a	9	11	12	14	11
B	3	7	11	10	12	b	13

┌ 보기 ┐
ㄱ. $b=2a$
ㄴ. 가게 A와 가게 B의 판매량의 표준편차는 같다.
ㄷ. 가게 B의 판매량이 가게 A의 판매량보다 기복이 더 심하다.

48 아래 표는 5개의 반 학생들의 1학기 중간고사 국어 성적의 평균과 표준편차를 나타낸 것이다. 다음 중 옳은 것은?

반	1	2	3	4	5
평균(점)	68	72	73	72	70
표준편차(점)	5	4	6	3	8

① 1반 학생 수가 2반 학생 수보다 많다.
② 1반에 80점 이상인 학생은 없다.
③ 국어 성적이 가장 높은 학생은 3반에 있다.
④ 국어 성적이 90점 이상인 학생은 1반보다 2반에 더 많다.
⑤ 국어 성적이 가장 고른 반은 4반이다.

유형 11 대푯값과 산포도의 이해 개념편 86쪽

(1) 대푯값: 평균, 중앙값, 최빈값 등이 있다.
(2) 산포도
  ① 산포도에는 분산과 표준편차 등이 있다.
  ② 변량들이 대푯값을 중심으로 모여 있을수록 산포도는 작아지고, 멀리 흩어져 있을수록 산포도는 커진다.

보기 다多 모아~

49 다음 중 옳지 <u>않은</u> 것을 모두 고르면?

① 편차의 총합은 항상 0이다.
② 편차의 제곱의 평균은 분산이다.
③ 평균보다 작은 변량의 편차는 양수이다.
④ 편차가 0인 변량은 평균과 같다.
⑤ 분산은 항상 양수이다.
⑥ 분산이 커지면 표준편차도 커진다.
⑦ 표준편차가 작을수록 자료는 고르게 분포되어 있다.
⑧ 편차의 평균으로 변량이 흩어져 있는 정도를 알 수 있다.

50 다음 보기 중 옳은 것을 모두 고르시오.

┤ 보기 ├

ㄱ. 자료의 변량 중에서 가장 많이 나타난 값을 최빈값이라고 한다.
ㄴ. 편차의 절댓값이 작은 변량일수록 평균에 가깝다.
ㄷ. 표준편차는 분산의 음이 아닌 제곱근이다.
ㄹ. 평균이 서로 다른 두 자료는 표준편차도 서로 다르다.
ㅁ. 어떤 자료에서 각 변량의 편차만 주어진 경우 평균을 구할 수 있다.

톡톡 튀는 문제

51 한 개의 주사위를 9번 던진 결과가 다음과 같았다. 나온 눈의 수의 분산을 A라고 할 때, $9A$의 값을 구하시오.

> • 모든 눈이 적어도 한 번씩 나왔다.
> • 나온 눈의 수의 최빈값은 1뿐이고, 평균과 중앙값은 모두 3이다.

52 다음 그림과 같이 주스가 각각 $160\,\text{mL}$, $80\,\text{mL}$, $170\,\text{mL}$, $120\,\text{mL}$, $220\,\text{mL}$씩 담긴 5개의 컵 A, B, C, D, E가 있다.

이 중에서 두 컵을 골라 주스를 합한 후 다시 그 두 컵에 똑같이 나누어 담으려고 한다. 이때 5개의 컵에 담긴 주스의 양의 표준편차를 가능한 한 작게 하려면 어느 두 컵을 골라야 하는지 구하시오.

단원 마무리

⭐ 중요

꼭 나오는 기본 문제

1 다음 자료는 2009년부터 2018년까지 10년 동안의 프로 야구 경기의 최다 홈런 기록을 조사하여 나타낸 것이다. 이 자료의 평균을 A개, 중앙값을 B개, 최빈값을 C개 라고 할 때, A, B, C의 대소 관계로 옳은 것은?

(단위: 개)

> 36, 44, 30, 31, 37, 52, 53, 40, 46, 44

① $A < B < C$ ② $A < C < B$ ③ $B < A < C$
④ $C < A < B$ ⑤ $C < B < A$

2 다음 줄기와 잎 그림은 조선 시대의 왕 27명이 즉위한 나이를 조사하여 나타낸 것이다. 이 자료의 중앙값과 최빈값의 합을 구하시오.

조선 시대 왕의 즉위 나이

(0|8은 8세)

줄기	잎
0	8
1	1 2 2 2 3 4 6 9 9 9 9 9
2	2 5 9
3	0 1 1 3 4 4 4 7 9
4	2
5	8

3 다음 표는 연희의 일주일 동안의 수면 시간을 조사하여 나타낸 것이다. 이 자료의 평균은 8시간이고, 목요일의 수면 시간은 x시간, 일주일 동안의 수면 시간의 중앙값 은 y시간일 때, $x+y$의 값을 구하시오.

요일	월	화	수	목	금	토	일
수면 시간(시간)	8	8	7	x	8	7	12

4  다음 자료는 학생 8명의 일주일 동안의 컴퓨터 사용 시 간을 조사하여 나타낸 것이다. 평균, 중앙값, 최빈값 중 에서 이 자료의 중심 경향을 가장 잘 나타내는 것을 말 하고, 그 값을 구하시오.

(단위: 시간)

> 14, 19, 11, 17, 16, 11, 20, 53

풀이 과정

답

5 아래 표는 학생 5명의 수학 점수의 편차를 나타낸 것이 다. 수학 점수의 평균이 90점일 때, 다음 중 옳지 <u>않은</u> 것은?

학생	준서	하영	기현	건후	은찬
편차(점)		-3	2	4	-1

① 준서의 점수의 편차는 -2점이다.
② 평균보다 점수가 높은 학생은 2명이다.
③ 점수가 가장 높은 학생은 건후이다.
④ 하영이와 은찬이의 점수 차는 2점이다.
⑤ 기현이의 점수는 88점이다.

6 다음 7개의 자료에 대한 설명으로 옳은 것을 보기에서 고르시오.

$$8, \quad 12, \quad 10, \quad 9, \quad 7, \quad 9, \quad 8$$

┤ 보기 ├
ㄱ. 평균은 8이다.
ㄴ. 편차의 제곱의 총합은 0이다.
ㄷ. 분산은 16이다.
ㄹ. 표준편차는 $\dfrac{4\sqrt{7}}{7}$이다.

7 다음 표는 A, B 두 학생의 일주일 동안의 학습 시간을 조사하여 나타낸 것이다. A, B 중에서 학습 시간이 더 고른 학생은 누구인지 말하시오.

(단위: 시간)

요일	월	화	수	목	금	토	일
A	8	4.5	8.5	5.5	6.5	7.5	5
B	5.5	6	6.5	7	7	6	7.5

보기 다 多 모아~

8 다음 중 옳지 <u>않은</u> 것을 모두 고르면?

① 편차의 제곱의 총합은 항상 양수이다.
② 표준편차를 제곱한 값이 분산이다.
③ 표준편차가 작을수록 자료의 분포 상태가 고르다.
④ 중앙값은 항상 자료에 있는 값 중 하나이다.
⑤ 편차의 제곱의 평균으로 자료의 변량이 흩어져 있는 정도를 알 수 있다.
⑥ 산포도에는 평균, 중앙값, 최빈값 등이 있다.
⑦ 대푯값은 자료의 변량이 흩어져 있는 정도를 하나의 수로 나타낸 값이다.

LEVEL **2**　　자주 나오는 **실력 문제**

9 다음 자료의 평균과 최빈값이 모두 7일 때, x, y의 값을 각각 구하시오. (단, $x < y$)

$$10, \quad 4, \quad x, \quad 7, \quad 6, \quad y, \quad 5, \quad 8$$

10 다음 보기 중 세 자료 A, B, C에 대한 설명으로 옳은 것을 모두 고르시오.

자료 A	1부터 5까지의 자연수
자료 B	1부터 10까지의 자연수 중에서 짝수
자료 C	1부터 10까지의 자연수 중에서 홀수

┤ 보기 ├
ㄱ. 자료 A의 평균은 자료 B의 평균과 같다.
ㄴ. 자료 C의 평균은 자료 B의 평균보다 작다.
ㄷ. 자료 A의 분산은 자료 B의 분산보다 크다.
ㄹ. 자료 B의 분산과 자료 C의 분산은 같다.

11 서술형 다음 표는 도시 5곳에서 같은 시각에 측정한 기온의 편차를 나타낸 것이다. 이 자료의 표준편차가 $\sqrt{9.2}$ ℃일 때, xy의 값을 구하시오.

도시	서울	제주	대구	광주	인천
편차(℃)	-5	x	y	0	-1

풀이 과정

답

12 어느 반 학생 4명의 수행평가 점수가 각각 2점씩 감점될 때, 다음 중 이 학생 4명의 점수에 대한 설명으로 옳은 것을 모두 고르면? (정답 2개)

① 평균은 변함없다.
② 평균은 2점 내려간다.
③ 표준편차는 변함없다.
④ 표준편차는 $\sqrt{2}$점 내려간다.
⑤ 표준편차는 2점 내려간다.

13 오른쪽 표는 어느 반의 남학생과 여학생의 수와 수학 성적의 표준편차를 나타낸 것이다. 이 반 전체의 수학 성적의 표준편차가 4점일 때, 여학생의 수학 성적의 표준편차는?

성별	남	여
학생 수(명)	25	15
표준편차(점)	2	

(단, 남학생과 여학생의 수학 성적의 평균은 같다.)

① 2점 　　② $2\sqrt{3}$점 　　③ $2\sqrt{5}$점
④ 6점 　　⑤ $4\sqrt{3}$점

14 오른쪽 그림과 같이 점수가 표시된 과녁이 있다. A, B, C 세 사람이 각각 화살을 5번씩 쏘아서 얻은 결과가 다음과 같을 때, 점수의 표준편차가 작은 사람부터 차례로 나열하면?

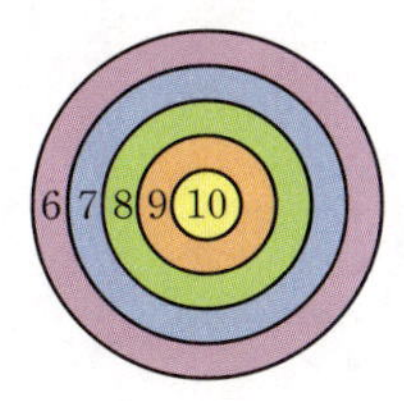

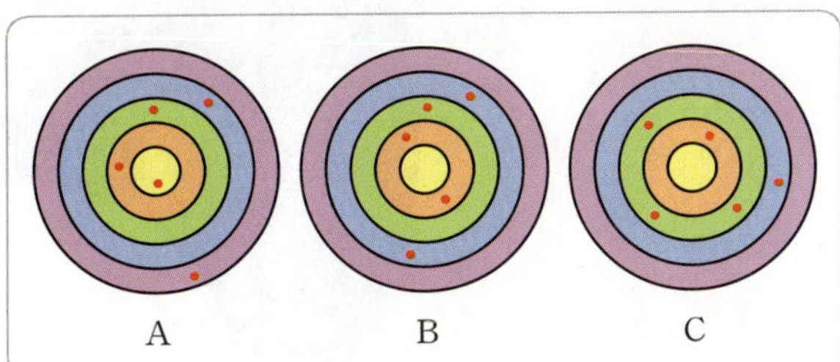

① A, B, C 　　② A, C, B 　　③ B, A, C
④ C, A, B 　　⑤ C, B, A

15 다음 두 자료 A, B에 대하여 자료 A의 중앙값이 17이고, 두 자료 A, B를 섞은 전체 자료의 중앙값이 19일 때, $a+b$의 값을 모두 구하시오. (단, a, b는 자연수)

자료 A:	15,	a,	b,	22,	12
자료 B:	14,	$b+1$,	23,	25,	a

16 어떤 4개의 수에 대하여 평균과 분산을 각각 구하였더니 평균이 5이고, 분산이 $\dfrac{3}{2}$이었다. 그런데 이 계산 결과가 두 수 3, 6을 각각 4, 5로 잘못 보고 계산한 것이라고 할 때, 다음을 구하시오.

(1) 4개의 수의 실제 평균

(2) 실제 4개의 수

(3) 4개의 수의 실제 분산

17 직업 체험의 날에 수연이는 여러 회사의 수익률을 조사하여 그중 수익률이 가장 안정적인 한 회사에 투자해 보는 프로그램에 참여하였다. 다음 표는 A, B, C 세 회사의 지난 5개월 동안의 수익률을 조사하여 나타낸 것이다. 이 자료만으로 판단할 때, A, B, C 세 회사 중에서 어느 회사에 투자하는 것이 좋을지 말하시오.

(단위: %)

월	1	2	3	4	5
A 회사	20	30	23	27	25
B 회사	23	24	31	24	23
C 회사	19	24	27	28	27

III
통계
6
상관관계

6 상관관계

⭐ 중요

유형 1 산점도 (1)   개념편 96~97쪽

두 변량 사이의 관계를 알기 위해 두 변량 x, y의 순서쌍 (x, y)를 좌표평면 위에 점으로 나타낸 그림을 **산점도**라고 한다.

(1) 이상, 이하   → **가로선, 세로선 긋기**

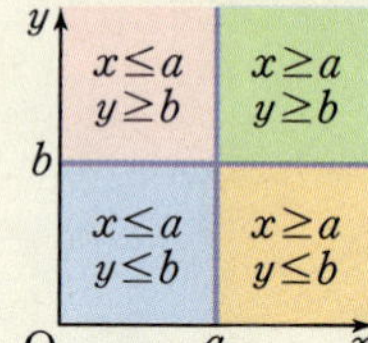

(2) 두 변량의 비교   → **대각선 긋기**

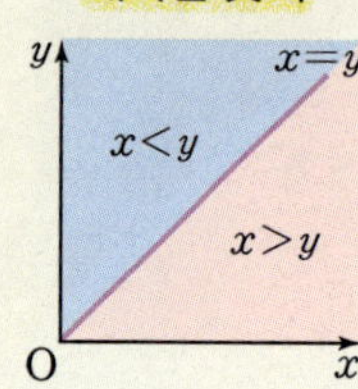

[1~3] 오른쪽 그림은 지석이네 반 학생 14명이 일 년 동안 읽은 책의 수와 국어 성적에 대한 산점도이다. 다음 물음에 답하시오.

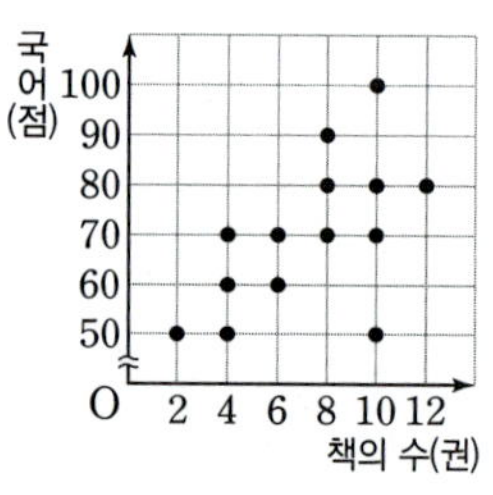

1 책을 가장 적게 읽은 학생의 국어 성적을 구하시오.

2 국어 성적이 두 번째로 높은 학생이 읽은 책의 수를 구하시오.

3 10권의 책을 읽은 학생들의 국어 성적의 평균을 구하시오.

4 오른쪽 그림은 학생 10명의 하루 동안의 공부 시간과 컴퓨터 사용 시간에 대한 산점도이다. 다음 중 옳은 것은?

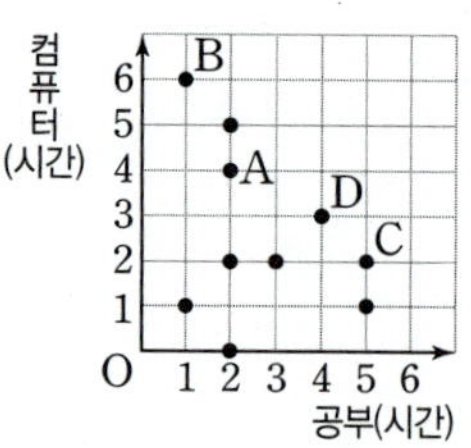

① A의 공부 시간은 4시간, 컴퓨터 사용 시간은 2시간이다.

② 컴퓨터와 공부를 모두 가장 많이 한 학생은 B이다.

③ C와 공부 시간이 같은 학생 수는 2명이다.

④ D는 C보다 공부를 더 적게 했다.

⑤ B는 공부 시간이 컴퓨터 사용 시간보다 5시간 더 많다.

---

5 오른쪽 그림은 어느 회사의 입사 지원자 20명의 지식 점수와 태도 점수에 대한 산점도이다. 지식 점수와 태도 점수가 모두 8점 이상인 사람을 합격시킨다고 할 때, 합격자는 전체의 몇 %인지 구하시오.

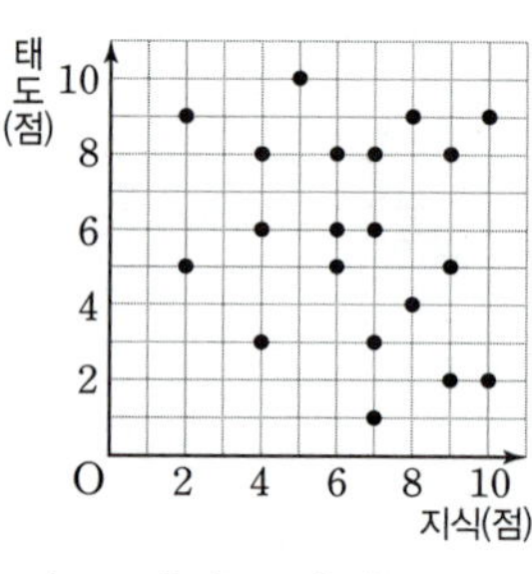

[서술형]

풀이 과정

답

[6~8] 오른쪽 그림은 사랑이네 반 학생 16명의 멀리뛰기 점수와 던지기 점수에 대한 산점도이다. 다음 물음에 답하시오.

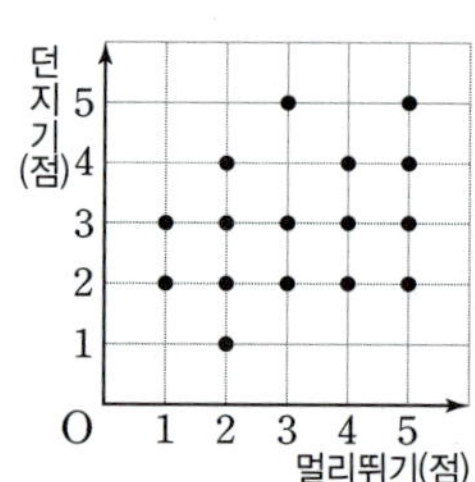

6 멀리뛰기 점수가 3점 이상이고 던지기 점수가 4점 미만인 학생 수를 구하시오.

7 멀리뛰기 점수와 던지기 점수가 같은 학생 수를 구하시오.

8 던지기 점수가 멀리뛰기 점수보다 높은 학생의 비율은?

① $\dfrac{1}{4}$ ② $\dfrac{5}{16}$ ③ $\dfrac{3}{8}$

④ $\dfrac{7}{16}$ ⑤ $\dfrac{9}{16}$

[9~10] 오른쪽 그림은 어느 반 학생 20명의 2학기 중간고사 성적과 기말고사 성적에 대한 산점도이다. 다음 물음에 답하시오.

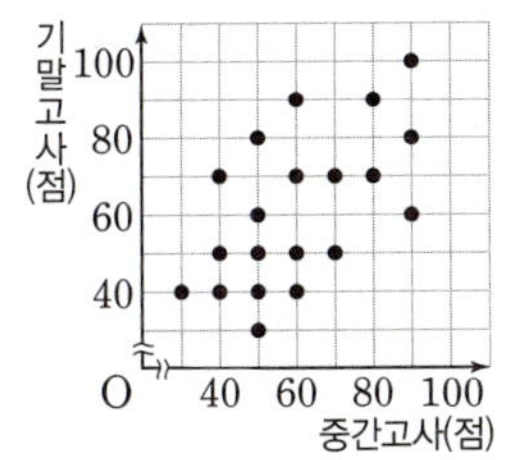

9 두 번의 시험에서 성적의 변화가 없는 학생 중 성적이 가장 높은 학생의 기말고사 성적은 몇 점인지 구하시오.

10 중간고사에 비해 기말고사 성적이 떨어진 학생은 전체의 몇 %인가?

① 30 %　　② 35 %　　③ 40 %

④ 45 %　　⑤ 50 %

11 오른쪽 그림은 야구 선수 14명이 작년과 올해 친 홈런의 개수에 대한 산점도이다. 작년과 올해 중 적어도 한 번은 홈런을 9개 이상 친 선수는 몇 명인지 구하시오.

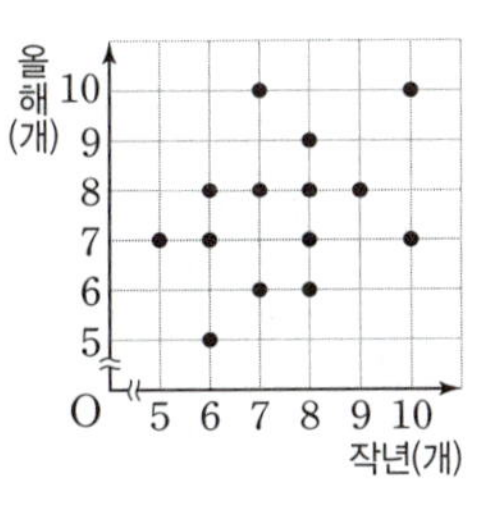

12 오른쪽 그림은 18개의 음료수 100 mL에 담긴 당류의 양과 열량에 대한 산점도이다. 다음 보기 중 옳은 것을 모두 고르시오.

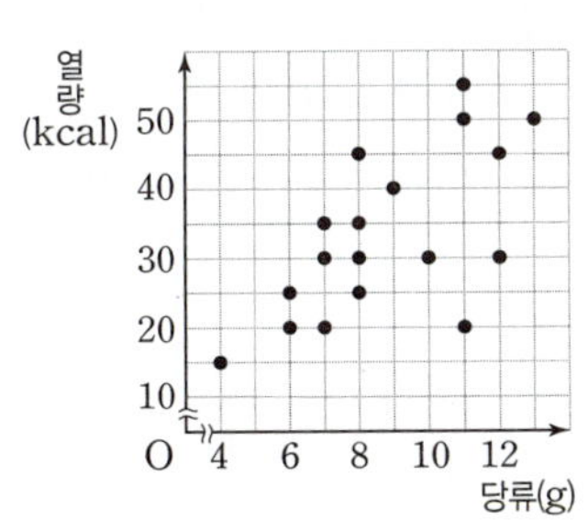

┌ 보기 ├

ㄱ. 열량의 최빈값은 30 kcal이다.

ㄴ. 당류의 양이 7 g 이하인 음료수는 3개이다.

ㄷ. 당류의 양이 8 g 이상이고 열량이 50 kcal 미만인 음료수는 전체의 50 %이다.

ㄹ. 열량이 40 kcal 초과인 음료수의 당류의 양의 평균은 12 g이다.

까다로운 유형 2　산점도 (2)　　개념편 96~97쪽

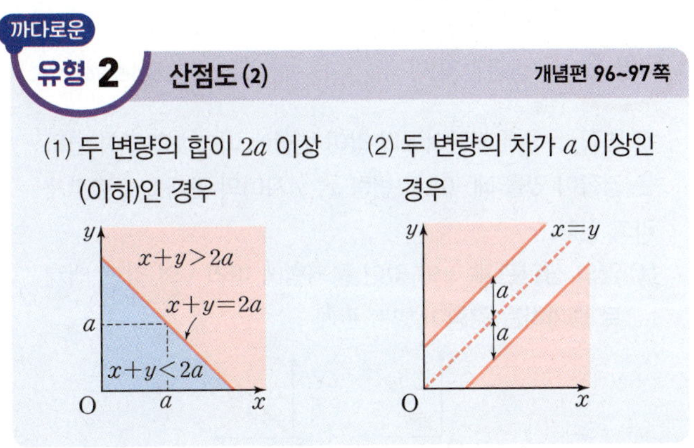

[13~14] 오른쪽 그림은 윤지네 반 학생 20명의 국어 성적과 영어 성적에 대한 산점도이다. 다음 물음에 답하시오.

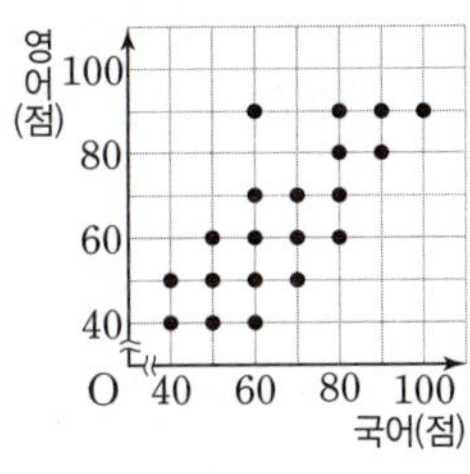

13 두 과목의 성적의 합이 120점 이하인 학생은 전체의 몇 %인지 구하시오.

14 두 과목의 성적의 차가 가장 큰 학생의 성적의 차는 몇 점인지 구하시오.

[15~16] 오른쪽 그림은 사격 선수 12명이 두 차례에 걸쳐 사격하여 얻은 점수에 대한 산점도이다. 다음 물음에 답하시오.

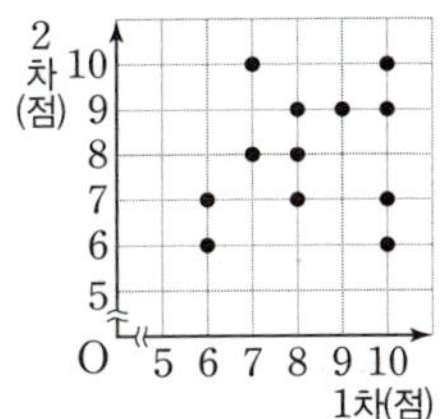

15 1차와 2차의 점수의 평균이 8점인 선수는 몇 명인지 구하시오.

16 1차와 2차의 점수의 차가 3점 이상인 선수는 전체의 몇 %인지 구하시오.

유형 3 상관관계

개념편 96~97쪽

두 변량 x, y에 대하여 x의 값이 변함에 따라 y의 값이 변하는 경향이 있을 때, 이 두 변량 x, y 사이의 관계를 상관관계라고 한다.

(1) 양의 상관관계: x의 값이 증가함에 따라 y의 값도 대체로 증가하는 경향이 있는 관계

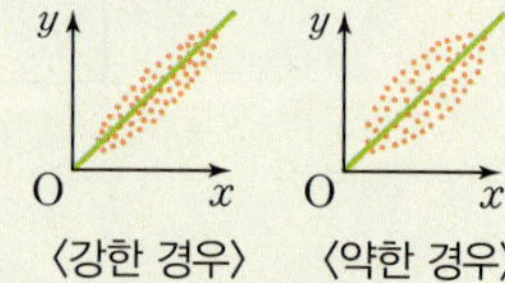

(2) 음의 상관관계: x의 값이 증가함에 따라 y의 값이 대체로 감소하는 경향이 있는 관계

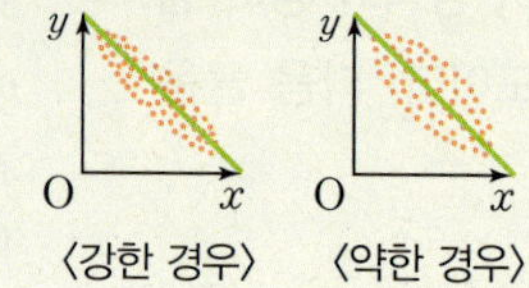

(3) 상관관계가 없다.: x의 값이 증가함에 따라 y의 값이 증가하는지 감소하는지 분명하지 않은 관계

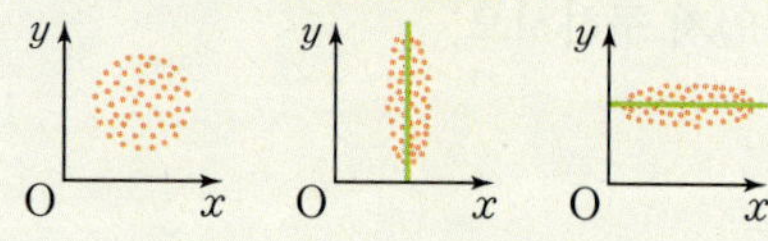

17 다음 그림은 두 변량 x, y에 대한 산점도이다. 물음에 답하시오.

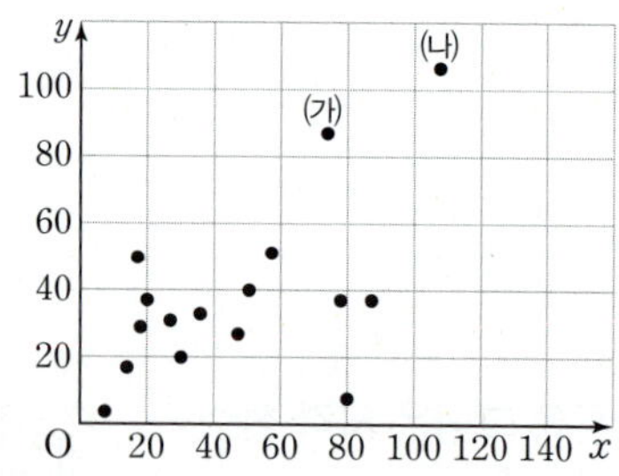

(1) 위의 산점도에서 두 점 ㈎, ㈏를 지웠을 때, 두 변량 x, y 사이의 상관관계를 말하시오.

(2) 위의 산점도에 다음 5개의 자료를 추가하였을 때, 두 변량 x, y 사이의 상관관계를 말하시오.

x	60	70	80	100	120
y	70	80	75	95	90

18 다음 산점도 중 양의 상관관계가 가장 강한 것은?

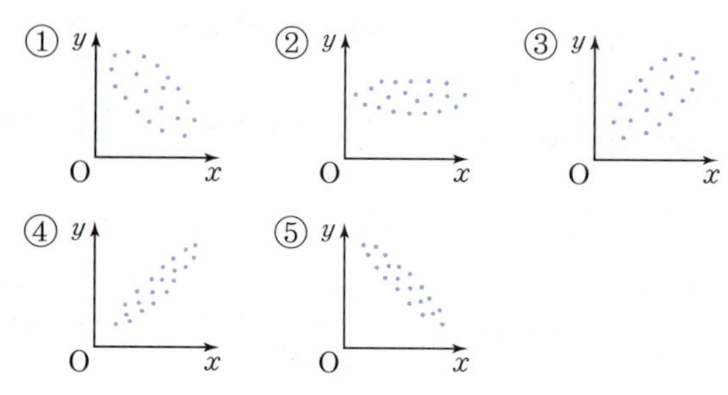

19 어느 도로의 주행 중인 자동차의 수를 x대, 자동차의 평균 주행 속력을 y km/h라고 할 때, 다음 보기 중 두 변량 x, y 사이의 상관관계를 나타낸 산점도로 알맞은 것을 고르시오.

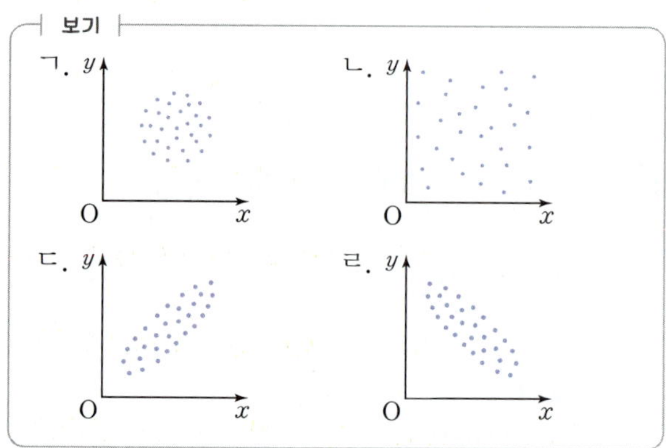

20 다음 중 두 변량 x, y에 대한 산점도를 그렸을 때, 대체로 오른쪽 그림과 같은 모양이 되는 것은?

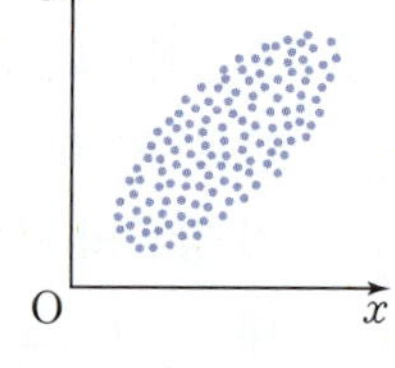

	x	y
①	머리둘레	지능 지수
②	겨울철 기온	난방비
③	산의 높이	산소의 농도
④	봉사 활동 시간	영어 성적
⑤	에어컨 사용 시간	전기 요금

유형 4 산점도와 상관관계의 이해 개념편 96~97쪽

(1) 상관관계를 알아볼 때: 점들이 모인 대략적인 모양을 따라 직선을 그어서 생각한다.
(2) 두 변량을 비교할 때: 대각선을 그어 위쪽과 아래쪽으로 나누어 생각한다.

21 오른쪽 그림은 유라네 반 학생들의 앉은키와 키에 대한 산점도이다. A, B, C, D, E 5명의 학생 중에서 앉은키에 비해 키가 가장 큰 학생은?

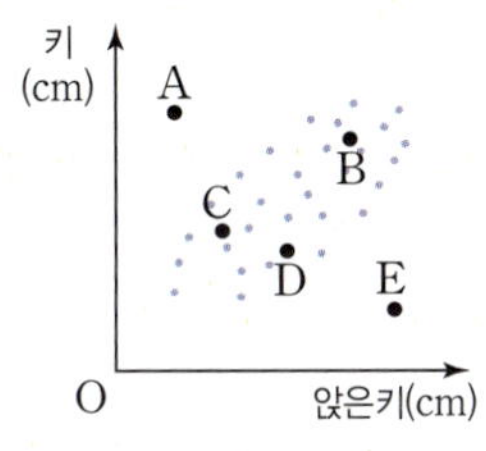

① A   ② B   ③ C
④ D   ⑤ E

22 오른쪽 그림은 어느 반 학생들의 수학 성적과 영어 성적에 대한 산점도이다. 다음 보기 중 옳은 것을 모두 고른 것은?

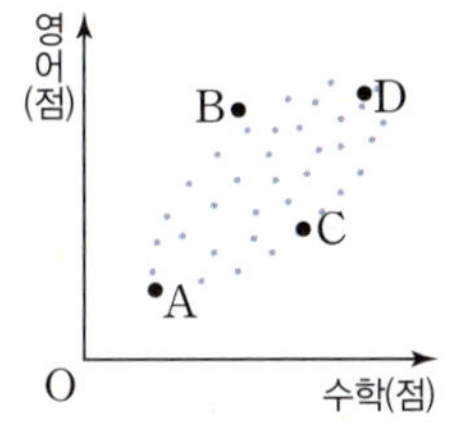

보기
ㄱ. 수학 성적과 영어 성적 사이에는 음의 상관관계가 있다.
ㄴ. A, B, C, D 4명의 학생 중에서 수학 성적이 가장 우수한 학생은 D이다.
ㄷ. B는 수학 성적에 비해 영어 성적이 우수한 편이다.
ㄹ. C는 B에 비해 영어 성적이 우수하다.
ㅁ. A는 수학 성적과 영어 성적이 모두 낮은 편이다.

① ㄱ, ㄴ   ② ㄴ, ㅁ   ③ ㄷ, ㄹ
④ ㄱ, ㄷ, ㄹ   ⑤ ㄴ, ㄷ, ㅁ

톡톡 튀는 문제

23 다음 그림은 어느 날 지역 14곳의 미세 먼지 농도와 그 지역에 있는 호흡기 질환 환자 수에 대한 산점도이다. 미세 먼지 상태가 '나쁨'인 지역에 있는 호흡기 질환 환자 수의 평균을 구하시오.

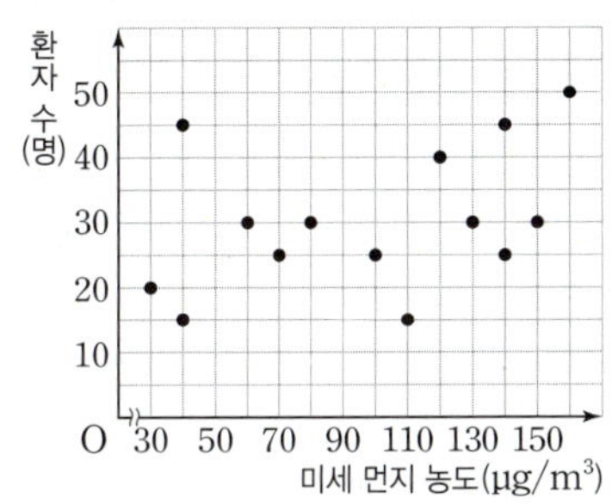

미세 먼지 상태	미세 먼지 농도(μg/m³)
좋음	0 이상 30 미만
보통	30 이상 80 미만
나쁨	80 이상 150 미만

24 다음 중 아래 신문 기사에서 성적과 양의 상관관계가 있지 <u>않은</u> 것은?

학생들의 성적을 향상하는 데는 과외나 <u>선행 학습량</u>보다 올바른 <u>학습 태도</u>와 학습 환경이 더 중요하며, 예습, 복습 등 학교 <u>수업에 충실</u>하고 <u>독서량</u>이 많은 학생이 성적도 우수한 것으로 나타났다. 연구 위원들은 "성적을 올리려면 <u>자기 주도적 학습 능력</u>을 길러야 한다."고 밝혔다.

① 선행 학습량   ② 학습 태도   ③ 수업 충실도
④ 독서량   ⑤ 자기 주도적 학습 능력

★ 중요

LEVEL 1

꼭 나오는 기본 문제

[1~2] 오른쪽 그림은 학생 18명의 음악 수행평가와 지필평가 성적에 대한 산점도이다. 다음 물음에 답하시오.

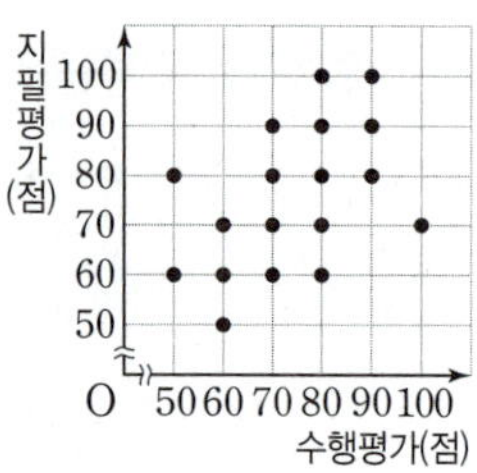

1 두 평가의 성적이 모두 70점 미만인 학생 수는?

① 3명　　　② 4명　　　③ 5명
④ 6명　　　⑤ 7명

2 수행평가 성적보다 지필평가 성적이 높은 학생 수는?

① 4명　　　② 5명　　　③ 6명
④ 7명　　　⑤ 8명

[3~4] 오른쪽 그림은 선주네 반 학생 20명의 미술 성적과 음악 성적에 대한 산점도이다. 다음 물음에 답하시오.

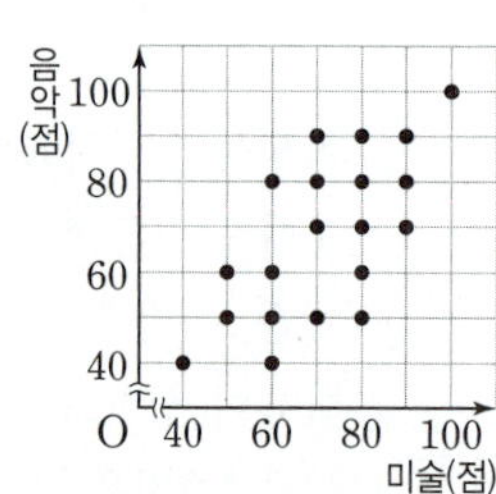

3 미술 성적과 음악 성적이 같은 학생은 전체의 몇 %인가?

① 5 %　　　② 10 %　　　③ 15 %
④ 25 %　　　⑤ 35 %

4 음악 성적이 60점 미만이거나 미술 성적이 70점 미만인 학생들에게 보충 과제를 준다고 할 때, 이 반에서 보충 과제를 받는 학생 수를 구하시오.

5 다음 표는 북반구에 위치한 여러 도시의 위도와 월평균 기온을 조사하여 나타낸 것이다. 보기의 ㉠, ㉡에 알맞은 말을 차례로 나열한 것은?

도시	방콕	호놀룰루	서울	뉴욕	시애틀	런던	모스크바
위도	13.44	21.21	37.34	40.46	47.27	51.9	55.45
기온	28.4	27.2	20.8	20.1	16.2	13.8	10.9

┤ 보기 ├

위의 표에서 두 도시를 선택하여 위도와 기온을 비교하여 보면 위도가 높을수록 기온이 대체로 ㉠ 편이므로 도시의 위도와 기온 사이에는 ㉡ 고 말할 수 있다.

	㉠	㉡
①	높은	양의 상관관계가 있다
②	높은	음의 상관관계가 있다
③	낮은	양의 상관관계가 있다
④	낮은	음의 상관관계가 있다
⑤	변함없는	상관관계가 없다

6 다음 보기 중 두 변량 사이에 대체로 음의 상관관계가 있는 것을 모두 고른 것은?

┤ 보기 ├

ㄱ. 다리 길이와 키
ㄴ. 지구의 기온과 빙하의 크기
ㄷ. 도시의 인구수와 그 도시의 학교 수
ㄹ. 신발의 크기와 그 신발의 가격
ㅁ. 쌀 소비량과 쌀 재고량

① ㄱ, ㄷ　　　② ㄴ, ㅁ　　　③ ㄷ, ㄹ
④ ㄹ, ㅁ　　　⑤ ㄴ, ㄹ, ㅁ

7 아래 그림은 두 식당 A, B의 여름철 평균 기온과 콩국수 판매량에 대한 산점도이다. 다음 중 옳은 것은?

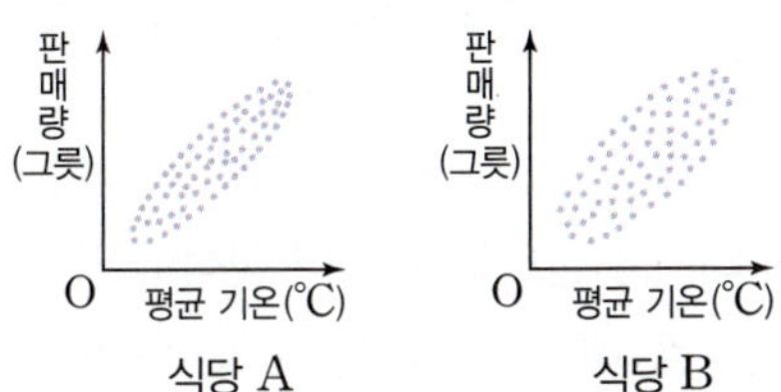

① 여름철 평균 기온이 높아질수록 콩국수 판매량은 대체로 줄어든다.
② 여름철 평균 기온과 콩국수 판매량 사이에는 상관관계가 없다.
③ 식당 A의 콩국수가 식당 B의 콩국수보다 더 잘 팔린다.
④ 식당 A에서는 음의 상관관계가 나타난다.
⑤ 식당 B가 식당 A보다 더 약한 상관관계를 보인다.

8 다음 중 산점도와 상관관계에 대한 설명으로 옳은 것은?

① 산점도는 산포도를 그래프로 나타낸 것이다.
② 모든 자료는 양의 상관관계 또는 음의 상관관계로 나타난다.
③ 산점도에서 점들이 오른쪽 아래로 향하는 경향이 있으면 양의 상관관계가 있다.
④ 양의 상관관계를 나타내는 산점도는 점들이 기울기가 음수인 한 직선에 가까이 모여 있다.
⑤ 산점도에서 점들이 한 직선에서 멀리 흩어져 있을수록 상관관계는 약하다.

9 오른쪽 그림은 어느 학교 학생들의 두 차례에 걸친 수학 시험 성적에 대한 산점도이다. 다음 중 옳지 <u>않은</u> 것은?

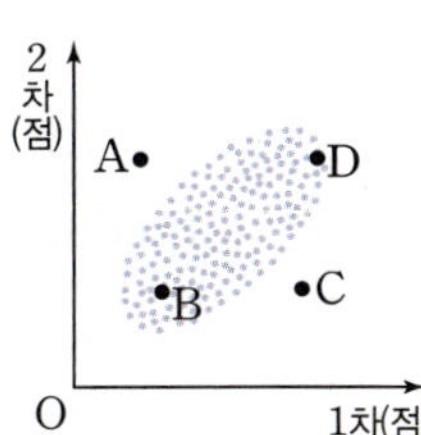

① A는 성적이 향상되었다.
② B는 1차 성적과 2차 성적의 차가 크다.
③ D는 1, 2차 성적이 모두 높은 편이다.
④ C는 B보다 성적의 변화가 크다.
⑤ 1, 2차 수학 성적 사이에는 양의 상관관계가 있다.

[10~12] 오른쪽 그림은 어느 체조 대회에 참가한 선수 20명의 자유 종목과 규정 종목의 점수에 대한 산점도이다. 다음 물음에 답하시오.

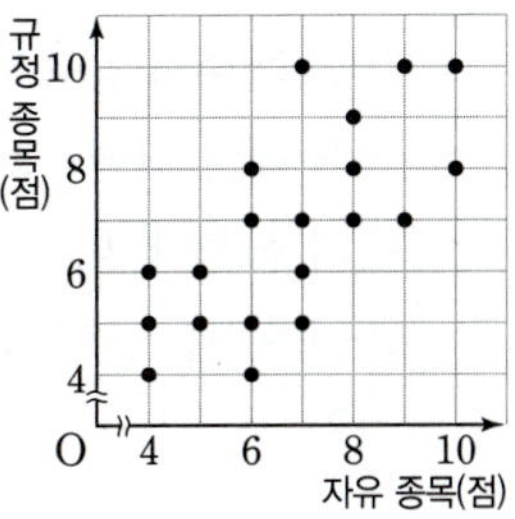

10 자유 종목과 규정 종목 중 적어도 하나는 8점 이상을 받은 선수의 비율은?

① $\dfrac{3}{20}$ ② $\dfrac{7}{20}$ ③ $\dfrac{2}{5}$

④ $\dfrac{9}{20}$ ⑤ $\dfrac{1}{2}$

11 규정 종목보다 자유 종목의 점수가 높은 선수들의 규정 종목 점수의 평균을 구하시오.

12 자유 종목과 규정 종목의 점수 차가 1점 이하인 선수의 수는?

① 9명   ② 10명   ③ 11명
④ 12명   ⑤ 13명

단원 마무리

13 오른쪽 그림은 어느 반 학생 16명의 수학 성적과 영어 성적에 대한 산점도이다. 두 과목의 성적의 평균이 70점 초과인 학생은 전체의 몇 %인가?

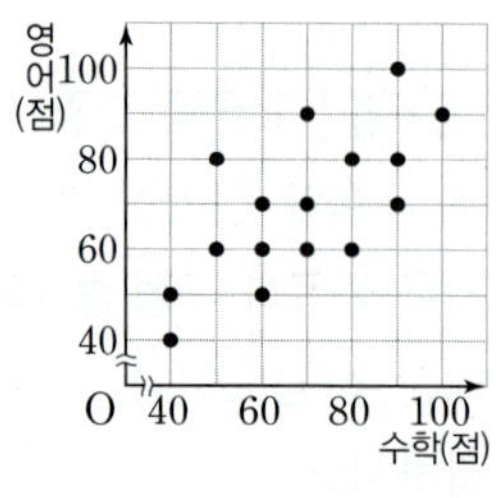

① 12.5 % ② 25 % ③ 37.5 %
④ 50 % ⑤ 62.5 %

14 다음 그림은 한 달 동안의 하루 최고 기온과 아이스크림 가게의 손님 수에 대한 산점도이다. 보기 중 옳은 것을 모두 고르시오.

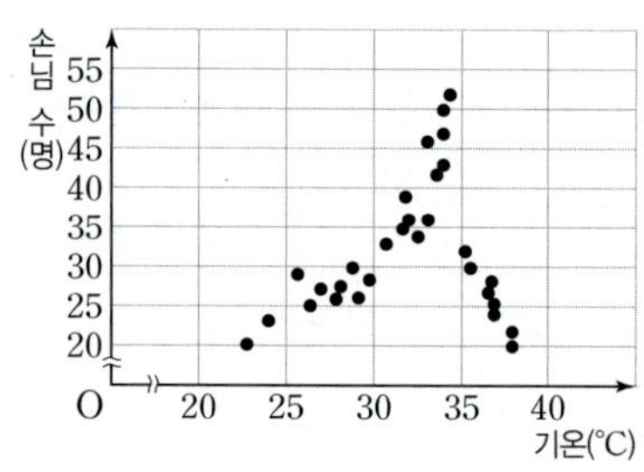

─ 보기 ─

ㄱ. 하루 최고 기온이 높을수록 손님 수는 대체로 늘어나는 경향이 있다.

ㄴ. 하루 최고 기온이 35 ℃ 이상인 날에는 20명 이상 35명 미만의 손님이 왔다.

ㄷ. 하루 최고 기온이 35 ℃ 미만일 때, 하루 최고 기온과 손님 수 사이에 양의 상관관계가 있다.

LEVEL 3 · 만점을 위한 도전 문제

15 다음 그림은 어느 반 학생 20명의 국어 성적과 영어 성적에 대한 산점도이다. 국어 성적과 영어 성적의 평균으로 등수를 매길 때, 상위 30 % 이내에 드는 학생들의 두 과목의 성적의 합의 평균을 구하시오.

(단, 소수점 아래 둘째 자리에서 반올림한다.)

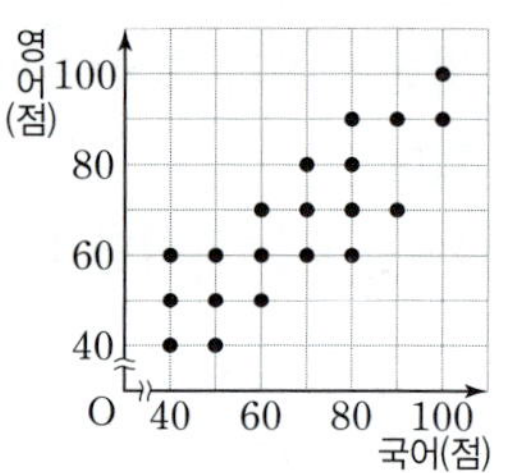

16 다음 그림은 학생 25명의 2회에 걸친 수학 경시대회 성적에 대한 산점도이다. 아래 조건을 모두 만족시키는 학생 수를 구하시오.

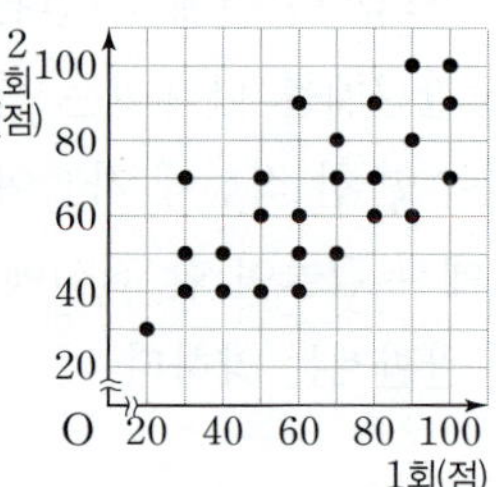

─ 조건 ─

㈎ 1회보다 2회의 성적이 향상되었다.

㈏ 1회와 2회의 성적의 차가 20점 이상이다.

㈐ 1회와 2회의 성적의 평균이 60점 이상이다.

실력
향상 **POWER**

유형편

정답과 해설

중학 수학

3·2

개념 +PLUS 유형

ABOVE IMAGINATION

우리는 남다른 상상과 혁신으로
교육 문화의 새로운 전형을 만들어
모든 이의 행복한 경험과 성장에 기여한다

1 삼각비

1 ⑤　　**2** ②　　**3** $\dfrac{2}{5}$　　**4** $\dfrac{12}{13}$　　**5** $\dfrac{\sqrt{3}}{3}$

6 ④　　**7** ④　　**8** $18\,\text{cm}^2$　　**9** $\dfrac{\sqrt{7}}{4}$　　**10** $\dfrac{3+\sqrt{7}}{4}$

11 ⑤　　**12** $\dfrac{27}{20}$　　**13** ②　　**14** $\dfrac{24}{35}$　　**15** ③

16 ②　　**17** ㄱ, ㄴ　　**18** (1) $\dfrac{31}{20}$　(2) $\sqrt{3}$　　**19** $\dfrac{1}{5}$

20 $\dfrac{5}{13}$　　**21** $\dfrac{2\sqrt{3}}{3}$　　**22** ②　　**23** $\dfrac{\sqrt{6}}{3}$　　**24** $\dfrac{2\sqrt{5}}{9}$

25 (1) $3\sqrt{3}$　(2) $2\sqrt{3}$　(3) $\dfrac{\sqrt{3}}{3}$　　**26** $\dfrac{\sqrt{10}}{10}$　　**27** ②

28 $\dfrac{3\sqrt{5}}{5}$　　**29** (1) $\dfrac{1}{2}$　(2) $-\dfrac{1}{4}$　(3) 2

30 ①, ④, ⑥　　**31** ③　　**32** ③　　**33** $60°$

34 $\dfrac{3}{2}$　　**35** $3\sqrt{2}$　　**36** ④　　**37** $8\sqrt{3}\,\text{cm}$

38 ②　　**39** $12\sqrt{3}\,\text{cm}^2$

40 (1) $2-\sqrt{3}$　(2) $2+\sqrt{3}$　　**41** $\dfrac{9\sqrt{3}}{2}\,\text{cm}$

42 ③　　**43** 4　　**44** $y=\dfrac{\sqrt{3}}{3}x+\dfrac{2\sqrt{3}}{3}$　　**45** ②, ④

46 1.47　　**47** ④　　**48** ①, ⑤　　**49** ④　　**50** $\dfrac{\sqrt{3}}{24}$

51 ③　　**52** ㄴ, ㄷ　　**53** ②, ④　　**54** ③　　**55** $\dfrac{\sqrt{3}}{2}+1$

56 ③　　**57** ⑥, ⑦　　**58** ③

59 ㄷ, ㄴ, ㄹ, ㅂ, ㄱ, ㅁ　　**60** ③　　**61** $2\sin A$

62 0　　**63** $34°$　　**64** 1.0328　　**65** ④

66 (1) $14°$　(2) $45\,\%$　　**67** ④

2 삼각비의 활용

1 ④　　**2** $27\sqrt{6}\,\text{cm}^3$　　**3** $36\sqrt{3}\,\text{cm}^2$

4 $19.2\,\text{m}$　**5** $6\,\text{m}$　　**6** $3\sqrt{3}\,\text{m}$　**7** $(100\sqrt{3}+100)\,\text{m}$

8 ⑤　　**9** $310\sqrt{6}\,\text{m}$　　**10** ③　　**11** ②

12 $(5\sqrt{2}+6)\,\text{m}$　　**13** $\sqrt{13}$　　**14** $5\sqrt{7}\,\text{m}$　**15** $\sqrt{61}\,\text{cm}$

16 (1) $\dfrac{4\sqrt{6}}{3}$　(2) $8\sqrt{2}$　　**17** $4\sqrt{6}\,\text{m}$　**18** $(5\sqrt{2}+5\sqrt{6})\,\text{m}$

19 $10(3-\sqrt{3})\,\text{cm}$　　**20** ③　　**21** $(12\sqrt{3}-12)\,\text{cm}^2$

22 $50(\sqrt{3}+1)\,\text{m}$　　**23** $(3+\sqrt{3})\,\text{cm}^2$　　**24** $500\,\text{km}$

25 $6\sqrt{3}\,\text{cm}^2$　　**26** ④　　**27** $45°$

28 $\dfrac{7\sqrt{2}}{2}\,\text{cm}^2$　　**29** $\dfrac{60\sqrt{3}}{11}$　**30** ③　　**31** $18\,\text{cm}^2$

32 $120°$　**33** $54\,\text{cm}^2$　　**34** $16\pi-12\sqrt{3}$

35 $27\sqrt{3}\,\text{cm}^2$　　**36** $(27+9\sqrt{3})\,\text{cm}^2$

37 $14\sqrt{3}\,\text{cm}^2$　　**38** $30\sqrt{3}\,\text{cm}^2$　　**39** ②

40 ③　　**41** $32\,\text{cm}^2$　　**42** $30°$

43 $24\sqrt{3}\,\text{cm}^2$　　**44** $6\sqrt{3}\,\text{cm}^2$　　**45** $27\sqrt{3}$

46 ④　　**47** $1500\sqrt{3}\,\text{m}$　　**48** ④

1 $\dfrac{19\sqrt{7}}{28}$　　**2** $4\sqrt{5}\,\text{cm}^2$　　**3** $\dfrac{2\sqrt{10}}{3}$　　**4** ②

5 $\dfrac{10}{29}$　　**6** ④　　**7** $\dfrac{50\sqrt{3}}{3}$　　**8** $\dfrac{1}{2}$　　**9** ⑤

10 ②　　**11** ②　　**12** $\dfrac{11}{15}$　　**13** $\dfrac{2\sqrt{2}}{3}$　　**14** $\dfrac{1}{2}$

15 $3\sqrt{3}\,\text{cm}^2$　　**16** $\sqrt{2}-1$　　**17** ③　　**18** 0.2229

19 $\dfrac{2\sqrt{5}}{5}$　　**20** $\dfrac{\sqrt{2}}{5}$　　**21** $\dfrac{\sqrt{5}}{3}$

1 ②　　**2** $243\sqrt{3}\pi\,\text{cm}^3$　　**3** $6.6\,\text{m}$　　**4** $\sqrt{21}\,\text{cm}$

5 $(100\sqrt{3}+100)\,\text{m}$　**6** ④　　**7** ①　　**8** ⑤

9 $4\,\text{cm}$　**10** ②　　**11** ③　　**12** ②　　**13** $60°$

14 $x=3,\ y=2\sqrt{3}$　　**15** $(200\sqrt{3}+200)\,\text{m}$　**16** ③

17 ①　　**18** $35\sqrt{2}\,\text{cm}^2$　　**19** $(\sqrt{3}-1)\,\text{cm}^2$

20 $12+2\sqrt{5}$　　**21** $18\sqrt{3}\,\text{cm}^2$

22 $300\sqrt{3}\,\text{cm}^2$　　**23** 60초　　**24** ④

1 ㈎ ∠OMB　㈏ $\overline{OB}$　㈐ $\overline{OM}$　㈑ RHS　㈒ $\overline{BM}$
2 ②　**3** 8　**4** ③　**5** ④　**6** $6\sqrt{3}$ cm
7 $6\sqrt{3}$ cm　**8** $\dfrac{25}{3}$ cm　**9** $6\sqrt{5}$ cm　**10** ①　**11** $9\sqrt{5}$ cm²
12 10　**13** ⑤　**14** 8　**15** $(12\pi-9\sqrt{3})$ cm²
16 18 cm　**17** $8\sqrt{6}$　**18** ④　**19** 7 cm　**20** ⑤
21 $3\sqrt{2}$　**22** ③　**23** 12 cm　**24** $8\sqrt{2}$ cm²
25 70°　**26** ③　**27** 55°　**28** 12π cm²

29 3π cm²　　**30** 120 cm²
31 $48\sqrt{3}-16\pi$　　**32** $x=12,\ y=13$　**33** 5
34 ④　**35** 36 cm　**36** 81π　**37** $(4\pi+6\sqrt{3})$ cm
38 ③　**39** 30 cm　**40** ④　**41** 10　**42** ④
43 16　**44** ③　**45** $4\sqrt{2}$　**46** 78 cm²
47 $13\sqrt{10}$ cm²　**48** ③　**49** $\dfrac{15}{2}$　**50** 20 cm
51 4　**52** ③　**53** 4 cm　**54** ①　**55** 8
56 (1) 3　(2) 9π　**57** 3　**58** ④　**59** ④
60 36 cm　**61** $x=4,\ y=7$　　**62** 10 cm　**63** ③
64 20 cm²　　**65** 6　**66** (1) 5 cm　(2) 1 cm
67 $\dfrac{75}{2}$ cm²　　**68** 16π cm²　　**69** $\dfrac{8}{3}$
70 $14-4\sqrt{10}$　　**71** ②　**72** $\dfrac{225}{4}\pi$ cm²

1 ②　**2** ⑤　**3** ③　**4** 12 cm　**5** ④
6 ④　**7** $(27\sqrt{3}-9\pi)$ cm²　**8** 15 cm　**9** 3 cm
10 7　**11** ③　**12** ③　**13** $\dfrac{13}{2}$　**14** ③
15 $12\sqrt{21}$ cm　　**16** $(16\pi-12\sqrt{3})$ cm²
17 144π cm²　　**18** ④　**19** 3　**20** ②
21 24　**22** ①　**23** $\sqrt{2}$ cm

1 37°　**2** ②　**3** ⑤　**4** 4 cm　**5** 104°
6 40°　**7** 130°　**8** ④　**9** 248°　**10** 40°
11 105°　**12** (1) 58°　(2) 32°　**13** ④　**14** ②
15 70°　**16** 23°　**17** ②　**18** ④　**19** ⑤
20 35°　**21** ③　**22** 12°　**23** ④　**24** ③
25 60°　**26** $\dfrac{\sqrt{5}}{3}$　**27** $3\sqrt{3}$　**28** ①　**29** 70°
30 46°　**31** ④　**32** ②　**33** ④　**34** 65°
35 60°　**36** ②　**37** 30°　**38** 80°　**39** ④
40 100°　**41** $\angle x=60°,\ \angle y=75°,\ \angle z=45°$　**42** 36°
43 ①　**44** 45°　**45** ②　**46** 21°

47 ④, ⑤　**48** 20°　**49** 27°　**50** ⑤
51 $\angle x=75°,\ \angle y=150°$　　**52** ④　**53** 124°
54 ③　**55** 10°　**56** 130°　**57** 67°
58 $\angle x=114°,\ \angle y=57°$　　**59** 50°　**60** ⑤
61 205°　**62** 360°　**63** 35°　**64** 63°　**65** ③
66 58°　**67** ③, ⑤　**68** 170°　**69** ①, ③　**70** ③
71 ③　**72** 50°　**73** 6개

74 200°　**75** ②　**76** 35°　**77** 40°　**78** ②
79 ④　**80** 32°　**81** 35°　**82** 40°　**83** 47°
84 5　**85** 60°　**86** ③　**87** 38°　**88** 55°
89 29°　**90** ④　**91** 100°　**92** ⑤　**93** ③
94 40°　**95** 4개　**96** ③

1 ⑤　**2** 70°　**3** 113°　**4** 23°　**5** ④
6 66°　**7** ⑤　**8** 55°　**9** 100°　**10** 103°
11 52°　**12** ②, ③　**13** 45°　**14** 35°
15 76°　**16** $6\pi-9\sqrt{3}$　**17** $\dfrac{32}{3}$ cm
18 34π　**19** 65°　**20** 40°　**21** ①　**22** 112°
23 (1) 65°　(2) 75°　**24** ④　**25** 59°　**26** $3\sqrt{7}$ cm
27 10π　**28** 14 cm

유형 1~4 P. 76~79

1 21개 **2** ③ **3** 8 **4** ②
5 중앙값: 9시간, 최빈값: 5시간, 10시간 **6** 41.2
7 ①, ④ **8** ④ **9** ④ **10** ③ **11** 3, 7
12 6 **13** 22세 **14** 22, 23, 24, 25 **15** 26
16 97점 **17** ④ **18** 중앙값: 59 kg, 최빈값: 59 kg
19 ② **20** 최빈값, 26 mm
21 (1) A 가게: 2000만 원, B 가게: 2000만 원
　　(2) A 가게: 0원, B 가게: 900만 원
　　(3) B 가게

유형 5~11 P. 79~84

22 ② **23** -2 **24** $-\dfrac{3}{2}(=-1.5)$ **25** 19시간
26 -4 **27** ④ **28** $\sqrt{10}$회
29 분산: $\dfrac{4}{3}$, 표준편차: $\dfrac{2\sqrt{3}}{3}$ 권 **30** ③ **31** ①
32 ① **33** ② **34** $\dfrac{8\sqrt{5}}{5}$점 **35** ④ **36** 3
37 58 **38** ② **39** 평균: $m+2$, 분산: s^2
40 ④ **41** ④ **42** ③ **43** ③ **44** ④
45 ㄱ, ㄴ, ㄷ **46** 우진 **47** ㄱ, ㄷ **48** ⑤
49 ③, ⑤, ⑧ **50** ㄱ, ㄴ, ㄷ **51** 28
52 컵 B, 컵 E

단원 마무리 P. 85~87

1 ① **2** 41세 **3** 14 **4** 중앙값, 16.5시간
5 ⑤ **6** ㄹ **7** 학생 B **8** ①, ④, ⑥, ⑦
9 $x=7$, $y=9$ **10** ㄴ, ㄹ **11** 8 **12** ②, ③
13 ④ **14** ⑤ **15** 37, 38
16 (1) 5 (2) 3, 4, 6, 7 (3) $\dfrac{5}{2}$ **17** B 회사

유형 1~4 P. 90~93

1 50점 **2** 8권 **3** 75점 **4** ④ **5** 15 %
6 6명 **7** 4명 **8** ② **9** 70점 **10** ③
11 5명 **12** ㄱ, ㄷ **13** 45 % **14** 30점 **15** 2명
16 25 % **17** (1) 상관관계가 없다. (2) 양의 상관관계
18 ④ **19** ㄹ **20** ⑤ **21** ① **22** ⑤
23 30명 **24** ①

단원 마무리 P. 94~96

1 ① **2** ⑤ **3** ⑤ **4** 9명 **5** ④
6 ② **7** ⑤ **8** ⑤ **9** ② **10** ④
11 6점 **12** ⑤ **13** ③ **14** ㄴ, ㄷ **15** 176.7점
16 2명

유형편 파워

1 답 ⑤

$\sin A = \dfrac{a}{b}$, $\cos A = \dfrac{c}{b}$, $\tan A = \dfrac{a}{c}$

$\sin C = \dfrac{c}{b}$, $\cos C = \dfrac{a}{b}$, $\tan C = \dfrac{c}{a}$

따라서 항상 옳은 것은 ⑤ $\sin A = \cos C$이다.

2 답 ②

$\overline{AC} = \sqrt{2^2 + 3^2} = \sqrt{13}$

① $\sin A = \dfrac{3}{\sqrt{13}} = \dfrac{3\sqrt{13}}{13}$

② $\cos A = \dfrac{2}{\sqrt{13}} = \dfrac{2\sqrt{13}}{13}$

③ $\tan A = \dfrac{3}{2}$

④ $\sin C = \dfrac{2}{\sqrt{13}} = \dfrac{2\sqrt{13}}{13}$

⑤ $\cos C = \dfrac{3}{\sqrt{13}} = \dfrac{3\sqrt{13}}{13}$

따라서 옳은 것은 ②이다.

3 답 $\dfrac{2}{5}$

$\overline{AC} = \sqrt{2^2 + 1^2} = \sqrt{5}$이므로

$\sin A = \dfrac{1}{\sqrt{5}} = \dfrac{\sqrt{5}}{5}$, $\cos A = \dfrac{2}{\sqrt{5}} = \dfrac{2\sqrt{5}}{5}$

$\therefore \sin A \times \cos A = \dfrac{\sqrt{5}}{5} \times \dfrac{2\sqrt{5}}{5} = \dfrac{2}{5}$

4 답 $\dfrac{12}{13}$

$\overline{AC} = 12k$, $\overline{BC} = 5k\,(k>0)$라고 하면

$\overline{AB} = \sqrt{(12k)^2 + (5k)^2} = 13k$

$\therefore \cos A = \dfrac{12k}{13k} = \dfrac{12}{13}$

5 답 $\dfrac{\sqrt{3}}{3}$

△ABC에서 $\overline{BC} = \sqrt{12^2 - (4\sqrt{3})^2} = 4\sqrt{6}$이므로

$\overline{BD} = \dfrac{1}{2}\overline{BC} = \dfrac{1}{2} \times 4\sqrt{6} = 2\sqrt{6}$　　　… (i)

△ABD에서 $\overline{AD} = \sqrt{(4\sqrt{3})^2 + (2\sqrt{6})^2} = 6\sqrt{2}$　　… (ii)

$\therefore \sin x = \dfrac{\overline{BD}}{\overline{AD}} = \dfrac{2\sqrt{6}}{6\sqrt{2}} = \dfrac{\sqrt{3}}{3}$　　… (iii)

채점 기준	비율
(i) $\overline{BD}$의 길이 구하기	30 %
(ii) $\overline{AD}$의 길이 구하기	30 %
(iii) $\sin x$의 값 구하기	40 %

6 답 ④

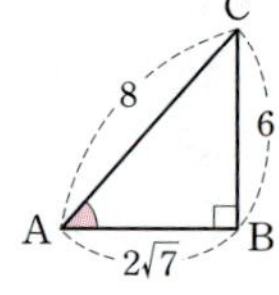

오른쪽 그림과 같이 점 Q에서 $\overline{AD}$에 내린 수선의 발을 H라고 하자.

$\angle APQ = \angle CPQ = x$ (접은 각),

$\angle CQP = \angle APQ = x$ (엇각)

이므로 △PQC는 $\overline{CP} = \overline{CQ}$인 이등변삼각형이다.

즉, $\overline{CQ} = \overline{CP} = \overline{AP} = 5\,\text{cm}$이고, $\overline{CR} = \overline{AB} = 3\,\text{cm}$이므로

△CQR에서 $\overline{QR} = \sqrt{\overline{CQ}^2 - \overline{CR}^2} = \sqrt{5^2 - 3^2} = 4\,(\text{cm})$

이때 $\overline{AH} = \overline{BQ} = \overline{QR} = 4\,\text{cm}$이므로

$\overline{PH} = \overline{AP} - \overline{AH} = 5 - 4 = 1\,(\text{cm})$

따라서 △HQP에서 $\tan x = \dfrac{\overline{HQ}}{\overline{PH}} = \dfrac{3}{1} = 3$

7 답 ④

$\tan A = \dfrac{3}{\overline{AC}} = \dfrac{1}{3}$이므로 $\overline{AC} = 9\,(\text{cm})$

$\therefore \overline{AB} = \sqrt{3^2 + 9^2} = 3\sqrt{10}\,(\text{cm})$

8 답 $18\,\text{cm}^2$

$\cos A = \dfrac{\overline{AB}}{6\sqrt{2}} = \dfrac{\sqrt{2}}{2}$이므로 $\overline{AB} = 6\,(\text{cm})$

$\therefore \overline{BC} = \sqrt{(6\sqrt{2})^2 - 6^2} = 6\,(\text{cm})$

$\therefore \triangle ABC = \dfrac{1}{2} \times 6 \times 6 = 18\,(\text{cm}^2)$

9 답 $\dfrac{\sqrt{7}}{4}$

$\sin A = \dfrac{6}{\overline{AC}} = \dfrac{3}{4}$이므로 $\overline{AC} = 8$

$\overline{AB} = \sqrt{8^2 - 6^2} = 2\sqrt{7}$이므로

$\cos A = \dfrac{2\sqrt{7}}{8} = \dfrac{\sqrt{7}}{4}$

10 답 $\dfrac{3+\sqrt{7}}{4}$

오른쪽 그림과 같이 꼭짓점 A에서 $\overline{BC}$에 내린 수선의 발을 H라고 하면 △ABH에서

$\sin B = \dfrac{\overline{AH}}{15} = \dfrac{3}{5}$이므로 $\overline{AH} = 9$

$\therefore \overline{BH} = \sqrt{15^2 - 9^2} = 12$

△AHC에서 $\overline{CH} = \sqrt{12^2 - 9^2} = 3\sqrt{7}$

△ABH에서 $\tan B = \dfrac{\overline{AH}}{\overline{BH}} = \dfrac{9}{12} = \dfrac{3}{4}$

△AHC에서 $\cos C = \dfrac{\overline{CH}}{\overline{AC}} = \dfrac{3\sqrt{7}}{12} = \dfrac{\sqrt{7}}{4}$

$\therefore \tan B + \cos C = \dfrac{3}{4} + \dfrac{\sqrt{7}}{4} = \dfrac{3+\sqrt{7}}{4}$

11 답 ⑤

$\sin B = \dfrac{8}{17}$ 이므로 오른쪽 그림과 같은
직각삼각형 ABC를 생각할 수 있다.

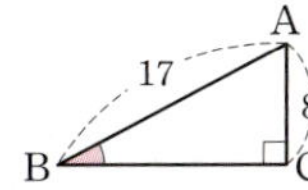

$\overline{BC} = \sqrt{17^2 - 8^2} = 15$ 이므로

① $\sin A = \dfrac{15}{17}$ ② $\cos B = \dfrac{15}{17}$ ③ $\tan B = \dfrac{8}{15}$

④ $\tan A = \dfrac{15}{8}$ ⑤ $\cos A = \dfrac{8}{17}$

따라서 옳은 것은 ⑤이다.

12 답 $\dfrac{27}{20}$

$\cos A = \dfrac{4}{5}$ 이므로 오른쪽 그림과 같은
직각삼각형 ABC를 생각할 수 있다.

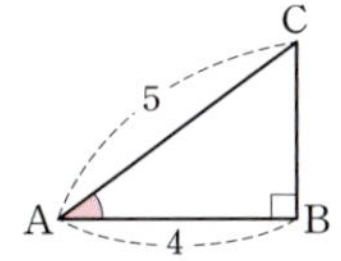

$\overline{BC} = \sqrt{5^2 - 4^2} = 3$ 이므로

$\sin A = \dfrac{3}{5}$, $\tan A = \dfrac{3}{4}$

$\therefore \sin A + \tan A = \dfrac{3}{5} + \dfrac{3}{4} = \dfrac{27}{20}$

13 답 ②

$\tan A = 2$ 이므로 오른쪽 그림과 같은 직각삼
각형 ABC를 생각할 수 있다.

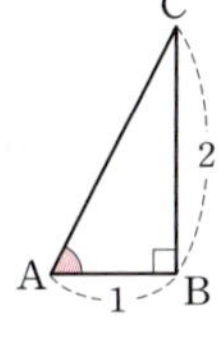

$\overline{AC} = \sqrt{1^2 + 2^2} = \sqrt{5}$ 이므로

$\sin A = \dfrac{2}{\sqrt{5}} = \dfrac{2\sqrt{5}}{5}$, $\cos A = \dfrac{1}{\sqrt{5}} = \dfrac{\sqrt{5}}{5}$

$\therefore \dfrac{\sin A + \cos A}{\sin A - \cos A} = \left(\dfrac{2\sqrt{5}}{5} + \dfrac{\sqrt{5}}{5} \right) \div \left(\dfrac{2\sqrt{5}}{5} - \dfrac{\sqrt{5}}{5} \right)$

$= \dfrac{3\sqrt{5}}{5} \div \dfrac{\sqrt{5}}{5}$

$= \dfrac{3\sqrt{5}}{5} \times \dfrac{5}{\sqrt{5}} = 3$

14 답 $\dfrac{24}{35}$

$7\cos A - 5 = 0$, 즉 $\cos A = \dfrac{5}{7}$ ⋯ (i)

이므로 오른쪽 그림과 같은 직각삼각형
ABC를 생각할 수 있다.

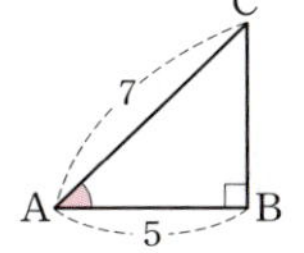

$\overline{BC} = \sqrt{7^2 - 5^2} = 2\sqrt{6}$ 이므로

$\sin A = \dfrac{2\sqrt{6}}{7}$, $\tan A = \dfrac{2\sqrt{6}}{5}$ ⋯ (ii)

$\therefore \sin A \times \tan A = \dfrac{2\sqrt{6}}{7} \times \dfrac{2\sqrt{6}}{5} = \dfrac{24}{35}$ ⋯ (iii)

채점 기준	비율
(i) $\cos A$의 값 구하기	20 %
(ii) $\sin A$, $\tan A$의 값 구하기	60 %
(iii) $\sin A \times \tan A$의 값 구하기	20 %

15 답 ③

$6x^2 + x - 1 = 0$ 에서 $(2x+1)(3x-1) = 0$

$\therefore x = -\dfrac{1}{2}$ 또는 $x = \dfrac{1}{3}$

즉, $\tan A = \dfrac{1}{3}$ 이므로 오른쪽 그림과
같은 직각삼각형 ABC를 생각할 수
있다.

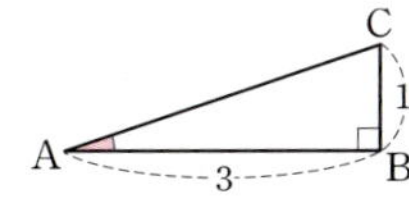

$\overline{AC} = \sqrt{3^2 + 1^2} = \sqrt{10}$ 이므로

$\sin A = \dfrac{1}{\sqrt{10}} = \dfrac{\sqrt{10}}{10}$,

$\cos A = \dfrac{3}{\sqrt{10}} = \dfrac{3\sqrt{10}}{10}$

$\therefore \cos A - \sin A = \dfrac{3\sqrt{10}}{10} - \dfrac{\sqrt{10}}{10} = \dfrac{\sqrt{10}}{5}$

16 답 ②

$\sin(90° - A) = \dfrac{12}{13}$ 이므로 오른쪽 그
림과 같은 직각삼각형 ABC를 생각
할 수 있다.

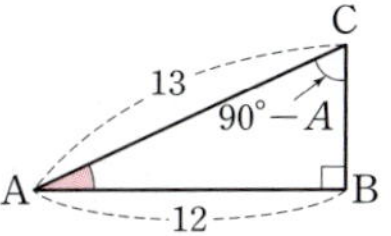

$\overline{BC} = \sqrt{13^2 - 12^2} = 5$ 이므로

$\tan A = \dfrac{5}{12}$

17 답 ㄱ, ㄴ

$\triangle ABC \backsim \triangle HAC$ (AA 닮음)이므로

$\angle HAC = \angle ABC = x$

ㄱ. $\triangle ABH$에서 $\cos x = \dfrac{\overline{BH}}{\overline{AB}}$

ㄴ. $\triangle AHC$에서 $\cos x = \cos(\angle HAC) = \dfrac{\overline{AH}}{\overline{AC}}$

18 답 (1) $\dfrac{31}{20}$ (2) $\sqrt{3}$

(1) $\triangle ABC \backsim \triangle HBA$ (AA 닮음)이므로

$\angle BCA = \angle BAH = x$

$\triangle ABC$에서 $\overline{BC} = \sqrt{6^2 + 8^2} = 10$ 이므로

$\cos x = \cos C = \dfrac{\overline{AC}}{\overline{BC}} = \dfrac{8}{10} = \dfrac{4}{5}$,

$\tan x = \tan C = \dfrac{\overline{AB}}{\overline{AC}} = \dfrac{6}{8} = \dfrac{3}{4}$

$\therefore \cos x + \tan x = \dfrac{4}{5} + \dfrac{3}{4} = \dfrac{31}{20}$

(2) $\triangle ABC \backsim \triangle HBA$ (AA 닮음)이므로

$\angle BCA = \angle BAH = x$

$\triangle ABC \backsim \triangle HAC$ (AA 닮음)이므로

$\angle ABC = \angle HAC = y$

$\triangle ABC$에서 $\overline{BC} = \sqrt{(3\sqrt{3})^2 + 3^2} = 6$ 이므로

$\sin x = \sin C = \dfrac{\overline{AB}}{\overline{BC}} = \dfrac{3\sqrt{3}}{6} = \dfrac{\sqrt{3}}{2}$,

$$\cos y = \cos B = \frac{\overline{AB}}{\overline{BC}} = \frac{3\sqrt{3}}{6} = \frac{\sqrt{3}}{2}$$

$$\therefore \sin x + \cos y = \frac{\sqrt{3}}{2} + \frac{\sqrt{3}}{2} = \sqrt{3}$$

19 답 $\dfrac{1}{5}$

$\triangle ABD \circ \triangle HBA\,(AA\ \text{닮음})$이므로

$\angle BDA = \angle BAH = x$

$\triangle ABD$에서 $\overline{BD} = \sqrt{9^2 + 12^2} = 15$이므로

$$\sin x = \sin(\angle BDA) = \frac{\overline{AB}}{\overline{BD}} = \frac{9}{15} = \frac{3}{5},$$

$$\cos x = \cos(\angle BDA) = \frac{\overline{AD}}{\overline{BD}} = \frac{12}{15} = \frac{4}{5}$$

$$\therefore \cos x - \sin x = \frac{4}{5} - \frac{3}{5} = \frac{1}{5}$$

20 답 $\dfrac{5}{13}$

$\triangle ABC \circ \triangle EBD\,(AA\ \text{닮음})$이므로

$\angle BCA = \angle BDE = x$

$\triangle ABC$에서 $\overline{BC} = \sqrt{12^2 + 5^2} = 13$이므로

$$\cos x = \cos C = \frac{\overline{AC}}{\overline{BC}} = \frac{5}{13}$$

21 답 $\dfrac{2\sqrt{3}}{3}$

$\triangle ABC \circ \triangle AED\,(AA\ \text{닮음})$이므로

$\angle ACB = \angle ADE$

$\triangle AED$에서 $\overline{AE} = \sqrt{6^2 - (2\sqrt{3})^2} = 2\sqrt{6}$이므로

$$\cos B = \cos(\angle AED) = \frac{\overline{AE}}{\overline{DE}} = \frac{2\sqrt{6}}{6} = \frac{\sqrt{6}}{3},$$

$$\tan C = \tan(\angle ADE) = \frac{\overline{AE}}{\overline{AD}} = \frac{2\sqrt{6}}{2\sqrt{3}} = \sqrt{2}$$

$$\therefore \cos B \times \tan C = \frac{\sqrt{6}}{3} \times \sqrt{2} = \frac{2\sqrt{3}}{3}$$

22 답 ③

$\triangle ABE$에서 $\overline{AE} = \overline{AD} = 10\,\mathrm{cm}$이므로

$$\overline{BE} = \sqrt{10^2 - 6^2} = 8\,(\mathrm{cm})$$

$\angle EFC + \angle CEF = \angle CEF + \angle AEB = 90°$이므로

$\angle AEB = \angle EFC = x$

$\triangle ABE$에서

$$\sin x = \sin(\angle AEB) = \frac{\overline{AB}}{\overline{AE}} = \frac{6}{10} = \frac{3}{5},$$

$$\cos x = \cos(\angle AEB) = \frac{\overline{BE}}{\overline{AE}} = \frac{8}{10} = \frac{4}{5}$$

$$\therefore \sin x + \cos x = \frac{3}{5} + \frac{4}{5} = \frac{7}{5}$$

23 답 $\dfrac{\sqrt{6}}{3}$

$\triangle EFG$에서 $\overline{EG} = \sqrt{8^2 + 8^2} = 8\sqrt{2}$

$\triangle CEG$는 $\angle CGE = 90°$인 직각삼각형이므로

$$\overline{CE} = \sqrt{(8\sqrt{2})^2 + 8^2} = 8\sqrt{3}$$

$$\therefore \cos x = \frac{\overline{EG}}{\overline{CE}} = \frac{8\sqrt{2}}{8\sqrt{3}} = \frac{\sqrt{6}}{3}$$

24 답 $\dfrac{2\sqrt{5}}{9}$

$\triangle FGH$에서 $\overline{FH} = \sqrt{4^2 + 2^2} = 2\sqrt{5}$

$\triangle BFH$는 $\angle BFH = 90°$인 직각삼각형이므로

$$\overline{BH} = \sqrt{(2\sqrt{5})^2 + 4^2} = 6$$

$$\therefore \sin x = \frac{\overline{BF}}{\overline{BH}} = \frac{4}{6} = \frac{2}{3},\quad \cos x = \frac{\overline{FH}}{\overline{BH}} = \frac{2\sqrt{5}}{6} = \frac{\sqrt{5}}{3}$$

$$\therefore \sin x \times \cos x = \frac{2}{3} \times \frac{\sqrt{5}}{3} = \frac{2\sqrt{5}}{9}$$

25 답 (1) $3\sqrt{3}$ (2) $2\sqrt{3}$ (3) $\dfrac{\sqrt{3}}{3}$

(1) $\overline{CM} = \dfrac{1}{2}\overline{BC} = \dfrac{1}{2} \times 6 = 3$이고

$\triangle DMC$는 $\angle DMC = 90°$인 직각삼각형이므로

$$\overline{DM} = \sqrt{6^2 - 3^2} = 3\sqrt{3}$$

→ $\triangle DBC$는 정삼각형이므로 $\overline{DB} = \overline{DC}$ 이때 $\overline{DM}$은 꼭짓점 D와 밑변 $\overline{BC}$의 중점 M을 잇는 선분이므로 $\overline{BC} \perp \overline{DM}$

(2) 점 H는 $\triangle BCD$의 무게중심이므로

$$\overline{DH} = \frac{2}{3}\overline{DM} = \frac{2}{3} \times 3\sqrt{3} = 2\sqrt{3}$$

(3) $\triangle AHD$에서 $\cos x = \dfrac{\overline{DH}}{\overline{AD}} = \dfrac{2\sqrt{3}}{6} = \dfrac{\sqrt{3}}{3}$

참고 **점 H가 $\triangle BCD$의 무게중심인 이유**

$\triangle ABH$, $\triangle ACH$, $\triangle ADH$에서

$\angle AHB = \angle AHC = \angle AHD = 90°$,

$\overline{AH}$는 공통, $\overline{AB} = \overline{AC} = \overline{AD}$

$\therefore \triangle ABH \equiv \triangle ACH \equiv \triangle ADH$

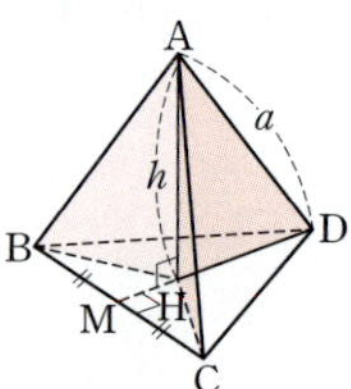

(RHS 합동)

즉, $\overline{BH} = \overline{CH} = \overline{DH}$이므로 점 H는 $\triangle BCD$

의 외심이다.

따라서 정삼각형의 외심과 무게중심은 일치하므로 점 H는 $\triangle BCD$의

무게중심이다.

26 답 $\dfrac{\sqrt{10}}{10}$

$y = 3x + 6$의 그래프와 x축, y축의 교점을

각각 A, B라고 하자.

$y = 3x + 6$에 $y = 0$, $x = 0$을 각각 대입하여

두 점 A, B의 좌표를 구하면

$A(-2, 0)$, $B(0, 6)$

$\therefore \overline{AO} = 2$, $\overline{BO} = 6$

$\triangle AOB$에서 $\overline{AB} = \sqrt{2^2 + 6^2} = 2\sqrt{10}$이므로

$$\cos a = \frac{\overline{AO}}{\overline{AB}} = \frac{2}{2\sqrt{10}} = \frac{\sqrt{10}}{10}$$

27 답 ②

직선 $3x-5y+15=0$과 x축, y축의 교점을 각각 A, B라고 하자.

$3x-5y+15=0$에 $y=0$, $x=0$을 각각 대입하여 두 점 A, B의 좌표를 구하면

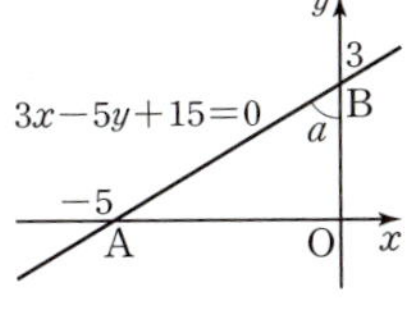

$A(-5, 0)$, $B(0, 3)$ $\quad \therefore \overline{AO}=5, \overline{BO}=3$

$\therefore \tan a=\dfrac{\overline{AO}}{\overline{BO}}=\dfrac{5}{3}$

28 답 $\dfrac{3\sqrt{5}}{5}$

기울기가 $-\dfrac{1}{2}$이므로 직선의 방정식을 $y=-\dfrac{1}{2}x+b$라고 하면 이 직선이 점 $(2, 1)$을 지나므로

$1=-\dfrac{1}{2}\times 2+b \quad \therefore b=2$

즉, $y=-\dfrac{1}{2}x+2$에 $y=0$, $x=0$을 각각 대입하여 두 점 A, B의 좌표를 구하면

$A(4, 0)$, $B(0, 2) \quad \therefore \overline{AO}=4, \overline{BO}=2$

$\triangle ABO$에서 $\overline{AB}=\sqrt{4^2+2^2}=2\sqrt{5}$이므로

$\sin a=\dfrac{\overline{BO}}{\overline{AB}}=\dfrac{2}{2\sqrt{5}}=\dfrac{\sqrt{5}}{5}$

$\cos a=\dfrac{\overline{AO}}{\overline{AB}}=\dfrac{4}{2\sqrt{5}}=\dfrac{2\sqrt{5}}{5}$

$\therefore \sin a+\cos a=\dfrac{\sqrt{5}}{5}+\dfrac{2\sqrt{5}}{5}=\dfrac{3\sqrt{5}}{5}$

29 답 (1) $\dfrac{1}{2}$ (2) $-\dfrac{1}{4}$ (3) 2

(1) $\sin 60°\times \tan 30°=\dfrac{\sqrt{3}}{2}\times \dfrac{\sqrt{3}}{3}=\dfrac{1}{2}$

(2) $(\cos 30°-1)(\sin 60°+1)$

$=\left(\dfrac{\sqrt{3}}{2}-1\right)\times\left(\dfrac{\sqrt{3}}{2}+1\right)=\left(\dfrac{\sqrt{3}}{2}\right)^2-1^2=\dfrac{3}{4}-1=-\dfrac{1}{4}$

(3) $2\sin 30°\times \tan 45°\div\cos 60°=2\times\dfrac{1}{2}\times 1\div\dfrac{1}{2}=2$

30 답 ①, ④, ⑥

① $\sin 60°-\cos 30°=\dfrac{\sqrt{3}}{2}-\dfrac{\sqrt{3}}{2}=0$

② $\cos 45°+\sin 45°=\dfrac{\sqrt{2}}{2}+\dfrac{\sqrt{2}}{2}=\sqrt{2}$

③ $\tan 45°\times \tan 60°=1\times\sqrt{3}=\sqrt{3}$

④ $\tan 45°\div \sin 30°=1\div\dfrac{1}{2}=2$

⑤ $\dfrac{\sin 30°}{\cos 30°}=\dfrac{1}{2}\div\dfrac{\sqrt{3}}{2}=\dfrac{1}{2}\times\dfrac{2}{\sqrt{3}}=\dfrac{\sqrt{3}}{3}$

⑥ $2\sin 30°-\sqrt{3}\tan 30°=2\times\dfrac{1}{2}-\sqrt{3}\times\dfrac{\sqrt{3}}{3}=1-1=0$

⑦ $\sin^2 60°+\cos^2 60°=\left(\dfrac{\sqrt{3}}{2}\right)^2+\left(\dfrac{1}{2}\right)^2=\dfrac{3}{4}+\dfrac{1}{4}=1$

따라서 옳은 것은 ①, ④, ⑥이다.

31 답 ③

$\angle AOB=90°$이고 $\overline{OA}=\overline{OB}$이므로

$\angle OAB=\angle OBA=\dfrac{1}{2}\times(180°-90°)=45° \quad \therefore x=45°$

$\therefore \cos x=\cos 45°=\dfrac{\sqrt{2}}{2}$

32 답 ③

$0°<x<75°$에서 $15°<x+15°<90°$이고

$\cos 60°=\dfrac{1}{2}$이므로

$x+15°=60° \quad \therefore x=45°$

33 답 $60°$

$\sin B=\dfrac{9}{6\sqrt{3}}=\dfrac{\sqrt{3}}{2} \quad \therefore \angle B=60°$

34 답 $\dfrac{3}{2}$

$\angle A:\angle B:\angle C=2:3:4$이고

삼각형의 세 내각의 크기의 합은 $180°$이므로

$\angle B=180°\times\dfrac{3}{2+3+4}=60°$

$\therefore \sin B\times \tan B=\sin 60°\times \tan 60°=\dfrac{\sqrt{3}}{2}\times\sqrt{3}=\dfrac{3}{2}$

35 답 $3\sqrt{2}$

$\triangle ABC$에서 $\tan 60°=\dfrac{\overline{BC}}{\sqrt{3}}=\sqrt{3} \quad \therefore \overline{BC}=3$

$\triangle BCD$에서 $\sin 45°=\dfrac{3}{x}=\dfrac{\sqrt{2}}{2} \quad \therefore x=3\sqrt{2}$

36 답 ④

$\triangle ABC$에서

$\sin 30°=\dfrac{x}{6}=\dfrac{1}{2} \quad \therefore x=3$

$\cos 30°=\dfrac{\overline{AC}}{6}=\dfrac{\sqrt{3}}{2} \quad \therefore \overline{AC}=3\sqrt{3}$

$\triangle ACD$에서 $\sin 45°=\dfrac{y}{3\sqrt{3}}=\dfrac{\sqrt{2}}{2} \quad \therefore y=\dfrac{3\sqrt{6}}{2}$

$\therefore xy=3\times\dfrac{3\sqrt{6}}{2}=\dfrac{9\sqrt{6}}{2}$

37 답 $8\sqrt{3}\,\text{cm}$

$\triangle ABC$에서 $\tan 30°=\dfrac{12}{\overline{BC}}=\dfrac{\sqrt{3}}{3} \quad \therefore \overline{BC}=12\sqrt{3}\,(\text{cm})$

$\triangle ADC$에서 $\tan 60°=\dfrac{12}{\overline{CD}}=\sqrt{3} \quad \therefore \overline{CD}=4\sqrt{3}\,(\text{cm})$

$\therefore \overline{BD}=\overline{BC}-\overline{CD}=12\sqrt{3}-4\sqrt{3}=8\sqrt{3}\,(\text{cm})$

다른 풀이

$\triangle ABD$에서 $30°+\angle BAD=60° \quad \therefore \angle BAD=30°$

즉, $\triangle ABD$는 $\overline{AD}=\overline{BD}$인 이등변삼각형이다.

$\triangle ADC$에서 $\sin 60°=\dfrac{12}{\overline{AD}}=\dfrac{\sqrt{3}}{2} \quad \therefore \overline{AD}=8\sqrt{3}\,(\text{cm})$

$\therefore \overline{BD}=\overline{AD}=8\sqrt{3}\,\text{cm}$

38 답 ②

$\triangle$ADE에서

$$\sin 45° = \frac{\overline{AD}}{12} = \frac{\sqrt{2}}{2} \qquad \therefore \overline{AD} = 6\sqrt{2}\,(\text{cm})$$

$\angle$AFD $= \angle$ACB $= 60°$(동위각)이므로

$\triangle$ADF에서

$$\tan 60° = \frac{6\sqrt{2}}{\overline{DF}} = \sqrt{3} \qquad \therefore \overline{DF} = 2\sqrt{6}\,(\text{cm})$$

$$\therefore \triangle\text{ADF} = \frac{1}{2} \times 2\sqrt{6} \times 6\sqrt{2} = 12\sqrt{3}\,(\text{cm}^2)$$

39 답 $12\sqrt{3}\,\text{cm}^2$

오른쪽 그림과 같이 두 꼭짓점
A, D에서 $\overline{BC}$에 내린 수선의 발
을 각각 H, H′이라고 하면
$\triangle$ABH에서

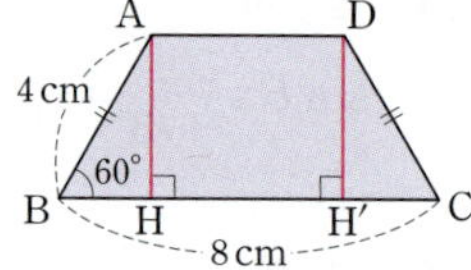

$$\sin 60° = \frac{\overline{AH}}{4} = \frac{\sqrt{3}}{2} \qquad \therefore \overline{AH} = 2\sqrt{3}\,(\text{cm})$$

$$\cos 60° = \frac{\overline{BH}}{4} = \frac{1}{2} \qquad \therefore \overline{BH} = 2\,(\text{cm})$$

$\overline{CH'} = \overline{BH} = 2\,\text{cm}$이므로

$\overline{AD} = \overline{HH'} = 8 - (2+2) = 4\,(\text{cm})$

$$\therefore \square\text{ABCD} = \frac{1}{2} \times (4+8) \times 2\sqrt{3} = 12\sqrt{3}\,(\text{cm}^2)$$

40 답 (1) $2-\sqrt{3}$ (2) $2+\sqrt{3}$

(1) $\triangle$ABD에서 $15° + \angle$BAD $= 30°$ $\qquad \therefore \angle$BAD $= 15°$

즉, $\triangle$ABD는 이등변삼각형이므로 $\overline{AD} = \overline{BD} = 8$

$\triangle$ADC에서

$$\cos 30° = \frac{\overline{CD}}{8} = \frac{\sqrt{3}}{2} \qquad \therefore \overline{CD} = 4\sqrt{3}$$

$$\sin 30° = \frac{\overline{AC}}{8} = \frac{1}{2} \qquad \therefore \overline{AC} = 4$$

따라서 $\triangle$ABC에서

$$\tan 15° = \frac{\overline{AC}}{\overline{BC}} = \frac{4}{8+4\sqrt{3}} = \frac{1}{2+\sqrt{3}} = 2-\sqrt{3}$$

(2) $\triangle$ABC에서 $\angle$BAC $= 180° - (15°+90°) = 75°$이므로

$$\tan 75° = \frac{\overline{BC}}{\overline{AC}} = \frac{8+4\sqrt{3}}{4} = 2+\sqrt{3}$$

41 답 $\dfrac{9\sqrt{3}}{2}\,\text{cm}$

$\triangle$ABD에서 $\sin 60° = \dfrac{\overline{AD}}{6} = \dfrac{\sqrt{3}}{2} \qquad \therefore \overline{AD} = 3\sqrt{3}\,(\text{cm})$

$\triangle$ABC에서 $\angle$C $= 180° - (60°+90°) = 30°$이므로

$\triangle$ADC에서 $\angle$DAC $= 180° - (30°+90°) = 60°$

$$\tan 60° = \frac{\overline{CD}}{3\sqrt{3}} = \sqrt{3} \qquad \therefore \overline{CD} = 9\,(\text{cm})$$

따라서 $\triangle$EDC에서

$$\cos 30° = \frac{\overline{CE}}{9} = \frac{\sqrt{3}}{2} \qquad \therefore \overline{CE} = \frac{9\sqrt{3}}{2}\,(\text{cm})$$

42 답 ③

구하는 예각의 크기를 a라고 하면

(직선의 기울기) $= \tan a = \sqrt{3} \qquad \therefore a = 60°$

43 답 **4**

$a = \tan 45° = 1$

이때 직선 $y = x + b$가 점 $(-1, 2)$를 지나므로

$2 = -1 + b \qquad \therefore b = 3$

$\therefore a + b = 1 + 3 = 4$

44 답 $y = \dfrac{\sqrt{3}}{3}x + \dfrac{2\sqrt{3}}{3}$

구하는 직선의 방정식을 $y = ax + b$라고 하면

$$a = \tan 30° = \frac{\sqrt{3}}{3}$$

이때 직선 $y = \dfrac{\sqrt{3}}{3}x + b$가 점 $(-2, 0)$을 지나므로

$$0 = \frac{\sqrt{3}}{3} \times (-2) + b \qquad \therefore b = \frac{2\sqrt{3}}{3}$$

$$\therefore y = \frac{\sqrt{3}}{3}x + \frac{2\sqrt{3}}{3}$$

45 답 ②, ④

② $\cos x = \dfrac{\overline{AB}}{\overline{AC}} = \dfrac{\overline{AB}}{1} = \overline{AB}$

④ $\overline{BC} /\!/ \overline{DE}$이므로 $\angle$ACB $= \angle$AED(동위각), 즉 $y = z$

$$\therefore \sin z = \sin y = \frac{\overline{AB}}{\overline{AC}} = \frac{\overline{AB}}{1} = \overline{AB}$$

46 답 **1.47**

$$\cos a = \frac{\overline{OA}}{\overline{OB}} = \frac{0.85}{1} = 0.85, \quad \tan a = \frac{\overline{CD}}{\overline{OC}} = \frac{0.62}{1} = 0.62$$

$\therefore \cos a + \tan a = 0.85 + 0.62 = 1.47$

47 답 ④

$\triangle$AOB에서 $\angle$OAB $= 180° - (50°+90°) = 40°$

④ $\sin 40° = \dfrac{\overline{OB}}{\overline{OA}} = \dfrac{0.64}{1} = 0.64$

48 답 ①, ⑤

점 B의 좌표는 $(\overline{OA}, \overline{AB})$이다.

$\angle$OBA $= \angle$ODC $= b$(동위각)이므로

$\overline{OA} = \cos a = \sin b$, $\overline{AB} = \sin a = \cos b$

따라서 점 B의 좌표를 나타내는 것은

① $(\cos a, \sin a)$, ⑤ $(\sin b, \cos b)$이다.

49 답 ④

$\triangle$AOH에서 $\cos 50° = \dfrac{\overline{OH}}{\overline{OA}} = \dfrac{\overline{OH}}{1} = \overline{OH}$

$\therefore \overline{BH} = \overline{OB} - \overline{OH} = 1 - \cos 50°$

50 답 $\dfrac{\sqrt{3}}{24}$

$\tan 30°=\dfrac{\overline{CD}}{\overline{OD}}=\dfrac{\overline{CD}}{1}=\dfrac{\sqrt{3}}{3}$이므로 $\overline{CD}=\dfrac{\sqrt{3}}{3}$ $\cdots$ (i)

$\sin 30°=\dfrac{\overline{AB}}{\overline{OA}}=\dfrac{\overline{AB}}{1}=\dfrac{1}{2}$이므로 $\overline{AB}=\dfrac{1}{2}$ $\cdots$ (ii)

$\cos 30°=\dfrac{\overline{OB}}{\overline{OA}}=\dfrac{\overline{OB}}{1}=\dfrac{\sqrt{3}}{2}$이므로 $\overline{OB}=\dfrac{\sqrt{3}}{2}$ $\cdots$ (iii)

$\therefore \square ABDC=\triangle COD-\triangle AOB$

$\qquad =\dfrac{1}{2}\times 1\times\dfrac{\sqrt{3}}{3}-\dfrac{1}{2}\times\dfrac{\sqrt{3}}{2}\times\dfrac{1}{2}$

$\qquad =\dfrac{\sqrt{3}}{6}-\dfrac{\sqrt{3}}{8}=\dfrac{\sqrt{3}}{24}$ $\cdots$ (iv)

채점 기준	비율
(i) $\overline{CD}$의 길이 구하기	20 %
(ii) $\overline{AB}$의 길이 구하기	20 %
(iii) $\overline{OB}$의 길이 구하기	20 %
(iv) $\square ABDC$의 넓이 구하기	40 %

51 답 ③

$\sin 0°=\tan 0°=\cos 90°=0$

$\cos 0°=\sin 90°=1$, $\tan 60°=\sqrt{3}$

따라서 삼각비의 값이 0인 것은 ㄱ, ㄷ, ㅁ의 3개이다.

52 답 ㄴ, ㄷ

ㄱ. $\sin 0°=0$, $\cos 0°=1$이므로 $\sin 0°\neq\cos 0°$

ㄹ. $\cos 0°=1$, $\tan 0°=0$이므로 $\cos 0°\neq\tan 0°$

따라서 옳은 것은 ㄴ, ㄷ이다.

53 답 ②, ④

① $\sin 0°+\cos 90°=0+0=0$

② $\sin 90°\times\cos 90°=1\times 0=0$

③ $\cos 0°\times(\tan 45°+\sin 90°)=1\times(1+1)=2$

④ $\sin 0°-(1+\cos 90°)\times(1-\tan 0°)$

$\quad =0-(1+0)\times(1-0)=-1$

⑤ $(\cos 0°+\cos 45°)\times(\sin 90°-\sin 45°)$

$\quad =\left(1+\dfrac{\sqrt{2}}{2}\right)\times\left(1-\dfrac{\sqrt{2}}{2}\right)=1^2-\left(\dfrac{\sqrt{2}}{2}\right)^2=1-\dfrac{1}{2}=\dfrac{1}{2}$

따라서 옳지 않은 것은 ②, ④이다.

54 답 ③

$\sin 0°+\tan 0°+\sin 90°\times\cos 0°=0+0+1\times 1$

$\qquad\qquad\qquad\qquad\qquad\qquad =1$

55 답 $\dfrac{\sqrt{3}}{2}+1$

$\cos 45°\times\tan 0°+\sin 60°\times\cos 0°+\sin 90°$

$\quad =\dfrac{\sqrt{2}}{2}\times 0+\dfrac{\sqrt{3}}{2}\times 1+1$

$\quad =\dfrac{\sqrt{3}}{2}+1$

56 답 ③

$\tan 45°\times\cos 30°-\sin 90°\times\tan 30°$

$=1\times\dfrac{\sqrt{3}}{2}-1\times\dfrac{\sqrt{3}}{3}$

$=\dfrac{\sqrt{3}}{6}$

$\therefore a=\dfrac{\sqrt{3}}{6}$

$\cos 0°\times\sin 30°-\sin 60°\times\tan 60°$

$=1\times\dfrac{1}{2}-\dfrac{\sqrt{3}}{2}\times\sqrt{3}$

$=-1$

$\therefore b=-1$

$\therefore 6ab=6\times\dfrac{\sqrt{3}}{6}\times(-1)=-\sqrt{3}$

57 답 ⑥, ⑦

⑥ $0°\leq A\leq 90°$일 때, $\tan A$의 값 중 가장 작은 값은 0이고 가장 큰 값은 알 수 없다.

⑦ $A=45°$일 때, $\sin A=\cos A=\dfrac{\sqrt{2}}{2}$

58 답 ③

$45°<A<90°$일 때,

$\cos A<\sin A<1$이고 $\tan A>1$이므로

$\cos A<\sin A<\tan A$

59 답 ㄷ, ㄴ, ㄹ, ㅂ, ㄱ, ㅁ

$\sin 0°=0$, $\cos 0°=1$, $\cos 45°=\dfrac{\sqrt{2}}{2}$, $\tan 60°=\sqrt{3}$에서

$\sin 0°<\sin 35°<\sin 45°(=\cos 45°)$이고

$\cos 45°<\cos 0°$이고

$\tan 45°(=\cos 0°)<\tan 60°<\tan 75°$이다.

따라서 삼각비의 값을 작은 것부터 차례로 나열하면

ㄷ, ㄴ, ㄹ, ㅂ, ㄱ, ㅁ이다.

60 답 ③

$0°<x<90°$일 때, $0<\sin x<1$이므로

$\sin x-1<0$, $\sin x+1>0$

$\therefore \sqrt{(\sin x-1)^2}+\sqrt{(\sin x+1)^2}$

$\quad =-(\sin x-1)+(\sin x+1)$

$\quad =-\sin x+1+\sin x+1$

$\quad =2$

61 답 $2\sin A$

$0°<A<45°$일 때, $0<\sin A<\cos A$이므로

$\sin A+\cos A>0$, $\sin A-\cos A<0$

$\therefore \sqrt{(\sin A+\cos A)^2}-\sqrt{(\sin A-\cos A)^2}$

$\quad =(\sin A+\cos A)-\{-(\sin A-\cos A)\}$

$\quad =\sin A+\cos A+\sin A-\cos A$

$\quad =2\sin A$

62 답 **0**

$45°<A<90°$일 때, $1<\tan A$이므로 ⋯ (i)
$1-\tan A<0$
$\tan A-\tan 45°=\tan A-1>0$ ⋯ (ii)
$\therefore \sqrt{(1-\tan A)^2}-\sqrt{(\tan A-\tan 45°)^2}$
$\quad =-(1-\tan A)-(\tan A-1)$
$\quad =-1+\tan A-\tan A+1=0$ ⋯ (iii)

채점 기준	비율
(i) $\tan A$의 값의 범위 구하기	20 %
(ii) 근호 안의 식의 부호 판단하기	40 %
(iii) 주어진 식을 간단히 하기	40 %

63 답 **34°**

$\sin 18°=0.3090$, $\tan 16°=0.2867$이므로
$x=18°$, $y=16°$
$\therefore x+y=18°+16°=34°$

64 답 **1.0328**

$\cos 42°=0.7431$, $\sin 40°=0.6428$, $\tan 43°=0.9325$
$\therefore \cos 42°-\sin 40°+\tan 43°=0.7431-0.6428+0.9325$
$\qquad\qquad =1.0328$

65 답 **④**

$\tan 41°=\dfrac{\overline{AC}}{10}=0.8693$ $\quad \therefore \overline{AC}=8.693$

66 답 **(1) 14° (2) 45 %**

(1) $\tan A\times 100=25$ $\quad \therefore \tan A=0.25$
주어진 삼각비의 표에서 $\tan 14°=0.25$이므로 $A=14°$
(2) 주어진 삼각비의 표에서 $\tan 24°=0.45$이므로
(도로의 경사도)$=\tan 24°\times 100$
$\qquad\qquad\qquad =0.45\times 100=45(\%)$

67 답 **④**

각 직각삼각형의 세 변의 길이는 각각 다음과 같다.
1번째: 1, 1, $\sqrt{2}$
2번째: 1, $\sqrt{2}$, $\sqrt{3}$
3번째: 1, $\sqrt{3}$, 2
4번째: 1, 2, $\sqrt{5}$
$\quad\vdots$

즉, n번째 만들어진 새로운 직각
삼각형의 세 변의 길이는 각각 1,
$\sqrt{n}$, $\sqrt{n+1}$이므로 9번째 만들어
진 새로운 직각삼각형의 세 변의 길이는 각각 1, 3, $\sqrt{10}$이다.

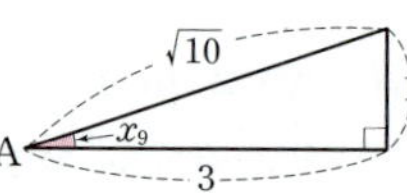

$\sin x_9=\dfrac{1}{\sqrt{10}}=\dfrac{\sqrt{10}}{10}$, $\cos x_9=\dfrac{3}{\sqrt{10}}=\dfrac{3\sqrt{10}}{10}$이므로
$\sin x_9+\cos x_9=\dfrac{\sqrt{10}}{10}+\dfrac{3\sqrt{10}}{10}=\dfrac{2\sqrt{10}}{5}$

---

1 $\dfrac{19\sqrt{7}}{28}$	**2** $4\sqrt{5}\,\text{cm}^2$	**3** $\dfrac{2\sqrt{10}}{3}$	**4** ②
5 $\dfrac{10}{29}$	**6** ④	**7** $\dfrac{50\sqrt{3}}{3}$	**8** $\dfrac{1}{2}$
9 ⑤			
10 ②	**11** ②	**12** $\dfrac{11}{15}$	**13** $\dfrac{2\sqrt{2}}{3}$
14 $\dfrac{1}{2}$			
15 $3\sqrt{3}\,\text{cm}^2$	**16** $\sqrt{2}-1$	**17** ③	**18** 0.2229
19 $\dfrac{2\sqrt{5}}{5}$	**20** $\dfrac{\sqrt{2}}{5}$	**21** $\dfrac{\sqrt{5}}{3}$	

1 $\overline{AB}=\sqrt{4^2-3^2}=\sqrt{7}$이므로
$\tan B=\dfrac{3}{\sqrt{7}}=\dfrac{3\sqrt{7}}{7}$, $\sin C=\dfrac{\sqrt{7}}{4}$
$\therefore \tan B+\sin C=\dfrac{3\sqrt{7}}{7}+\dfrac{\sqrt{7}}{4}=\dfrac{19\sqrt{7}}{28}$

2 $\sin A=\dfrac{\overline{BC}}{6}=\dfrac{2}{3}$이므로 $\overline{BC}=4(\text{cm})$
$\therefore \overline{AB}=\sqrt{6^2-4^2}=2\sqrt{5}(\text{cm})$
$\therefore \triangle ABC=\dfrac{1}{2}\times 2\sqrt{5}\times 4=4\sqrt{5}(\text{cm}^2)$

3 $\cos C=\dfrac{3}{7}$이므로 오른쪽 그림과 같은 직각삼
각형 ABC를 생각할 수 있다.
$\overline{AB}=\sqrt{7^2-3^2}=2\sqrt{10}$이므로
$\tan C=\dfrac{\overline{AB}}{\overline{AC}}=\dfrac{2\sqrt{10}}{3}$

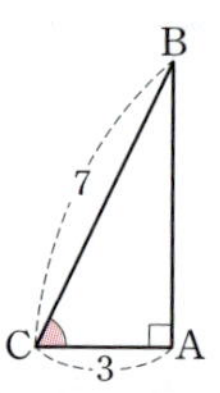

4 $\triangle ABC \circ\!\!\!\sim \triangle ACD$ (AA 닮음)이므로
$\angle ABC=\angle ACD=x$
$\triangle ABC \circ\!\!\!\sim \triangle CBD$ (AA 닮음)이므로
$\angle BAC=\angle BCD=y$
$\triangle ABC$에서 $\overline{AB}=\sqrt{3^2+4^2}=5(\text{cm})$이므로
$\cos x=\cos B=\dfrac{\overline{BC}}{\overline{AB}}=\dfrac{3}{5}$,
$\tan y=\tan A=\dfrac{\overline{BC}}{\overline{AC}}=\dfrac{3}{4}$
$\therefore \cos x+\tan y=\dfrac{3}{5}+\dfrac{3}{4}=\dfrac{27}{20}$

5 $2x-5y+10=0$의 그래프와 x축,
y축의 교점을 각각 A, B라고 하자.
$2x-5y+10=0$에 $y=0$, $x=0$을
각각 대입하여 두 점 A, B의 좌표
를 구하면
A$(-5,\,0)$, B$(0,\,2)$
$\therefore \overline{AO}=5$, $\overline{BO}=2$

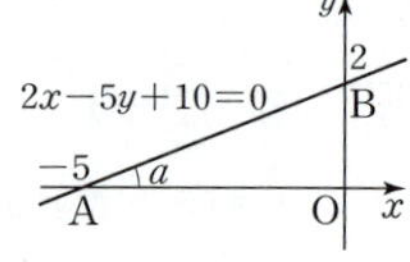

$\triangle$AOB에서 $\overline{AB}=\sqrt{5^2+2^2}=\sqrt{29}$이므로

$\sin a=\dfrac{2}{\sqrt{29}}=\dfrac{2\sqrt{29}}{29}$, $\cos a=\dfrac{5}{\sqrt{29}}=\dfrac{5\sqrt{29}}{29}$

$\therefore \sin a\times\cos a=\dfrac{2\sqrt{29}}{29}\times\dfrac{5\sqrt{29}}{29}=\dfrac{10}{29}$

6 ㄱ. (좌변)$=\sin 60°\times\tan 60°=\dfrac{\sqrt{3}}{2}\times\sqrt{3}=\dfrac{3}{2}$,

(우변)$=\cos 30°=\dfrac{\sqrt{3}}{2}$이므로 (좌변)$\neq$(우변)

ㄴ. $\sin^2 30°+\cos^2 30°=\left(\dfrac{1}{2}\right)^2+\left(\dfrac{\sqrt{3}}{2}\right)^2=\dfrac{1}{4}+\dfrac{3}{4}=1$

ㄷ. $\tan 30°=\dfrac{\sqrt{3}}{3}=\dfrac{1}{\tan 60°}$

ㄹ. (좌변)$=\cos 30°+\cos 60°=\dfrac{\sqrt{3}}{2}+\dfrac{1}{2}$,

(우변)$=\cos 90°=0$이므로 (좌변)$\neq$(우변)

ㅁ. $\tan 45°-\sin 90°=1-1=0$

따라서 옳은 것은 ㄴ, ㄷ, ㅁ이다.

7 $\triangle$ADC에서 $\sin 45°=\dfrac{x}{10}=\dfrac{\sqrt{2}}{2}$

$\therefore x=5\sqrt{2}$ $\qquad$ $\cdots$ (i)

$\triangle$ABD에서 $\tan 60°=\dfrac{5\sqrt{2}}{y}=\sqrt{3}$

$\therefore y=\dfrac{5\sqrt{6}}{3}$ $\qquad$ $\cdots$ (ii)

$\therefore xy=5\sqrt{2}\times\dfrac{5\sqrt{6}}{3}=\dfrac{50\sqrt{3}}{3}$ $\qquad$ $\cdots$ (iii)

채점 기준	비율
(i) x의 값 구하기	40 %
(ii) y의 값 구하기	40 %
(iii) xy의 값 구하기	20 %

8 $\sqrt{3}x-y+4\sqrt{3}=0$에서 $y=\sqrt{3}x+4\sqrt{3}$이므로

(직선의 기울기)$=\tan a=\sqrt{3}$ $\quad$ $\therefore a=60°$

$\therefore \sin \dfrac{a}{2}=\sin 30°=\dfrac{1}{2}$

9 $\triangle$AOB에서 $\angle$AOB$=180°-(38°+90°)=52°$이므로

$\tan 52°=\dfrac{\overline{CD}}{\overline{OD}}=\dfrac{1.2799}{1}=1.2799$

$\sin 38°=\dfrac{\overline{OB}}{\overline{OA}}=\dfrac{0.6157}{1}=0.6157$

$\therefore \tan 52°-\sin 38°=1.2799-0.6157=0.6642$

10 ② $0°\leq x\leq 90°$일 때, x의 크기가 증가하면 $\cos x$의 값은 감소하므로 $\cos 30°>\cos 35°$

11 $\sin 10°=0.1736$, $\cos 4°=0.9976$이므로

$x=10°$, $y=4°$ $\quad$ $\therefore x-y=10°-4°=6°$

$\therefore \tan (x-y)=\tan 6°=0.1051$

12 $\triangle$ABC$\varpropto$$\triangle$EDC (AA 닮음)이므로

$\angle$EDC$=\angle$ABC$=x$

$\triangle$EDC에서 $\overline{DE}=\sqrt{5^2-4^2}=3$이므로

$\tan x=\tan (\angle EDC)=\dfrac{\overline{CE}}{\overline{DE}}=\dfrac{4}{3}$,

$\cos x=\cos (\angle EDC)=\dfrac{\overline{DE}}{\overline{CD}}=\dfrac{3}{5}$

$\therefore \tan x-\cos x=\dfrac{4}{3}-\dfrac{3}{5}=\dfrac{11}{15}$

13 $\overline{BM}=\dfrac{1}{2}\overline{BC}=\dfrac{1}{2}\times 4=2$이고

$\triangle$ABM은 $\angle$AMB$=90°$인 직각삼각형이므로

$\overline{AM}=\sqrt{4^2-2^2}=2\sqrt{3}$

점 H는 $\triangle$BCD의 무게중심이고

$\overline{DM}=\overline{AM}=2\sqrt{3}$이므로

$\overline{MH}=\dfrac{1}{3}\overline{DM}=\dfrac{1}{3}\times 2\sqrt{3}=\dfrac{2\sqrt{3}}{3}$

$\triangle$AMH에서

$\overline{AH}=\sqrt{(2\sqrt{3})^2-\left(\dfrac{2\sqrt{3}}{3}\right)^2}=\dfrac{4\sqrt{6}}{3}$

$\therefore \sin x=\dfrac{\overline{AH}}{\overline{AM}}=\dfrac{4\sqrt{6}}{3}\div 2\sqrt{3}=\dfrac{4\sqrt{6}}{3}\times\dfrac{1}{2\sqrt{3}}=\dfrac{2\sqrt{2}}{3}$

14 $25°<x<70°$에서 $50°<2x<140°$

$\therefore 0°<2x-50°<90°$ $\qquad$ $\cdots$ (i)

$\tan 30°=\dfrac{\sqrt{3}}{3}$이므로

$2x-50°=30°$, $2x=80°$

$\therefore x=40°$ $\qquad$ $\cdots$ (ii)

$\therefore \cos (x+20°)=\cos 60°=\dfrac{1}{2}$ $\qquad$ $\cdots$ (iii)

채점 기준	비율
(i) $2x-50°$의 크기의 범위 구하기	20 %
(ii) x의 크기 구하기	50 %
(iii) $\cos (x+20°)$의 값 구하기	30 %

15 $\triangle$ABC$\equiv$$\triangle$DCB이므로 $\angle$ECB$=\angle$EBC$=30°$

따라서 $\triangle$EBC는 $\overline{BE}=\overline{CE}$인 이등변삼각형이다.

오른쪽 그림과 같이 점 E에서 $\overline{BC}$에 내린 수선의 발을 H라고 하면

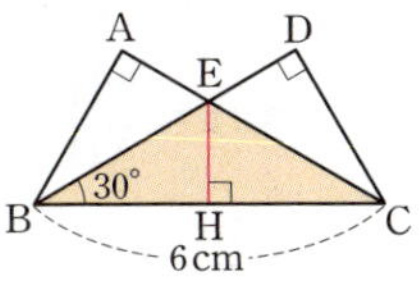

$\overline{BH}=\overline{CH}=\dfrac{1}{2}\overline{BC}$

$=\dfrac{1}{2}\times 6=3 (cm)$

$\triangle$EBH에서

$\tan 30°=\dfrac{\overline{EH}}{3}=\dfrac{\sqrt{3}}{3}$ $\quad$ $\therefore \overline{EH}=\sqrt{3} (cm)$

$\therefore \triangle$EBC$=\dfrac{1}{2}\times 6\times\sqrt{3}=3\sqrt{3} (cm^2)$

16 △ADC에서

$$\tan 45° = \frac{1}{\overline{CD}} = 1 \qquad \therefore \overline{CD} = 1$$

$$\sin 45° = \frac{1}{\overline{AD}} = \frac{\sqrt{2}}{2} \qquad \therefore \overline{AD} = \sqrt{2}$$

$$\therefore \overline{BD} = \overline{AD} = \sqrt{2}$$

따라서 △ABC에서

$$\tan B = \frac{\overline{AC}}{\overline{BC}} = \frac{1}{\sqrt{2}+1} = \sqrt{2}-1$$

17 ㄱ. $0° < A < 45°$일 때, $\sin A < \cos A$

ㄴ. $A = 45°$일 때, $\sin A = \cos A = \dfrac{\sqrt{2}}{2}$

ㄷ. $45° < A < 90°$일 때, $\cos A < \sin A < \tan A$

따라서 옳은 것은 ㄴ, ㄹ의 2개이다.

18 $\overline{DE} = \tan x = 0.8098$

이때 $\tan 39° = 0.8098$이므로 $x = 39°$

따라서 △ABC에서 $\overline{AB} = \cos 39° = 0.7771$이므로

$$\overline{BD} = \overline{AD} - \overline{AB} = 1 - 0.7771 = 0.2229$$

19
$$\sin A : \cos A = \frac{\overline{BC}}{\overline{AC}} : \frac{\overline{AB}}{\overline{AC}}$$
$$= \overline{BC} : \overline{AB} = 1 : 2$$

이므로 $\overline{BC} = k$, $\overline{AB} = 2k\,(k>0)$라
고 하면

$$\overline{AC} = \sqrt{(2k)^2 + k^2} = \sqrt{5}k$$

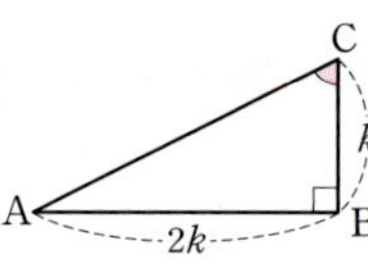

$$\therefore \sin C = \frac{2k}{\sqrt{5}k} = \frac{2\sqrt{5}}{5}$$

20 △ADC에서 $\sin x = \dfrac{3}{\overline{AD}} = \dfrac{1}{3}$이므로 $\overline{AD} = 9$

$$\therefore \overline{AC} = \sqrt{9^2 - 3^2} = 6\sqrt{2}$$

△ABC에서 $\overline{AB} = \sqrt{6^2 + (6\sqrt{2})^2} = 6\sqrt{3}$

오른쪽 그림과 같이 점 D에서 $\overline{AB}$에
내린 수선의 발을 H라고 하면
△ABD의 넓이는

$$\frac{1}{2} \times 3 \times 6\sqrt{2} = \frac{1}{2} \times 6\sqrt{3} \times \overline{DH}$$

$$9\sqrt{2} = 3\sqrt{3} \times \overline{DH} \qquad \therefore \overline{DH} = \sqrt{6}$$

따라서 △AHD에서 $\overline{AH} = \sqrt{9^2 - (\sqrt{6})^2} = 5\sqrt{3}$이므로

$$\tan y = \frac{\overline{DH}}{\overline{AH}} = \frac{\sqrt{6}}{5\sqrt{3}} = \frac{\sqrt{2}}{5}$$

21 $45° < x < 90°$일 때, $0 < \cos x < \sin x$이므로
$\sin x + \cos x > 0$, $\cos x - \sin x < 0$

$$\therefore \sqrt{(\sin x + \cos x)^2} - \sqrt{(\cos x - \sin x)^2}$$
$$= (\sin x + \cos x) - \{-(\cos x - \sin x)\}$$
$$= \sin x + \cos x + \cos x - \sin x$$
$$= 2\cos x$$

즉, $2\cos x = \dfrac{4}{3}$이므로 $\cos x = \dfrac{2}{3}$

이때 $\cos x = \dfrac{2}{3}$이므로 오른쪽 그림과 같
은 직각삼각형 ABC를 생각할 수 있다.

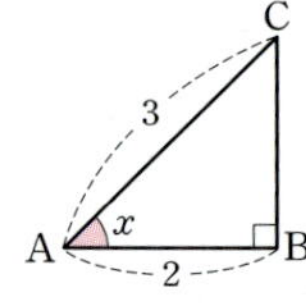

$\overline{BC} = \sqrt{3^2 - 2^2} = \sqrt{5}$이므로

$$\sin x = \frac{\sqrt{5}}{3}$$

유형 1~6 P. 22~25

1 답 ④

2 답 $27\sqrt{6}\,\text{cm}^3$

$\triangle\text{HEF}$에서 $\overline{\text{HF}}=\sqrt{3^2+3^2}=3\sqrt{2}\,(\text{cm})$

$\triangle\text{BHF}$는 $\angle\text{BFH}=90°$인 직각삼각형이므로

$\overline{\text{BF}}=3\sqrt{2}\tan 60°=3\sqrt{2}\times\sqrt{3}=3\sqrt{6}\,(\text{cm})$

$\therefore$ (직육면체의 부피)$=3\times 3\times 3\sqrt{6}=27\sqrt{6}\,(\text{cm}^3)$

3 답 $36\sqrt{3}\,\text{cm}^2$

오른쪽 그림과 같이 $\overline{\text{BE}}$를 그으면

$\triangle\text{ABE}$와 $\triangle\text{C}'\text{BE}$에서

$\angle\text{A}=\angle\text{C}'=90°$,

$\overline{\text{BE}}$는 공통, $\overline{\text{AB}}=\overline{\text{C}'\text{B}}$이므로

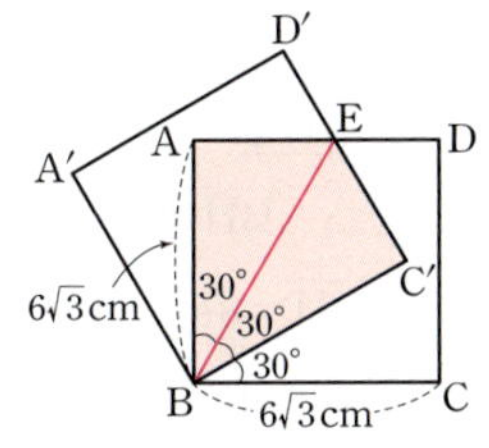

$\triangle\text{ABE}\equiv\triangle\text{C}'\text{BE}$ (RHS 합동)

$\therefore\ \angle\text{ABE}=\angle\text{C}'\text{BE}$

$\qquad\qquad=\dfrac{1}{2}\times(90°-30°)=30°$

$\triangle\text{ABE}$에서 $\overline{\text{AE}}=6\sqrt{3}\tan 30°=6\sqrt{3}\times\dfrac{\sqrt{3}}{3}=6\,(\text{cm})$이므로

$\triangle\text{ABE}=\dfrac{1}{2}\times 6\sqrt{3}\times 6=18\sqrt{3}\,(\text{cm}^2)$

따라서 두 정사각형이 겹쳐지는 부분의 넓이는

$\square\text{ABC}'\text{E}=2\triangle\text{ABE}=2\times 18\sqrt{3}=36\sqrt{3}\,(\text{cm}^2)$

4 답 $19.2\,\text{m}$

$\overline{\text{BC}}=48\tan 22°=48\times 0.4=19.2\,(\text{m})$

5 답 $6\,\text{m}$

$\overline{\text{BC}}=5\tan 42°=5\times 0.9=4.5\,(\text{m})$

따라서 나무의 높이는

$\overline{\text{BD}}=\overline{\text{BC}}+\overline{\text{CD}}=4.5+1.5=6\,(\text{m})$

6 답 $3\sqrt{3}\,\text{m}$

오른쪽 그림에서

$\overline{\text{AB}}=3\tan 30°$

$\qquad=3\times\dfrac{\sqrt{3}}{3}=\sqrt{3}\,(\text{m})$ $\cdots$ (i)

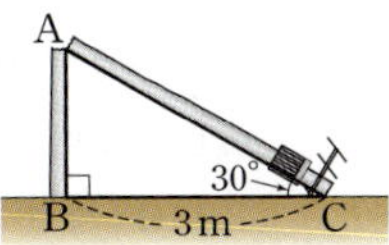

$\overline{\text{AC}}=\dfrac{3}{\cos 30°}=3\times\dfrac{2}{\sqrt{3}}=2\sqrt{3}\,(\text{m})$ $\cdots$ (ii)

따라서 부러지기 전의 전봇대의 높이는

$\overline{\text{AB}}+\overline{\text{AC}}=\sqrt{3}+2\sqrt{3}=3\sqrt{3}\,(\text{m})$ $\cdots$ (iii)

채점 기준	비율
(i) $\overline{\text{AB}}$의 길이 구하기	40 %
(ii) $\overline{\text{AC}}$의 길이 구하기	40 %
(iii) 부러지기 전의 전봇대의 높이 구하기	20 %

7 답 $(100\sqrt{3}+100)\,\text{m}$

$\overline{\text{AH}}=100\,\text{m}$이므로

$\triangle\text{AHB}$에서 $\overline{\text{BH}}=100\tan 60°=100\times\sqrt{3}=100\sqrt{3}\,(\text{m})$

$\triangle\text{ACH}$에서 $\overline{\text{CH}}=100\tan 45°=100\times 1=100\,(\text{m})$

따라서 타워의 높이는

$\overline{\text{BH}}+\overline{\text{CH}}=100\sqrt{3}+100\,(\text{m})$

8 답 ⑤

$\triangle\text{BCD}$에서 $\overline{\text{BC}}=\dfrac{30}{\tan 30°}=30\times\dfrac{3}{\sqrt{3}}=30\sqrt{3}\,(\text{m})$

$\triangle\text{ABC}$에서 $\angle\text{ABC}=15°+30°=45°$이므로

$\overline{\text{AC}}=30\sqrt{3}\tan 45°=30\sqrt{3}\times 1=30\sqrt{3}\,(\text{m})$

$\therefore\ \overline{\text{AD}}=\overline{\text{AC}}-\overline{\text{CD}}=30\sqrt{3}-30=30(\sqrt{3}-1)\,(\text{m})$

9 답 $310\sqrt{6}\,\text{m}$

$\triangle\text{CDB}$에서 $\overline{\text{BC}}=620\sin 45°=620\times\dfrac{\sqrt{2}}{2}=310\sqrt{2}\,(\text{m})$

$\triangle\text{ACB}$에서

$\overline{\text{AB}}=310\sqrt{2}\tan 60°=310\sqrt{2}\times\sqrt{3}=310\sqrt{6}\,(\text{m})$

10 답 ③

오른쪽 그림과 같이 점 B에서 $\overline{\text{OA}}$에 내린 수선

을 발을 H라고 하면 $\triangle\text{OHB}$에서

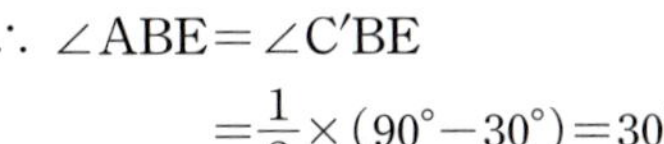

$\overline{\text{OH}}=2\cos 30°=2\times\dfrac{\sqrt{3}}{2}=\sqrt{3}\,(\text{m})$

$\therefore\ \overline{\text{HA}}=\overline{\text{OA}}-\overline{\text{OH}}=2-\sqrt{3}\,(\text{m})$

따라서 B 지점은 A 지점보다 $(2-\sqrt{3})\,\text{m}$ 더 높이 있다.

11 답 ②

$\overline{\text{AC}}=\dfrac{10}{\sin 25°}=\dfrac{10}{0.4}=25\,(\text{m})$

따라서 A 지점에서 C 지점까지 가는 데 걸리는 시간은

$\dfrac{25}{2}=12.5$(초)이다.

참고 $(\text{시간})=\dfrac{(\text{거리})}{(\text{속력})}$

12 답 $(5\sqrt{2}+6)\,\text{m}$

$\triangle\text{ACP}$에서

$\overline{\text{CP}}=\dfrac{5}{\sin 45°}=5\times\dfrac{2}{\sqrt{2}}=5\sqrt{2}\,(\text{m})$

$\overline{\text{AC}}=\dfrac{5}{\tan 45°}=5\,(\text{m})$이므로

$\overline{\text{BC}}=\overline{\text{AB}}-\overline{\text{AC}}=8-5=3\,(\text{m})$

$\triangle\text{CBQ}$에서

$\overline{\text{CQ}}=\dfrac{3}{\cos 60°}=3\times 2=6\,(\text{m})$

$\therefore\ \overline{\text{CP}}+\overline{\text{CQ}}=5\sqrt{2}+6\,(\text{m})$

따라서 새가 날아간 거리는 $(5\sqrt{2}+6)\,\text{m}$이다.

13 답 $\sqrt{13}$

오른쪽 그림과 같이 꼭짓점 A에서
$\overline{BC}$에 내린 수선의 발을 H라고 하면
$\triangle ABH$에서

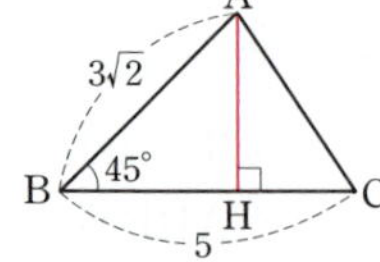

$\overline{AH}=3\sqrt{2}\sin 45°=3\sqrt{2}\times\dfrac{\sqrt{2}}{2}=3$

$\overline{BH}=3\sqrt{2}\cos 45°=3\sqrt{2}\times\dfrac{\sqrt{2}}{2}=3$ $\quad\cdots$ (i)

$\therefore \overline{CH}=\overline{BC}-\overline{BH}=5-3=2$ $\quad\cdots$ (ii)

따라서 $\triangle AHC$에서 $\overline{AC}=\sqrt{2^2+3^2}=\sqrt{13}$ $\quad\cdots$ (iii)

채점 기준	비율
(i) $\overline{AH}$, $\overline{BH}$의 길이 구하기	40 %
(ii) $\overline{CH}$의 길이 구하기	20 %
(iii) $\overline{AC}$의 길이 구하기	40 %

14 답 $5\sqrt{7}\,\text{m}$

오른쪽 그림과 같이 꼭짓점 A에서
$\overline{BC}$에 내린 수선의 발을 H라고 하면
$\triangle AHC$에서

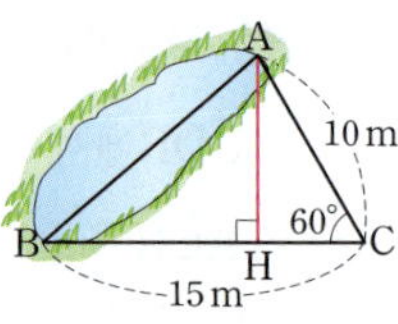

$\overline{AH}=10\sin 60°=10\times\dfrac{\sqrt{3}}{2}$
$\quad=5\sqrt{3}\,(\text{m})$

$\overline{CH}=10\cos 60°=10\times\dfrac{1}{2}=5\,(\text{m})$

$\therefore \overline{BH}=\overline{BC}-\overline{CH}=15-5=10\,(\text{m})$

따라서 $\triangle ABH$에서 $\overline{AB}=\sqrt{10^2+(5\sqrt{3})^2}=5\sqrt{7}\,(\text{m})$

15 답 $\sqrt{61}\,\text{cm}$

오른쪽 그림과 같이 꼭짓점 A에
서 $\overline{BC}$의 연장선에 내린 수선의
발을 H라고 하면

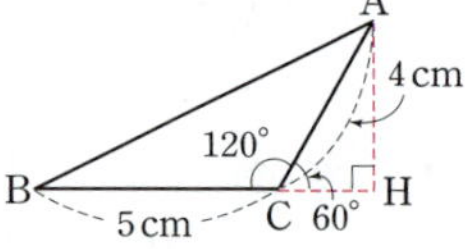

$\angle ACH=180°-120°=60°$

$\triangle ACH$에서

$\overline{AH}=4\sin 60°=4\times\dfrac{\sqrt{3}}{2}=2\sqrt{3}\,(\text{cm})$

$\overline{CH}=4\cos 60°=4\times\dfrac{1}{2}=2\,(\text{cm})$

$\therefore \overline{BH}=\overline{BC}+\overline{CH}=5+2=7\,(\text{cm})$

따라서 $\triangle ABH$에서 $\overline{AB}=\sqrt{7^2+(2\sqrt{3})^2}=\sqrt{61}\,(\text{cm})$

16 답 (1) $\dfrac{4\sqrt{6}}{3}$ (2) $8\sqrt{2}$

(1) 오른쪽 그림과 같이 꼭짓점 A에
서 $\overline{BC}$에 내린 수선의 발을 H라
고 하면
$\triangle AHC$에서

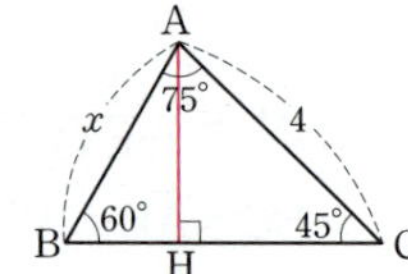

$\overline{AH}=4\sin 45°=4\times\dfrac{\sqrt{2}}{2}=2\sqrt{2}$

$\angle B=180°-(75°+45°)=60°$이므로

$\triangle ABH$에서 $x=\dfrac{2\sqrt{2}}{\sin 60°}=2\sqrt{2}\times\dfrac{2}{\sqrt{3}}=\dfrac{4\sqrt{6}}{3}$

(2) 오른쪽 그림과 같이 꼭짓점 C에
서 $\overline{AB}$에 내린 수선의 발을 H라
고 하면
$\triangle BCH$에서

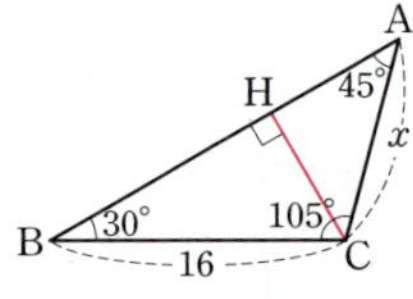

$\overline{CH}=16\sin 30°=16\times\dfrac{1}{2}=8$

$\angle A=180°-(30°+105°)=45°$이므로

$\triangle AHC$에서

$x=\dfrac{8}{\sin 45°}=8\times\dfrac{2}{\sqrt{2}}=8\sqrt{2}$

17 답 $4\sqrt{6}\,\text{m}$

오른쪽 그림과 같이 꼭짓점 B에서
$\overline{AC}$에 내린 수선의 발을 H라고 하면
$\angle A=180°-(75°+45°)=60°$
이므로
$\triangle ABH$에서

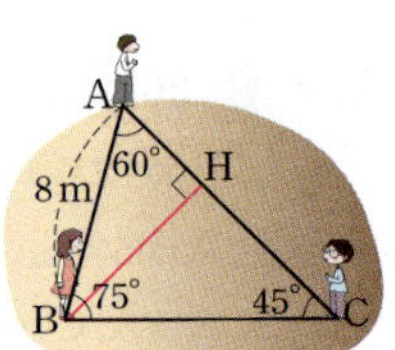

$\overline{BH}=8\sin 60°=8\times\dfrac{\sqrt{3}}{2}=4\sqrt{3}\,(\text{m})$

따라서 $\triangle BCH$에서

$\overline{BC}=\dfrac{4\sqrt{3}}{\sin 45°}=4\sqrt{3}\times\dfrac{2}{\sqrt{2}}=4\sqrt{6}\,(\text{m})$

18 답 $(5\sqrt{2}+5\sqrt{6})\,\text{m}$

오른쪽 그림과 같이 꼭짓점 B에
서 $\overline{AC}$에 내린 수선의 발을 H라
고 하면
$\triangle ABH$에서

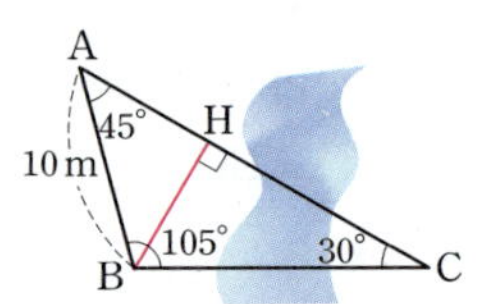

$\overline{AH}=10\cos 45°=10\times\dfrac{\sqrt{2}}{2}=5\sqrt{2}\,(\text{m})$

$\overline{BH}=10\sin 45°=10\times\dfrac{\sqrt{2}}{2}=5\sqrt{2}\,(\text{m})$

$\angle C=180°-(45°+105°)=30°$이므로

$\triangle BCH$에서

$\overline{CH}=\dfrac{5\sqrt{2}}{\tan 30°}=5\sqrt{2}\times\dfrac{3}{\sqrt{3}}=5\sqrt{6}\,(\text{m})$

$\therefore \overline{AC}=\overline{AH}+\overline{CH}=5\sqrt{2}+5\sqrt{6}\,(\text{m})$

19 답 $10(3-\sqrt{3})\,\text{cm}$

$\overline{AH}=h\,\text{cm}$라고 하면
$\triangle ABH$에서

$\overline{BH}=\dfrac{h}{\tan 45°}=h\,(\text{cm})$

$\triangle AHC$에서

$\overline{CH}=\dfrac{h}{\tan 60°}=\dfrac{h}{\sqrt{3}}=\dfrac{\sqrt{3}}{3}h\,(\text{cm})$

$\overline{BC}=\overline{BH}+\overline{CH}$이므로 $20=h+\dfrac{\sqrt{3}}{3}h$

$\dfrac{3+\sqrt{3}}{3}h=20$ $\quad\therefore h=20\times\dfrac{3}{3+\sqrt{3}}=10(3-\sqrt{3})$

따라서 $\overline{AH}$의 길이는 $10(3-\sqrt{3})\,\text{cm}$이다.

20 답 ③

$\overline{\text{CH}}=h$ m라고 하면

$\triangle$CAH에서

$\angle$ACH$=180°-(55°+90°)=35°$

이므로

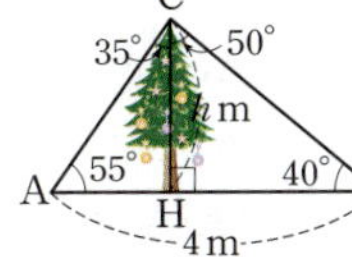

$\overline{\text{AH}}=h\tan 35°$(m)

$\triangle$CHB에서 $\angle$BCH$=180°-(40°+90°)=50°$이므로

$\overline{\text{BH}}=h\tan 50°$(m)

$\overline{\text{AB}}=\overline{\text{AH}}+\overline{\text{BH}}$이므로 $4=h\tan 35°+h\tan 50°$

$(\tan 35°+\tan 50°)h=4$ $\quad\therefore h=\dfrac{4}{\tan 35°+\tan 50°}$

$\therefore \overline{\text{CH}}=\dfrac{4}{\tan 35°+\tan 50°}$ m

참고 $55°$, $40°$의 삼각비의 값을 이용하여 $\overline{\text{CH}}$를 구하면

$$4=\dfrac{\overline{\text{CH}}}{\tan 55°}+\dfrac{\overline{\text{CH}}}{\tan 40°}$$

$$\therefore \overline{\text{CH}}=\dfrac{4\tan 55°\tan 40°}{\tan 55°+\tan 40°}\text{(m)}$$

21 답 $(12\sqrt{3}-12)\,\text{cm}^2$

$\triangle$ABC에서 $\overline{\text{BC}}=4\tan 60°=4\times\sqrt{3}=4\sqrt{3}$(cm)

오른쪽 그림과 같이 꼭짓점 E에서 $\overline{\text{BC}}$에 내린 수선의 발을 H라 하고, $\overline{\text{EH}}=h$ cm라고 하면

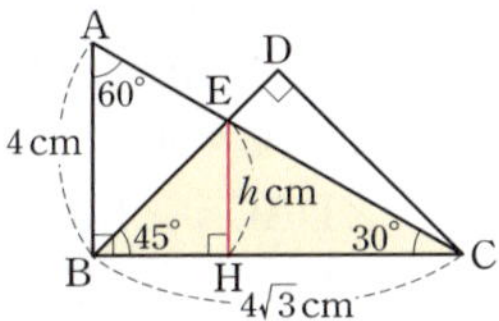

$\triangle$EBH에서

$\overline{\text{BH}}=\dfrac{h}{\tan 45°}=h$(cm)

$\triangle$EHC에서 $\overline{\text{CH}}=\dfrac{h}{\tan 30°}=h\times\dfrac{3}{\sqrt{3}}=\sqrt{3}h$(cm)

$\overline{\text{BC}}=\overline{\text{BH}}+\overline{\text{CH}}$이므로 $4\sqrt{3}=h+\sqrt{3}h$

$(1+\sqrt{3})h=4\sqrt{3}$ $\quad\therefore h=\dfrac{4\sqrt{3}}{1+\sqrt{3}}=6-2\sqrt{3}$

$\therefore \triangle$EBC$=\dfrac{1}{2}\times 4\sqrt{3}\times(6-2\sqrt{3})=12\sqrt{3}-12\text{(cm}^2)$

22 답 $50(\sqrt{3}+1)\,\text{m}$

$\overline{\text{AD}}=h$ m라고 하면

$\triangle$ABD에서 $\overline{\text{BD}}=\dfrac{h}{\tan 30°}=h\times\dfrac{3}{\sqrt{3}}=\sqrt{3}h$(m)

$\triangle$ACD에서 $\overline{\text{CD}}=\dfrac{h}{\tan 45°}=h$(m)

$\overline{\text{BC}}=\overline{\text{BD}}-\overline{\text{CD}}$이므로 $100=\sqrt{3}h-h$

$(\sqrt{3}-1)h=100$ $\quad\therefore h=\dfrac{100}{\sqrt{3}-1}=50(\sqrt{3}+1)$

따라서 산의 높이 $\overline{\text{AD}}$는 $50(\sqrt{3}+1)$ m이다.

23 답 $(3+\sqrt{3})\,\text{cm}^2$

$\overline{\text{AH}}=h$ cm라고 하면

$\triangle$ABH에서 $\overline{\text{BH}}=\dfrac{h}{\tan 45°}=h$(cm)

$\angle$ACH$=180°-120°=60°$이므로

$\triangle$ACH에서 $\overline{\text{CH}}=\dfrac{h}{\tan 60°}=\dfrac{h}{\sqrt{3}}=\dfrac{\sqrt{3}}{3}h$(cm)

$\overline{\text{BC}}=\overline{\text{BH}}-\overline{\text{CH}}$이므로 $2=h-\dfrac{\sqrt{3}}{3}h$

$\dfrac{3-\sqrt{3}}{3}h=2$ $\quad\therefore h=2\times\dfrac{3}{3-\sqrt{3}}=3+\sqrt{3}$

$\therefore \triangle$ABC$=\dfrac{1}{2}\times 2\times(3+\sqrt{3})=3+\sqrt{3}\text{(cm}^2)$

24 답 $500\,\text{km}$

$\overline{\text{CD}}=h$ km라고 하면

$\triangle$ACD에서

$\angle$ADC$=180°-(41°+90°)=49°$

이므로

$\overline{\text{AC}}=h\tan 49°$(km)

$\triangle$BCD에서

$\angle$BDC$=180°-(53°+90°)=37°$이므로

$\overline{\text{BC}}=h\tan 37°$(km)

$\overline{\text{AB}}=\overline{\text{AC}}-\overline{\text{BC}}$이므로 $200=h\tan 49°-h\tan 37°$

즉, $(\tan 49°-\tan 37°)h=200$에서

$(1.15-0.75)h=200$이므로 $h=\dfrac{200}{0.4}=500$

따라서 인공위성의 높이 $\overline{\text{CD}}$는 $500\,\text{km}$이다.

유형 7~11   P. 26~29

25 답 $6\sqrt{3}\,\text{cm}^2$

$\triangle$ABC$=\dfrac{1}{2}\times 4\times 6\times\sin 60°$

$\qquad=\dfrac{1}{2}\times 4\times 6\times\dfrac{\sqrt{3}}{2}=6\sqrt{3}\text{(cm}^2)$

26 답 ④

$\triangle$ABC$=\dfrac{1}{2}\times\overline{\text{AB}}\times 9\times\sin 45°=18\sqrt{2}$에서

$\dfrac{1}{2}\times\overline{\text{AB}}\times 9\times\dfrac{\sqrt{2}}{2}=18\sqrt{2}$, $\dfrac{9\sqrt{2}}{4}\overline{\text{AB}}=18\sqrt{2}$

$\therefore \overline{\text{AB}}=8$(cm)

27 답 $45°$

$\triangle$ABC$=\dfrac{1}{2}\times 4\sqrt{3}\times 6\times\sin A=6\sqrt{6}$에서

$\sin A=\dfrac{\sqrt{2}}{2}$

이때 $0°<\angle A<90°$이므로 $\angle A=45°$

28 답 $\dfrac{7\sqrt{2}}{2}\,\text{cm}^2$

$\triangle$ABC$=\dfrac{1}{2}\times 7\times 6\times\sin 45°$

$\qquad=\dfrac{1}{2}\times 7\times 6\times\dfrac{\sqrt{2}}{2}=\dfrac{21\sqrt{2}}{2}\text{(cm}^2)$

점 G는 $\triangle$ABC의 무게중심이므로

$\triangle$AGC$=\dfrac{1}{3}\triangle$ABC$=\dfrac{1}{3}\times\dfrac{21\sqrt{2}}{2}=\dfrac{7\sqrt{2}}{2}\text{(cm}^2)$

29 답 $\dfrac{60\sqrt{3}}{11}$

$\angle BAD = \angle CAD = \dfrac{1}{2} \times 60° = 30°$

$\overline{AD} = x$라고 하면

$\triangle ABC = \triangle ABD + \triangle ADC$이므로

$\dfrac{1}{2} \times 12 \times 10 \times \sin 60°$

$= \dfrac{1}{2} \times 12 \times x \times \sin 30° + \dfrac{1}{2} \times x \times 10 \times \sin 30°$

$30\sqrt{3} = 3x + \dfrac{5}{2}x, \ \dfrac{11}{2}x = 30\sqrt{3} \qquad \therefore x = \dfrac{60\sqrt{3}}{11}$

따라서 $\overline{AD}$의 길이는 $\dfrac{60\sqrt{3}}{11}$이다.

30 답 ③

$\overline{AE} = a \ (a > 0)$라고 하면 정사각형 ABCD의 한 변의 길이는 $2a$이므로

$\triangle ABE$에서 $\overline{BE} = \sqrt{(2a)^2 + a^2} = \sqrt{5}a$

마찬가지 방법으로 $\overline{BF} = \sqrt{5}a$

$\square ABCD = \triangle ABE + \triangle EBF + \triangle BCF + \triangle DEF$에서

$(2a)^2 = \dfrac{1}{2} \times 2a \times a + \dfrac{1}{2} \times \sqrt{5}a \times \sqrt{5}a \times \sin x$

$\qquad\qquad + \dfrac{1}{2} \times 2a \times a + \dfrac{1}{2} \times a \times a$

$4a^2 = a^2 + \dfrac{5}{2}a^2 \sin x + a^2 + \dfrac{1}{2}a^2$

$\dfrac{5}{2}a^2 \sin x = \dfrac{3}{2}a^2 \qquad \therefore \sin x = \dfrac{3}{5}$

31 답 $18\,\text{cm}^2$

$\triangle ABC = \dfrac{1}{2} \times 6 \times 12 \times \sin(180° - 150°)$

$\qquad\qquad = \dfrac{1}{2} \times 6 \times 12 \times \dfrac{1}{2} = 18 \,(\text{cm}^2)$

32 답 $120°$

$\triangle ABC = \dfrac{1}{2} \times 5 \times 8 \times \sin(180° - C) = 10\sqrt{3}$에서

$\sin(180° - C) = \dfrac{\sqrt{3}}{2}$이므로 $180° - \angle C = 60°$

$\therefore \angle C = 120°$

33 답 $54\,\text{cm}^2$

$\overline{BC} = \overline{DE} = 12\,\text{cm}$이므로

$\triangle ABC$에서

$\overline{AB} = 12 \cos 30° = 12 \times \dfrac{\sqrt{3}}{2} = 6\sqrt{3}\,(\text{cm})$

$\angle ABD = 30° + 90° = 120°$이므로

$\triangle ABD = \dfrac{1}{2} \times 6\sqrt{3} \times 12 \times \sin(180° - 120°)$

$\qquad\qquad = \dfrac{1}{2} \times 6\sqrt{3} \times 12 \times \dfrac{\sqrt{3}}{2} = 54\,(\text{cm}^2)$

34 답 $16\pi - 12\sqrt{3}$

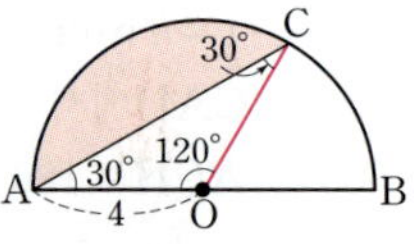

오른쪽 그림과 같이 $\overline{OC}$를 그으면

$\triangle AOC$는 $\overline{OA} = \overline{OC}$인 이등변삼각형이므로

$\angle OCA = \angle OAC = 30°$

즉, $\angle AOC = 180° - (30° + 30°) = 120°$이므로

$S = (\text{부채꼴 AOC의 넓이}) - (\triangle AOC\text{의 넓이})$

$\quad = \pi \times 4^2 \times \dfrac{120}{360} - \dfrac{1}{2} \times 4 \times 4 \times \sin(180° - 120°)$

$\quad = \dfrac{16}{3}\pi - \dfrac{1}{2} \times 4 \times 4 \times \dfrac{\sqrt{3}}{2} = \dfrac{16}{3}\pi - 4\sqrt{3}$

$\therefore 3S = 3 \times \left(\dfrac{16}{3}\pi - 4\sqrt{3}\right) = 16\pi - 12\sqrt{3}$

35 답 $27\sqrt{3}\,\text{cm}^2$

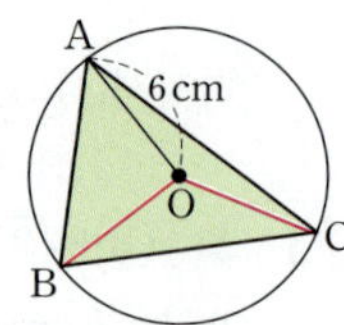

오른쪽 그림과 같이 점 A에서 $\overline{BC}$의 연장선에 내린 수선의 발을 H라고 하면

$\overline{AH} = 9\,\text{cm}$이므로

$\triangle AHC$에서

$\sin C = \dfrac{\overline{AH}}{\overline{AC}} = \dfrac{9}{18} = \dfrac{1}{2}$

$\therefore \angle C = 30°$

$\angle DAC = \angle BAC$ (접은 각), $\angle DAC = \angle BCA$ (엇각)에서

$\angle BAC = \angle BCA = 30°$이므로

$\triangle ABC$에서

$\angle ABH = \angle BAC + \angle BCA = 30° + 30° = 60°$

$\triangle AHB$에서 $\overline{AB} = \dfrac{9}{\sin 60°} = 9 \times \dfrac{2}{\sqrt{3}} = 6\sqrt{3}\,(\text{cm})$

$\therefore \triangle ABC = \dfrac{1}{2} \times \overline{AB} \times \overline{AC} \times \sin 30°$

$\qquad\qquad = \dfrac{1}{2} \times 6\sqrt{3} \times 18 \times \dfrac{1}{2}$

$\qquad\qquad = 27\sqrt{3}\,(\text{cm}^2)$

다른 풀이

$\overline{AB} = 6\sqrt{3}\,\text{cm}$이고

$\triangle ABC$는 $\overline{AB} = \overline{BC}$인 이등변삼각형이므로

$\overline{BC} = \overline{AB} = 6\sqrt{3}\,(\text{cm})$

$\therefore \triangle ABC = \dfrac{1}{2} \times \overline{BC} \times \overline{AH} = \dfrac{1}{2} \times 6\sqrt{3} \times 9 = 27\sqrt{3}\,(\text{cm}^2)$

36 답 $(27 + 9\sqrt{3})\,\text{cm}^2$

오른쪽 그림과 같이 $\overline{OB}$, $\overline{OC}$를 그으면 부채꼴의 호의 길이는 중심각의 크기에 정비례하므로

$\overparen{AB} : \overparen{BC} : \overparen{CA} = 3 : 4 : 5$에서

$\angle AOB = 360° \times \dfrac{3}{3+4+5} = 90°$

$\angle BOC = 360° \times \dfrac{4}{3+4+5} = 120°$

$\angle COA = 360° \times \dfrac{5}{3+4+5} = 150°$

$$\therefore \triangle ABC = \triangle OAB + \triangle OBC + \triangle OCA$$
$$= \frac{1}{2} \times 6 \times 6 + \frac{1}{2} \times 6 \times 6 \times \sin(180° - 120°)$$
$$+ \frac{1}{2} \times 6 \times 6 \times \sin(180° - 150°)$$
$$= 18 + \frac{1}{2} \times 6 \times 6 \times \frac{\sqrt{3}}{2} + \frac{1}{2} \times 6 \times 6 \times \frac{1}{2}$$
$$= 18 + 9\sqrt{3} + 9 = 27 + 9\sqrt{3} \, (\text{cm}^2)$$

> **참고** 부채꼴의 중심각의 크기와 호의 길이 사이의 관계
> 한 원 또는 합동인 두 원에서 부채꼴의 호의 길이는 중심각의 크기에 정비례한다.

37 답 $14\sqrt{3} \, \text{cm}^2$

오른쪽 그림과 같이 $\overline{BD}$를 그으면

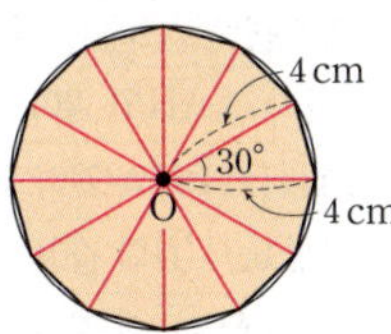

$$\square ABCD = \triangle ABD + \triangle BCD$$
$$= \frac{1}{2} \times 2\sqrt{3} \times 4$$
$$\times \sin(180° - 150°)$$
$$+ \frac{1}{2} \times 8 \times 6 \times \sin 60°$$
$$= \frac{1}{2} \times 2\sqrt{3} \times 4 \times \frac{1}{2} + \frac{1}{2} \times 8 \times 6 \times \frac{\sqrt{3}}{2}$$
$$= 2\sqrt{3} + 12\sqrt{3} = 14\sqrt{3} \, (\text{cm}^2)$$

38 답 $30\sqrt{3} \, \text{cm}^2$

$\triangle ABC$에서 $\overline{AC} = 6 \tan 60° = 6\sqrt{3} \, (\text{cm})$
$$\therefore \square ABCD = \triangle ABC + \triangle ACD$$
$$= \frac{1}{2} \times 6 \times 6\sqrt{3} + \frac{1}{2} \times 6\sqrt{3} \times 8 \times \sin 30°$$
$$= 18\sqrt{3} + \frac{1}{2} \times 6\sqrt{3} \times 8 \times \frac{1}{2}$$
$$= 18\sqrt{3} + 12\sqrt{3} = 30\sqrt{3} \, (\text{cm}^2)$$

39 답 ②

정십이각형은 오른쪽 그림과 같이 서로 합동인 12개의 이등변삼각형으로 나누어지고 이등변삼각형의 꼭지각의 크기는 $\dfrac{360°}{12} = 30°$이므로

(정십이각형의 넓이) $= 12 \times \left(\dfrac{1}{2} \times 4 \times 4 \times \sin 30° \right)$
$$= 12 \times \left(\frac{1}{2} \times 4 \times 4 \times \frac{1}{2} \right)$$
$$= 48 \, (\text{cm}^2)$$

40 답 ③

평행사변형의 이웃하는 두 내각의 크기의 합은 $180°$이므로
$$\angle B = 180° - 120° = 60°$$
$$\therefore \square ABCD = 4 \times 6 \times \sin 60° = 4 \times 6 \times \frac{\sqrt{3}}{2} = 12\sqrt{3}$$

> **다른 풀이**
> $\overline{CD} = \overline{AB} = 4$이므로
> $\square ABCD = 4 \times 6 \times \sin(180° - 120°) = 4 \times 6 \times \dfrac{\sqrt{3}}{2} = 12\sqrt{3}$

41 답 $32 \, \text{cm}^2$

$$\square ABCD = 8 \times 8 \times \sin(180° - 150°)$$
$$= 8 \times 8 \times \frac{1}{2} = 32 \, (\text{cm}^2)$$

42 답 $30°$

$\square ABCD = 5 \times 8 \times \sin B = 20$에서
$$\sin B = \frac{1}{2}$$
이때 $0° < \angle B < 90°$이므로 $\angle B = 30°$

43 답 $24\sqrt{3} \, \text{cm}^2$

오른쪽 그림과 같이 겹쳐진 부분을 $\square ABCD$라고 하면 $\square ABCD$의 밑변은 $\overline{BC}$, 높이는 $6 \, \text{cm}$이다.

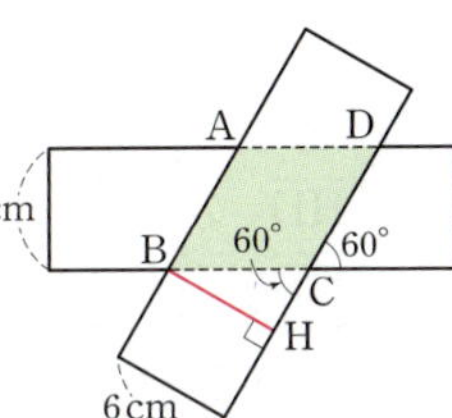

점 B에서 $\overline{CD}$의 연장선에 내린 수선의 발을 H라고 하면 $\triangle BHC$에서 $\overline{BH} = 6 \, \text{cm}$이고 $\angle BCH = 60°$(맞꼭지각)이므로
$$\overline{BC} = \frac{6}{\sin 60°} = 6 \times \frac{2}{\sqrt{3}} = 4\sqrt{3} \, (\text{cm})$$

이때 $\square ABCD$는 평행사변형이므로 겹쳐진 부분의 넓이는
$$\square ABCD = \overline{BC} \times 6 = 4\sqrt{3} \times 6 = 24\sqrt{3} \, (\text{cm}^2)$$

> **다른 풀이**
> $\overline{BC} = 4\sqrt{3} \, \text{cm}$이고
> 오른쪽 그림의 $\triangle DCI$에서
> $$\overline{CD} = \frac{6}{\sin 60°} = 6 \times \frac{2}{\sqrt{3}}$$
> $$= 4\sqrt{3} \, (\text{cm})$$
> $$\therefore \square ABCD$$
> $$= 4\sqrt{3} \times 4\sqrt{3} \times \sin(180° - 120°)$$
> $$= 4\sqrt{3} \times 4\sqrt{3} \times \frac{\sqrt{3}}{2} = 24\sqrt{3} \, (\text{cm}^2)$$

44 답 $6\sqrt{3} \, \text{cm}^2$

$$\square ABCD = \frac{1}{2} \times 4 \times 6 \times \sin 60°$$
$$= \frac{1}{2} \times 4 \times 6 \times \frac{\sqrt{3}}{2} = 6\sqrt{3} \, (\text{cm}^2)$$

45 답 $27\sqrt{3}$

두 대각선의 교점을 O라고 하면 $\triangle OBC$에서
$$\angle BOA = 25° + 35° = 60°$$
$$\therefore \square ABCD = \frac{1}{2} \times 12 \times 9 \times \sin 60°$$
$$= \frac{1}{2} \times 12 \times 9 \times \frac{\sqrt{3}}{2} = 27\sqrt{3}$$

46 답 ④

등변사다리꼴의 두 대각선의 길이는 같으므로
$\overline{AC} = \overline{BD} = x \, \text{cm}$라고 하면
$$\square ABCD = \frac{1}{2} \times x \times x \times \sin(180° - 120°) = 12\sqrt{3}$$에서

$\dfrac{\sqrt{3}}{4}x^2=12\sqrt{3},\ x^2=48$

이때 $x>0$이므로 $x=4\sqrt{3}$

따라서 $\overline{AC}$의 길이는 $4\sqrt{3}\,\mathrm{cm}$이다.

47 답 $1500\sqrt{3}\,\mathrm{m}$

오른쪽 그림과 같이 점 A에서 $\overline{CD}$
에 내린 수선의 발을 H라 하고,
$\overline{BD}=\overline{AH}=h\,\mathrm{m}$라고 하면
$\triangle ACH$에서

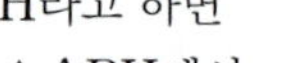

$\overline{CH}=\dfrac{h}{\tan 60^\circ}=\dfrac{h}{\sqrt{3}}=\dfrac{\sqrt{3}}{3}h\,(\mathrm{m})$

$\triangle BCD$에서 $\overline{CD}=\dfrac{h}{\tan 30^\circ}=h\times\dfrac{3}{\sqrt{3}}=\sqrt{3}h\,(\mathrm{m})$

$\overline{HD}=\overline{AB}=200\times15=3000\,(\mathrm{m})$이고

$\overline{HD}=\overline{CD}-\overline{CH}$이므로

$3000=\sqrt{3}h-\dfrac{\sqrt{3}}{3}h,\ \dfrac{2\sqrt{3}}{3}h=3000$ $\therefore\ h=1500\sqrt{3}$

따라서 지면에서 비행기까지의 높이는 $1500\sqrt{3}\,\mathrm{m}$이다.

48 답 ④

모든 경우의 수는 $6\times6=36$

$\triangle ABC=\dfrac{1}{2}\times x\times y\times\sin 30^\circ=\dfrac{1}{2}\times x\times y\times\dfrac{1}{2}=\dfrac{1}{4}xy$

이므로 $\triangle ABC$의 넓이가 자연수가 되려면 xy의 값이 4의
배수이어야 한다.

(i) $xy=4$인 경우: $(1,\,4),\,(2,\,2),\,(4,\,1)$의 3가지

(ii) $xy=8$인 경우: $(2,\,4),\,(4,\,2)$의 2가지

(iii) $xy=12$인 경우: $(2,\,6),\,(3,\,4),\,(4,\,3),\,(6,\,2)$의 4가지

(iv) $xy=16$인 경우: $(4,\,4)$의 1가지

(v) $xy=20$인 경우: $(4,\,5),\,(5,\,4)$의 2가지

(vi) $xy=24$인 경우: $(4,\,6),\,(6,\,4)$의 2가지

(vii) $xy=36$인 경우: $(6,\,6)$의 1가지

(i)~(vii)에 의해 $\triangle ABC$의 넓이가 자연수가 되는 경우는
$3+2+4+1+2+2+1=15$(가지)

이므로 구하는 확률은 $\dfrac{15}{36}=\dfrac{5}{12}$

1 $x=8\cos 42^\circ=8\times0.7431=5.9448$
$y=8\sin 42^\circ=8\times0.6691=5.3528$
$\therefore\ x+y=5.9448+5.3528=11.2976$

2 $\triangle ABH$에서

$\overline{BH}=18\cos 60^\circ=18\times\dfrac{1}{2}=9\,(\mathrm{cm})$ ··· (i)

$\overline{AH}=18\sin 60^\circ=18\times\dfrac{\sqrt{3}}{2}=9\sqrt{3}\,(\mathrm{cm})$ ··· (ii)

$\therefore$ (원뿔의 부피)$=\dfrac{1}{3}\times(\pi\times9^2)\times9\sqrt{3}$

$\qquad\qquad\qquad=243\sqrt{3}\pi\,(\mathrm{cm}^3)$ ··· (iii)

채점 기준	비율
(i) $\overline{BH}$의 길이 구하기	30 %
(ii) $\overline{AH}$의 길이 구하기	30 %
(iii) 원뿔의 부피 구하기	40 %

3 $\overline{BC}=10\tan 27^\circ=10\times0.51=5.1\,(\mathrm{m})$
따라서 가로등의 높이는 $5.1+1.5=6.6\,(\mathrm{m})$

4 오른쪽 그림과 같이 꼭짓점 A
에서 $\overline{BC}$에 내린 수선의 발을
H라고 하면
$\triangle ABH$에서

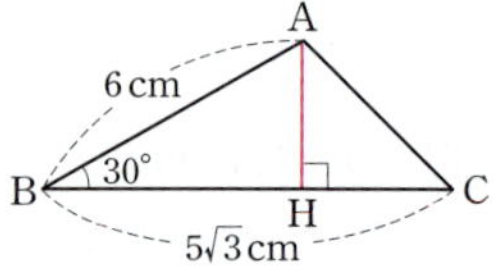

$\overline{AH}=6\sin 30^\circ=6\times\dfrac{1}{2}=3\,(\mathrm{cm})$ ··· (i)

$\overline{BH}=6\cos 30^\circ=6\times\dfrac{\sqrt{3}}{2}=3\sqrt{3}\,(\mathrm{cm})$ ··· (ii)

$\therefore\ \overline{CH}=\overline{BC}-\overline{BH}=5\sqrt{3}-3\sqrt{3}=2\sqrt{3}\,(\mathrm{cm})$ ··· (iii)

따라서 $\triangle AHC$에서

$\overline{AC}=\sqrt{(2\sqrt{3})^2+3^2}=\sqrt{21}\,(\mathrm{cm})$ ··· (iv)

채점 기준	비율
(i) $\overline{AH}$의 길이 구하기	30 %
(ii) $\overline{BH}$의 길이 구하기	30 %
(iii) $\overline{CH}$의 길이 구하기	10 %
(iv) $\overline{AC}$의 길이 구하기	30 %

5 오른쪽 그림과 같이 꼭짓점 B에
서 $\overline{AC}$에 내린 수선의 발을 H라
고 하면
$\triangle BCH$에서

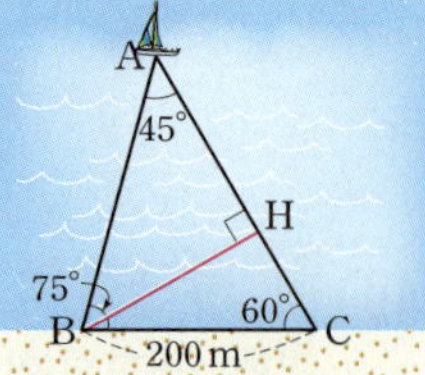

$\overline{CH}=200\cos 60^\circ=200\times\dfrac{1}{2}$

$\qquad=100\,(\mathrm{m})$

$\overline{BH}=200\sin 60^\circ=200\times\dfrac{\sqrt{3}}{2}=100\sqrt{3}\,(\mathrm{m})$

$\angle A=180^\circ-(75^\circ+60^\circ)=45^\circ$이므로

$\triangle ABH$에서 $\overline{AH}=\dfrac{100\sqrt{3}}{\tan 45^\circ}=100\sqrt{3}\,(\mathrm{m})$

$\therefore\ \overline{AC}=\overline{AH}+\overline{CH}=100\sqrt{3}+100\,(\mathrm{m})$

6 $\overline{AH}=h\,$cm라고 하면
△AHC에서
$$\overline{CH}=\frac{h}{\tan 30^\circ}=h\times\frac{3}{\sqrt3}$$
$$\qquad=\sqrt3 h\,(\text{cm})$$
$\angle ABH=180^\circ-135^\circ=45^\circ$이므로
△AHB에서 $\overline{BH}=\dfrac{h}{\tan 45^\circ}=h\,(\text{cm})$
$\overline{BC}=\overline{CH}-\overline{BH}$이므로 $6=\sqrt3 h-h$
$(\sqrt3-1)h=6$　∴ $h=\dfrac{6}{\sqrt3-1}=3(\sqrt3+1)$
따라서 $\overline{AH}$의 길이는 $3(\sqrt3+1)\,$cm이다.

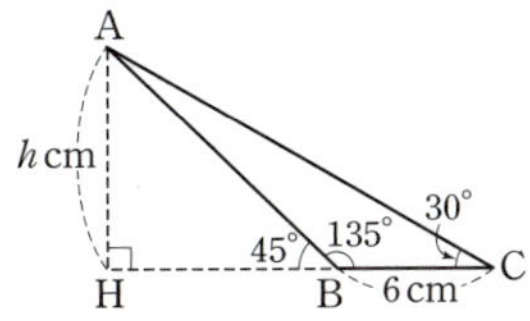

7 △ABC는 $\overline{AB}=\overline{AC}$인 이등변삼각형이므로
$\angle C=\angle B=75^\circ$
∴ $\angle A=180^\circ-(75^\circ+75^\circ)=30^\circ$
∴ $\triangle ABC=\dfrac{1}{2}\times 3\sqrt3\times 3\sqrt3\times\sin 30^\circ$
$$\qquad=\dfrac{1}{2}\times 3\sqrt3\times 3\sqrt3\times\dfrac{1}{2}=\dfrac{27}{4}\,(\text{cm}^2)$$

8 △ADF≡△BED≡△CFE (SAS 합동)이므로 그 넓이는 모두 같다.
∴ $\triangle DEF=\triangle ABC-3\triangle ADF$
$$=\dfrac{1}{2}\times 6\times 6\times\sin 60^\circ-3\times\left(\dfrac{1}{2}\times 4\times 2\times\sin 60^\circ\right)$$
$$=\dfrac{1}{2}\times 6\times 6\times\dfrac{\sqrt3}{2}-3\times\left(\dfrac{1}{2}\times 4\times 2\times\dfrac{\sqrt3}{2}\right)$$
$$=9\sqrt3-6\sqrt3=3\sqrt3\,(\text{cm}^2)$$

9 $\triangle ABC=\dfrac{1}{2}\times 6\times\overline{AC}\times\sin(180^\circ-135^\circ)=6\sqrt2$에서
$\dfrac{1}{2}\times 6\times\overline{AC}\times\dfrac{\sqrt2}{2}=6\sqrt2$,　$\dfrac{3\sqrt2}{2}\overline{AC}=6\sqrt2$
∴ $\overline{AC}=4\,(\text{cm})$

10 오른쪽 그림과 같이 $\overline{BD}$를 그으면
$\square ABCD=\triangle ABD+\triangle BCD$
$$=\dfrac{1}{2}\times 2\sqrt5\times 2\sqrt{10}$$
$$\qquad\times\sin(180^\circ-135^\circ)$$
$$\quad+\dfrac{1}{2}\times 10\times 10\times\sin 60^\circ$$
$$=\dfrac{1}{2}\times 2\sqrt5\times 2\sqrt{10}\times\dfrac{\sqrt2}{2}+\dfrac{1}{2}\times 10\times 10\times\dfrac{\sqrt3}{2}$$
$$=10+25\sqrt3\,(\text{cm}^2)$$

11 $\square ABCD=\overline{AB}\times 14\times\sin(180^\circ-120^\circ)=70\sqrt3$에서
$\overline{AB}\times 14\times\dfrac{\sqrt3}{2}=70\sqrt3$,　$7\sqrt3\,\overline{AB}=70\sqrt3$
∴ $\overline{AB}=10\,(\text{cm})$

12 $\overline{CD}=\overline{AB}=8\,$cm이므로
$$\square ABCD=8\times 10\times\sin 45^\circ=8\times 10\times\dfrac{\sqrt2}{2}=40\sqrt2\,(\text{cm}^2)$$
∴ $\triangle AMC=\dfrac{1}{2}\triangle ABC=\dfrac{1}{2}\times\left(\dfrac{1}{2}\square ABCD\right)$
$$\qquad=\dfrac{1}{4}\square ABCD=\dfrac{1}{4}\times 40\sqrt2=10\sqrt2\,(\text{cm}^2)$$

> **참고　평행사변형과 넓이**
> 평행사변형 ABCD에서 두 대각선의 교점을 O라고 할 때
> 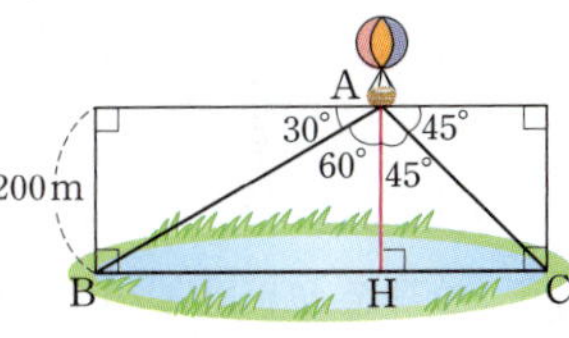
> (1) △ABC=△BCD=△CDA
> 　　$=\triangle DAB=\dfrac{1}{2}\square ABCD$
> (2) △ABO=△BCO=△CDO=△DAO=$\dfrac{1}{4}\square ABCD$

13 $\square ABCD=\dfrac{1}{2}\times 12\times 16\times\sin x=48\sqrt3$에서
$\sin x=\dfrac{\sqrt3}{2}$
이때 $0^\circ<x<90^\circ$이므로 $x=60^\circ$

14 △ABH에서 $x=3\sqrt2\cos 45^\circ=3\sqrt2\times\dfrac{\sqrt2}{2}=3$
$\overline{AH}=3\sqrt2\sin 45^\circ=3\sqrt2\times\dfrac{\sqrt2}{2}=3$
△AHC에서 $y=\dfrac{3}{\sin 60^\circ}=3\times\dfrac{2}{\sqrt3}=2\sqrt3$

15 오른쪽 그림과 같이 꼭짓점 A에서 $\overline{BC}$에 내린 수선의 발을 H라고 하면
$\angle BAH=60^\circ$이므로
△ABH에서
$\overline{BH}=200\tan 60^\circ=200\times\sqrt3=200\sqrt3\,(\text{m})$
$\angle CAH=45^\circ$이므로 △AHC에서
$\overline{CH}=200\tan 45^\circ=200\times 1=200\,(\text{m})$
∴ $\overline{BC}=\overline{BH}+\overline{CH}=200\sqrt3+200\,(\text{m})$

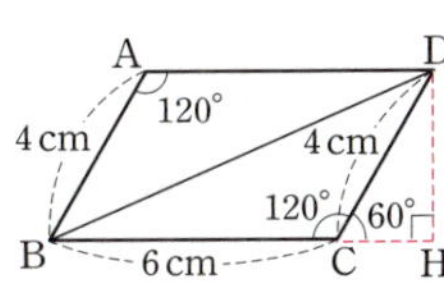

16 오른쪽 그림과 같이 꼭짓점 D에서 $\overline{BC}$의 연장선에 내린 수선의 발을 H라고 하면
$\overline{DC}=\overline{AB}=4\,$cm,
$\angle C=\angle A=120^\circ$이고
$\angle DCH=180^\circ-120^\circ=60^\circ$이므로
△DCH에서
$\overline{DH}=4\sin 60^\circ=4\times\dfrac{\sqrt3}{2}=2\sqrt3\,(\text{cm})$
$\overline{CH}=4\cos 60^\circ=4\times\dfrac{1}{2}=2\,(\text{cm})$
따라서 △DBH에서
$\overline{BD}=\sqrt{(6+2)^2+(2\sqrt3)^2}=2\sqrt{19}\,(\text{cm})$

17 $\cos A=\dfrac{\sqrt5}{3}$이므로 오른쪽 그림과 같은

직각삼각형을 생각할 수 있다.

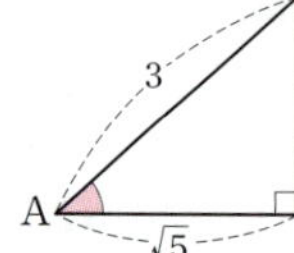

(높이)$=\sqrt{3^2-(\sqrt5)^2}=2$

$\therefore \sin A=\dfrac{2}{3}$

$\therefore \triangle ABC=\dfrac{1}{2}\times\overline{AB}\times\overline{AC}\times\sin A=\dfrac{1}{2}\times7\times6\times\dfrac{2}{3}=14$

18 $\overline{AE}/\!/\overline{DC}$이므로 $\triangle AED=\triangle AEC$

$\therefore \square ABED=\triangle ABE+\triangle AED$

$\qquad\qquad=\triangle ABE+\triangle AEC=\triangle ABC$

$\qquad\qquad=\dfrac{1}{2}\times10\times14\times\sin45^\circ$

$\qquad\qquad=\dfrac{1}{2}\times10\times14\times\dfrac{\sqrt2}{2}=35\sqrt2\,(\mathrm{cm^2})$

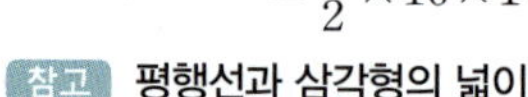

> **참고** 평행선과 삼각형의 넓이
>
> $l/\!/m$이면
> $\triangle ABC=\triangle DBC$
>
> 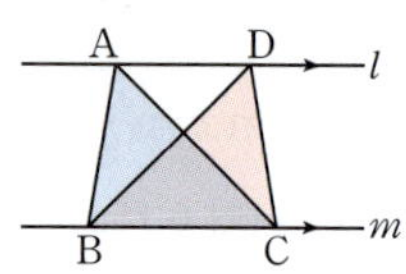

19 $\triangle PBC$가 정삼각형이므로 $\overline{PC}=\overline{BC}=2\,\mathrm{cm}$

$\angle PCB=60^\circ$이므로 $\angle PCD=90^\circ-60^\circ=30^\circ$

$\therefore \triangle PBD=\triangle PBC+\triangle PCD-\triangle DBC$

$\qquad\qquad=\dfrac{1}{2}\times2\times2\times\sin60^\circ$

$\qquad\qquad\quad+\dfrac{1}{2}\times2\times2\times\sin30^\circ-\dfrac{1}{2}\times2\times2$

$\qquad\qquad=\dfrac{1}{2}\times2\times2\times\dfrac{\sqrt3}{2}+\dfrac{1}{2}\times2\times2\times\dfrac{1}{2}-2$

$\qquad\qquad=\sqrt3-1\,(\mathrm{cm^2})$

20 오른쪽 그림과 같이 점 A에서 $\overline{BC}$

에 내린 수선의 발을 H라고 하면
$\triangle ABH$에서

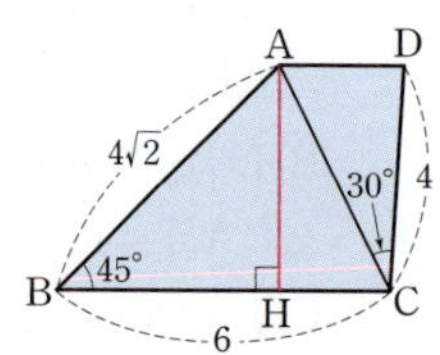

$\overline{AH}=4\sqrt2\sin45^\circ=4\sqrt2\times\dfrac{\sqrt2}{2}=4$,

$\overline{BH}=4\sqrt2\cos45^\circ=4\sqrt2\times\dfrac{\sqrt2}{2}=4$

$\therefore \overline{CH}=\overline{BC}-\overline{BH}=6-4=2$

$\triangle AHC$에서 $\overline{AC}=\sqrt{4^2+2^2}=2\sqrt5$

$\therefore \square ABCD=\triangle ABC+\triangle ACD$

$\qquad\qquad=\dfrac{1}{2}\times6\times4+\dfrac{1}{2}\times2\sqrt5\times4\times\sin30^\circ$

$\qquad\qquad=12+\dfrac{1}{2}\times2\sqrt5\times4\times\dfrac{1}{2}=12+2\sqrt5$

21 오른쪽 그림과 같이 정육각형은 서로 합

동인 6개의 정삼각형으로 나누어지고
정삼각형 AOB의 꼭짓점 O에서 $\overline{AB}$에
내린 수선의 발을 H라고 하면
$\angle BOH=\dfrac{1}{2}\angle AOB=\dfrac{1}{2}\times60^\circ=30^\circ$

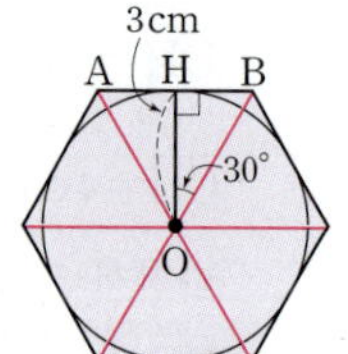

$\triangle BHO$에서 $\overline{OB}=\dfrac{3}{\cos30^\circ}=3\times\dfrac{2}{\sqrt3}=2\sqrt3\,(\mathrm{cm})$ $\cdots$(i)

$\therefore \triangle AOB=\dfrac{1}{2}\times2\sqrt3\times2\sqrt3\times\sin60^\circ$

$\qquad\qquad=\dfrac{1}{2}\times2\sqrt3\times2\sqrt3\times\dfrac{\sqrt3}{2}=3\sqrt3\,(\mathrm{cm^2})$ $\cdots$(ii)

따라서 정육각형의 넓이는
$6\triangle AOB=6\times3\sqrt3=18\sqrt3\,(\mathrm{cm^2})$ $\cdots$(iii)

채점 기준	비율
(i) 정삼각형의 한 변의 길이 구하기	40 %
(ii) 정삼각형의 넓이 구하기	40 %
(iii) 정육각형의 넓이 구하기	20 %

22 마름모의 내각 중 예각의 크기는 $\dfrac{360^\circ}{6}=60^\circ$

따라서 구하는 도형의 넓이는

$6\times(10\times10\times\sin60^\circ)=6\times\left(10\times10\times\dfrac{\sqrt3}{2}\right)$

$\qquad\qquad\qquad\qquad\qquad=300\sqrt3\,(\mathrm{cm^2})$

23 구하고자 하는 것은 헬리콥터가 두 번째로 불빛을 관측한

지점에서 좌초된 지점의 상공에 도착할 때까지 걸리는 시간
이다.

오른쪽 그림과 같이 좌초된 배의 위

치를 B, 처음 불빛을 관측하였을 때
헬리콥터의 위치를 C, 2분 후 헬리
콥터의 위치를 D라고 하면

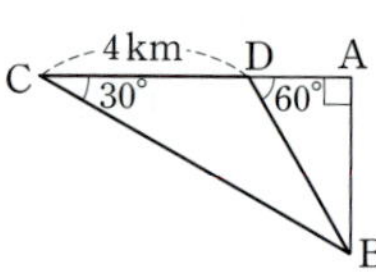

$\angle BCD=30^\circ$, $\angle BDA=60^\circ$

이때 헬리콥터가 시속 120 km로 2분 동안 이동한 거리는

$\overline{CD}=120\times\dfrac{2}{60}=4\,(\mathrm{km})$ $\quad\rightarrow\dfrac{2}{60}$시간

$\triangle DCB$에서 $30^\circ+\angle CBD=60^\circ$ $\quad\therefore \angle CBD=30^\circ$

즉, $\triangle DCB$는 $\overline{BD}=\overline{CD}=4\,\mathrm{km}$인 이등변삼각형이다.

$\triangle ADB$에서 $\overline{AD}=4\cos60^\circ=4\times\dfrac{1}{2}=2\,(\mathrm{km})$

따라서 헬리콥터가 두 번째로 불빛을 관측한 지점에서 배가
좌초된 지점의 상공 A 지점에 도착할 때까지 걸리는 시간
은 $\dfrac{2}{120}$시간, 즉 60초이다.

24 $\angle DAC=\angle BAC\,$(접은 각),

$\angle DAC=\angle BCA\,$(엇각)에서
$\angle BAC=\angle BCA$이므로
$\triangle ABC$는 $\overline{AB}=\overline{BC}$인 이등
변삼각형이다.

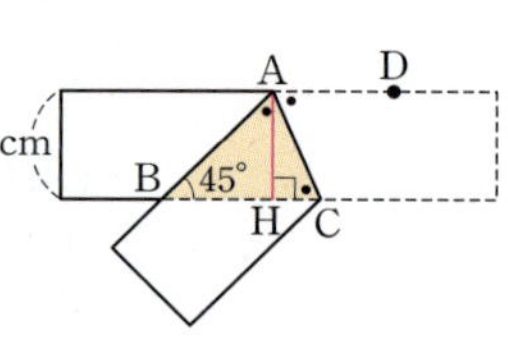

점 A에서 $\overline{BC}$에 내린 수선의 발을 H라고 하면

$\triangle ABH$에서 $\overline{AB}=\dfrac{6}{\sin45^\circ}=6\times\dfrac{2}{\sqrt2}=6\sqrt2\,(\mathrm{cm})$

$\therefore \triangle ABC=\dfrac{1}{2}\times\overline{AB}\times\overline{BC}\times\sin45^\circ$

$\qquad\qquad=\dfrac{1}{2}\times6\sqrt2\times6\sqrt2\times\dfrac{\sqrt2}{2}$

$\qquad\qquad=18\sqrt2\,(\mathrm{cm^2})$

유형 **1~7** P. 36~40

1 답 (가) ∠OMB (나) $\overline{OB}$ (다) $\overline{OM}$ (라) RHS (마) $\overline{BM}$

2 답 ②

$\triangle OAM$에서 $\overline{AM}=\sqrt{5^2-4^2}=3(cm)$

$\therefore \overline{AB}=2\overline{AM}=2\times3=6(cm)$

3 답 8

오른쪽 그림과 같이 $\overline{OC}$를 그으면

$\overline{OC}=\dfrac{1}{2}\overline{AB}=\dfrac{1}{2}\times20=10$

$\overline{CP}=\dfrac{1}{2}\overline{CD}=\dfrac{1}{2}\times12=6$

따라서 $\triangle COP$에서

$\overline{OP}=\sqrt{10^2-6^2}=8$

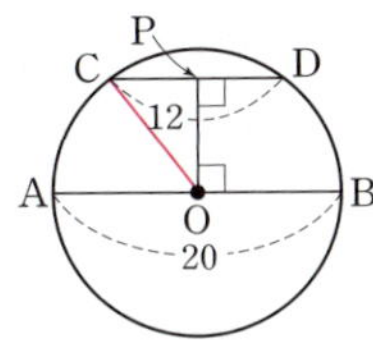

4 답 ③

오른쪽 그림과 같이 $\overline{OA}$, $\overline{OD}$를 그으면

$\overline{AM}=\dfrac{1}{2}\overline{AB}=\dfrac{1}{2}\times10=5$이므로

$\triangle AMO$에서 $\overline{OA}=\sqrt{5^2+3^2}=\sqrt{34}$

$\overline{OD}=\overline{OA}=\sqrt{34}$이므로

$\triangle DON$에서 $\overline{DN}=\sqrt{(\sqrt{34})^2-4^2}=3\sqrt{2}$

$\therefore \overline{CD}=2\overline{DN}=2\times3\sqrt{2}=6\sqrt{2}$

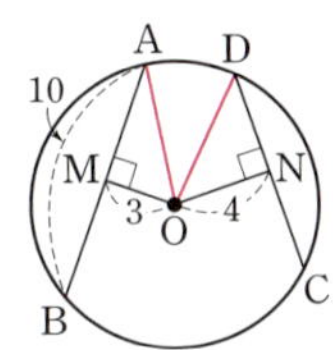

5 답 ④

오른쪽 그림과 같이 원의 중심 O에서 $\overline{AB}$에 내린 수선의 발을 H라고 하면

$\overline{AH}=\overline{BH}=\dfrac{1}{2}\overline{AB}=\dfrac{1}{2}\times4=2(cm)$

$\overline{OA}=\dfrac{1}{2}\times10=5(cm)$

$\triangle AOH$에서 $\overline{OH}=\sqrt{5^2-2^2}=\sqrt{21}(cm)$

$\therefore \triangle AOB=\dfrac{1}{2}\times4\times\sqrt{21}=2\sqrt{21}(cm^2)$

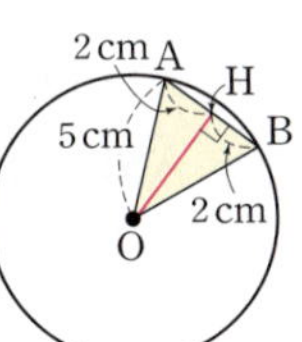

6 답 $6\sqrt{3}\,cm$

오른쪽 그림과 같이 원의 중심 O에서 $\overline{AB}$에 내린 수선의 발을 H라 하고 $\overline{OB}$를 그으면

$\overline{BH}=\dfrac{1}{2}\overline{AB}=\dfrac{1}{2}\times18$
$\quad\quad=9(cm)$ ⋯ (i)

$\overline{OB}\perp\overrightarrow{PB}$이므로 ← 원의 접선은 그 접점을 지나는 반지름에 수직이다.

$\angle OBH=\angle OBP-\angle ABP=90°-60°=30°$ ⋯ (ii)

따라서 $\triangle OHB$에서 $\overline{OB}=\dfrac{\overline{BH}}{\cos30°}=9\times\dfrac{2}{\sqrt{3}}=6\sqrt{3}(cm)$

따라서 원 O의 반지름의 길이는 $6\sqrt{3}\,cm$이다. ⋯ (iii)

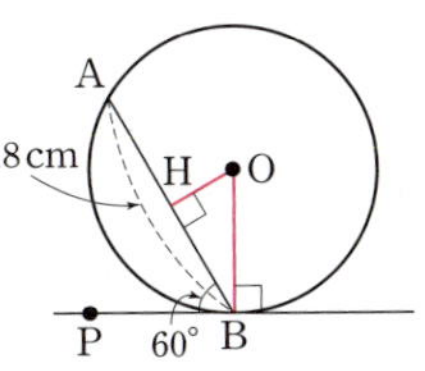

채점 기준	비율
(i) $\overline{BH}$의 길이 구하기	40 %
(ii) $\angle OBH$의 크기 구하기	30 %
(iii) 원 O의 반지름의 길이 구하기	30 %

7 답 $6\sqrt{3}\,cm$

오른쪽 그림과 같이 $\overline{OB}$를 그으면

$\overline{OM}=\dfrac{1}{2}\overline{OC}=\dfrac{1}{2}\times6=3(cm)$

$\triangle BMO$에서 $\overline{BM}=\sqrt{6^2-3^2}=3\sqrt{3}(cm)$

$\therefore \overline{AB}=2\overline{BM}=2\times3\sqrt{3}=6\sqrt{3}(cm)$

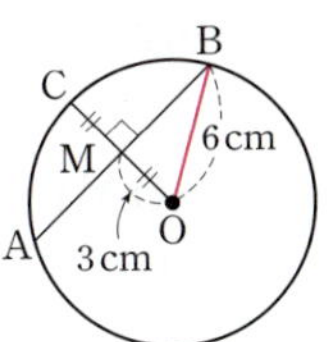

8 답 $\dfrac{25}{3}\,cm$

$\triangle ACD$에서 $\overline{AD}=\sqrt{10^2-6^2}=8(cm)$

오른쪽 그림과 같이 $\overline{OA}$를 긋고 원 O의 반지름의 길이를 $r\,cm$라고 하면

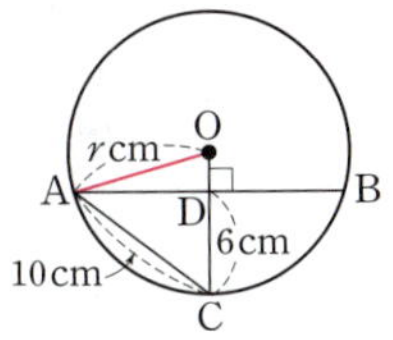

$\overline{OA}=r\,cm$, $\overline{OD}=(r-6)\,cm$이므로

$\triangle OAD$에서 $8^2+(r-6)^2=r^2$

$12r=100$ $\therefore r=\dfrac{25}{3}$

따라서 원 O의 반지름의 길이는 $\dfrac{25}{3}\,cm$이다.

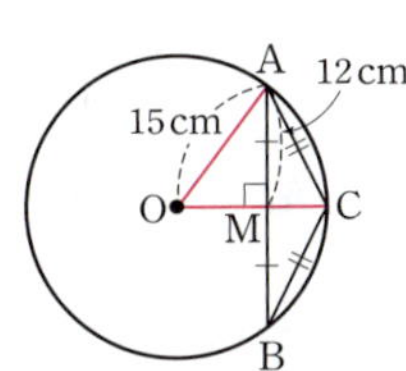

9 답 $6\sqrt{5}\,cm$

오른쪽 그림과 같이 이등변삼각형 ABC의 꼭짓점 C에서 $\overline{AB}$에 내린 수선의 발을 M이라고 하면 $\overline{CM}$은 현 AB의 수직이등분선이므로 $\overline{CM}$의 연장선은 원의 중심 O를 지난다.

$\overline{AM}=\dfrac{1}{2}\overline{AB}=\dfrac{1}{2}\times24=12(cm)$ ⋯ (i)

$\overline{OA}$를 그으면 $\triangle AOM$에서

$\overline{OM}=\sqrt{15^2-12^2}=9(cm)$이므로

$\overline{CM}=\overline{OC}-\overline{OM}=15-9=6(cm)$ ⋯ (ii)

따라서 $\triangle AMC$에서 $\overline{AC}=\sqrt{6^2+12^2}=6\sqrt{5}(cm)$ ⋯ (iii)

채점 기준	비율
(i) $\overline{AM}$의 길이 구하기	20 %
(ii) $\overline{CM}$의 길이 구하기	50 %
(iii) $\overline{AC}$의 길이 구하기	30 %

10 답 ①

오른쪽 그림과 같이 원의 중심을 O라고 하면 $\overline{CM}$의 연장선은 점 O를 지난다.

원의 반지름의 길이를 r라고 하면

$\overline{OA}=r$, $\overline{OM}=r-4$이므로

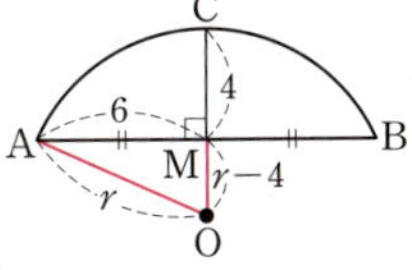

$\triangle$AOM에서 $6^2+(r-4)^2=r^2$

$8r=52$ $\therefore r=\dfrac{13}{2}$

따라서 원의 반지름의 길이는 $\dfrac{13}{2}$이다.

11 답 $9\sqrt{5}\,\text{cm}^2$

오른쪽 그림과 같이 원의 중심을 O라고 하면 $\overline{PH}$의 연장선은 점 O를 지난다.

$\overline{OA}=9\,\text{cm}$, $\overline{OH}=9-3=6(\text{cm})$ 이므로

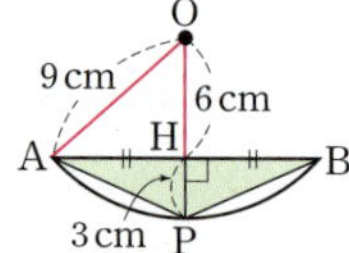

$\triangle$OAH에서 $\overline{AH}=\sqrt{9^2-6^2}=3\sqrt{5}(\text{cm})$

$\overline{AB}=2\overline{AH}=2\times3\sqrt{5}=6\sqrt{5}(\text{cm})$

$\therefore \triangle$APB$=\dfrac{1}{2}\times6\sqrt{5}\times3=9\sqrt{5}(\text{cm}^2)$

12 답 **10**

오른쪽 그림과 같이 원래 수막새의 중심을 O라고 하면 $\overline{CM}$의 연장선은 점 O를 지난다.

원래 수막새의 반지름의 길이를 r라고 하면

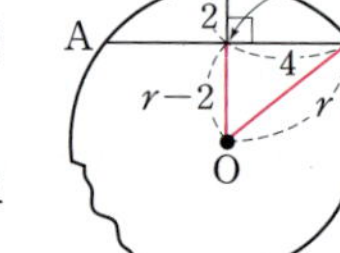

$\overline{OB}=r$, $\overline{OM}=r-2$

$\overline{BM}=\dfrac{1}{2}\overline{AB}=\dfrac{1}{2}\times8=4$이므로

$\triangle$MOB에서 $4^2+(r-2)^2=r^2$

$4r=20$ $\therefore r=5$

$\therefore$ (지름의 길이)$=2\times5=10$

13 답 ⑤

오른쪽 그림과 같이 원의 중심 O에서 $\overline{AB}$에 내린 수선의 발을 M이라 하고, $\overline{OM}$의 연장선과 원 O의 교점을 C라고 하면

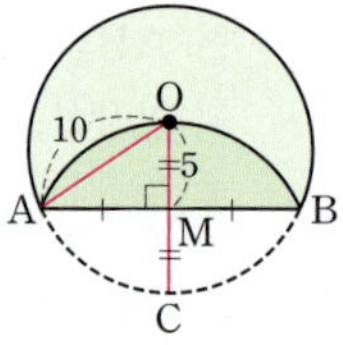

$\overline{OA}=10$, $\overline{OM}=\dfrac{1}{2}\overline{OC}=\dfrac{1}{2}\times10=5$ 이므로

$\triangle$OAM에서 $\overline{AM}=\sqrt{10^2-5^2}=5\sqrt{3}$

$\therefore \overline{AB}=2\overline{AM}=2\times5\sqrt{3}=10\sqrt{3}$

14 답 8

오른쪽 그림과 같이 원의 중심 O에서 $\overline{AB}$에 내린 수선의 발을 M, $\overline{OM}$의 연장선과 원 O의 교점을 C, 원 O의 반지름의 길이를 r라고 하면

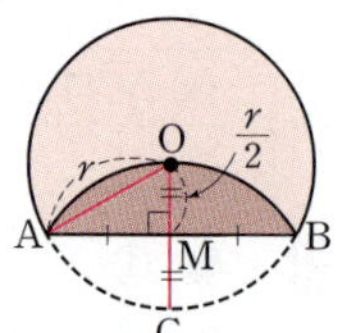

$\overline{OA}=r$, $\overline{OM}=\dfrac{1}{2}\overline{OC}=\dfrac{r}{2}$

$\overline{AM}=\dfrac{1}{2}\overline{AB}=\dfrac{1}{2}\times8\sqrt{3}=4\sqrt{3}$이므로

$\triangle$OAM에서 $(4\sqrt{3})^2+\left(\dfrac{r}{2}\right)^2=r^2$

$\dfrac{3}{4}r^2=48$, $r^2=64$

이때 $r>0$이므로 $r=8$

따라서 원 O의 반지름의 길이는 8이다.

15 답 $(12\pi-9\sqrt{3})\,\text{cm}^2$

오른쪽 그림과 같이 원의 중심 O에서 $\overline{AB}$에 내린 수선의 발을 M이라 하고, $\overline{OM}$의 연장선과 원 O의 교점을 C라고 하면

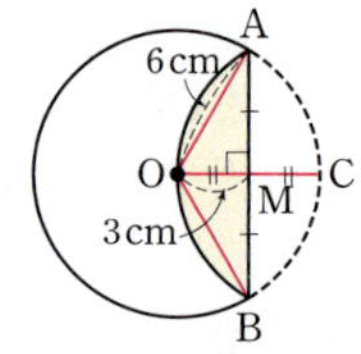

$\overline{OA}=6\,\text{cm}$,

$\overline{OM}=\dfrac{1}{2}\overline{OC}=\dfrac{1}{2}\times6=3(\text{cm})$이므로

$\triangle$AOM에서 $\overline{AM}=\sqrt{6^2-3^2}=3\sqrt{3}(\text{cm})$

$\therefore \overline{AB}=2\overline{AM}=2\times3\sqrt{3}=6\sqrt{3}(\text{cm})$

$\triangle$AOM에서 $\cos(\angle\text{AOM})=\dfrac{\overline{OM}}{\overline{OA}}=\dfrac{3}{6}=\dfrac{1}{2}$

이때 $0°<\angle\text{AOM}<90°$이므로 $\angle\text{AOM}=60°$

$\triangle$AOM$\equiv\triangle$BOM (RHS 합동)이므로

$\angle\text{AOB}=2\angle\text{AOM}=2\times60°=120°$

$\therefore$ (색칠한 부분의 넓이)$=$(부채꼴 AOB의 넓이)$-\triangle$AOB

$$=\pi\times6^2\times\dfrac{120}{360}-\dfrac{1}{2}\times6\sqrt{3}\times3$$

$$=12\pi-9\sqrt{3}(\text{cm}^2)$$

16 답 **18 cm**

오른쪽 그림과 같이 원의 중심 O에서 $\overline{AB}$에 내린 수선의 발을 M이라 하고 $\overline{OA}$를 그으면

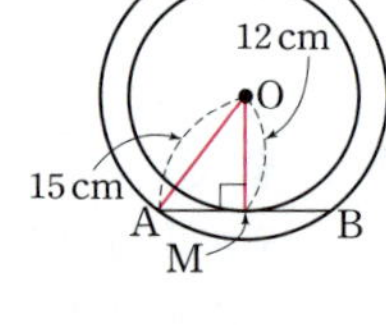

$\overline{OA}=15\,\text{cm}$, $\overline{OM}=12\,\text{cm}$이므로

$\triangle$OAM에서

$\overline{AM}=\sqrt{15^2-12^2}=9(\text{cm})$

$\therefore \overline{AB}=2\overline{AM}=2\times9=18(\text{cm})$

17 답 $8\sqrt{6}$

오른쪽 그림과 같이 $\overline{OA}$를 그으면

$\overline{OA}=\overline{OQ}=5+6=11$

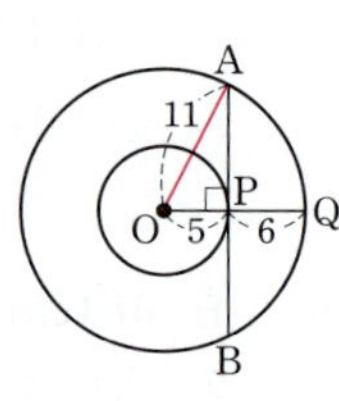

$\angle\text{OPA}=90°$이므로

$\triangle$AOP에서 $\overline{AP}=\sqrt{11^2-5^2}=4\sqrt{6}$

$\therefore \overline{AB}=2\overline{AP}=8\sqrt{6}$

18 답 ④

오른쪽 그림과 같이 원의 중심 O에서 $\overline{AB}$에 내린 수선의 발을 M이라고 하면

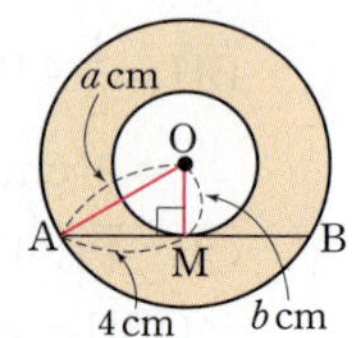

$\overline{AM}=\dfrac{1}{2}\overline{AB}=\dfrac{1}{2}\times8=4(\text{cm})$

큰 원의 반지름의 길이를 $a\,\text{cm}$, 작은 원의 반지름의 길이를 $b\,\text{cm}$라고 하면

$\triangle$OAM에서

$4^2+b^2=a^2$ $\therefore a^2-b^2=16$

채점 기준	비율
(i) $\overline{\text{CM}}$의 길이 구하기	30 %
(ii) $\overline{\text{OM}}$의 길이 구하기	40 %
(iii) 두 현 AB와 CD 사이의 거리 구하기	30 %

19 답 **7 cm**

$\overline{\text{OM}}=\overline{\text{ON}}$이므로 $\overline{\text{AB}}=\overline{\text{CD}}=14\,\text{cm}$

$\therefore \overline{\text{AM}}=\dfrac{1}{2}\overline{\text{AB}}=\dfrac{1}{2}\times14=7\,(\text{cm})$

20 답 **⑤**

① $x=\overline{\text{BM}}=5$

② $\overline{\text{OC}}=\overline{\text{OA}}=5$이므로 $\overline{\text{OM}}=5-1=4$

　　$\triangle$OAM에서 $\overline{\text{AM}}=\sqrt{5^2-4^2}=3$ $\therefore x=\overline{\text{AM}}=3$

③ $\overline{\text{OM}}=\overline{\text{ON}}$이므로 $x=\overline{\text{AB}}=7$

④ $\overline{\text{CD}}=2\overline{\text{DN}}=2\times9=18$이므로 $\overline{\text{AB}}=\overline{\text{CD}}$

　　$\therefore x=\overline{\text{ON}}=4$

⑤ $\overline{\text{AM}}=\dfrac{1}{2}\overline{\text{AB}}=\dfrac{1}{2}\times16=8$이므로

　　$\triangle$AOM에서 $\overline{\text{OM}}=\sqrt{(8\sqrt{2})^2-8^2}=8$

　　따라서 $\overline{\text{OM}}=\overline{\text{ON}}$이므로

　　$x=\dfrac{1}{2}\overline{\text{BC}}=\dfrac{1}{2}\overline{\text{AB}}=\dfrac{1}{2}\times16=8$

따라서 x의 값이 가장 큰 것은 ⑤이다.

21 답 **$3\sqrt{2}$**

$\overline{\text{OM}}=\overline{\text{ON}}$이므로 $\overline{\text{CD}}=\overline{\text{AB}}=6$

$\therefore \overline{\text{CN}}=\dfrac{1}{2}\overline{\text{CD}}=\dfrac{1}{2}\times6=3$

따라서 $\triangle$OCN에서 $x=\sqrt{3^2+3^2}=3\sqrt{2}$

22 답 **③**

$\overline{\text{OM}}=\overline{\text{ON}}$에서 $\overline{\text{CD}}=\overline{\text{AB}}=12$이므로

$\overline{\text{CN}}=\dfrac{1}{2}\overline{\text{CD}}=\dfrac{1}{2}\times12=6$

$\triangle$OCN에서 $\overline{\text{OC}}=\dfrac{\overline{\text{CN}}}{\cos30°}=6\times\dfrac{2}{\sqrt{3}}=4\sqrt{3}$

$\therefore$ (원 O의 둘레의 길이)$=2\pi\times4\sqrt{3}=8\sqrt{3}\pi$

23 답 **12 cm**

오른쪽 그림과 같이 원의 중심 O에서 $\overline{\text{CD}}$에 내린 수선의 발을 M이라고 하면

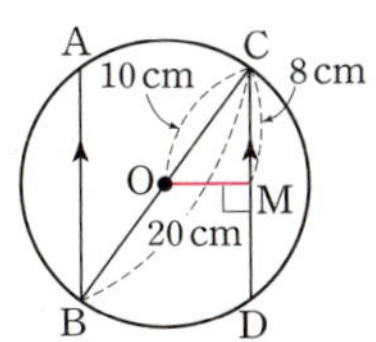

$\overline{\text{CM}}=\dfrac{1}{2}\overline{\text{CD}}=\dfrac{1}{2}\times16=8\,(\text{cm})$

$\qquad\qquad\qquad\qquad\cdots(\text{i})$

$\overline{\text{OC}}=\dfrac{1}{2}\times20=10\,(\text{cm})$이므로

$\triangle$COM에서 $\overline{\text{OM}}=\sqrt{10^2-8^2}=6\,(\text{cm})$ $\qquad\cdots(\text{ii})$

이때 $\overline{\text{AB}}=\overline{\text{CD}}$이므로 원 O의 중심에서 $\overline{\text{AB}}$, $\overline{\text{CD}}$까지의 거리는 같고 $\overline{\text{AB}}\,/\!/\,\overline{\text{CD}}$이므로 두 현 AB와 CD 사이의 거리는

$6+6=12\,(\text{cm})$ $\qquad\qquad\qquad\qquad\cdots(\text{iii})$

24 답 **$8\sqrt{2}\,\text{cm}^2$**

원의 중심 O에서 $\overline{\text{AC}}$에 내린 수선의 발을 M이라고 하면

$\overline{\text{AB}}=\overline{\text{AC}}$이므로 $\overline{\text{OM}}=\overline{\text{OD}}=2\,\text{cm}$

$\overline{\text{OA}}=6\,\text{cm}$이므로 $\triangle$AOM에서

$\overline{\text{AM}}=\sqrt{6^2-2^2}=4\sqrt{2}\,(\text{cm})$

$\overline{\text{AC}}=2\overline{\text{AM}}=2\times4\sqrt{2}=8\sqrt{2}\,(\text{cm})$이므로

$\triangle$AOC$=\dfrac{1}{2}\times8\sqrt{2}\times2=8\sqrt{2}\,(\text{cm}^2)$

25 답 **70°**

$\overline{\text{OM}}=\overline{\text{ON}}$이므로 $\overline{\text{AB}}=\overline{\text{AC}}$

따라서 $\triangle$ABC는 이등변삼각형이므로

$\angle x=\dfrac{1}{2}\times(180°-40°)=70°$

26 답 **③**

$\overline{\text{OM}}=\overline{\text{ON}}$이므로 $\overline{\text{AB}}=\overline{\text{AC}}$

즉, $\triangle$ABC는 $\overline{\text{AB}}=\overline{\text{AC}}$인 이등변삼각형이므로

$\angle\text{ACB}=\angle\text{ABC}=60°$

$\therefore \angle\text{BAC}=180°-(60°+60°)=60°$

따라서 $\triangle$ABC는 정삼각형이므로

$\overline{\text{BC}}=\overline{\text{AB}}=2\overline{\text{AM}}=2\times3=6\,(\text{cm})$

27 답 **55°**

$\square$OPCQ에서 $\angle\text{PCQ}=360°-(90°+110°+90°)=70°$

$\overline{\text{OP}}=\overline{\text{OQ}}$이므로 $\overline{\text{BC}}=\overline{\text{AC}}$

따라서 $\triangle$ABC는 $\overline{\text{BC}}=\overline{\text{AC}}$인 이등변삼각형이므로

$\angle\text{BAC}=\dfrac{1}{2}\times(180°-70°)=55°$

28 답 **$12\pi\,\text{cm}^2$**

$\overline{\text{OD}}=\overline{\text{OE}}=\overline{\text{OF}}$이므로 $\overline{\text{AB}}=\overline{\text{BC}}=\overline{\text{CA}}$

즉, $\triangle$ABC는 정삼각형이므로 $\angle\text{BAC}=60°$

오른쪽 그림과 같이 $\overline{\text{OA}}$를 그으면

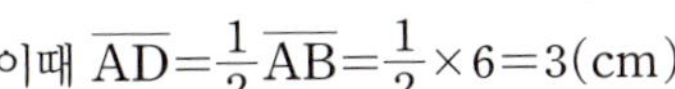

$\triangle$ADO$\equiv\triangle$AFO (RHS 합동)이므로

$\angle\text{OAD}=\angle\text{OAF}=\dfrac{1}{2}\times60°=30°$

이때 $\overline{\text{AD}}=\dfrac{1}{2}\overline{\text{AB}}=\dfrac{1}{2}\times6=3\,(\text{cm})$

이므로

$\triangle$ADO에서 $\overline{\text{OA}}=\dfrac{\overline{\text{AD}}}{\cos30°}=3\times\dfrac{2}{\sqrt{3}}=2\sqrt{3}\,(\text{cm})$

$\therefore$ (원 O의 넓이)$=\pi\times(2\sqrt{3})^2=12\pi\,(\text{cm}^2)$

29 답 $3\pi\,\text{cm}^2$

$\angle PAO=\angle PBO=90°$이므로   ··· (i)

□APBO에서

$\angle AOB=360°-(90°+60°+90°)=120°$ ··· (ii)

따라서 색칠한 부분의 넓이, 즉 부채꼴 AOB의 넓이는

$\pi\times3^2\times\dfrac{120}{360}=3\pi\,(\text{cm}^2)$ ··· (iii)

채점 기준	비율
(i) $\angle PAO=\angle PBO=90°$임을 알기	35 %
(ii) $\angle AOB$의 크기 구하기	35 %
(iii) 색칠한 부분의 넓이 구하기	30 %

30 답 $120\,\text{cm}^2$

$\angle PAO=90°$이고 $\overline{OQ}=\overline{OA}=8\,\text{cm}$이므로

$\triangle PAO$에서 $\overline{PA}=\sqrt{(8+9)^2-8^2}=15\,(\text{cm})$

따라서 $\triangle PAO\equiv\triangle PBO$ (RHS 합동)이므로

$□APBO=2\triangle PAO=2\times\left(\dfrac{1}{2}\times15\times8\right)=120\,(\text{cm}^2)$

31 답 $48\sqrt{3}-16\pi$

오른쪽 그림과 같이 $\overline{OP}$를 그으면

$\triangle PAO\equiv\triangle PBO$ (RHS 합동)

이므로

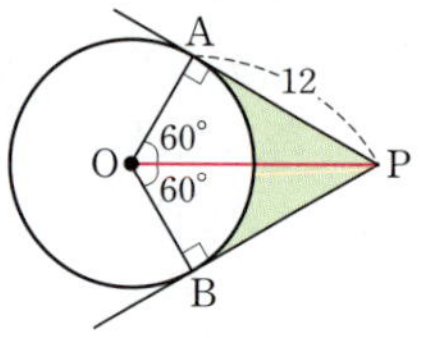

$\angle AOP=\angle BOP=\dfrac{1}{2}\times120°=60°$

$\triangle PAO$에서 $\overline{OA}=\dfrac{\overline{PA}}{\tan60°}=\dfrac{12}{\sqrt{3}}=4\sqrt{3}$

$\therefore$ (색칠한 부분의 넓이)

$=□AOBP-($부채꼴 AOB의 넓이$)$

$=2\triangle PAO-($부채꼴 AOB의 넓이$)$

$=2\times\left(\dfrac{1}{2}\times12\times4\sqrt{3}\right)-\pi\times(4\sqrt{3})^2\times\dfrac{120}{360}$

$=48\sqrt{3}-16\pi$

32 답 $x=12,\ y=13$

$\overline{PA}=\overline{PB}$이므로 $x=12$

$\angle PAO=90°$이므로 $\triangle PAO$에서 $y=\sqrt{12^2+5^2}=13$

33 답 5

원 O에서 $\overline{PA}=\overline{PB}$이고 원 O'에서 $\overline{PB}=\overline{PC}$이므로

$\overline{PA}=\overline{PC}$

즉, $4x-7=2x+3$이므로 $2x=10$ $\therefore x=5$

34 답 ④

$\overline{PA}=\overline{PB}$이므로 $\triangle PBA$는 이등변삼각형이다.

$\therefore \angle x=\dfrac{1}{2}\times(180°-42°)=69°$

35 답 $36\,\text{cm}$

$\overline{PA}=\overline{PB}$이므로 $\triangle PAB$는 이등변삼각형이다.

$\therefore \angle PAB=\angle PBA=\dfrac{1}{2}\times(180°-60°)=60°$

따라서 $\triangle PAB$는 정삼각형이므로

$(\triangle PAB$의 둘레의 길이$)=3\overline{PA}=3\times12=36\,(\text{cm})$

36 답 81π

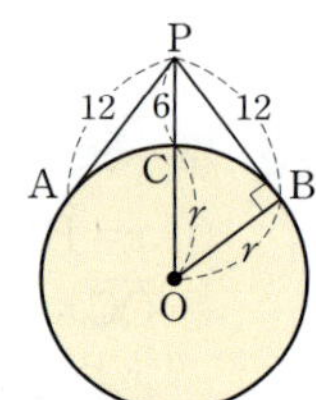

$\overline{PB}=\overline{PA}=12$

원 O의 반지름의 길이를 r라고 하면

$\angle PBO=90°$이므로

$\triangle PBO$에서 $r^2+12^2=(6+r)^2$

$12r=108$ $\therefore r=9$

$\therefore ($원 O의 넓이$)=\pi\times9^2=81\pi$

37 답 $(4\pi+6\sqrt{3})\,\text{cm}$

오른쪽 그림과 같이 $\overline{OP}$를 그으면

$\triangle PAO\equiv\triangle PBO$ (RHS 합동)이므로

$\angle APO=\angle BPO=\dfrac{1}{2}\times60°=30°$

$\triangle PAO$에서

$\overline{OA}=\overline{PA}\tan30°=3\sqrt{3}\times\dfrac{\sqrt{3}}{3}$

$\qquad=3\,(\text{cm})$ ··· (i)

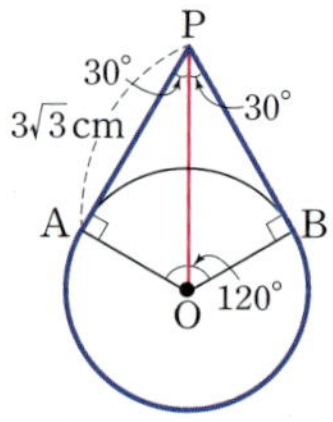

□PAOB에서

$\angle AOB=360°-(60°+90°+90°)=120°$ ··· (ii)

또 $\overline{PB}=\overline{PA}=3\sqrt{3}\,\text{cm}$ ··· (iii)

$\therefore ($물방울 모양의 도형의 둘레의 길이$)$

$=2\pi\times3\times\dfrac{360-120}{360}+3\sqrt{3}+3\sqrt{3}$

$=4\pi+6\sqrt{3}\,(\text{cm})$ ··· (iv)

채점 기준	비율
(i) $\overline{OA}$의 길이 구하기	30 %
(ii) $\angle AOB$의 크기 구하기	20 %
(iii) $\overline{PB}$의 길이 구하기	20 %
(iv) 물방울 모양의 도형의 둘레의 길이 구하기	30 %

38 답 ③

①, ②, ④ 원 밖의 한 점에서 그 원에 그은 두 접선의 길이는 같다.

⑤ $\overline{AB}+\overline{BC}+\overline{CA}=\overline{AB}+(\overline{BD}+\overline{CD})+\overline{CA}$

$\qquad\qquad\qquad\quad=(\overline{AB}+\overline{BF})+(\overline{CE}+\overline{CA})$

$\qquad\qquad\qquad\quad=\overline{AF}+\overline{AE}=2\overline{AE}$

따라서 옳지 않은 것은 ③이다.

39 답 $30\,\text{cm}$

$(\triangle ABC$의 둘레의 길이$)=\overline{AB}+\overline{BC}+\overline{CA}$

$\qquad\qquad\qquad\qquad\quad=\overline{AE}+\overline{AF}$

$\qquad\qquad\qquad\qquad\quad=2\overline{AE}=2(\overline{AB}+\overline{BE})$

$\qquad\qquad\qquad\qquad\quad=2\times(10+5)=30\,(\text{cm})$

40 답 ④

$$(\triangle DPE의\ 둘레의\ 길이)=\overline{PD}+\overline{DE}+\overline{PE}$$
$$=\overline{PA}+\overline{PB}=2\overline{PB}$$

이때 $\triangle DPE$의 둘레의 길이가 $8\,km$이므로

$2\overline{PB}=8$ $\quad \therefore \overline{PB}=4(km)$

따라서 P 지점에서 B 지점까지의 거리는 $4\,km$이다.

41 답 **10**

$\overline{CE}=\overline{CF}=16$이므로

$\overline{AD}=\overline{AE}=\overline{CE}-\overline{AC}=16-12=4$ $\quad \cdots$ (i)

또 $\overline{BD}=\overline{BF}=\overline{CF}-\overline{BC}=16-10=6$ $\quad \cdots$ (ii)

$\therefore \overline{AB}=\overline{AD}+\overline{BD}=4+6=10$ $\quad \cdots$ (iii)

채점 기준	비율
(i) $\overline{AD}$의 길이 구하기	50 %
(ii) $\overline{BD}$의 길이 구하기	40 %
(iii) $\overline{AB}$의 길이 구하기	10 %

다른 풀이

$\overline{AB}+\overline{BC}+\overline{CA}=\overline{CE}+\overline{CF}=2\overline{CF}$이므로

$\overline{AB}+10+12=2\times16$ $\quad \cdots$ (i)

$\therefore \overline{AB}=10$ $\quad \cdots$ (ii)

채점 기준	비율
(i) $(\triangle ABC의\ 둘레의\ 길이)=2\overline{CF}$임을 이용하여 식 세우기	80 %
(ii) $\overline{AB}$의 길이 구하기	20 %

42 답 ④

$\overline{AB}+\overline{BC}+\overline{CA}=\overline{AE}+\overline{BF}=2\overline{AE}$이므로

$8+4+x=2\times(8+1)$ $\quad \therefore x=6$

다른 풀이

$\overline{AF}=\overline{AE}=\overline{AB}+\overline{BE}=8+1=9$

$\overline{BD}=\overline{BE}=1$이므로 $\overline{CF}=\overline{CD}=\overline{BC}-\overline{BD}=4-1=3$

$\therefore x=\overline{AF}-\overline{CF}=9-3=6$

43 답 **16**

$\angle CEO=90°$이므로

$\triangle CEO$에서 $\overline{CE}=\sqrt{10^2-6^2}=8$

$\therefore (\triangle ABC의\ 둘레의\ 길이)=\overline{AB}+\overline{BC}+\overline{CA}$
$$=\overline{CE}+\overline{CF}=2\overline{CE}$$
$$=2\times8=16$$

44 답 ③

$\overline{CB}=\overline{CE}$, $\overline{DA}=\overline{DE}$이므로

$\overline{CB}+\overline{DA}=\overline{CE}+\overline{DE}=\overline{CD}=14\,cm$

$\therefore (\square ABCD의\ 둘레의\ 길이)$
$$=\overline{AB}+\overline{BC}+\overline{CD}+\overline{DA}$$
$$=\overline{AB}+(\overline{BC}+\overline{DA})+\overline{CD}$$
$$=(5+5)+14+14=38(cm)$$

45 답 $4\sqrt{2}$

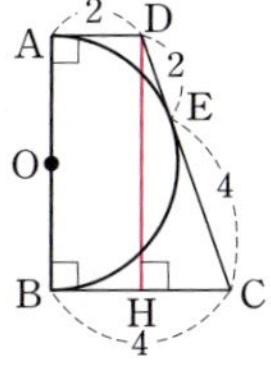

오른쪽 그림과 같이 점 D에서 $\overline{BC}$에 내린 수선의 발을 H라고 하면

$\overline{CH}=4-2=2$

$\overline{CD}=\overline{CE}+\overline{DE}=\overline{CB}+\overline{DA}$
$$=4+2=6$$

$\triangle DHC$에서 $\overline{DH}=\sqrt{6^2-2^2}=4\sqrt{2}$

$\therefore \overline{AB}=\overline{DH}=4\sqrt{2}$

46 답 $78\,cm^2$

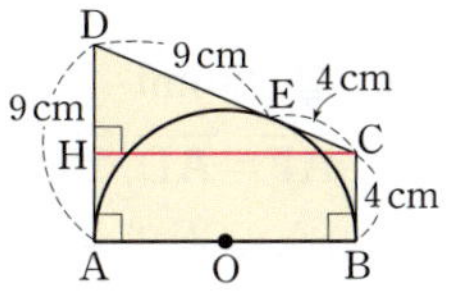

오른쪽 그림과 같이 점 C에서 $\overline{AD}$에 내린 수선의 발을 H라고 하면

$\overline{DH}=9-4=5(cm)$

$\overline{CD}=\overline{CE}+\overline{DE}=\overline{CB}+\overline{DA}$
$$=4+9=13(cm)$$

$\triangle DHC$에서 $\overline{CH}=\sqrt{13^2-5^2}=12(cm)$

$\therefore \square ABCD=\dfrac{1}{2}\times(9+4)\times12=78(cm^2)$

47 답 $13\sqrt{10}\,cm^2$

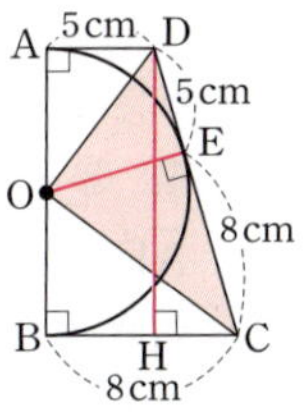

오른쪽 그림과 같이 $\overline{OE}$를 긋고 점 D에서 $\overline{BC}$에 내린 수선의 발을 H라고 하면

$\overline{CH}=8-5=3(cm)$

$\overline{CD}=\overline{CE}+\overline{DE}=\overline{CB}+\overline{DA}$
$$=8+5=13(cm) \quad \cdots (i)$$

$\triangle DHC$에서

$\overline{DH}=\sqrt{13^2-3^2}=4\sqrt{10}(cm)$

즉, $\overline{AB}=\overline{DH}=4\sqrt{10}\,cm$이므로

$\overline{OE}=\overline{OA}=\dfrac{1}{2}\overline{AB}=\dfrac{1}{2}\times4\sqrt{10}=2\sqrt{10}(cm)$ $\quad \cdots (ii)$

$\overline{OE}\perp\overline{CD}$이므로

$\triangle DOC=\dfrac{1}{2}\times13\times2\sqrt{10}=13\sqrt{10}(cm^2)$ $\quad \cdots (iii)$

채점 기준	비율
(i) $\overline{CD}$의 길이 구하기	30 %
(ii) $\overline{OE}$의 길이 구하기	50 %
(iii) $\triangle DOC$의 넓이 구하기	20 %

48 답 ③

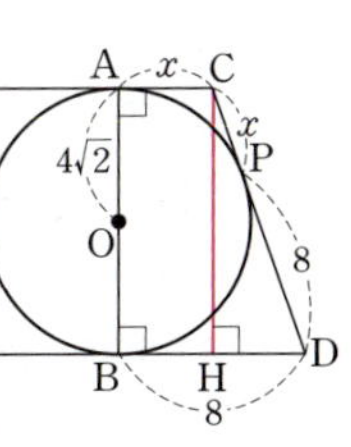

오른쪽 그림과 같이 점 C에서 $\overline{BD}$에 내린 수선의 발을 H라 하고, $\overline{AC}=x$라고 하면

$\overline{DH}=8-x$

$\overline{CD}=\overline{CP}+\overline{DP}=\overline{CA}+\overline{DB}=x+8$

$\overline{CH}=\overline{AB}=2\overline{OA}=2\times4\sqrt{2}=8\sqrt{2}$이므로

$\triangle CHD$에서 $(8-x)^2+(8\sqrt{2})^2=(x+8)^2$

$32x=128$ $\quad \therefore x=4$

따라서 $\overline{AC}$의 길이는 4이다.

49 답 $\dfrac{15}{2}$

$\overline{EF}=x$라고 하면
$\overline{EC}=\overline{EF}=x$, $\overline{AF}=\overline{AB}=6$이므로
$\overline{AE}=6+x$, $\overline{DE}=6-x$
$\triangle AED$에서
$6^2+(6-x)^2=(6+x)^2$
$24x=36$　　$\therefore x=\dfrac{3}{2}$

$\therefore \overline{AE}=6+\dfrac{3}{2}=\dfrac{15}{2}$

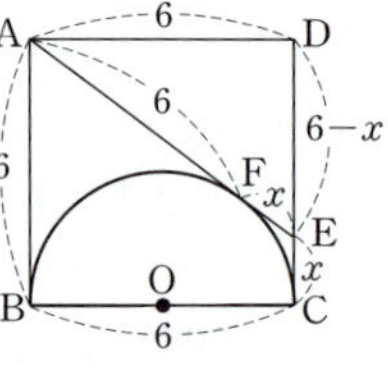

50 답 **20 cm**

$\overline{AF}=\overline{AD}$, $\overline{BD}=\overline{BE}$, $\overline{CE}=\overline{CF}$이므로
$(\triangle ABC의 \ 둘레의 \ 길이)=\overline{AB}+\overline{BC}+\overline{CA}$
$=2(\overline{AD}+\overline{BE}+\overline{CF})$
$=2\times(2+3+5)=20(cm)$

51 답 **4**

$\overline{CE}=\overline{CF}=3\,cm$이므로
$\overline{BD}=\overline{BE}=\overline{BC}-\overline{CE}=9-3=6(cm)$
$\therefore \overline{AF}=\overline{AD}=\overline{AB}-\overline{BD}=10-6=4(cm)$
$\therefore x=4$

52 답 ③

$\overline{AF}=\overline{AD}=x\,cm$, $\overline{BD}=\overline{BE}=5\,cm$, $\overline{CF}=\overline{CE}=8\,cm$
이때 $\triangle ABC$의 둘레의 길이가 $34\,cm$이므로
$2(x+5+8)=34$, $2x=8$　　$\therefore x=4$

53 답 **4 cm**

$\overline{CF}=x\,cm$라고 하면 $\overline{CE}=\overline{CF}=x\,cm$
$\overline{AD}=\overline{AF}=(13-x)\,cm$　　　　　　　… (i)
$\overline{BD}=\overline{BE}=(5-x)\,cm$　　　　　　　… (ii)
$\overline{AB}=\overline{AD}+\overline{BD}$이므로 $10=(13-x)+(5-x)$
$2x=8$　　$\therefore x=4$
따라서 $\overline{CF}$의 길이는 $4\,cm$이다.　　　　… (iii)

채점 기준	비율
(i) $\overline{AD}$의 길이를 x를 사용하여 나타내기	30 %
(ii) $\overline{BD}$의 길이를 x를 사용하여 나타내기	30 %
(iii) $\overline{CF}$의 길이 구하기	40 %

54 답 ①

$\overline{AD}=\overline{AF}=6\,cm$이므로 $\overline{BD}=18-6=12(cm)$
오른쪽 그림과 같이 $\overline{OD}$를 그으면 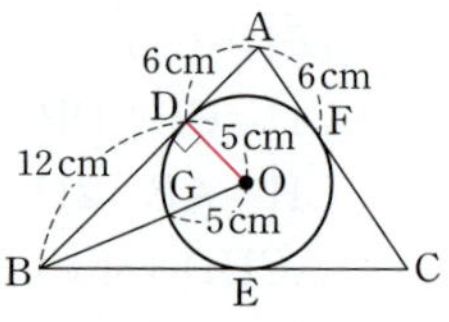
$\angle ODB=90°$이고
$\overline{OD}=\overline{OG}=5$이므로
$\triangle ODB$에서
$\overline{OB}=\sqrt{12^2+5^2}=13(cm)$
$\therefore \overline{BG}=\overline{OB}-\overline{OG}=13-5=8(cm)$

55 답 **8**

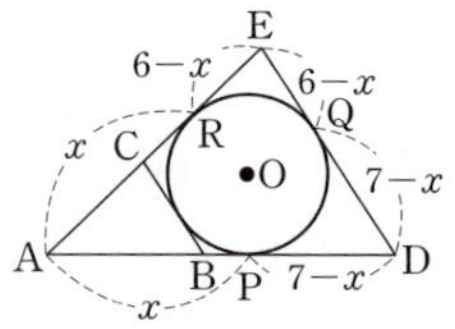

오른쪽 그림과 같이 원 O와
$\triangle ADE$의 접점을 각각 P, Q, R
라 하고 $\overline{AP}=\overline{AR}=x$라고 하면
$\overline{DQ}=\overline{DP}=7-x$,
$\overline{EQ}=\overline{ER}=6-x$
$\overline{DE}=\overline{DQ}+\overline{EQ}$이므로 $5=(7-x)+(6-x)$
$2x=8$　　$\therefore x=4$
$\therefore (\triangle ABC의 \ 둘레의 \ 길이)=2x=2\times4=8$

56 답 **(1) 3　(2) 9π**

(1) $\triangle ABC$에서 $\overline{AB}=\sqrt{12^2+9^2}=15$
오른쪽 그림과 같이 $\overline{OE}$, $\overline{OF}$
를 긋고 원 O의 반지름의 길이
를 r라고 하면 $\square OECF$는 정
사각형이므로 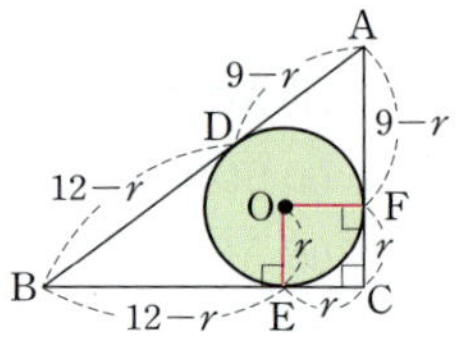
$\overline{CE}=\overline{CF}=r$,
$\overline{AD}=\overline{AF}=9-r$, $\overline{BD}=\overline{BE}=12-r$
$\overline{AB}=\overline{AD}+\overline{BD}$이므로 $15=(9-r)+(12-r)$
$2r=6$　　$\therefore r=3$
따라서 원 O의 반지름의 길이는 3이다.

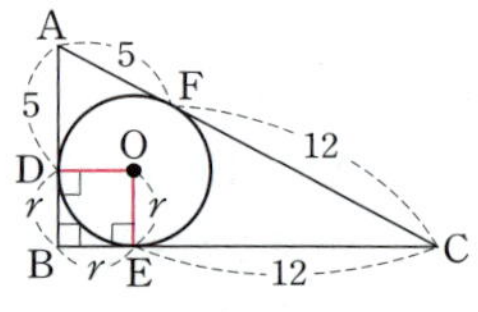

(2) $(원 \ O의 \ 넓이)=\pi\times3^2=9\pi$

57 답 **3**

오른쪽 그림과 같이 $\overline{OD}$, $\overline{OE}$를
긋고 원 O의 반지름의 길이를 r
라고 하면 $\square BEOD$는 정사각형
이므로
$\overline{BD}=\overline{BE}=r$
$\overline{AD}=\overline{AF}=5$, $\overline{CE}=\overline{CF}=12$이므로
$\triangle ABC$에서 $(5+r)^2+(r+12)^2=17^2$
$r^2+17r-60=0$, $(r+20)(r-3)=0$
이때 $r>0$이므로 $r=3$
따라서 원 O의 반지름의 길이는 3이다.

58 답 ④

$\overline{AD}=\overline{AF}=3$, $\overline{CE}=\overline{CF}=6$이므로
$\overline{BD}=\overline{BE}=x$라고 하면
$\overline{AB}=x+3$, $\overline{BC}=x+6$, $\overline{AC}=3+6=9$
$\triangle ABC$에서 $(x+3)^2+9^2=(x+6)^2$
$6x=54$　　$\therefore x=9$
$\therefore \triangle ABC=\dfrac{1}{2}\times(9+3)\times9=54$

59 답 ④

$\overline{AB}+\overline{CD}=\overline{AD}+\overline{BC}$이므로
$7+5=3+\overline{BC}$　　$\therefore \overline{BC}=9(cm)$

60 답 **36 cm**

$\overline{BP}=\overline{BQ}=4\,cm$이므로 $\overline{AB}=3+4=7(cm)$

$\therefore \overline{AD}+\overline{BC}=\overline{AB}+\overline{CD}=7+11=18(cm)$

$\therefore (\square ABCD의 \ 둘레의 \ 길이)=\overline{AB}+\overline{BC}+\overline{CD}+\overline{DA}$

$\qquad\qquad\qquad\qquad\quad =(\overline{AB}+\overline{CD})+(\overline{DA}+\overline{BC})$

$\qquad\qquad\qquad\qquad\quad =18+18=36(cm)$

61 답 $x=4,\ y=7$

$\square ABCD$의 둘레의 길이가 $20\,cm$이므로

$\overline{AB}+\overline{CD}=\overline{AD}+\overline{BC}=\dfrac{1}{2}\times 20=10(cm)$

$6+x=10$에서 $x=4$

$3+y=10$에서 $y=7$

62 답 **10 cm**

$\triangle ABC$에서 $\overline{BC}=\sqrt{(6\sqrt{5})^2-6^2}=12(cm)$

$\square ABCD$에서 $\overline{AB}+\overline{CD}=\overline{AD}+\overline{BC}$이므로

$6+\overline{CD}=4+12$ $\therefore \overline{CD}=10(cm)$

63 답 ③

$\overline{AD}:\overline{BC}=4:3$이므로

$\overline{AD}=4k\,cm,\ \overline{BC}=3k\,cm\ (k>0)$라고 하면

$\overline{AB}+\overline{CD}=\overline{AD}+\overline{BC}$이므로

$15+13=4k+3k,\ 7k=28$ $\therefore k=4$

$\therefore \overline{AD}=4k=4\times 4=16(cm)$

64 답 **20 cm²**

$\overline{AB}$의 길이는 원 O의 지름의 길이와 같으므로

$\overline{AB}=2\times 2=4(cm)$ ···(ⅰ)

$\therefore \overline{AD}+\overline{BC}=\overline{AB}+\overline{CD}=4+6=10(cm)$ ···(ⅱ)

$\therefore \square ABCD=\dfrac{1}{2}\times(\overline{AD}+\overline{BC})\times\overline{AB}$

$\qquad\qquad\quad =\dfrac{1}{2}\times 10\times 4=20(cm^2)$ ···(ⅲ)

채점 기준	비율
(ⅰ) $\overline{AB}$의 길이 구하기	30 %
(ⅱ) $\overline{AD}+\overline{BC}$의 길이 구하기	40 %
(ⅲ) $\square ABCD$의 넓이 구하기	30 %

65 답 **6**

$\triangle DEC$에서 $\overline{CE}=\sqrt{10^2-8^2}=6$

$\overline{BE}=x$라고 하면 $\overline{AD}=\overline{BC}=x+6$

$\square ABED$에서 $\overline{AB}+\overline{DE}=\overline{AD}+\overline{BE}$이므로

$8+10=(x+6)+x$

$2x=12$ $\therefore x=6$

따라서 $\overline{BE}$의 길이는 6이다.

66 답 (1) **5 cm** (2) **1 cm**

(1) $\overline{BE}=x\,cm$라고 하면

$\square EBCD$에서 $\overline{BE}+\overline{CD}=\overline{DE}+\overline{BC}$이므로

$x+4=\overline{DE}+6$ $\therefore \overline{DE}=x-2(cm)$

$\overline{AE}=\overline{AD}-\overline{DE}=6-(x-2)=8-x(cm)$

$\triangle ABE$에서 $(8-x)^2+4^2=x^2$

$16x=80$ $\therefore x=5$

따라서 $\overline{BE}$의 길이는 $5\,cm$이다.

(2) $\overline{DE}=x-2=5-2=3(cm)$

$\overline{DH}=\overline{DG}=\dfrac{1}{2}\overline{CD}=\dfrac{1}{2}\times 4=2(cm)$

$\therefore \overline{EH}=\overline{DE}-\overline{DH}=3-2=1(cm)$

67 답 $\dfrac{75}{2}\,cm^2$

$\overline{CE}=x\,cm$라고 하면

$\square ABED$에서 $\overline{AB}+\overline{DE}=\overline{AD}+\overline{BE}$이므로

$10+\overline{DE}=15+(15-x)$ $\therefore \overline{DE}=20-x(cm)$

$\triangle DEC$에서 $x^2+10^2=(20-x)^2$

$40x=300$ $\therefore x=\dfrac{15}{2}$

$\therefore \triangle DEC=\dfrac{1}{2}\times\dfrac{15}{2}\times 10=\dfrac{75}{2}(cm^2)$

68 답 $16\pi\,cm^2$

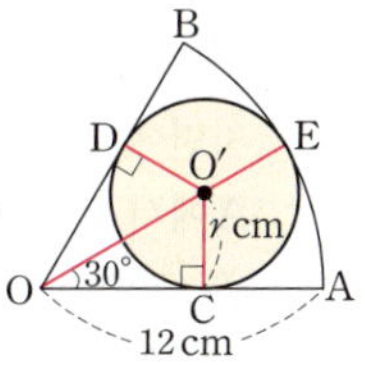

오른쪽 그림과 같이 원 O′과 $\overline{OA}$, $\overline{OB}$,

$\overarc{AB}$의 교점을 각각 C, D, E라고 하자.

원 O′의 반지름의 길이를 $r\,cm$라고 하면

$\overline{OO'}=\overline{OE}-\overline{O'E}=\overline{OA}-\overline{O'C}$

$\qquad =12-r(cm)$

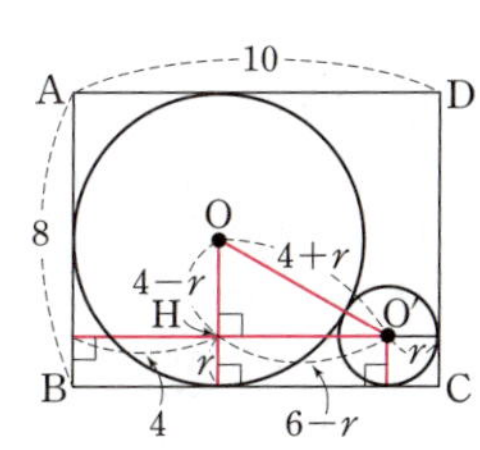

$\triangle DOO'\equiv\triangle COO'$(RHS 합동)이므로

$\angle O'OC=\angle O'OD=\dfrac{1}{2}\times 60°=30°$

$\triangle O'OC$에서 $\overline{O'C}=\overline{OO'}\sin 30°$이므로

$r=(12-r)\times\dfrac{1}{2},\ \dfrac{3}{2}r=6$ $\therefore r=4$

$\therefore (원 O′의 \ 넓이)=\pi\times 4^2=16\pi(cm^2)$

69 답 $\dfrac{8}{3}$

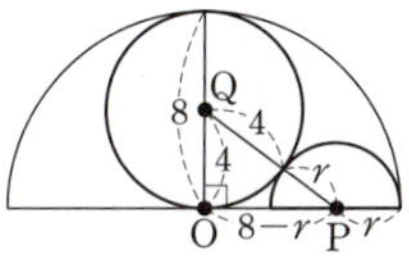

반원 P의 반지름의 길이를 r라고

하면 원 Q의 반지름의 길이가

$\dfrac{1}{2}\times 8=4$이므로

$\triangle OPQ$에서

$4^2+(8-r)^2=(4+r)^2,\ 24r=64$ $\therefore r=\dfrac{8}{3}$

따라서 반원 P의 반지름의 길이는 $\dfrac{8}{3}$이다.

70 답 $14-4\sqrt{10}$

원 O′의 반지름의 길이를 r라고

하면 원 O의 반지름의 길이가

$\dfrac{1}{2}\times 8=4$이므로

오른쪽 그림의 $\triangle OHO'$에서

$(4-r)^2+(6-r)^2=(4+r)^2$

$r^2-28r+36=0$

이때 $0<r<4$이므로 $r=14-4\sqrt{10}$

따라서 원 O'의 반지름의 길이는 $14-4\sqrt{10}$이다.

71 답 ②

오른쪽 그림과 같이 $\overline{OB}$, $\overline{O'C}$, $\overline{O'P}$를 그으면

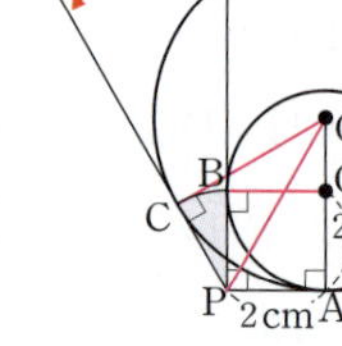

□PAOB는 네 변의 길이가 같고

$\angle PAO=\angle PBO=90°$이므로

정사각형이다.

$\therefore \ \angle BPA=90°$

$\triangle PAO'$에서

$\tan(\angle O'PA)=\dfrac{\overline{O'A}}{\overline{PA}}=\dfrac{2\sqrt{3}}{2}=\sqrt{3}$ $\quad \therefore \ \angle O'PA=60°$

$\triangle PAO'\equiv\triangle PCO'$(RHS 합동)이므로

$\angle CPA=2\angle O'PA=120°$

$\therefore \ \angle CPB=\angle CPA-\angle BPA=120°-90°=30°$

이때 $\overline{PC}=\overline{PB}=\overline{PA}=2\,cm$이므로

(부채꼴 PBC의 넓이)$=\pi\times2^2\times\dfrac{30}{360}=\dfrac{1}{3}\pi(cm^2)$

72 답 $\dfrac{225}{4}\pi\,cm^2$

지면에 수직이고 공의 중심 O를 지나는 $\overrightarrow{HO}$ 위의 한 지점 A에서 손전등을 비추었으므로 공의 그림자는 중심이 H인 원 모양이다.

오른쪽 그림과 같이 그림자의 지름의 양 끝 점을 B, C라 하고 원 O와 $\overline{AB}$, $\overline{AC}$의 접점을 각각 D, E라고 하면

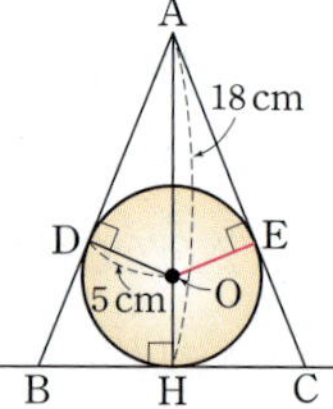

$\triangle ADO$에서

$\overline{AD}=\sqrt{(18-5)^2-5^2}=12(cm)$

$\triangle ADO\backsim\triangle AHB$(AA 닮음)이므로

$\overline{DO}:\overline{HB}=\overline{AD}:\overline{AH}$에서

$5:\overline{HB}=12:18$ $\quad \therefore \ \overline{HB}=\dfrac{15}{2}(cm)$

$\therefore$ (그림자의 넓이)$=\pi\times\left(\dfrac{15}{2}\right)^2=\dfrac{225}{4}\pi(cm^2)$

단원 **마무리**

P. 48~51

1 ② **2** ⑤ **3** ③ **4** 12 cm **5** ④
6 ④ **7** $(27\sqrt{3}-9\pi)\,cm^2$ **8** 15 cm **9** 3 cm
10 7 **11** ③ **12** ③ **13** $\dfrac{13}{2}$ **14** ③
15 $12\sqrt{21}\,cm$ **16** $(16\pi-12\sqrt{3})\,cm^2$
17 $144\pi\,cm^2$ **18** ④ **19** 3 **20** ②
21 24 **22** ① **23** $\sqrt{2}\,cm$

1 오른쪽 그림과 같이 $\overline{OA}$를 그으면

$\overline{AM}=\dfrac{1}{2}\overline{AB}=\dfrac{1}{2}\times6=3(cm)$

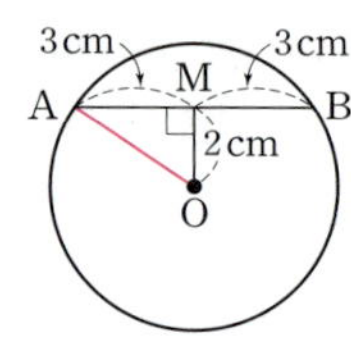

$\triangle AOM$에서

$\overline{OA}=\sqrt{3^2+2^2}=\sqrt{13}(cm)$

따라서 원 O의 둘레의 길이는

$2\pi\times\sqrt{13}=2\sqrt{13}\pi(cm)$

2 오른쪽 그림과 같이 $\overline{OA}$를 그으면

$\overline{OA}=\overline{OD}=\dfrac{1}{2}\overline{CD}$

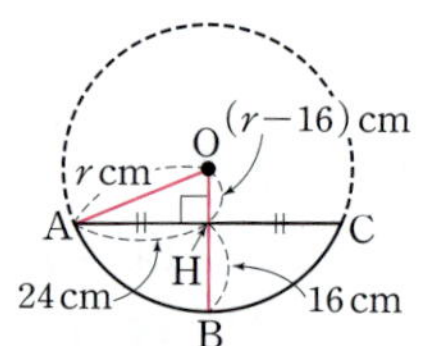

$\qquad =\dfrac{1}{2}\times(18+6)=12(cm)$

$\therefore \ \overline{OM}=12-6=6(cm)$

$\triangle AOM$에서

$\overline{AM}=\sqrt{12^2-6^2}=6\sqrt{3}(cm)$

$\therefore \ \overline{AB}=2\overline{AM}=2\times6\sqrt{3}=12\sqrt{3}(cm)$

3 원 모양의 자동차 바퀴를 오른쪽 그림과 같이 나타내고 자동차 바퀴의 반지름의 길이를 $r\,cm$라고 하자. 바퀴의 중심 O에서 $\overline{AC}$에 내린 수선의 발을 H라고 하면

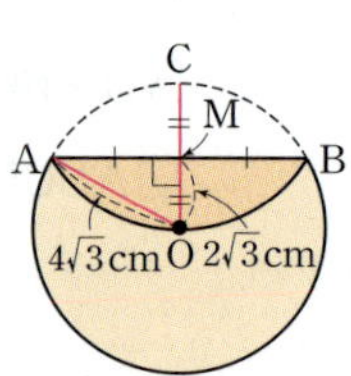

$\overline{AH}=\dfrac{1}{2}\overline{AC}=\dfrac{1}{2}\times48=24(cm)$

$\overline{OH}=r-16(cm)$

$\triangle OAH$에서 $24^2+(r-16)^2=r^2$

$32r=832$ $\quad \therefore \ r=26$

따라서 자동차 바퀴의 지름의 길이는 $2\times26=52(cm)$

4 오른쪽 그림과 같이 원의 중심 O에서 $\overline{AB}$에 내린 수선의 발을 M, $\overline{OM}$의 연장선과 원 O의 교점을 C라 하고, $\overline{OA}$를 그으면

$\overline{OA}=4\sqrt{3}\,cm,$

$\overline{OM}=\dfrac{1}{2}\overline{OC}=\dfrac{1}{2}\times4\sqrt{3}=2\sqrt{3}(cm)$이므로

$\triangle AOM$에서 $\overline{AM}=\sqrt{(4\sqrt{3})^2-(2\sqrt{3})^2}=6(cm)$

$\therefore \ \overline{AB}=2\overline{AM}=2\times6=12(cm)$

5 $\overline{OM}=\overline{ON}$이므로 $\overline{CN}=\overline{BM}=4$

$\triangle OCN$에서 $\overline{ON}=\sqrt{5^2-4^2}=3$

$\therefore \ \triangle OCN=\dfrac{1}{2}\times4\times3=6$

6 □AMON에서 $\angle MAN=360°-(90°+120°+90°)=60°$

$\overline{OM}=\overline{ON}$이므로 $\overline{AB}=\overline{AC}$

$\therefore \ \angle ABC=\angle ACB=\dfrac{1}{2}\times(180°-60°)=60°$

따라서 $\triangle ABC$는 정삼각형이므로

$\overline{BC}=\overline{AB}=2\overline{AM}=2\times4=8(cm)$

7 오른쪽 그림과 같이 $\overline{OP}$를 그으면
$\triangle PAO \equiv \triangle PBO$ (RHS 합동)이
므로

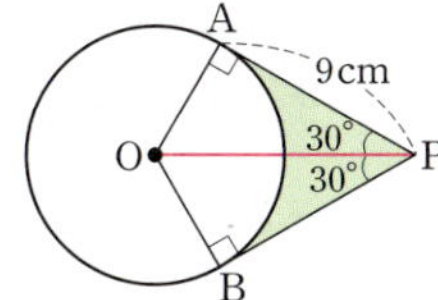

$$\angle APO = \angle BPO = \frac{1}{2} \times 60° = 30°$$

$\triangle PAO$에서

$$\overline{OA} = \overline{PA} \tan 30° = 9 \times \frac{\sqrt{3}}{3} = 3\sqrt{3}\,(cm) \qquad \cdots (i)$$

이때 $\square AOBP$에서

$$\angle AOB = 360° - (90° + 60° + 90°) = 120° \qquad \cdots (ii)$$

∴ (색칠한 부분의 넓이)

$$= 2\triangle PAO - (\text{부채꼴 AOB의 넓이})$$
$$= 2 \times \left(\frac{1}{2} \times 9 \times 3\sqrt{3} \right) - \pi \times (3\sqrt{3})^2 \times \frac{120}{360}$$
$$= 27\sqrt{3} - 9\pi\,(cm^2) \qquad \cdots (iii)$$

채점 기준	비율
(i) $\overline{OA}$의 길이 구하기	40 %
(ii) $\angle AOB$의 크기 구하기	20 %
(iii) 색칠한 부분의 넓이 구하기	40 %

8 $\angle PBO = 90°$이고 $\overline{OC} = \overline{OB} = 8\,cm$이므로
$\triangle PBO$에서

$$\overline{PB} = \sqrt{(9+8)^2 - 8^2} = 15\,(cm)$$
$$\therefore \overline{PA} = \overline{PB} = 15\,cm$$

9 $\overline{AB} + \overline{BC} + \overline{CA} = \overline{AE} + \overline{AF} = 2\overline{AE}$이므로
$6 + 5 + 7 = 2\overline{AE} \qquad \therefore \overline{AE} = 9\,(cm)$
$$\therefore \overline{BE} = \overline{AE} - \overline{AB} = 9 - 6 = 3\,(cm)$$

10 $\overline{BE} = \overline{BD} = \overline{AB} - \overline{AD} = 8 - 3 = 5$
$\overline{AF} = \overline{AD} = 3$이므로
$\overline{CE} = \overline{CF} = \overline{AC} - \overline{AF} = 5 - 3 = 2$
$$\therefore \overline{BC} = \overline{BE} + \overline{CE} = 5 + 2 = 7$$

11 $\triangle ABC$에서 $\overline{AC} = \sqrt{10^2 - 6^2} = 8$
오른쪽 그림과 같이 원 O와 $\overline{AB}$, $\overline{BC}$,
$\overline{CA}$의 접점을 각각 D, E, F, 원 O의
반지름의 길이를 r라 하고 $\overline{OE}$, $\overline{OF}$를
그으면 $\square OECF$는 정사각형이므로

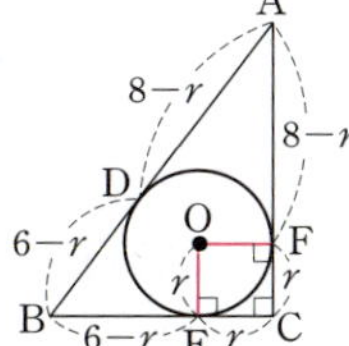

$\overline{CE} = \overline{CF} = r$, $\overline{AD} = \overline{AF} = 8 - r$,
$\overline{BD} = \overline{BE} = 6 - r$
$\overline{AB} = \overline{AD} + \overline{BD}$이므로
$10 = (8 - r) + (6 - r)$
$2r = 4 \qquad \therefore r = 2$

12 $\overline{AB} + \overline{CD} = \overline{AD} + \overline{BC}$이므로
$8 + (2 + \overline{CR}) = 6 + 12 \qquad \therefore \overline{CR} = 8\,(cm)$

13 오른쪽 그림과 같이 이등변삼각형
ABC의 꼭짓점 C에서 $\overline{AB}$에 내린
수선의 발을 M이라고 하면 $\overline{CM}$은 현
AB의 수직이등분선이므로 $\overline{CM}$의 연
장선은 원의 중심 O를 지난다.

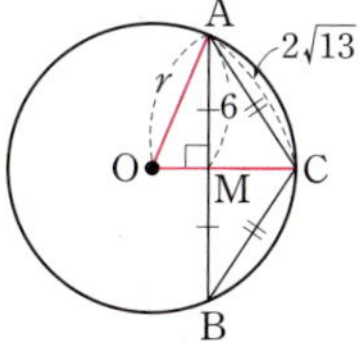

$$\overline{AM} = \frac{1}{2}\overline{AB} = \frac{1}{2} \times 12 = 6$$

$\triangle AMC$에서 $\overline{CM} = \sqrt{(2\sqrt{13})^2 - 6^2} = 4$
$\overline{OA}$를 긋고 $\overline{OA} = r$라고 하면 $\overline{OM} = r - 4$이므로
$\triangle AOM$에서 $(r-4)^2 + 6^2 = r^2$, $8r = 52 \qquad \therefore r = \frac{13}{2}$

따라서 원 O의 반지름의 길이는 $\frac{13}{2}$이다.

14 오른쪽 그림과 같이 원의 중심 O에서
$\overline{BC}$에 내린 수선의 발을 M이라 하고
$\overline{OC}$, $\overline{OD}$를 그으면

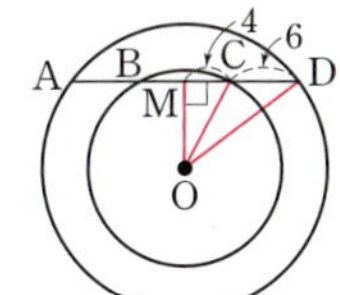

$$\overline{CM} = \frac{1}{2}\overline{BC} = \frac{1}{2} \times 8 = 4$$
$$\overline{DM} = \overline{CD} + \overline{CM} = 6 + 4 = 10$$
큰 원의 반지름의 길이를 x, 작은 원의 반지름의 길이를 y
라고 하면
$x + y = 21 \qquad \cdots \, \unicode{x24EA}$
$\triangle ODM$에서 $\overline{OM}^2 = x^2 - 10^2$
$\triangle OCM$에서 $\overline{OM}^2 = y^2 - 4^2$
즉, $x^2 - 10^2 = y^2 - 4^2$이므로 $x^2 - y^2 = 10^2 - 4^2$
$(x + y)(x - y) = 84$
$\unicode{x24EA}$을 이 식에 대입하면 $21(x - y) = 84$
$\therefore x - y = 4 \qquad \cdots \, \unicode{x24EB}$
$\unicode{x24EA}$, $\unicode{x24EB}$을 연립하여 풀면 $x = \frac{25}{2}$, $y = \frac{17}{2}$

따라서 큰 원의 반지름의 길이는 $\frac{25}{2}$이다.

15 오른쪽 그림과 같이 원 모양의 석쇠의
중심을 O, 두 철사를 각각 현 AB와
현 CD로 나타내고, 점 O에서 $\overline{AB}$,
$\overline{CD}$에 내린 수선의 발을 각각 M, N
이라고 하면

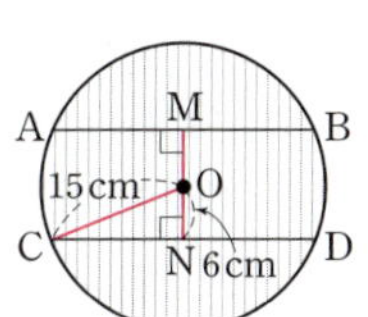

$\overline{MN} = 12\,cm$이고 $\overline{AB} = \overline{CD}$이므로
$$\overline{ON} = \frac{1}{2}\overline{MN} = \frac{1}{2} \times 12 = 6\,(cm)$$
$$\overline{OC} = \frac{1}{2} \times 30 = 15\,(cm)$$이므로
$\triangle OCN$에서 $\overline{CN} = \sqrt{15^2 - 6^2} = 3\sqrt{21}\,(cm)$
$$\therefore \overline{CD} = 2\overline{CN} = 2 \times 3\sqrt{21} = 6\sqrt{21}\,(cm)$$
따라서 두 철사의 길이의 합은 $2 \times 6\sqrt{21} = 12\sqrt{21}\,(cm)$

16 $\overline{OD} = \overline{OE}$이므로 $\overline{BC} = \overline{AC}$
즉, $\angle ABC = \angle BAC = 60°$이므로
$\triangle ABC$는 정삼각형이다. $\qquad \cdots (i)$

오른쪽 그림과 같이 $\overline{OB}$를 그으면
$\overline{OB}=\dfrac{1}{2}\times8=4(\text{cm})$이므로

$\triangle OBD$에서
$\overline{BD}=\sqrt{4^2-2^2}=2\sqrt{3}(\text{cm})$

$\therefore\ \overline{BC}=2\overline{BD}=2\times2\sqrt{3}=4\sqrt{3}(\text{cm})\quad\cdots\text{(ii)}$

$\therefore$ (색칠한 부분의 넓이)

$\quad=$(원 O의 넓이)$-\triangle ABC$

$\quad=\pi\times4^2-\dfrac{1}{2}\times4\sqrt{3}\times4\sqrt{3}\times\sin60^\circ$

$\quad=16\pi-12\sqrt{3}(\text{cm}^2)\quad\cdots\text{(iii)}$

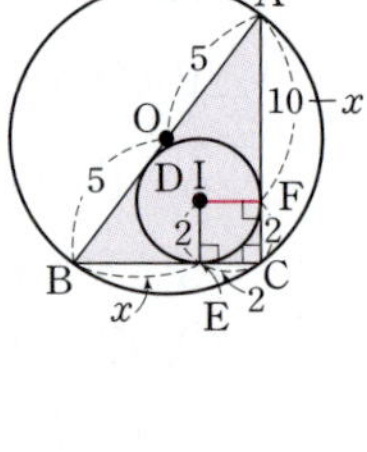

채점 기준	비율
(i) $\triangle ABC$가 정삼각형임을 알기	30 %
(ii) $\triangle ABC$의 한 변의 길이 구하기	40 %
(iii) 색칠한 부분의 넓이 구하기	30 %

17 $\overline{BC}$가 원 O의 접선이므로
$\angle ODC=90^\circ$, $\overline{CD}=\overline{CQ}=6\,\text{cm}$

$\triangle ACD$에서 $\overline{AD}=\sqrt{10^2-6^2}=8(\text{cm})$

오른쪽 그림과 같이 $\overline{OQ}$를 긋고 원
O의 반지름의 길이를 $r\,\text{cm}$라고 하
면 $\overline{OA}=(r+8)\,\text{cm}$이므로

$\triangle OAQ$에서
$(10+6)^2+r^2=(r+8)^2$
$16r=192\qquad\therefore\ r=12$

$\therefore$ (원 O의 넓이)$=\pi\times12^2=144\pi(\text{cm}^2)$

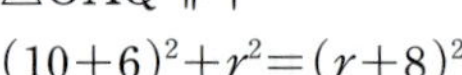

18 오른쪽 그림과 같이 점 C에서 $\overline{BD}$에
내린 수선의 발을 H라고 하면
$\overline{DH}=7-4=3(\text{cm})$
$\overline{CD}=\overline{CP}+\overline{DP}=\overline{CA}+\overline{DB}$
$\quad\ =4+7=11(\text{cm})$

$\triangle CHD$에서 $\overline{CH}=\sqrt{11^2-3^2}=4\sqrt{7}(\text{cm})$

따라서 원 O의 반지름의 길이는

$\dfrac{1}{2}\overline{AB}=\dfrac{1}{2}\overline{CH}=\dfrac{1}{2}\times4\sqrt{7}=2\sqrt{7}(\text{cm})$

$\therefore$ (원 O의 둘레의 길이)$=2\pi\times2\sqrt{7}=4\sqrt{7}\pi(\text{cm})$

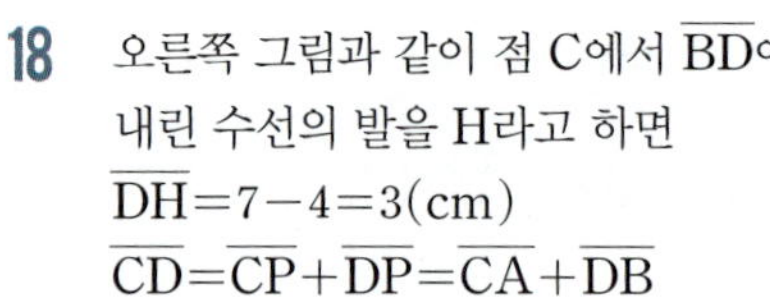

19 $4x-3y+36=0$에 $y=0$, $x=0$을 각
각 대입하여 두 점 A, B의 좌표를
구하면 A$(-9,\ 0)$, B$(0,\ 12)$

즉, $\overline{AO}=9$, $\overline{BO}=12$이므로

$\triangle AOB$에서 $\overline{AB}=\sqrt{9^2+12^2}=15$

오른쪽 그림과 같이 $\overline{ID}$, $\overline{IE}$를 긋고
원 I의 반지름의 길이를 r라고 하면 $\square IDOE$는 정사각형이
므로

$\overline{OD}=\overline{OE}=r$, $\overline{AF}=\overline{AD}=9-r$, $\overline{BF}=\overline{BE}=12-r$
$\overline{AB}=\overline{AF}+\overline{BF}$이므로

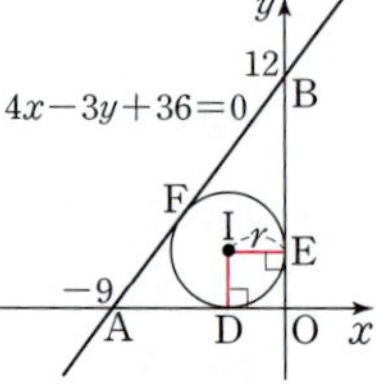

$15=(9-r)+(12-r)$, $2r=6\qquad\therefore\ r=3$
따라서 원 I의 반지름의 길이는 3이다.

20 $\overline{BE}=\overline{BD}=x$라고 하면
$\overline{AF}=\overline{AD}=10-x$
$\overline{BC}=\overline{BE}+\overline{CE}=x+2$
$\overline{AC}=\overline{AF}+\overline{CF}$
$\qquad\ =(10-x)+2=12-x$

$\triangle ABC$에서 $(x+2)^2+(12-x)^2=10^2$
$x^2-10x+24=0$, $(x-4)(x-6)=0$
이때 $0<x<5$이므로 $x=4$

$\therefore\ \triangle ABC=\dfrac{1}{2}\times(4+2)\times(12-4)=24$

21 $\overline{CE}=x$라고 하면
$\square ABCE$에서 $\overline{AB}+\overline{CE}=\overline{AE}+\overline{BC}$이므로
$8+x=\overline{AE}+12\qquad\therefore\ \overline{AE}=x-4$
$\overline{AD}=\overline{BC}=12$이므로
$\overline{DE}=12-(x-4)=16-x$

$\therefore$ ($\triangle CDE$의 둘레의 길이)$=\overline{CD}+\overline{DE}+\overline{CE}$
$\qquad\qquad\qquad\qquad\quad=8+(16-x)+x=24$

22 오른쪽 그림과 같이 원의 중심 O에서
$\overline{AB}$, $\overline{CD}$에 내린 수선의 발을 각각
M, N이라 하고 $\overline{OA}$를 그으면
$\overline{AM}=\dfrac{1}{2}\overline{AB}=\dfrac{1}{2}\times(8+6)=7$

$\overline{CN}=\dfrac{1}{2}\overline{CD}=\dfrac{1}{2}\times(12+4)=8$

$\therefore\ \overline{OM}=\overline{NP}=\overline{CP}-\overline{CN}=12-8=4$

$\triangle OAM$에서 $\overline{OA}=\sqrt{7^2+4^2}=\sqrt{65}$

따라서 원 O의 넓이는 $\pi\times(\sqrt{65})^2=65\pi$

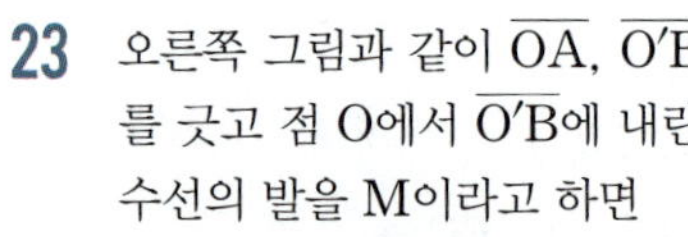

23 오른쪽 그림과 같이 $\overline{OA}$, $\overline{O'B}$
를 긋고 점 O에서 $\overline{O'B}$에 내린
수선의 발을 M이라고 하면
$\triangle APO$와 $\triangle BPO'$에서
$\angle APO=\angle BPO'$,
$\angle PAO=\angle PBO'$이므로
$\triangle APO\backsim\triangle BPO'(\text{AA 닮음})$
이고 그 닮음비는 $\overline{PA}:\overline{PB}=4:(4+4)=1:2$
즉, 원 O의 반지름의 길이를 $r\,\text{cm}$라고 하면 원 O'의 반지름
의 길이는 $2r\,\text{cm}$이므로
$\overline{OO'}=r+2r=3r(\text{cm})$, $\overline{O'M}=2r-r=r(\text{cm})$,
$\overline{OM}=\overline{AB}=4\,\text{cm}$
$\triangle OO'M$에서 $4^2+r^2=(3r)^2$, $r^2=2$
이때 $r>0$이므로 $r=\sqrt{2}$
따라서 원 O의 반지름의 길이는 $\sqrt{2}\,\text{cm}$이다.

유형 1~9　　　　P. 54~61

1　답　37°

$$\angle \text{APB} = \frac{1}{2}\angle \text{AOB} = \frac{1}{2} \times 74° = 37°$$

2　답　②

오른쪽 그림과 같이 $\overline{\text{OB}}$를 그으면

$$\angle \text{AOB} = 2\angle \text{AEB}$$
$$= 2 \times 30° = 60°$$
$$\angle \text{BOC} = 2\angle \text{BDC}$$
$$= 2 \times 20° = 40°$$
$$\therefore \angle x = \angle \text{AOB} + \angle \text{BOC}$$
$$= 60° + 40° = 100°$$

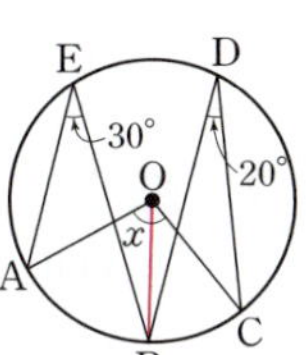

3　답　⑤

$$\angle \text{AOB} = 2\angle \text{APB}$$
$$= 2 \times 36° = 72°$$

원 O의 반지름의 길이를 r cm라고 하면

$$2\pi r \times \frac{72}{360} = 8\pi \qquad \therefore r = 20$$
$$\therefore (원\ \text{O의 넓이}) = \pi \times 20^2 = 400\pi\ (\text{cm}^2)$$

4　답　4 cm

오른쪽 그림과 같이 $\overline{\text{OA}}$, $\overline{\text{OB}}$를 그으면

$$\angle \text{AOB} = 2\angle \text{ACB}$$
$$= 2 \times 30° = 60° \qquad \cdots (\text{i})$$

$\triangle \text{OAB}$에서 $\overline{\text{OA}} = \overline{\text{OB}}$이므로

$$\angle \text{OAB} = \angle \text{OBA}$$
$$= \frac{1}{2} \times (180° - 60°) = 60°$$

따라서 $\triangle \text{OAB}$는 정삼각형이므로 $\qquad \cdots (\text{ii})$

$$\overline{\text{AB}} = \overline{\text{OA}} = 4\ \text{cm} \qquad \cdots (\text{iii})$$

채점 기준	비율
(i) $\angle$AOB의 크기 구하기	50 %
(ii) $\triangle$OAB가 정삼각형임을 설명하기	40 %
(iii) $\overline{\text{AB}}$의 길이 구하기	10 %

5　답　104°

오른쪽 그림과 같이 $\overline{\text{OP}}$를 그으면

$\triangle \text{OPA}$에서

$$\angle \text{OPA} = \angle \text{OAP} = 18°$$

$\triangle \text{OBP}$에서

$$\angle \text{OPB} = \angle \text{OBP} = 34°$$
$$\therefore \angle \text{APB} = 18° + 34° = 52°$$
$$\therefore \angle x = 2\angle \text{APB} = 2 \times 52° = 104°$$

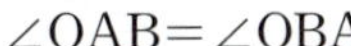

6　답　40°

오른쪽 그림과 같이 $\overline{\text{BC}}$를 그으면

$$\angle \text{ABC} = \frac{1}{2}\angle \text{AOC}$$
$$= \frac{1}{2} \times 130° = 65°$$
$$\angle \text{BCD} = \frac{1}{2}\angle \text{BOD} = \frac{1}{2} \times 50° = 25°$$

$\triangle \text{BCP}$에서 $25° + \angle \text{P} = 65°$　　$\therefore \angle \text{P} = 40°$

7　답　130°

$$\angle x = 360° - 2 \times 115° = 130°$$

8　답　④

$$\angle \text{APB} = \frac{1}{2} \times 260° = 130°$$
$$\angle \text{AOB} = 360° - 260° = 100°$$

따라서 $\square$AOBP에서

$$\angle x = 360° - (130° + 68° + 100°) = 62°$$

9　답　248°

$\triangle \text{ABC}$에서 $\overline{\text{AB}} = \overline{\text{AC}}$이므로

$$\angle \text{ACB} = \angle \text{ABC} = 28° \qquad \cdots (\text{i})$$
$$\therefore \angle \text{BAC} = 180° - (28° + 28°) = 124° \qquad \cdots (\text{ii})$$
$$\therefore \angle x = 2\angle \text{BAC} = 2 \times 124° = 248° \qquad \cdots (\text{iii})$$

채점 기준	비율
(i) $\angle$ACB의 크기 구하기	30 %
(ii) $\angle$BAC의 크기 구하기	30 %
(iii) $\angle x$의 크기 구하기	40 %

10　답　40°

오른쪽 그림과 같이 $\overline{\text{OA}}$, $\overline{\text{OB}}$를 그으면

$$\angle \text{AOB} = 2\angle \text{ACB}$$
$$= 2 \times 70° = 140°$$

$\angle \text{PAO} = \angle \text{PBO} = 90°$이므로

$\square$APBO에서

$$\angle \text{P} = 360° - (90° + 140° + 90°) = 40°$$

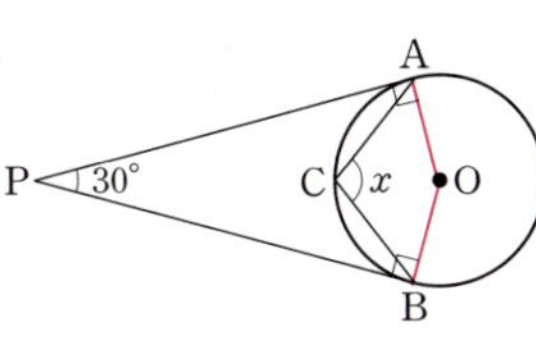

11　답　105°

오른쪽 그림과 같이 $\overline{\text{OA}}$, $\overline{\text{OB}}$를 그으면

$$\angle \text{PAO} = \angle \text{PBO} = 90°$$

이므로

$\square$APBO에서

$$\angle \text{AOB} = 360° - (90° + 30° + 90°) = 150°$$
$$\therefore \angle x = \frac{1}{2} \times (360° - 150°) = 105°$$

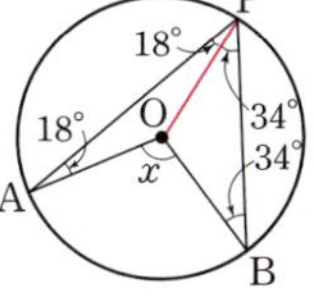

12 답 (1) **58°** (2) **32°**

(1) $\angle PAO = \angle PBO = 90°$이므로

□APBO에서

$\angle AOB = 360° - (90° + 64° + 90°) = 116°$

$\therefore \angle ACB = \dfrac{1}{2}\angle AOB = \dfrac{1}{2} \times 116° = 58°$

(2) $\triangle OAB$에서 $\overline{OA} = \overline{OB}$이므로

$\angle OAB = \angle OBA$

$\qquad\quad = \dfrac{1}{2} \times (180° - 116°) = 32°$

13 답 ④

① $\angle CAB = \angle BDC$ ($\widehat{BC}$에 대한 원주각)

$\quad \therefore \angle CAP = \angle BDP$

② $\angle ACD = \angle DBA$ ($\widehat{AD}$에 대한 원주각)

$\quad \therefore \angle ACP = \angle DBP$

③ $\triangle ACP$에서 $\angle CPB = \angle CAP + \angle ACP$

④ $\angle ABD$(또는 $\angle ACD$)와 $\angle CAB$(또는 $\angle CDB$)의 크기를 비교할 수 없으므로 $\widehat{AD} = \widehat{BC}$인지 알 수 없다.

⑤ $\triangle ACP$와 $\triangle DBP$에서

$\quad \angle CAP = \angle BDP$, $\angle ACP = \angle DBP$이므로

$\quad \triangle ACP \backsim \triangle DBP$ (AA 닮음)

따라서 옳지 않은 것은 ④이다.

14 답 ②

$\angle ABC = \angle ADC = 45°$

$\triangle ECB$에서

$\angle x + 45° = 70°$ $\qquad \therefore \angle x = 25°$

15 답 **70°**

오른쪽 그림과 같이 $\overline{BQ}$를 그으면

$\angle AQB = \angle APB = 40°$

$\angle BQC = \angle BRC = 30°$

$\therefore \angle AQC = \angle AQB + \angle BQC$

$\qquad\qquad = 40° + 30° = 70°$

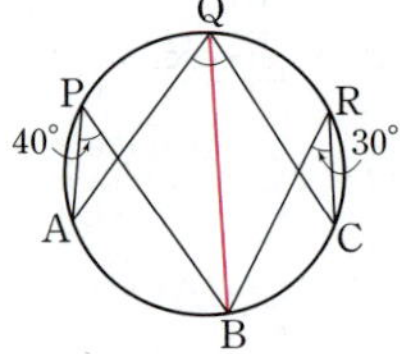

16 답 **23°**

오른쪽 그림과 같이 $\overline{BQ}$를 그으면

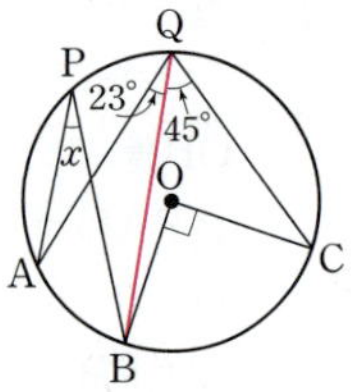

$\angle BQC = \dfrac{1}{2}\angle BOC$

$\qquad\quad = \dfrac{1}{2} \times 90° = 45°$

이므로

$\angle AQB = \angle AQC - \angle BQC$

$\qquad\qquad = 68° - 45° = 23°$

$\therefore \angle x = \angle AQB = 23°$

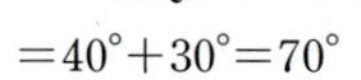

오른쪽 그림과 같이 $\overline{OA}$를 그으면

$\angle AOC = 2\angle AQC$

$\qquad\qquad = 2 \times 68° = 136°$

이므로

$\angle AOB = \angle AOC - \angle BOC$

$\qquad\qquad = 136° - 90° = 46°$

$\therefore \angle x = \dfrac{1}{2}\angle AOB = \dfrac{1}{2} \times 46° = 23°$

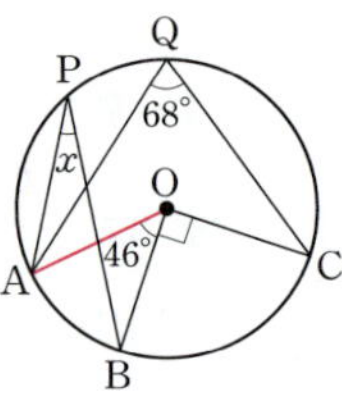

17 답 ②

$\angle ADB = \angle ACB = \angle y$, $\angle ACD = \angle ABD = 42°$이므로

$\triangle ACD$에서 $\angle x + (\angle y + 58°) + 42° = 180°$

$\therefore \angle x + \angle y = 80°$

$\angle BAC = \angle BDC = 58°$이므로

$\triangle ABP$에서 $\angle APB = 180° - (58° + 42°) = 80°$

$\angle ADB = \angle ACB = \angle y$이므로

$\triangle APD$에서 $\angle x + \angle y = 80°$

18 답 ④

$\angle BAC = \angle BDC = \angle x$

$\triangle BQD$에서 $\angle ABD = 30° + \angle x$이므로

$\triangle ABP$에서 $\angle x + (30° + \angle x) = 70°$

$2\angle x = 40°$ $\qquad \therefore \angle x = 20°$

19 답 ⑤

오른쪽 그림과 같이 $\overline{CD}$를 그으면 한 호에 대한 원주각의 크기는 모두 같으므로

$\angle BDC = \angle BEC = \angle e$

$\angle DCE = \angle DBE = \angle b$

따라서 $\triangle ACD$에서

$\angle a + \angle b + \angle c + \angle d + \angle e = 180°$

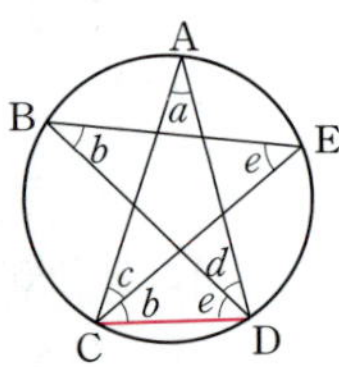

20 답 **35°**

$\overline{BD}$가 원 O의 지름이므로 $\angle BCD = 90°$

$\angle BDC = \angle BAC = 55°$이므로

$\triangle DBC$에서 $\angle DBC = 180° - (55° + 90°) = 35°$

21 답 ③

$\overline{BD}$가 원 O의 지름이므로 $\angle BCD = 90°$

$\angle ACD = \angle ABD = 50°$이므로

$\angle ACB = 90° - 50° = 40°$

22 **답** $12°$

$\overline{AC}$가 원 O의 지름이므로 $\angle ABC=90°$

$\angle DBC=\angle DAC=\angle x$이므로

$\angle x=90°-56°=34°$

$\triangle EBC$에서

$34°+\angle y=80°$ $\qquad \therefore \angle y=46°$

$\therefore \angle y-\angle x=46°-34°=12°$

23 **답** ③

$\overline{AD}$가 원 O의 지름이므로 $\angle AED=90°$

$\angle DAE=\angle DBE=30°$이므로

$\triangle ADE$에서

$\angle ADE=180°-(30°+90°)=60°$

$\therefore \angle ACE=\angle ADE=60°$

24 **답** ③

오른쪽 그림과 같이 $\overline{BC}$를 그으면

$\overline{AB}$가 원 O의 지름이므로

$\angle ACB=90°$

$\angle DCB=\angle DEB=49°$

$\therefore \angle ACD=90°-49°=41°$

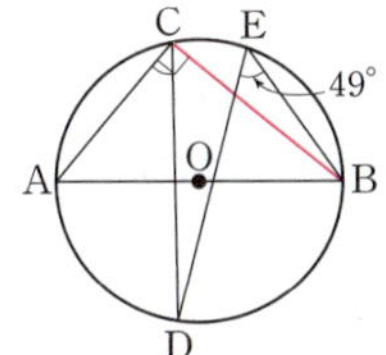

25 **답** $60°$

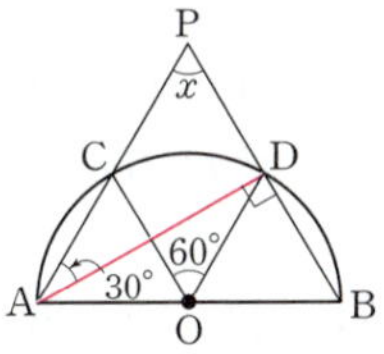

오른쪽 그림과 같이 $\overline{AD}$를 그으면

$\overline{AB}$가 반원 O의 지름이므로

$\angle ADB=90°$ $\qquad \cdots$ (i)

$\angle CAD=\dfrac{1}{2}\angle COD$

$\qquad =\dfrac{1}{2}\times 60°=30°$ $\qquad \cdots$ (ii)

따라서 $\triangle PAD$에서

$\angle x=180°-(30°+90°)=60°$ $\qquad \cdots$ (iii)

채점 기준	비율
(i) $\angle ADB$의 크기 구하기	35 %
(ii) $\angle CAD$의 크기 구하기	30 %
(iii) $\angle x$의 크기 구하기	35 %

26 **답** $\dfrac{\sqrt{5}}{3}$

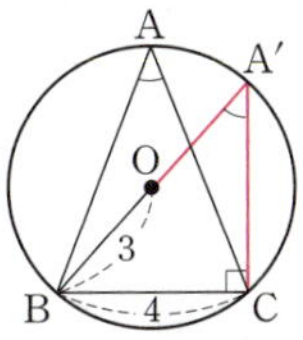

오른쪽 그림과 같이 $\overline{BO}$의 연장선이 원 O
와 만나는 점을 A′이라 하고 $\overline{A'C}$를 그으
면 $\overline{A'B}$가 원 O의 지름이므로

$\angle A'CB=90°$

$\angle BA'C=\angle BAC$

$\triangle A'BC$에서

$\overline{A'B}=2\times 3=6$, $\overline{A'C}=\sqrt{6^2-4^2}=2\sqrt{5}$

$\therefore \cos A=\cos A'=\dfrac{\overline{A'C}}{\overline{A'B}}=\dfrac{2\sqrt{5}}{6}=\dfrac{\sqrt{5}}{3}$

27 **답** $3\sqrt{3}$

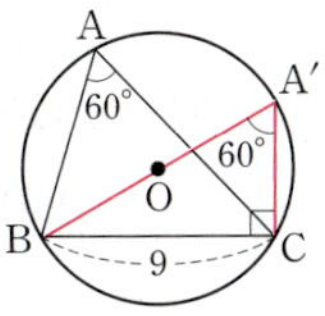

오른쪽 그림과 같이 $\overline{BO}$의 연장선이 원
O와 만나는 점을 A′이라 하고 $\overline{A'C}$를
그으면 $\overline{A'B}$가 원 O의 지름이므로

$\angle A'CB=90°$

$\angle BA'C=\angle BAC=60°$

$\triangle A'BC$에서 $\overline{A'B}=\dfrac{\overline{BC}}{\sin 60°}=9\times\dfrac{2}{\sqrt{3}}=6\sqrt{3}$

$\therefore$ (원 O의 반지름의 길이)$=\dfrac{1}{2}\times 6\sqrt{3}=3\sqrt{3}$

28 **답** ①

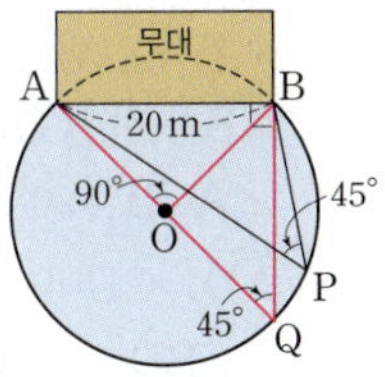

오른쪽 그림과 같이 원의 중심을 O라
하고, $\overline{AO}$의 연장선이 원 O와 만나
는 점을 Q라고 하자. $\overline{BQ}$를 그으면
$\overline{AQ}$가 원 O의 지름이므로

$\angle ABQ=90°$

$\angle AQB=\angle APB=45°$

$\triangle AQB$에서 $\overline{AQ}=\dfrac{\overline{AB}}{\sin 45°}=20\times\dfrac{2}{\sqrt{2}}=20\sqrt{2}\,(m)$

따라서 공연장의 반지름의 길이는 $\dfrac{1}{2}\times 20\sqrt{2}=10\sqrt{2}\,(m)$이고

$\angle AOB=2\angle APB=2\times 45°=90°$이므로

무대를 제외한 공연장의 넓이는

($\triangle AOB$의 넓이)$+$(큰 부채꼴 AOB의 넓이)

$=\dfrac{1}{2}\times 10\sqrt{2}\times 10\sqrt{2}+\pi\times(10\sqrt{2})^2\times\dfrac{270}{360}$

→ 중심각의 크기가
$360°-90°=270°$

$=100+150\pi\,(m^2)$

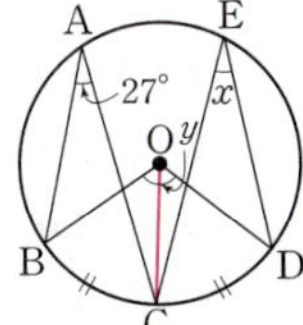

29 **답** $70°$

$\overparen{AB}=\overparen{BC}$이므로 $\overparen{BC}$에 대한 원주각의 크기는 $35°$이다.

$\therefore \angle BOC=2\times 35°=70°$

30 **답** $46°$

$\overparen{AC}=\overparen{BD}$이므로 $\angle BCD=\angle ABC=23°$

따라서 $\triangle PCB$에서 $\angle x=23°+23°=46°$

31 **답** ④

$\overparen{BC}=\overparen{CD}$이므로 $\angle x=\angle BAC=27°$

오른쪽 그림과 같이 $\overline{OC}$를 그으면

$\angle BOC=2\angle BAC=2\times 27°=54°$,

$\angle COD=2\angle CED=2\times 27°=54°$

이므로

$\angle y=\angle BOC+\angle COD=54°+54°=108°$

$\therefore \angle x+\angle y=27°+108°=135°$

32 **답** ②

$\overparen{AB}=\overparen{BC}$이므로 $\angle BAC=\angle ADB=30°$

따라서 $\triangle ABD$에서

$\angle ABD=180°-(30°+53°+30°)=67°$

33 답 ④

오른쪽 그림과 같이 $\overline{BD}$를 그으면

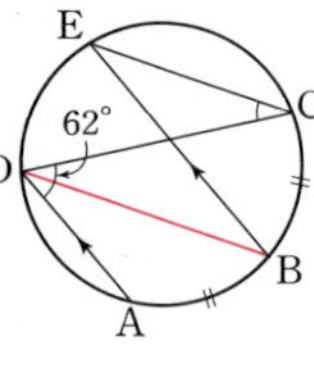

$\overarc{AB}=\overarc{BC}$이므로 $\angle ADB=\angle BDC$

$\therefore \angle ADB=\dfrac{1}{2}\angle ADC$

$\qquad\qquad =\dfrac{1}{2}\times 62^\circ=31^\circ$

따라서 $\overline{AD}\,/\!/\,\overline{BE}$이므로

$\angle DBE=\angle ADB=31^\circ$(엇각)

$\therefore \angle DCE=\angle DBE=31^\circ$

34 답 **65°**

오른쪽 그림과 같이 $\overline{BC}$를 그으면

$\overline{AB}$가 반원 O의 지름이므로

$\angle ACB=90^\circ$ $\qquad\cdots$ (i)

$\overarc{AD}=\overarc{CD}$이므로

$\angle CBD=\angle ABD=25^\circ$ $\qquad\cdots$ (ii)

따라서 △CEB에서

$\angle x=180^\circ-(90^\circ+25^\circ)=65^\circ$ $\qquad\cdots$ (iii)

채점 기준	비율
(i) $\angle ACB$의 크기 구하기	30 %
(ii) $\angle CBD$의 크기 구하기	40 %
(iii) $\angle x$의 크기 구하기	30 %

35 답 **60°**

$\overarc{AC}:\overarc{BC}=\angle APC:\angle BQC$이므로

$(6+3):3=\angle x:20^\circ$ $\qquad \therefore \angle x=60^\circ$

36 답 ②

$\overline{AB}$가 원 O의 지름이므로 $\angle ACB=90^\circ$

△ABC에서 $\angle BAC=180^\circ-(25^\circ+90^\circ)=65^\circ$

$\overarc{AC}:\overarc{BC}=\angle ABC:\angle BAC$이므로

$10:\overarc{BC}=25^\circ:65^\circ$ $\qquad \therefore \overarc{BC}=26\,(\text{cm})$

37 답 **30°**

$\overarc{AB}:\overarc{CD}=\angle ACB:\angle CAD$이므로

$2:4=30^\circ:\angle CAD$ $\qquad \therefore \angle CAD=60^\circ$

따라서 △APC에서

$\angle x+30^\circ=60^\circ$ $\qquad \therefore \angle x=30^\circ$

38 답 **80°**

$\overarc{AC}:\overarc{BD}=2:1$이므로 $\angle ABC:\angle BCD=2:1$

$\therefore \angle ABC=2\angle BCD$

$\angle BCD=\angle x$라고 하면 $\angle ABC=2\angle x$이므로

△PCB에서 $\angle x+2\angle x=120^\circ$

$3\angle x=120^\circ$ $\qquad \therefore \angle x=40^\circ$

$\therefore \angle ABC=2\angle x=2\times 40^\circ=80^\circ$

39 답 ④

$\overarc{AB}:\overarc{CD}=11:4$이므로 $\angle ADB:\angle CAD=11:4$

$\therefore \angle CAD=\dfrac{4}{11}\angle ADB$

△AQD에서

$\dfrac{4}{11}\angle ADB+\angle ADB=75^\circ$

$\dfrac{15}{11}\angle ADB=75^\circ$ $\qquad \therefore \angle ADB=55^\circ$

$\angle CAD=\dfrac{4}{11}\angle ADB=\dfrac{4}{11}\times 55^\circ=20^\circ$

$\angle ACB=\angle ADB=55^\circ$

따라서 △ACP에서

$20^\circ+\angle x=55^\circ$ $\qquad \therefore \angle x=35^\circ$

40 답 **100°**

오른쪽 그림과 같이 $\overline{AC}$, $\overline{BC}$를 그으면

$\overline{AB}$가 원 O의 지름이므로

$\angle ACB=90^\circ$

$\overarc{AD}=\overarc{DE}=\overarc{EB}$이므로

$\angle ACD=\angle DCE=\angle ECB$

$\therefore \angle ACE=\dfrac{2}{3}\angle ACB=\dfrac{2}{3}\times 90^\circ=60^\circ$

또 $\angle ABC:\angle BAC=\overarc{AC}:\overarc{BC}=5:4$이므로

△ABC에서

$\angle BAC=(180^\circ-90^\circ)\times\dfrac{4}{5+4}=40^\circ$

따라서 △APC에서

$\angle x=60^\circ+40^\circ=100^\circ$

41 답 $\angle x=60^\circ$, $\angle y=75^\circ$, $\angle z=45^\circ$

호의 길이는 그 호에 대한 원주각의 크기에 정비례하므로

$\angle z:\angle x:\angle y=\overarc{AB}:\overarc{BC}:\overarc{CA}$

$\qquad\qquad\qquad =3:4:5$

$\therefore \angle x=180^\circ\times\dfrac{4}{3+4+5}=60^\circ$,

$\qquad \angle y=180^\circ\times\dfrac{5}{3+4+5}=75^\circ$,

$\qquad \angle z=180^\circ\times\dfrac{3}{3+4+5}=45^\circ$

42 답 **36°**

$\overarc{AB}=\overarc{BC}=\overarc{CD}=\overarc{DE}=\overarc{EA}$이므로

$\angle ADB=\angle BEC=\angle CAD=\angle DBE=\angle ECA$

$\therefore \angle CAD=180^\circ\times\dfrac{1}{5}=36^\circ$

43 답 ①

△ACP에서 $\angle CAP+40^\circ=100^\circ$ $\qquad \therefore \angle CAP=60^\circ$

한 원에서 모든 호에 대한 원주각의 크기의 합은 180°이므로

$8:(\text{원의 둘레의 길이})=60^\circ:180^\circ$

$\therefore (\text{원의 둘레의 길이})=24\,(\text{cm})$

44 답 **45°**

오른쪽 그림과 같이 $\overline{AD}$를 그으면

$\angle BAD = 180° \times \dfrac{1}{12} = 15°$ ··· (i)

$\widehat{AC} = 2\widehat{BD}$이므로

$\angle ADC = 2\angle BAD$

$\qquad = 2 \times 15° = 30°$ ··· (ii)

$\triangle PAD$에서

$\angle BPD = \angle PAD + \angle ADP$

$\qquad = 15° + 30° = 45°$ ··· (iii)

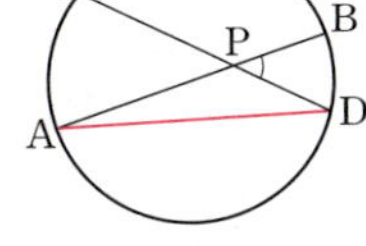

채점 기준	비율
(i) $\angle BAD$의 크기 구하기	40 %
(ii) $\angle ADC$의 크기 구하기	40 %
(iii) $\angle BPD$의 크기 구하기	20 %

45 답 ②

오른쪽 그림과 같이 $\overline{AD}$를 긋고

$\angle ADC = \angle x$, $\angle BAD = \angle y$라고

하면

$\triangle APD$에서 $\angle x + \angle y = 30°$

이때 모든 호에 대한 원주각의 크기의

합은 180°이고, $\widehat{AC}$, $\widehat{BD}$에 대한 원주각의 크기의 합이 30°

이므로

$\widehat{AC} + \widehat{BD} = 2\pi \times 9 \times \dfrac{30}{180} = 3\pi \,(\text{cm})$

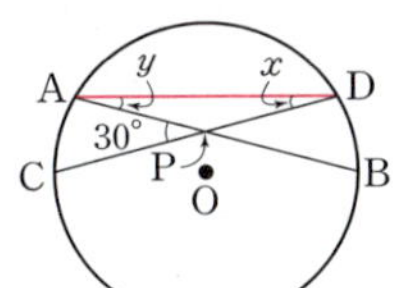

46 답 **21°**

$\triangle BCP$에서

$\angle ABC = \angle x + 32°$

$\widehat{AB} = \widehat{AC} = \widehat{CD}$이므로 $\widehat{AB}$, $\widehat{AC}$,

$\widehat{CD}$에 대한 원주각의 크기는 모두

$\angle x + 32°$이고, 한 원에서 모든 호에 대한 원주각의 크기의

합은 180°이므로

$3(\angle x + 32°) + \angle x = 180°$

$4\angle x = 84°$ $\quad \therefore \angle x = 21°$

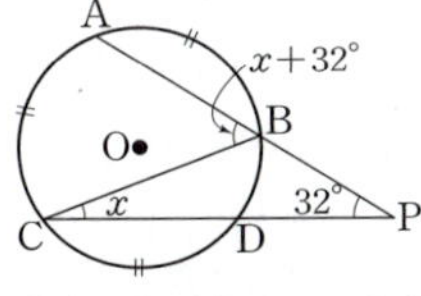

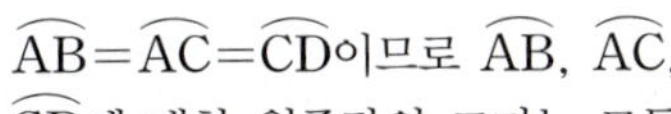

P. 61~65

47 답 ④, ⑤

④ $\angle ACB = \angle ADB = 55°$이므로 네 점 A, B, C, D는 한 원 위에 있다.

⑤ $\angle BDC + 40° = 100°$ $\quad \therefore \angle BDC = 60°$

즉, $\angle BAC = \angle BDC = 60°$이므로 네 점 A, B, C, D는 한 원 위에 있다.

48 답 **20°**

$\angle ACB = \angle ADB = 50°$이어야 하므로

$\triangle EBC$에서

$\angle x + 50° = 70°$ $\quad \therefore \angle x = 20°$

49 답 **27°**

$\angle DBC = \angle DAC = 62°$이어야 하므로

$\triangle PBD$에서

$35° + \angle D = 62°$ $\quad \therefore \angle D = 27°$

50 답 ⑤

$\triangle ABC$가 $\overline{AB} = \overline{AC}$인 이등변삼각형이므로

$\angle ABC = \dfrac{1}{2} \times (180° - 38°) = 71°$

$\square ABCD$가 원에 내접하므로

$71° + \angle x = 180°$ $\quad \therefore \angle x = 109°$

51 답 $\angle x = 75°$, $\angle y = 150°$

$\square ABCD$가 원 O에 내접하므로

$\angle x + 105° = 180°$ $\quad \therefore \angle x = 75°$

$\therefore \angle y = 2\angle x = 2 \times 75° = 150°$

52 답 ④

$\triangle ACD$에서 $\angle ADC = 180° - (48° + 50°) = 82°$

$\square ABCD$가 원 O에 내접하므로

$\angle x + 82° = 180°$ $\quad \therefore \angle x = 98°$

53 답 **124°**

오른쪽 그림과 같이 $\overline{OB}$를 그으면

$\triangle OAB$와 $\triangle OBC$는 각각 이등변삼각

형이므로

$\angle OBA = \angle OAB = 34°$,

$\angle OBC = \angle OCB = 22°$

$\therefore \angle ABC = 34° + 22° = 56°$

$\square ABCD$가 원 O에 내접하므로

$56° + \angle x = 180°$ $\quad \therefore \angle x = 124°$

54 답 ③

$\overline{BC}$가 원 O의 지름이므로 $\angle BAC = 90°$이고

$\square ABCD$가 원 O에 내접하므로

$\angle ABC + 120° = 180°$ $\quad \therefore \angle ABC = 60°$

$\triangle ABC$에서

$\overline{BC} = \dfrac{\overline{AC}}{\sin 60°} = 3 \times \dfrac{2}{\sqrt{3}} = 2\sqrt{3}$

따라서 $\overline{BO} = \dfrac{1}{2} \times 2\sqrt{3} = \sqrt{3}$이므로

(원 O의 넓이)$= \pi \times (\sqrt{3})^2 = 3\pi$

55 답 **10°**

$\angle BAC = \angle BDC = 50°$

□ABCD가 원에 내접하므로

$(50° + \angle x) + 100° = 180°$　　∴ $\angle x = 30°$　　… (i)

△ABD에서 $(50° + \angle x) + \angle y + 60° = 180°$

∴ $\angle y = 180° - (50° + 30° + 60°) = 40°$　　… (ii)

∴ $\angle y - \angle x = 40° - 30° = 10°$　　… (iii)

채점 기준	비율
(i) $\angle x$의 크기 구하기	40 %
(ii) $\angle y$의 크기 구하기	40 %
(iii) $\angle y - \angle x$의 크기 구하기	20 %

56 답 **130°**

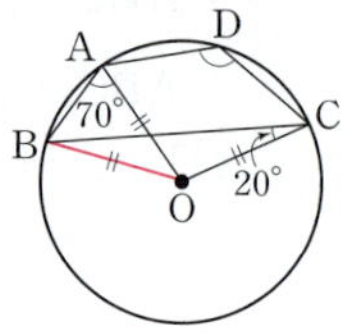

오른쪽 그림과 같이 $\overline{OB}$를 그으면

△OAB와 △OCB는 각각 이등변삼각

형이므로

$\angle OBA = \angle OAB = 70°$,

$\angle OBC = \angle OCB = 20°$

∴ $\angle ABC = 70° - 20° = 50°$

□ABCD가 원 O에 내접하므로

$50° + \angle ADC = 180°$　　∴ $\angle ADC = 130°$

57 답 **67°**

△APB에서 $43° + \angle ABP = 110°$　　∴ $\angle ABP = 67°$

□ABCD가 원에 내접하므로

$\angle x = \angle ABP = 67°$

다른 풀이

□ABCD가 원에 내접하므로

$110° + \angle BCD = 180°$　　∴ $\angle BCD = 70°$

따라서 △DPC에서 $\angle x = 180° - (43° + 70°) = 67°$

58 답 $\angle x = 114°$, $\angle y = 57°$

□ABCD가 원 O에 내접하므로

$\angle x = \angle BAE = 114°$

△BCD에서 $\overline{BC} = \overline{CD}$이므로

$\angle CBD = \angle CDB = \dfrac{1}{2} \times (180° - 114°) = 33°$

$\overline{AD}$가 원 O의 지름이므로 $\angle ABD = 90°$

따라서 □ABCD에서

$(90° + 33°) + \angle y = 180°$　　∴ $\angle y = 57°$

59 답 **50°**

△OBC에서 $\overline{OB} = \overline{OC}$이므로

$\angle BOC = 180° - (55° + 55°) = 70°$

∴ $\angle BAC = \dfrac{1}{2} \angle BOC = \dfrac{1}{2} \times 70° = 35°$

□ABCD가 원 O에 내접하므로

$\angle BAD = \angle DCE = 85°$

∴ $\angle x = \angle BAD - \angle BAC = 85° - 35° = 50°$

60 답 ⑤

오른쪽 그림과 같이 $\overline{BD}$를 그으면

□ABDE가 원 O에 내접하므로

$80° + \angle BDE = 180°$

∴ $\angle BDE = 100°$

$\angle BDC = \angle D - \angle BDE$

$= 140° - 100° = 40°$

∴ $\angle x = 2 \angle BDC = 2 \times 40° = 80°$

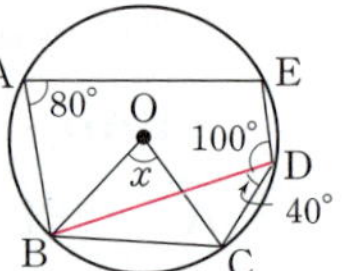

61 답 **205°**

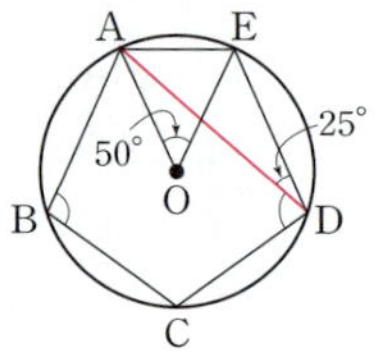

오른쪽 그림과 같이 $\overline{AD}$를 그으면

$\angle ADE = \dfrac{1}{2} \angle AOE$

$= \dfrac{1}{2} \times 50° = 25°$　　… (i)

□ABCD가 원 O에 내접하므로

$\angle B + \angle ADC = 180°$　　… (ii)

∴ $\angle B + \angle D = (\angle B + \angle ADC) + \angle ADE$

$= 180° + 25° = 205°$　　… (iii)

채점 기준	비율
(i) $\angle ADE$의 크기 구하기	40 %
(ii) $\angle B + \angle ADC$의 크기 구하기	40 %
(iii) $\angle B + \angle D$의 크기 구하기	20 %

62 답 **360°**

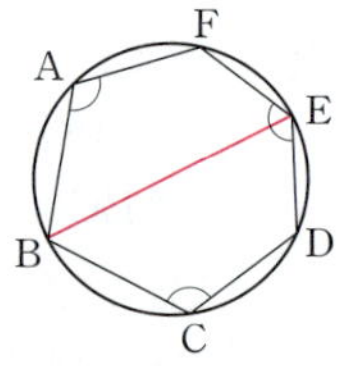

오른쪽 그림과 같이 $\overline{BE}$를 그으면

□ABEF가 원에 내접하므로

$\angle A + \angle BEF = 180°$

□BCDE가 원에 내접하므로

$\angle C + \angle BED = 180°$

∴ $\angle A + \angle C + \angle E$

$= (\angle A + \angle BEF) + (\angle C + \angle BED)$

$= 180° + 180° = 360°$

63 답 **35°**

□ABCD가 원에 내접하므로

$\angle CDQ = \angle ABC = 59°$

△PBC에서 $\angle PCQ = 59° + 27° = 86°$

따라서 △DCQ에서

$59° + 86° + \angle x = 180°$　　∴ $\angle x = 35°$

64 답 **63°**

□ABCD가 원에 내접하므로

$\angle CDQ = \angle ABC = \angle x$

△PBC에서 $\angle PCQ = \angle x + 21°$

△DCQ에서

$\angle x + (\angle x + 21°) + 33° = 180°$

$2 \angle x = 126°$　　∴ $\angle x = 63°$

65 답 ③

$\square$ABCD가 원에 내접하므로

$\angle$ABC$+105°=180°$

$\therefore \angle$ABC$=75°$

$\triangle$PBC에서

$\angle$PCQ$=75°+15°=90°$

$\triangle$DCQ에서

$90°+\angle x=105°$

$\therefore \angle x=15°$

66 답 $58°$

$\square$PQCD가 원에 내접하므로

$\angle$AQP$=\angle$PDC$=58°$

$\therefore \angle$ABP$=\angle$AQP$=58°$

67 답 ③, ⑤

①, ④ 알 수 없다.

② $\square$ABQP가 원 O에 내접하므로

$105°+\angle$PQB$=180°$

$\therefore \angle$PQB$=75°$

③ $\square$PQCD가 원 O′에 내접하

므로

$\angle$PDC$=\angle$PQB$=75°$

⑤ $\overline{CD}$의 연장선 위의 한 점을 E라고 하면

$\angle$PDE$=180°-\angle$PDC$=180°-75°=105°$

즉, $\angle$BAD$=\angle$ADE (엇각)이므로

$\overline{AB}\,/\!/\,\overline{CD}$

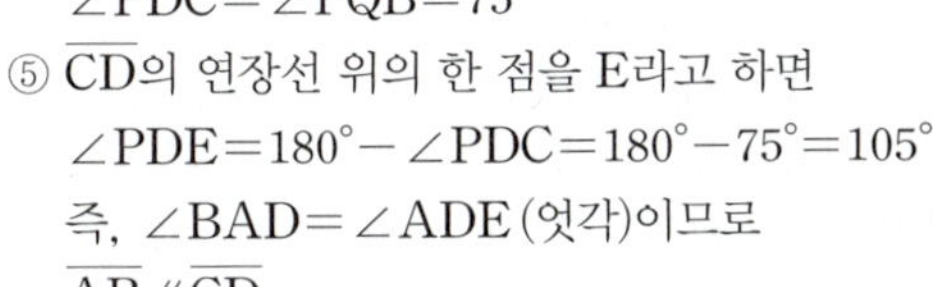

따라서 옳은 것은 ③, ⑤이다.

68 답 $170°$

$\square$ABQP가 원 O에 내접하므로

$\angle$DPQ$=\angle$ABQ$=95°$

$\square$PQCD가 원 O′에 내접하므로

$95°+\angle$DCQ$=180°$

$\therefore \angle$DCQ$=85°$

$\therefore \angle$DO′Q$=2\angle$DCQ$=2\times85°=170°$

69 답 ①, ③

① $\angle$ABD$=180°-(60°+80°)=40°$이므로

$\angle$ABD$=\angle$ACD

② $\angle$BAC$\neq\angle$BDC

③ $\angle$B$=180°-(30°+50°)=100°$이므로

$\angle$B$+\angle$D$=180°$

④ $\angle$A$+\angle$C$=190°\neq180°$

⑤ $\angle$ADC$=180°-75°=105°$이므로

$\angle$ADC$\neq\angle$CBE

따라서 $\square$ABCD가 원에 내접하는 것은 ①, ③이다.

70 답 ③

$\triangle$ABC에서 $\angle$B$=180°-(45°+35°)=100°$

$\square$ABCD가 원에 내접하려면

$\angle$B$+\angle$D$=180°$이어야 하므로

$100°+\angle$D$=180°$　　$\therefore \angle$D$=80°$

71 답 ③

ㄱ. 직사각형은 네 내각의 크기가 모두 $90°$이므로 마주 보는

두 각의 크기의 합이 $180°$이다.

ㅁ. 등변사다리꼴은 윗변과 아랫변의 양 끝 각의 크기가 각

각 같으므로 마주 보는 두 각의 크기의 합이 $180°$이다.

따라서 항상 원에 내접하는 사각형은 ㄱ, ㅁ이다.

72 답 $50°$

$\angle$ABD$=\angle$ACD$=60°$이므로 네 점 A, B, C, D는 한 원

위에 있다.

즉, $\square$ABCD는 원에 내접하므로

$70°+(\angle x+60°)=180°$　　$\therefore \angle x=50°$

73 답 6개

(i) 한 쌍의 대각의 크기의 합이 $180°$인 경우

$\square$AFHE, $\square$BDHF, $\square$CEHD의 3개

(ii) 한 변에 대하여 같은 쪽에 있는 두 각의 크기가 $90°$로 같

은 경우

$\square$ABDE, $\square$BCEF, $\square$CAFD의 3개

따라서 (i), (ii)에 의해 구하는 사각형은

$3+3=6$(개)

유형 17~20　　P. 66~69

74 답 $200°$

$\angle x=40°$

$\angle y=180°-(60°+40°)=80°$

$\angle z=\angle y=80°$

$\therefore \angle x+\angle y+\angle z=40°+80°+80°=200°$

75 답 ②

$\angle$BCA$=\angle$BAT$=72°$이므로

$\angle$BOA$=2\angle$BCA$=2\times72°=144°$

76 답 $35°$

오른쪽 그림과 같이 $\overline{AC}$를 그으면

$\overparen{BC}=\overparen{CD}$이므로 $\angle$BAC$=\angle$CAD

$\therefore \angle$BAC$=\dfrac{1}{2}\angle$BAD

$=\dfrac{1}{2}\times70°=35°$

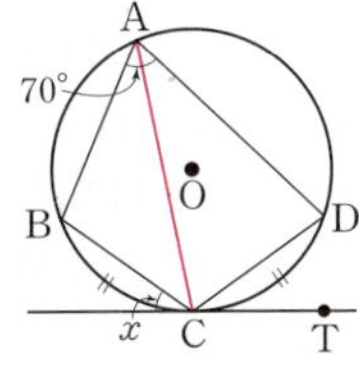

$\therefore \angle x=\angle$BAC$=35°$

77 답 **40°**

□ABCD가 원 O에 내접하므로
$100° + \angle x = 180°$
$\therefore \angle x = 80°$ ········· (i)
$\angle BDA = \angle BAT = 60°$이므로 ········· (ii)
△ABD에서
$\angle y = 180° - (60° + 80°) = 40°$ ········· (iii)
$\therefore \angle x - \angle y = 80° - 40° = 40°$ ········· (iv)

채점 기준	비율
(i) $\angle x$의 크기 구하기	30 %
(ii) $\angle BDA$의 크기 구하기	30 %
(iii) $\angle y$의 크기 구하기	30 %
(iv) $\angle x - \angle y$의 크기 구하기	10 %

78 답 **②**

$\angle ABT = \angle ATP = \angle x$이므로
△BPT에서 $\angle x + 35° = 75°$
$\therefore \angle x = 40°$

다른 풀이
$\angle BAT = \angle BTQ = 75°$이므로
△APT에서 $35° + \angle x = 75°$
$\therefore \angle x = 40°$

79 답 **④**

$\angle x = \angle ABT$이고
$\angle ABT = 180° \times \dfrac{13}{15+8+13} = 65°$이므로 $\angle x = 65°$

80 답 **32°**

$\angle ABP = \angle ADB = 39°$
□ABCD는 원 O에 내접하므로
$\angle DAB + 109° = 180°$ $\therefore \angle DAB = 71°$
△APB에서
$\angle x + 39° = 71°$ $\therefore \angle x = 32°$

다른 풀이
$\angle DBP = \angle DCB = 109°$이므로
△DPB에서 $\angle x = 180° - (39° + 109°) = 32°$

81 답 **35°**

$\overline{AD}$가 원 O의 지름이므로
$\angle ABD = 90°$
□ABCD가 원 O에 내접하므로
$\angle BAD + 125° = 180°$
$\therefore \angle BAD = 55°$
따라서 △ABD에서
$\angle ADB = 180° - (55° + 90°) = 35°$이므로
$\angle ABT = \angle ADB = 35°$

82 답 **40°**

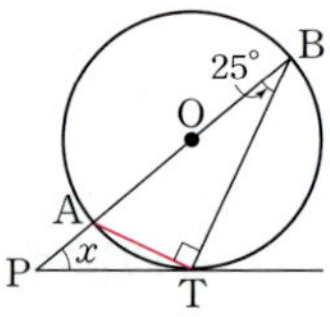

오른쪽 그림과 같이 $\overline{AT}$를 그으면
$\overline{AB}$가 원 O의 지름이므로
$\angle ATB = 90°$
$\angle ATP = \angle ABT = 25°$이므로
△BPT에서
$25° + \angle x + (25° + 90°) = 180°$ $\therefore \angle x = 40°$

다른 풀이
$\angle ATB = 90°$이므로
△ATB에서 $\angle BAT = 180° - (90° + 25°) = 65°$
$\angle ATP = \angle ABT = 25°$이므로
△APT에서 $\angle x + 25° = 65°$ $\therefore \angle x = 40°$

83 답 **47°**

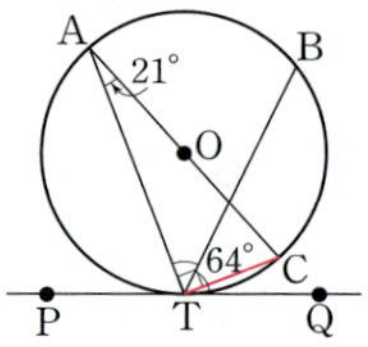

오른쪽 그림과 같이 $\overline{CT}$를 그으면
$\overline{AC}$가 원 O의 지름이므로
$\angle ATC = 90°$
△ATC에서
$\angle ACT = 180° - (21° + 90°) = 69°$
이때 $\angle ATP = \angle ACT = 69°$이므로
$\angle ATB = 180° - (\angle ATP + \angle BTQ)$
$= 180° - (69° + 64°) = 47°$

다른 풀이
$\angle CTQ = \angle CAT = 21°$이므로
$\angle BTC = 64° - 21° = 43°$
이때 $\angle ATC = 90°$이므로
$\angle ATB = \angle ATC - \angle BTC = 90° - 43° = 47°$

84 답 **5**

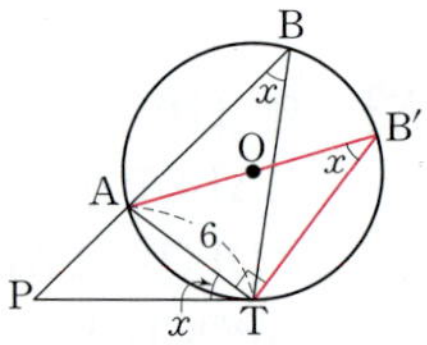

오른쪽 그림과 같이 $\overline{AO}$의 연장선
이 원 O와 만나는 점을 B′이라 하
고 $\overline{B'T}$를 그으면 $\overline{AB'}$이 원 O의
지름이므로
$\angle ATB' = 90°$
$\angle AB'T = \angle ABT$
$= \angle ATP = \angle x$
△ATB′에서 $\tan x = \dfrac{6}{\overline{B'T}} = \dfrac{3}{4}$ $\therefore \overline{B'T} = 8$
$\therefore \overline{AB'} = \sqrt{6^2 + 8^2} = 10$
$\therefore$ (원 O의 반지름의 길이)$= \dfrac{1}{2} \times 10 = 5$

85 답 **60°**

$\angle BTP = \angle a$라고 하면 $\angle BAT = \angle BTP = \angle a$이고
$\overline{AB}$가 원 O의 지름이므로 $\angle ATB = 90°$
△ATP에서 $\angle a + (90° + \angle a) + 30° = 180°$
$2\angle a = 60°$ $\therefore \angle a = 30°$
따라서 △ATB에서
$\angle ABT = 180° - (30° + 90°) = 60°$

86 답 ③

$\overline{AB}$가 원 O의 지름이므로 ∠BCA=90°

△BAC와 △BCD에서

∠BCA=∠BDC=90°, ∠BAC=∠BCD이므로

△BAC∽△BCD(AA 닮음)

즉, $\overline{BA}:\overline{BC}=\overline{BC}:\overline{BD}$이므로

$8:\overline{BC}=\overline{BC}:6$, $\overline{BC}^2=48$

이때 $\overline{BC}>0$이므로 $\overline{BC}=4\sqrt{3}$(cm)

∴ $\overline{AC}:\overline{CD}=\overline{BA}:\overline{BC}=8:4\sqrt{3}=2:\sqrt{3}$

87 답 38°

△PBA는 $\overline{PA}=\overline{PB}$인 이등변삼각형이므로

$\angle PBA=\dfrac{1}{2}\times(180°-40°)=70°$

$\overrightarrow{PD}$가 원 O의 접선이므로

∠ABC=∠CAD=72°

∴ $\angle x=180°-(70°+72°)=38°$

88 답 55°

△BED는 $\overline{BD}=\overline{BE}$인 이등변삼각형이므로

$\angle DEB=\dfrac{1}{2}\times(180°-50°)=65°$ ⋯ (i)

∴ ∠DFE=∠DEB=65° ⋯ (ii)

따라서 △DEF에서

∠DEF=180°−(60°+65°)=55° ⋯ (iii)

채점 기준	비율
(i) ∠DEB의 크기 구하기	40 %
(ii) ∠DFE의 크기 구하기	40 %
(iii) ∠DEF의 크기 구하기	20 %

89 답 29°

△PAB는 $\overline{PA}=\overline{PB}$인 이등변삼각형이므로

$\angle ABP=\dfrac{1}{2}\times(180°-52°)=64°$

∴ ∠ACB=∠ABP=64°

이때 $\angle x:\angle BAC=\overset{\frown}{AC}:\overset{\frown}{BC}=1:3$이므로

∠BAC=3∠x

따라서 △ACB에서 3∠x+64°+∠x=180°

4∠x=116° ∴ ∠x=29°

90 답 ④

① ∠CPT=∠CDP=80°

②, ④ ∠DCP=∠DPS

       =∠BPT

       =∠BAP=35°

③ ∠BPC=∠BPT+∠CPT

       =35°+80°=115°

⑤ ∠BAP=∠DCP(엇각)이므로 $\overline{AB}\,/\!/\,\overline{CD}$

따라서 옳지 않은 것은 ④이다.

91 답 100°

원 O′에서 ∠BPT=∠BDP=50°

∠APS=∠BPT=50°(맞꼭지각)

원 O에서 ∠ACP=∠APS=50°

∴ ∠AOP=2∠ACP=2×50°=100°

92 답 ⑤

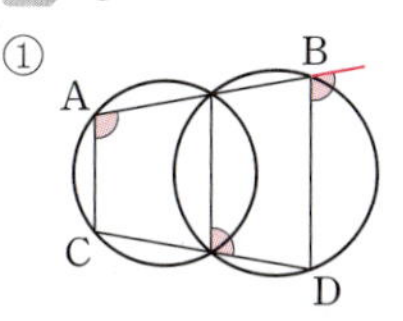

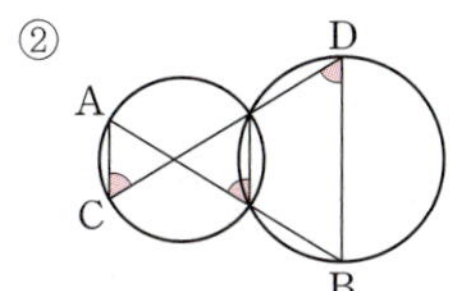

동위각의 크기가 같다.　　엇각의 크기가 같다.

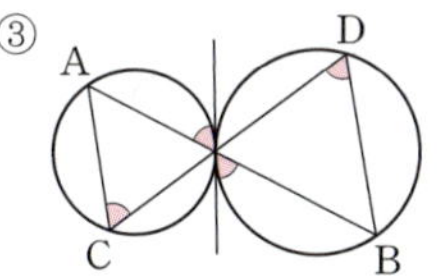

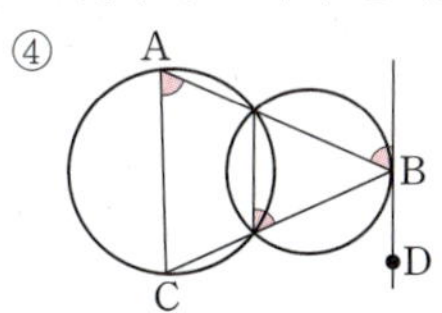

엇각의 크기가 같다.　　엇각의 크기가 같다.

⑤ ∠ACB=45°이므로 ∠ACB≠∠CBD

   즉, 엇각의 크기가 다르므로 $\overline{AC}\,/\!/\,\overline{BD}$가 아니다.

따라서 $\overline{AC}\,/\!/\,\overline{BD}$가 아닌 것은 ⑤이다.

93 답 ③

△ABT와 △DCT에서

∠ABT=∠ATP=∠DCT(①),

∠BAT=∠BTQ=∠CDT(②)이므로

△ABT∽△DCT(AA 닮음)(⑤)

∴ $\overline{TA}:\overline{TB}=\overline{TD}:\overline{TC}$

또 ②에서 동위각의 크기가 같으므로

$\overline{AB}\,/\!/\,\overline{CD}$(④)

따라서 옳지 않은 것은 ③이다.

94 답 40°

∠BAP=∠BPT′=∠CDP=80°이므로

△APB에서

∠x+80°=120° ∴ ∠x=40°

> **다른 풀이**
>
> ∠ABP=180°−120°=60°이므로
>
> ∠APT=∠ABP=60°
>
> 이때 ∠CPT′=∠CDP=80°이므로
>
> ∠x=180°−(60°+80°)=40°

95 답 4개

$\overline{AB}$의 중점을 M이라고 하면

$\overline{AM}=\sqrt{3^2+1^2}=\sqrt{10}$

42개의 점 중에서 점 M으로부터 거리가 $\sqrt{10}$인 점을 찾으면 오른쪽 그림과 같이 네 점 C, D, E, F이다.

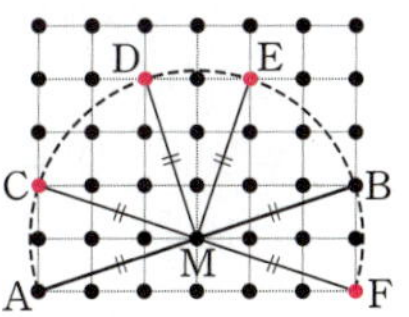

$\overline{AB}$를 지름으로 하는 원을 그리면 네 점 C, D, E, F는 이 원 위에 있고, 반원에 대한 원주각의 크기는 90°이므로 $\angle APB=90°$를 만족시키는 점 P는 모두 4개이다.

96 답 ③

$\triangle ABC$에서
$\angle BAC=180°-(95°+47°)=38°$
$\overparen{BC}:\overparen{CDA}=\angle BAC:\angle CBA$이므로
$\overparen{BC}:\overparen{CDA}=38°:95°$
$\therefore \overparen{CDA}=\dfrac{5}{2}\overparen{BC}$
따라서 $\overparen{BC}$ 부분을 가는 데 4분이 걸렸으므로 $\overparen{CDA}$ 부분을 가는 데 $\dfrac{5}{2}\times4=10$(분)이 걸린다.

단원 마무리
P. 70~73

1 ⑤	**2** 70°	**3** 113°	**4** 23°	**5** ④
6 66°	**7** ⑤	**8** 55°	**9** 100°	**10** 103°
11 52°	**12** ②, ③		**13** 45°	**14** 35°
15 76°	**16** $6\pi-9\sqrt{3}$		**17** $\dfrac{32}{3}$ cm	
18 34π	**19** 65°	**20** 40°	**21** ①	**22** 112°
23 (1) 65° (2) 75°		**24** ④	**25** 59°	**26** $3\sqrt{7}$ cm
27 10π	**28** 14 cm			

1 $\angle AOB=2\angle APB$
$\qquad\quad =2\times40°=80°$
$\triangle OAB$는 $\overline{OA}=\overline{OB}$인 이등변삼각형이므로
$\angle x=\dfrac{1}{2}\times(180°-80°)=50°$

2 $\angle ABC=\dfrac{1}{2}\times(360°-136°)=112°$이므로
$\square AOCB$에서
$\angle x=360°-(112°+136°+42°)=70°$

3 오른쪽 그림과 같이 $\overline{OA}$, $\overline{OC}$를 그으면
$\angle PAO=\angle PCO=90°$이므로
$\square APCO$에서
$\angle AOC$
$=360°-(90°+46°+90°)$
$=134°$
$\therefore \angle ABC=\dfrac{1}{2}\times(360°-134°)=113°$

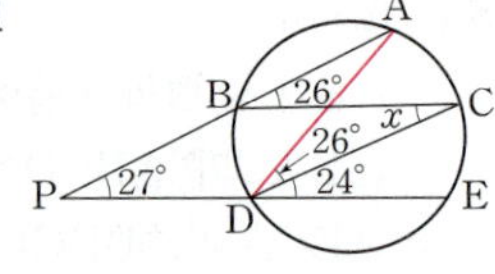

4 오른쪽 그림과 같이 $\overline{AD}$를 그으면
$\angle ADC=\angle ABC=26°$
$\triangle APD$에서
$27°+\angle PAD=26°+24°$
$\therefore \angle PAD=23°$
$\therefore \angle x=\angle BAD=23°$

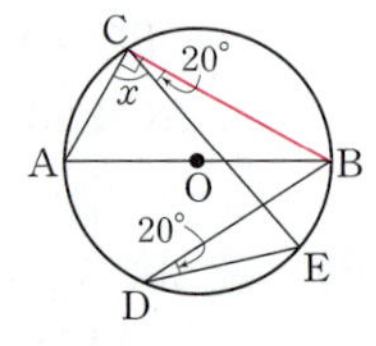

5 오른쪽 그림과 같이 $\overline{BC}$를 그으면
$\overline{AB}$가 원 O의 지름이므로
$\angle ACB=90°$
$\angle BCE=\angle BDE=20°$이므로
$\angle x=90°-20°=70°$

6 $\overparen{AD}=\overparen{CD}$이므로 $\angle CBD=\angle ABD=32°$
$\angle BAC=\angle BDC=50°$
따라서 $\triangle ABC$에서
$\angle ACB=180°-(50°+32°+32°)=66°$

7 $3:6=\angle x:40°$ $\quad\therefore \angle x=20°$
$\angle y=2\angle x=2\times20°=40°$
$\therefore \angle x+\angle y=20°+40°=60°$

8 $\square ABCD$가 원에 내접하므로
$120°+\angle ADC=180°$ $\quad\therefore \angle ADC=60°$
따라서 $\triangle FCD$에서
$\angle x+60°=115°$ $\quad\therefore \angle x=55°$

9 $\angle CAD=\angle CBD=\angle x$이고
$\square ABCD$가 원에 내접하므로
$(45°+\angle x)+110°=180°$
$\therefore \angle x=25°$ $\qquad\qquad\qquad$ … (i)
또 $\angle y=\angle ABC=\angle x+50°$
$\qquad =25°+50°=75°$ $\qquad$ … (ii)
$\therefore \angle x+\angle y=25°+75°=100°$ $\quad$ … (iii)

채점 기준	비율
(i) $\angle x$의 크기 구하기	40 %
(ii) $\angle y$의 크기 구하기	40 %
(iii) $\angle x+\angle y$의 크기 구하기	20 %

10 오른쪽 그림과 같이 $\overline{AC}$를 그으면
$\angle BAC=\dfrac{1}{2}\angle BOC$
$\qquad =\dfrac{1}{2}\times66°=33°$
$\square ACDE$에서
$\angle CAE+110°=180°$
$\therefore \angle CAE=70°$
$\therefore \angle A=\angle BAC+\angle CAE$
$\qquad =33°+70°=103°$

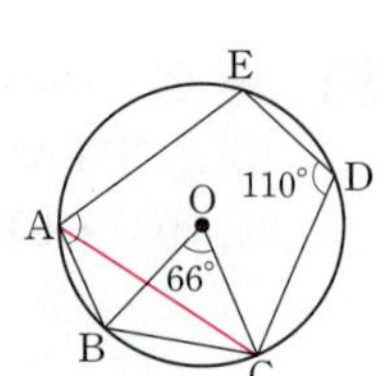

11 □ABCD가 원에 내접하므로

$\angle QAB = \angle DCB = \angle x$

△PBC에서 $\angle PBQ = \angle x + 40°$

△AQB에서 $\angle x + 36° + (\angle x + 40°) = 180°$

$2\angle x = 104°$ ∴ $\angle x = 52°$

12 ① $\overline{AD} /\!/ \overline{BC}$이므로

$\angle A = 180° - \angle B = 180° - 80° = 100°$

∴ $\angle A + \angle C = 180°$

② $\angle CAD \neq \angle CBD$

③ $\angle BAD \neq \angle DCE$

④ $\angle ABD = 91° - 63° = 28°$이므로

$\angle ABD = \angle ACD$

⑤ $\angle A + \angle C = 180°$

따라서 □ABCD가 원에 내접하지 않는 것은 ②, ③이다.

> **참고** ①은 등변사다리꼴, ⑤는 정사각형이므로 원에 내접한다.

13 $\angle BCP = \angle BAC = 35°$

□ABCD가 원 O에 내접하므로

$\angle ABC + 100° = 180°$ ∴ $\angle ABC = 80°$

△BPC에서

$\angle x + 35° = 80°$ ∴ $\angle x = 45°$

> **다른 풀이**
> $\angle ACP = \angle ADC = 100°$이므로
> △APC에서 $\angle x = 180° - (35° + 100°) = 45°$

14 $\angle APT = \angle ACP = 70°$

$\angle DPT = \angle DBP = 75°$

이때 $\angle APB = 180°$이므로

$70° + 75° + \angle x = 180°$ ∴ $\angle x = 35°$

15 $\angle APB = \dfrac{1}{2}\angle x$이므로

△PAQ에서 $\angle PQO = \dfrac{1}{2}\angle x + 63°$

따라서 △OQB에서 $\angle x + 25° = \dfrac{1}{2}\angle x + 63°$

$\dfrac{1}{2}\angle x = 38°$ ∴ $\angle x = 76°$

> **다른 풀이**
> 오른쪽 그림과 같이 $\overline{AO}$, $\overline{BO}$의 연장선
> 이 원 O와 만나는 점을 각각 C, D라 하
> 고 $\overline{OP}$를 그으면
> $\angle POC = 2\angle PAC = 2 \times 63° = 126°$
> $\angle POD = 2\angle PBD = 2 \times 25° = 50°$
> ∴ $\angle x = \angle POC - \angle POD$
> $= 126° - 50° = 76°$

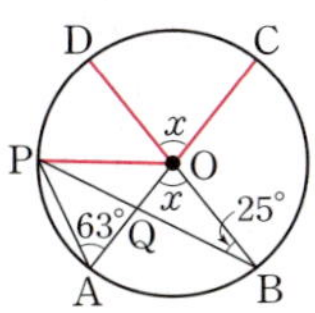

16 $\angle BOC = 2\angle BAC = 2 \times 30° = 60°$

∴ (색칠한 부분의 넓이)

$= (부채꼴 \, BOC의 넓이) - (△OBC의 넓이)$

$= \pi \times 6^2 \times \dfrac{60}{360} - \dfrac{1}{2} \times 6 \times 6 \times \sin 60°$

$= 6\pi - 9\sqrt{3}$

17 △ABC는 $\overline{AB} = \overline{AC}$인 이등변삼각형이므로

$\angle ABC = \angle ACB$

이때 $\angle ADB = \angle ACB$이므로

$\angle ABC = \angle ADB$

△ABE와 △ADB에서

$\angle A$는 공통, $\angle ABE = \angle ADB$이므로

△ABE∽△ADB(AA 닮음)

즉, $\overline{AB} : \overline{AD} = \overline{AE} : \overline{AB}$이므로

$10 : \overline{AD} = 6 : 10$ ∴ $\overline{AD} = \dfrac{50}{3}$(cm)

∴ $\overline{DE} = \dfrac{50}{3} - 6 = \dfrac{32}{3}$(cm)

18 오른쪽 그림과 같이 $\overline{CO}$의 연장선이 원
O와 만나는 점을 A′이라 하고 $\overline{A'B}$를
그으면 $\overline{A'C}$가 원 O의 지름이므로

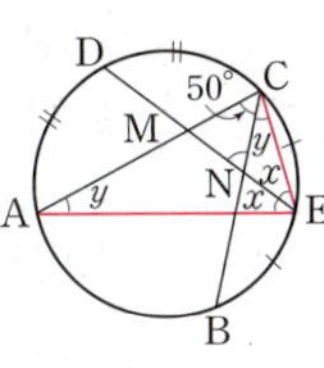

$\angle A'BC = 90°$

$\angle BA'C = \angle BAC$

즉, $\tan A' = \tan A = \dfrac{5}{3}$이므로

△A′BC에서 $\tan A' = \dfrac{10}{\overline{A'B}} = \dfrac{5}{3}$ ∴ $\overline{A'B} = 6$

∴ $\overline{A'C} = \sqrt{6^2 + 10^2} = 2\sqrt{34}$

따라서 $\overline{A'O} = \dfrac{1}{2} \times 2\sqrt{34} = \sqrt{34}$이므로

(원 O의 넓이) $= \pi \times (\sqrt{34})^2 = 34\pi$

19 오른쪽 그림과 같이 $\overline{AE}$, $\overline{CE}$를 그으면

$\overparen{AD} = \overparen{CD}$이므로

$\angle AED = \angle CED = \angle x$라 하고,

$\overparen{BE} = \overparen{CE}$이므로

$\angle BCE = \angle CAE = \angle y$라고 하자.

△AEC에서

$\angle y + 2\angle x + (\angle y + 50°) = 180°$

∴ $\angle x + \angle y = 65°$

따라서 △CNE에서

$\angle CNM = \angle x + \angle y = 65°$

> **다른 풀이**
> △AEM에서 $\angle CMN = \angle x + \angle y$
> △CNE에서 $\angle CNM = \angle x + \angle y$
> 따라서 $\angle CMN = \angle CNM$이므로
> △CMN에서
> $\angle CNM = \dfrac{1}{2} \times (180° - 50°) = 65°$

20 $\overarc{BC}$에 대하여 $\angle BEC = \angle BDC$이므로 네 점 B, C, D, E는 한 원 위에 있다. 이때 원주각의 크기가 $90°$이므로 $\overline{BC}$는 원의 지름, 점 M은 원의 중심이다.

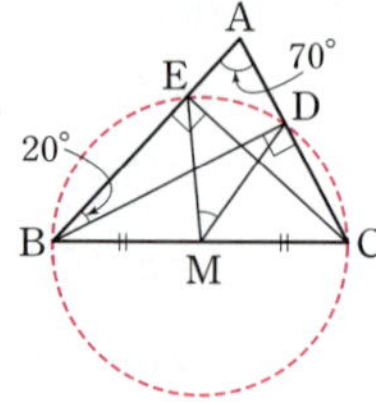

$\triangle ABD$에서

$\angle ABD = 180° - (70° + 90°) = 20°$

$\therefore \angle EMD = 2\angle EBD = 2 \times 20° = 40°$

21 $\overarc{BAD}$의 길이가 원의 둘레의 길이의 $\dfrac{3}{5}$이므로

$\angle BCD = 180° \times \dfrac{3}{5} = 108°$

$\square ABCD$가 원에 내접하므로

$108° + \angle x = 180°$ $\therefore \angle x = 72°$

$\overarc{CDA}$의 길이가 원의 둘레의 길이의 $\dfrac{5}{9}$이므로

$\angle CBA = 180° \times \dfrac{5}{9} = 100°$

$\square ABCD$에서 $\angle y = \angle CBA = 100°$

$\therefore \angle x + \angle y = 72° + 100° = 172°$

22 오른쪽 그림과 같이 $\overline{AC}$를 그으면

$\angle BAC = \angle x$, $\angle DAC = \angle y$이므로

$\angle BAD = \angle BAC + \angle DAC$

$\qquad\qquad = \angle x + \angle y$

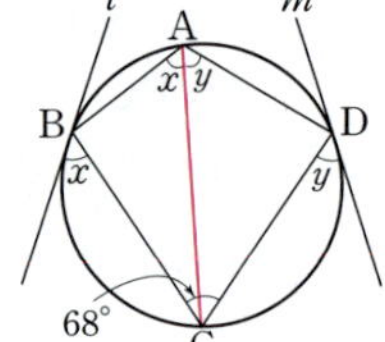

이때 $\square ABCD$가 원에 내접하므로

$\angle BAD + 68° = 180°$

$\therefore \angle BAD = 112°$

$\therefore \angle x + \angle y = \angle BAD = 112°$

23 (1) 오른쪽 그림과 같이 $\overline{AD}$를 그으면

$\overline{AB}$가 원 O의 지름이므로

$\angle ADB = 90°$

$\angle BAD = \angle BDE = 25°$

$\triangle ADB$에서

$\angle DBP = 180° - (25° + 90°) = 65°$

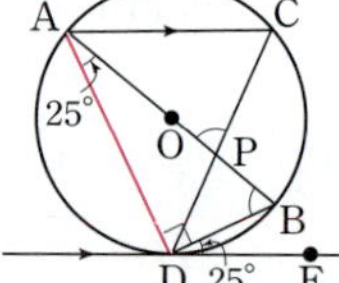

(2) $\angle DCA = \angle DBA = \angle DBP = 65°$

$\overline{AC} /\!/ \overleftrightarrow{DE}$이므로 $\angle CDE = \angle DCA = 65°$ (엇각)

$\therefore \angle PDB = \angle CDE - \angle BDE$

$\qquad\qquad = 65° - 25° = 40°$

$\triangle PDB$에서

$\angle DPB = 180° - (40° + 65°) = 75°$

$\therefore \angle APC = \angle DPB = 75°$ (맞꼭지각)

24 $\triangle PAB$는 $\overline{PA} = \overline{PB}$인 이등변삼각형이므로

$\angle PAB = \angle PBA = \dfrac{1}{2} \times (180° - 36°) = 72°$

$\angle ABQ = \angle x$이고 $\overarc{AQ} = \overarc{BQ}$이므로

$\angle BAQ = \angle ABQ = \angle x$

따라서 $\angle x + \angle x + 72° = 180°$이므로

$2\angle x = 108°$ $\therefore \angle x = 54°$

25 오른쪽 그림과 같이 $\overline{PQ}$를 그으면 $\overleftrightarrow{AB}$가 두 원 O, O'의 공통인 접선이므로 원 O에서

$\angle QPA = \angle QAB$

원 O'에서

$\angle QPB = \angle QBA$

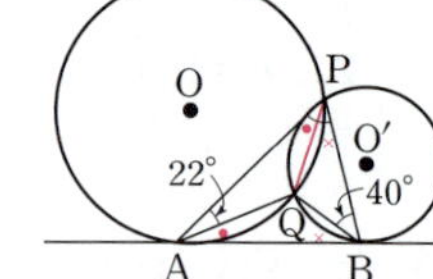

$\angle QPA = \angle a$, $\angle QPB = \angle b$라고 하면

$\triangle PAB$에서

$(\angle a + \angle b) + (22° + \angle a) + (40° + \angle b) = 180°$

$2(\angle a + \angle b) + 62° = 180°$, $2(\angle a + \angle b) = 118°$

$\therefore \angle a + \angle b = 59°$

$\therefore \angle APB = \angle a + \angle b = 59°$

26 오른쪽 그림과 같이 $\overline{BD}$를 그으면

$\triangle ABD$와 $\triangle AHC$에서

$\angle ADB = \angle ACH$,

$\angle ABD = \angle AHC = 90°$이므로

$\triangle ABD \backsim \triangle AHC$ (AA 닮음)

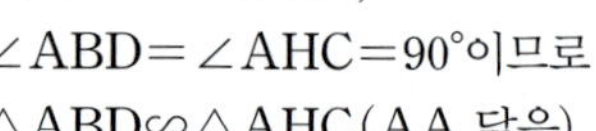

즉, $\overline{AB} : \overline{AH} = \overline{AD} : \overline{AC}$이므로

$18 : \overline{AH} = 24 : 12$

$\therefore \overline{AH} = 9 \,(cm)$

따라서 $\triangle AHC$에서

$\overline{CH} = \sqrt{12^2 - 9^2} = 3\sqrt{7} \,(cm)$

27 오른쪽 그림과 같이 $\overline{BC}$를 그으면

$\overline{AB} /\!/ \overline{CD}$이므로

$\angle ABC = \angle BCD$ (엇각)

$\therefore \overarc{AC} = \overarc{BD} = \dfrac{3}{2}\pi$

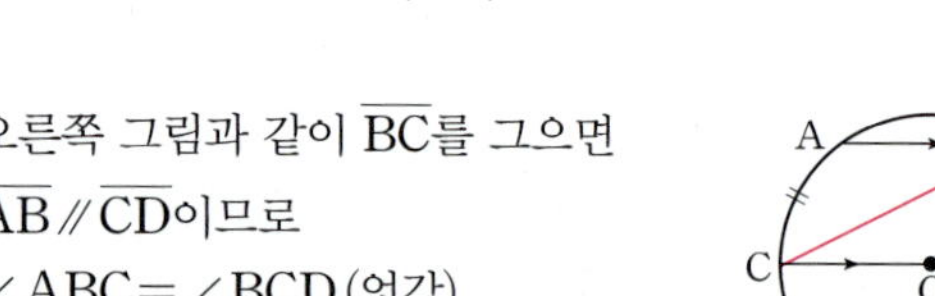

이때 $\overarc{AB} : \overarc{AC} = 4 : 3$이므로

$\overarc{AB} : \dfrac{3}{2}\pi = 4 : 3$ $\therefore \overarc{AB} = 2\pi$

$\overarc{CA} + \overarc{AB} + \overarc{BD} = \dfrac{3}{2}\pi + 2\pi + \dfrac{3}{2}\pi = 5\pi$

$\therefore$ (원 O의 둘레의 길이) $= 2 \times 5\pi = 10\pi$

28 오른쪽 그림과 같이 $\overline{CQ}$를 그으면 $\overline{BC}$가 작은 반원의 지름이므로

$\angle BQC = 90°$

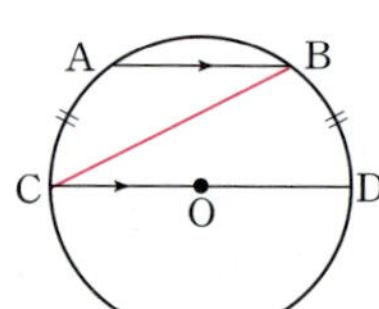

$\therefore \angle AQC = 180° - (59° + 90°) = 31°$

$\angle QCB = \angle PQB = 59°$이므로

$\triangle ACQ$에서 $\angle QAC + 31° = 59°$

$\therefore \angle QAC = 28°$

$\overarc{AB} : \overarc{PB} = 90° : \angle PAB$이므로

$45 : \overarc{PB} = 90° : 28°$

$\therefore \overarc{PB} = 14 \,(cm)$

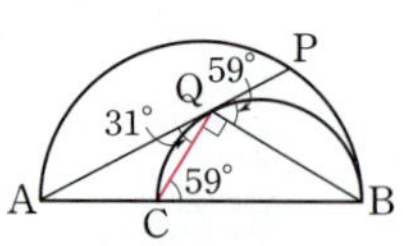

유형 1~4 P. 76~79

1 답 **21개**
$$(평균)=\frac{14+23+17+26+25+21}{6}$$
$$=\frac{126}{6}=21(개)$$

2 답 ③
$$(평균)=\frac{12+15+16+17+22+28+30}{7}$$
$$=\frac{140}{7}=20(개)$$

3 답 **8**
a, b, c의 평균이 7이므로
$$\frac{a+b+c}{3}=7 \qquad \therefore a+b+c=21$$
$$\therefore (6,\ a,\ b,\ c,\ 13의 평균)=\frac{6+a+b+c+13}{5}$$
$$=\frac{a+b+c+19}{5}$$
$$=\frac{21+19}{5}=8$$

4 답 ②
a, b, c, d, e의 평균이 9이므로
$$\frac{a+b+c+d+e}{5}=9 \qquad \therefore a+b+c+d+e=45$$
$$\therefore (2a+1,\ 2b-3,\ 2c-7,\ 2d,\ 2e+4의\ 평균)$$
$$=\frac{(2a+1)+(2b-3)+(2c-7)+2d+(2e+4)}{5}$$
$$=\frac{2(a+b+c+d+e)-5}{5}$$
$$=\frac{2\times45-5}{5}=17$$

5 답 **중앙값: 9시간, 최빈값: 5시간, 10시간**
변량을 작은 값부터 크기순으로 나열하면
5, 5, 7, (8, 10), 10, 11, 12이므로
$$(중앙값)=\frac{8+10}{2}=9(시간)$$
5시간, 10시간이 각각 두 번으로 가장 많이 나타나므로
(최빈값)=5시간, 10시간

6 답 **41.2**
$$(평균)=\frac{3+4+8+9+14+14+17+18+20+25}{10}$$
$$=\frac{132}{10}=13.2(회)$$
$$\therefore a=13.2 \qquad\qquad\qquad \cdots (i)$$
중앙값은 변량을 작은 값부터 크기순으로 나열할 때,
5번째와 6번째 변량의 평균이므로

$$(중앙값)=\frac{14+14}{2}=14(회) \qquad \therefore b=14 \qquad \cdots (ii)$$
14회가 두 번으로 가장 많이 나타나므로
$$(최빈값)=14회 \qquad \therefore c=14 \qquad \cdots (iii)$$
$$\therefore a+b+c=13.2+14+14=41.2 \qquad \cdots (iv)$$

채점 기준	비율
(i) a의 값 구하기	30 %
(ii) b의 값 구하기	30 %
(iii) c의 값 구하기	30 %
(iv) $a+b+c$의 값 구하기	10 %

7 답 ①, ④

	A의 점수	B의 점수
변량	7, 7, 7, 9, 10	3, 7, 8, 8, 9
평균	$\frac{7+7+7+9+10}{5}=8(점)$	$\frac{3+7+8+8+9}{5}=7(점)$
중앙값	7점	8점
최빈값	7점	8점

① A의 점수의 평균은 최빈값보다 더 높다.
④ A의 점수의 중앙값은 7점이고, B의 점수의 중앙값은 8점이므로 B의 점수의 중앙값이 A의 점수의 중앙값보다 더 높다.

8 답 ④
x, y를 제외한 변량을 작은 값부터 크기순으로 나열하면
6, 9, 11, 13, 13, 13, 17
이때 $x<y<12$이면 5번째 변량이 11이므로
(중앙값)=11
또 13이 세 번으로 가장 많이 나타나므로
(최빈값)=13

9 답 ④
ㄱ. 한 개의 변량이 추가되더라도 한가운데 있는 변량은 항상 6이므로 중앙값은 6으로 변하지 않는다.
ㄴ. 평균은 추가된 변량에 따라 변할 수도 있다.
ㄷ. 6은 3개이고, 다른 변량은 각각 1개이므로 한 개의 변량이 추가되더라도 최빈값은 6으로 변하지 않는다.
따라서 옳은 것은 ㄱ, ㄷ이다.

10 답 ③
x를 제외한 변량을 작은 값부터 크기순으로 나열하면
65, 70, 75
이때 중앙값이 71점이므로 x는 70과 75 사이에 있어야 한다.
즉, $\frac{70+x}{2}=71$에서 $70+x=142$ $\qquad \therefore x=72$

11 답 3, 7

$$\frac{3+7+4+5+x+6+3}{7}=5, \quad x+28=35 \quad \therefore x=7$$

따라서 3과 7이 각각 두 번으로 가장 많이 나타나므로 최빈값은 3, 7이다.

12 답 6

x를 제외한 변량을 작은 값부터 크기순으로 나열하면
2, 3, 4, 5, 5, 6, 6, 7, 7, 8, 9
주어진 자료에서 5, 6, 7이 각각 두 번으로 가장 많이 나타나므로 세 값 중 하나가 최빈값이다.

(ⅰ) $x=5$일 때, (최빈값)$=5$, (중앙값)$=\dfrac{5+6}{2}=5.5$

(ⅱ) $x=6$일 때, (최빈값)$=6$, (중앙값)$=\dfrac{6+6}{2}=6$

(ⅲ) $x=7$일 때, (최빈값)$=7$, (중앙값)$=\dfrac{6+6}{2}=6$

따라서 (ⅰ)~(ⅲ)에 의해 중앙값과 최빈값이 서로 같을 때의 x의 값은 6이다.

13 답 22세

회원 5명의 나이를 17세, 21세, 24세, 24세, x세라고 하면 평균이 21.6세이므로

$$\frac{17+21+24+24+x}{5}=21.6$$

$86+x=108 \quad \therefore x=22$

따라서 변량을 작은 값부터 크기순으로 나열하면
17, 21, ㉒, 24, 24
이므로 중앙값은 22세이다.

14 답 22, 23, 24, 25

㈎ 5개의 변량을 작은 값부터 크기순으로 나열할 때, 3번째 변량이 22이어야 하므로 $a\geq22$ ⋯ (ⅰ)

㈏ 6개의 변량을 작은 값부터 크기순으로 나열할 때, 3번째와 4번째 변량의 평균이 30이어야 한다.

이때 $\dfrac{25+35}{2}=30$이므로 $a\leq25$ ⋯ (ⅱ)

따라서 ㈎, ㈏를 모두 만족시키는 자연수 a의 값은 22, 23, 24, 25이다. ⋯ (ⅲ)

채점 기준	비율
(ⅰ) ㈎를 이용하여 a의 값의 범위 구하기	40 %
(ⅱ) ㈏를 이용하여 a의 값의 범위 구하기	40 %
(ⅲ) 자연수 a의 값 구하기	20 %

15 답 26

최빈값이 10이므로 a, b, c 중 적어도 2개는 10이다.
변량을 작은 값부터 크기순으로 나열할 때, 4번째와 5번째 변량의 평균이 중앙값인 7이므로 a, b, c 중 10이 아닌 값과 8의 평균이 7이다. 즉, a, b, c 중 10이 아닌 값은 6이다.
$\therefore a+b+c=26$

16 답 97점

(5회에 걸친 국어 성적의 총합)$=5\times91=455$(점) ⋯ (ⅰ)
6회째의 국어 성적을 x점이라고 하면 6회까지의 평균이 $91+1=92$(점)이므로 $\dfrac{455+x}{6}=92$ ⋯ (ⅱ)

$455+x=552 \quad \therefore x=97$
따라서 6회째의 국어 성적은 97점이다. ⋯ (ⅲ)

채점 기준	비율
(ⅰ) 5회에 걸친 국어 성적의 총합 구하기	20 %
(ⅱ) 6회까지의 평균을 이용하여 식 세우기	40 %
(ⅲ) 6회째의 국어 성적 구하기	40 %

17 답 ④

한 학생이 탈퇴하고 다른 한 학생이 새로 가입한 후 키의 평균이 $165-164=1$(cm)만큼 커졌으므로 키의 총합은 $5\times1=5$(cm)만큼 커졌다.
$\therefore$ (탈퇴한 학생의 키)$=$(새로 가입한 학생의 키)-5
$\qquad\qquad\qquad\qquad =172-5=167$(cm)
즉, 탈퇴한 학생과 새로 가입한 학생의 키는 모두 처음 중앙값인 163 cm보다 크므로 키의 중앙값은 변함없이 163 cm이다.
따라서 $a=167$, $b=163$이므로
$a-b=167-163=4$

18 답 중앙값: 59 kg, 최빈값: 59 kg

한 학생이 전학을 가고 새로운 학생 1명이 동아리에 들어온 후 몸무게의 평균이 $62-61=1$(kg)만큼 늘어났으므로 몸무게의 총합은 $5\times1=5$(kg)만큼 늘어났다.
$\therefore$ (새로운 학생의 몸무게)$=$(전학 간 학생의 몸무게)$+5$
$\qquad\qquad\qquad\qquad =54+5=59$(kg)
따라서 새로운 학생의 몸무게는 원래 동아리 학생들의 몸무게의 중앙값, 최빈값과 같으므로 새로운 학생이 들어온 후 동아리 학생들의 몸무게의 중앙값과 최빈값은 모두 59 kg이다.

19 답 ②

② 자료에 극단적인 값이 있으므로 평균을 대푯값으로 사용하기에 적절하지 않다.

20 답 최빈값, 26 mm

가장 많이 주문해야 할 전구의 소켓 크기를 정할 때는 판매된 전구의 소켓 크기 중에서 가장 많이 판매된 것을 선택해야 하므로 대푯값으로 가장 적절한 것은 최빈값이다.
소켓 크기가 26 mm인 전구가 6개로 가장 많이 판매되었으므로
(최빈값)$=26$ mm

21 답 (1) A 가게: 2000만 원, B 가게: 2000만 원
(2) A 가게: 0원, B 가게: 900만 원
(3) B 가게

(1) (A 가게의 평균)$=\dfrac{2200+2100+1800+1900+2000}{5}$

$=\dfrac{10000}{5}=2000$(만 원)

(B 가게의 평균)$=\dfrac{1100+5800+1000+900+1200}{5}$

$=\dfrac{10000}{5}=2000$(만 원)

(2) (A 가게의 중앙값)$=2000$만 원
따라서 A 가게의 평균과 중앙값의 차는
$2000-2000=0$(원)
(B 가게의 중앙값)$=1100$만 원
따라서 B 가게의 평균과 중앙값의 차는
$2000-1100=900$(만 원)

(3) B 가게의 경우 5800만 원은 다른 변량과 비교하면 극단적인 값이므로 대푯값으로 평균보다 중앙값이 더 적절하다.

유형 5~11 P. 79~84

22 답 ②
(편차)$=$(변량)$-$(평균)이므로
$-3=$(현영이의 수학 성적)-75
$\therefore$ (현영이의 수학 성적)$=-3+75=72$(점)

23 답 -2
편차의 총합은 0이므로
$-1+4+x+2+(-3)=0$ $\therefore x=-2$

24 답 $-\dfrac{3}{2}(=-1.5)$
편차의 총합은 0이므로
$2+x+(-1)+x+0.5+(-1.5)+3=0$
$2x+3=0$ $\therefore x=-\dfrac{3}{2}(=-1.5)$

25 답 **19시간**
학생 D의 봉사 활동 시간의 편차를 x시간이라고 하면
편차의 총합은 0이므로
$-5+7+2+x+(-3)=0$ $\therefore x=-1$ ⋯ (i)
(편차)$=$(변량)$-$(평균)이므로
$-1=$(학생 D의 봉사 활동 시간)-20
$\therefore$ (학생 D의 봉사 활동 시간)$=-1+20=19$(시간) ⋯ (ii)

채점 기준	비율
(i) 편차의 총합이 0임을 이용하여 학생 D의 봉사 활동 시간의 편차 구하기	50 %
(ii) 학생 D의 봉사 활동 시간 구하기	50 %

26 답 -4
편차의 총합은 0이므로
$8+(-4)+(-3)+c+(-6)=0$ $\therefore c=5$
$145\,\mathrm{km/h}$의 편차가 $8\,\mathrm{km/h}$이므로
$8=145-$(평균)
$\therefore$ (평균)$=145-8=137(\mathrm{km/h})$
즉, $a-137=-4$에서 $a=-4+137=133$
$b-137=5$에서 $b=5+137=142$
$\therefore a-b+c=133-142+5=-4$

27 답 ④
① 편차의 총합은 0이므로
$(-4)+2+(-1)+x+8=0$ $\therefore x=-5$
② $-5=$(예린이의 몸무게)-52
$\therefore$ (예린이의 몸무게)$=-5+52=47(\mathrm{kg})$
③ 새별이의 몸무게의 편차는 음수이므로 새별이는 평균보다 몸무게가 적게 나간다.
④ 몸무게가 적게 나가는 학생부터 차례로 나열하면
예린, 진아, 새별, 승환, 민석
이므로 중앙값은 새별이의 몸무게와 같다.
⑤ 평균보다 몸무게가 적게 나가는 학생은 편차가 음수인 진아, 새별, 예린이의 3명이다.
따라서 옳지 않은 것은 ④이다.

28 답 $\sqrt{10}$회
학생 E의 분당 맥박 수의 편차를 x회라고 하면
$-3+0+4+3+x=0$ $\therefore x=-4$
(분산)$=\dfrac{(-3)^2+0^2+4^2+3^2+(-4)^2}{5}=\dfrac{50}{5}=10$
$\therefore$ (표준편차)$=\sqrt{10}$(회)

29 답 분산: $\dfrac{4}{3}$, 표준편차: $\dfrac{2\sqrt{3}}{3}$ 권

(평균)$=\dfrac{3+6+3+4+3+5}{6}=\dfrac{24}{6}=4$(권)이므로 ⋯ (i)

(분산)$=\dfrac{(-1)^2+2^2+(-1)^2+0^2+(-1)^2+1^2}{6}$

$=\dfrac{8}{6}=\dfrac{4}{3}$ ⋯ (ii)

(표준편차)$=\sqrt{\dfrac{4}{3}}=\dfrac{2\sqrt{3}}{3}$(권) ⋯ (iii)

채점 기준	비율
(i) 평균 구하기	40 %
(ii) 분산 구하기	40 %
(iii) 표준편차 구하기	20 %

30 답 ③
평균이 9이므로
$\dfrac{7+11+5+x+8}{5}=9$, $x+31=45$ $\therefore x=14$

$\therefore$ (분산)$=\dfrac{(-2)^2+2^2+(-4)^2+5^2+(-1)^2}{5}=\dfrac{50}{5}=10$

31 답 ①

$(a, b, c$의 합$)=a+b+c=12$이므로

$$(평균)=\frac{a+b+c}{3}=\frac{12}{3}=4$$

$(a, b, c$의 제곱의 총합$)=a^2+b^2+c^2=90$이므로

$$(분산)=\frac{(a-4)^2+(b-4)^2+(c-4)^2}{3}$$
$$=\frac{a^2+b^2+c^2-8(a+b+c)+48}{3}$$
$$=\frac{90-8\times12+48}{3}=\frac{42}{3}=14$$

$\therefore (표준편차)=\sqrt{14}$

32 답 ①

연속하는 네 짝수를 $x, x+2, x+4, x+6$이라고 하면

$$(평균)=\frac{x+(x+2)+(x+4)+(x+6)}{4}$$
$$=\frac{4x+12}{4}=x+3$$
$$(분산)=\frac{(-3)^2+(-1)^2+1^2+3^2}{4}=\frac{20}{4}=5$$

$\therefore (표준편차)=\sqrt{5}$

33 답 ②

식당 5곳의 평점의 총합은 $5\times7=35$(점)이므로

$$(나머지 식당 4곳의 평균)=\frac{35-7}{4}=7(점)$$

또 식당 5곳의 평점의 분산이 4이므로

$\{(편차)^2의 총합\}=5\times4=20$이고 평점이 7점인 식당의 편차는 0점이므로

$$(나머지 식당 4곳의 분산)=\frac{20-0}{4}=5$$

34 답 $\dfrac{8\sqrt{5}}{5}$점

아영이의 점수를 x점이라고 하면 태호, 서준, 상윤, 은희의 점수는 각각 $(x-7)$점, $(x+3)$점, $(x-5)$점, $(x-1)$점이므로

$$(평균)=\frac{(x-7)+(x+3)+x+(x-5)+(x-1)}{5}$$
$$=\frac{5x-10}{5}=x-2(점)$$
$$(분산)=\frac{(-5)^2+5^2+2^2+(-3)^2+1^2}{5}=\frac{64}{5}$$

$\therefore (표준편차)=\sqrt{\dfrac{64}{5}}=\dfrac{8\sqrt{5}}{5}(점)$

35 답 ④

3개의 변량 a, b, c의 평균이 3이고, 표준편차가 4이므로

→ 분산은 4^2

$$\frac{(a-3)^2+(b-3)^2+(c-3)^2}{3}=4^2$$

$\therefore (a-3)^2+(b-3)^2+(c-3)^2=48$

36 답 3

$$(평균)=\frac{(5-a)+5+(5+a)}{3}=\frac{15}{3}=5$$

표준편차가 $\sqrt{6}$이므로 → 분산은 $(\sqrt{6})^2$

$$\frac{(-a)^2+0^2+a^2}{3}=(\sqrt{6})^2,\ a^2=9$$

이때 $a>0$이므로 $a=3$

37 답 58

평균이 5이므로

$$\frac{a+4+b+5+6}{5}=5에서\ a+b+15=25$$

$\therefore a+b=10$ $\qquad\qquad \cdots\ \bigcirc$

표준편차가 $\sqrt{2}$이므로 → 분산은 $(\sqrt{2})^2$

$$\frac{(a-5)^2+(-1)^2+(b-5)^2+0^2+1^2}{5}=(\sqrt{2})^2에서$$

$(a-5)^2+(b-5)^2+2=10$

$\therefore a^2+b^2-10(a+b)+52=10$ $\qquad \cdots\ \bigcirc$

$\bigcirc$에 $\bigcirc$을 대입하면

$a^2+b^2-10\times10+52=10$

$\therefore a^2+b^2=58$

38 답 ②

중앙값이 9이므로 세 자연수를 $a, 9, b\ (a\leq9\leq b)$라고 하면 평균이 8이므로

$$\frac{a+9+b}{3}=8에서\ a+b+9=24$$

$a+b=15$ $\quad \therefore a=15-b$

분산이 14이므로

$$\frac{(15-b-8)^2+(9-8)^2+(b-8)^2}{3}=14에서$$

$(b^2-14b+49)+1+(b^2-16b+64)=42$

$2b^2-30b+72=0,\ b^2-15b+36=0$

$(b-3)(b-12)=0$ $\quad \therefore b=3\ 또는\ b=12$

이때 $9\leq b$이므로 $b=12$

따라서 세 자연수 중 가장 큰 수는 12이다.

39 답 평균: $m+2$, 분산: s^2

a, b, c, d의 평균이 m이므로

$$\frac{a+b+c+d}{4}=m에서\ a+b+c+d=4m$$

a, b, c, d의 표준편차가 s이므로 → 분산은 s^2

$$\frac{(a-m)^2+(b-m)^2+(c-m)^2+(d-m)^2}{4}=s^2$$

$(a+2, b+2, c+2, d+2$의 평균$)$

$$=\frac{(a+2)+(b+2)+(c+2)+(d+2)}{4}$$
$$=\frac{(a+b+c+d)+8}{4}=\frac{4m+8}{4}=m+2$$

$(a+2, b+2, c+2, d+2$의 분산$)$

$$=\frac{(a-m)^2+(b-m)^2+(c-m)^2+(d-m)^2}{4}=s^2$$

40 답 ④

a, b, c, d, e의 평균이 4이므로

$\dfrac{a+b+c+d+e}{5}=4$에서 $a+b+c+d+e=20$

a, b, c, d, e의 분산이 6이므로

$\dfrac{(a-4)^2+(b-4)^2+(c-4)^2+(d-4)^2+(e-4)^2}{5}=6$에서

$(a-4)^2+(b-4)^2+(c-4)^2+(d-4)^2+(e-4)^2=30$

$x=\dfrac{(2a+3)+(2b+3)+(2c+3)+(2d+3)+(2e+3)}{5}$

$\quad=\dfrac{2(a+b+c+d+e)+15}{5}$

$\quad=\dfrac{2\times20+15}{5}=11$

$y=\dfrac{(2a-8)^2+(2b-8)^2+(2c-8)^2+(2d-8)^2+(2e-8)^2}{5}$

$\quad=\dfrac{4\{(a-4)^2+(b-4)^2+(c-4)^2+(d-4)^2+(e-4)^2\}}{5}$

$\quad=\dfrac{4\times30}{5}=24$

$\therefore x+y=11+24=35$

41 답 ④

A, B 두 반 전체의 평균도 A, B 두 반 각각의 평균과 같으므로

$(분산)=\dfrac{20\times6^2+20\times4^2}{20+20}=\dfrac{1040}{40}=26$

$\therefore (표준편차)=\sqrt{26}(점)$

42 답 ③

이 반 학생 전체의 평균도 남학생과 여학생 각각의 평균과 같으므로

$(분산)=\dfrac{15\times3+10\times2}{15+10}=\dfrac{65}{25}=\dfrac{13}{5}$

43 답 ③

a, b의 평균이 3이므로

$\dfrac{a+b}{2}=3$에서 $a+b=6$

a, b의 분산이 1이므로

$\dfrac{(a-3)^2+(b-3)^2}{2}=1$에서 $a^2+b^2-6(a+b)+18=2$

$a^2+b^2=6(a+b)-16$

$\qquad\;\;=6\times6-16=20$

c, d의 평균이 5이므로

$\dfrac{c+d}{2}=5$에서 $c+d=10$

c, d의 분산이 4이므로

$\dfrac{(c-5)^2+(d-5)^2}{2}=4$에서 $c^2+d^2-10(c+d)+50=8$

$c^2+d^2=10(c+d)-42$

$\qquad\;\;=10\times10-42=58$

$\therefore a+b+c+d=6+10=16$,

$\quad a^2+b^2+c^2+d^2=20+58=78$

이때 $(a, b, c, d$의 평균$)=\dfrac{a+b+c+d}{4}=\dfrac{16}{4}=4$이므로

$(a, b, c, d$의 분산$)$

$=\dfrac{(a-4)^2+(b-4)^2+(c-4)^2+(d-4)^2}{4}$

$=\dfrac{a^2+b^2+c^2+d^2-8(a+b+c+d)+64}{4}$

$=\dfrac{78-8\times16+64}{4}=\dfrac{14}{4}=\dfrac{7}{2}$

$\therefore (a, b, c, d$의 표준편차$)=\sqrt{\dfrac{7}{2}}=\dfrac{\sqrt{14}}{2}$

44 답 ④

각 자료의 평균은 7로 모두 같으므로 표준편차가 가장 작은 것은 변량들이 평균인 7 가까이에 가장 많이 모여 있는 ④이다.

45 답 ㄱ, ㄴ, ㄷ

ㄱ. (A반의 평균)

$\quad=\dfrac{1\times5+2\times6+3\times8+4\times6+5\times5}{30}=\dfrac{90}{30}=3(점)$

$\quad$ (B반의 평균)

$\quad=\dfrac{1\times4+2\times6+3\times10+4\times6+5\times4}{30}=\dfrac{90}{30}=3(점)$

$\quad$ 즉, A, B 두 반의 평점의 평균은 3점으로 서로 같다.

ㄴ. 편차의 총합은 항상 0이므로 A, B 두 반의 편차의 총합은 서로 같다.

ㄷ, ㄹ. 평점이 평균인 3점 가까이에 모여 있을수록 산포도는 작아지고, 자료의 분포 상태는 더 고르게 나타난다. 따라서 평점의 산포도가 더 작은 반은 B반이고, B반의 평점이 A반의 평점보다 더 고르다.

따라서 옳은 것은 ㄱ, ㄴ, ㄷ이다.

46 답 우진

기준이의 점수의 분산을 구하면

$(평균)=\dfrac{15+16+17+14+13}{5}=\dfrac{75}{5}=15(점)$이므로

$(분산)=\dfrac{0^2+1^2+2^2+(-1)^2+(-2)^2}{5}=\dfrac{10}{5}=2$

우진이의 점수의 분산을 구하면

$(평균)=\dfrac{18+17+18+17+20}{5}=\dfrac{90}{5}=18(점)$이므로

$(분산)=\dfrac{0^2+(-1)^2+0^2+(-1)^2+2^2}{5}=\dfrac{6}{5}$

따라서 우진이의 분산이 기준이의 분산보다 작으므로 우진이의 점수가 기준이의 점수보다 더 고르다.

47 답 ㄱ, ㄷ

ㄱ. (가게 A의 평균)$=\dfrac{6+a+9+11+12+14+11}{7}=10$

$\quad a+63=70 \qquad \therefore a=7$

(가게 B의 평균)$=\dfrac{3+7+11+10+12+b+13}{7}=10$

$b+56=70$ $\therefore b=14$

$\therefore b=2a$

ㄴ. (가게 A의 분산)

$=\dfrac{(-4)^2+(-3)^2+(-1)^2+1^2+2^2+4^2+1^2}{7}=\dfrac{48}{7}$

(가게 A의 표준편차)$=\sqrt{\dfrac{48}{7}}=\dfrac{4\sqrt{21}}{7}$(개)

(가게 B의 분산)

$=\dfrac{(-7)^2+(-3)^2+1^2+0^2+2^2+4^2+3^2}{7}=\dfrac{88}{7}$

(가게 B의 표준편차)$=\sqrt{\dfrac{88}{7}}=\dfrac{2\sqrt{154}}{7}$(개)

따라서 가게 A와 가게 B의 판매량의 표준편차는 다르다.

ㄷ. 가게 B의 표준편차가 가게 A의 표준편차보다 크므로 가게 B의 판매량이 가게 A의 판매량보다 기복이 더 심하다.

따라서 옳은 것은 ㄱ, ㄷ이다.

48 답 ⑤

① 각 반의 학생 수가 많은지 적은지 알 수 없다.

② 1반에 80점 이상인 학생이 있는지 없는지 알 수 없다.

③ 국어 성적이 가장 높은 학생이 어느 반에 있는지 알 수 없다.

④ 국어 성적이 90점 이상인 학생이 어느 반에 더 많은지 알 수 없다.

⑤ 국어 성적이 가장 고른 반은 표준편차가 가장 작은 반인 4반이다.

따라서 옳은 것은 ⑤이다.

49 답 ③, ⑤, ⑧

③ (편차)$=$(변량)$-$(평균)이므로 평균보다 작은 변량의 편차는 음수이다.

⑤ 변량이 모두 같으면 편차가 모두 0이므로 분산은 0이다. 즉, 분산은 음수가 아닌 수이다.

⑧ 편차의 총합은 0이므로 편차의 평균도 0이 되어 편차의 평균으로는 변량이 흩어져 있는 정도를 알 수 없다.

50 답 ㄱ, ㄴ, ㄷ

ㄹ. 표준편차는 자료의 변량이 흩어져 있는 정도를 나타내므로 평균이 서로 달라도 표준편차는 같을 수 있다.

ㅁ. 각 변량의 편차만 주어진 경우 분산과 표준편차는 구할 수 있지만 평균은 구할 수 없다.

따라서 옳은 것은 ㄱ, ㄴ, ㄷ이다.

51 답 28

모든 눈이 적어도 한 번씩 나왔고, 최빈값이 1, 중앙값이 3이므로 9개의 변량을 1, 1, 2, a, 3, b, 4, 5, 6 ($a<b$)이라고 하면

평균이 3이므로

$\dfrac{1+1+2+a+3+b+4+5+6}{9}=3$

$a+b+22=27$ $\therefore a+b=5$

(i) $a=1$, $b=4$인 경우

변량을 작은 값부터 크기순으로 나열하면

1, 1, 1, 2, 3, 4, 4, 5, 6

$\therefore$ (중앙값)$=3$, (최빈값)$=1$

(ii) $a=2$, $b=3$인 경우

변량을 작은 값부터 크기순으로 나열하면

1, 1, 2, 2, 3, 3, 4, 5, 6

$\therefore$ (중앙값)$=3$, (최빈값)$=1$, 2, 3

최빈값이 1, 2, 3이므로 조건을 만족시키지 않는다.

(i), (ii)에 의해 나온 눈의 수는 1, 1, 1, 2, 3, 4, 4, 5, 6이므로

$A=\dfrac{(-2)^2+(-2)^2+(-2)^2+(-1)^2+0^2+1^2+1^2+2^2+3^2}{9}$

$=\dfrac{28}{9}$

$\therefore 9A=9\times\dfrac{28}{9}=28$

52 답 컵 B, 컵 E

5개의 컵에 담긴 주스의 양의 평균은

$\dfrac{160+80+170+120+220}{5}=\dfrac{750}{5}=150$(mL)

표준편차는 $\sqrt{\dfrac{\{(편차)^2의\ 총합\}}{(변량의\ 개수)}}$ 이므로 (편차)^{2}의 값이 작을수록 표준편차도 작아진다.

이때 5개의 컵에 담긴 주스의 양의 편차가 각각

10 mL, -70 mL, 20 mL, -30 mL, 70 mL이므로

주스의 양의 표준편차를 가능한 한 작게 하려면 편차가 가장 작은 컵 B와 편차가 가장 큰 컵 E를 골라야 한다.

단원 마무리 P. 85~87

1 ①	**2** 41세	**3** 14	**4** 중앙값, 16.5시간
5 ⑤	**6** ㄹ	**7** 학생 B	**8** ①, ④, ⑥, ⑦
9 $x=7$, $y=9$	**10** ㄴ, ㄹ	**11** 8	**12** ②, ③
13 ④	**14** ⑤	**15** 37, 38	
16 (1) 5 (2) 3, 4, 6, 7 (3) $\dfrac{5}{2}$		**17** B 회사	

1 (평균)$=\dfrac{36+44+30+31+37+52+53+40+46+44}{10}$

$=\dfrac{413}{10}=41.3$(개)

$\therefore A=41.3$

변량을 작은 값부터 크기순으로 나열하면

30, 31, 36, 37, (40, 44,) 44, 46, 52, 53이므로

(중앙값)$=\dfrac{40+44}{2}=42$(개)　　$\therefore B=42$

44개가 두 번으로 가장 많이 나타나므로

(최빈값)$=44$개　　$\therefore C=44$

$\therefore A<B<C$

2 변량을 작은 값부터 크기순으로 나열할 때,
14번째 변량이 중앙값이므로
(중앙값)$=22$세
19세가 5번으로 가장 많이 나타나므로
(최빈값)$=19$세
$\therefore$ (중앙값)$+$(최빈값)$=22+19=41$(세)

3 평균이 8시간이므로
$$\dfrac{8+8+7+x+8+7+12}{7}=8$$에서
$x+50=56$　　$\therefore x=6$
변량을 작은 값부터 크기순으로 나열하면
6, 7, 7, (8,) 8, 8, 12이므로
(중앙값)$=8$시간　　$\therefore y=8$
$\therefore x+y=6+8=14$

4 53시간은 다른 변량과 비교하면 극단적인 값이므로 평균은
자료의 중심 경향을 잘 나타내지 못한다.
또 최빈값 11시간은 가장 작은 변량이므로 자료의 중심 경향을 잘 나타내지 못한다.
따라서 자료의 중심 경향을 가장 잘 나타내는 것은 중앙값이다.　　　　　　　　　　　　　　　　　　 … (i)
변량을 작은 값부터 크기순으로 나열하면
11, 11, 14, (16, 17,) 19, 20, 53이므로
(중앙값)$=\dfrac{16+17}{2}=16.5$(시간)　　　　 … (ii)

채점 기준	비율
(i) 평균, 중앙값, 최빈값 중에서 적절한 대푯값 말하기	50 %
(ii) 중앙값 구하기	50 %

5 ① 준서의 점수의 편차를 x점이라고 하면
　편차의 총합은 0이므로
　$x+(-3)+2+4+(-1)=0$　　$\therefore x=-2$
② 평균보다 점수가 높은 학생은 편차가 양수인 기현이와 건후의 2명이다.
③ 점수가 가장 높은 학생은 점수의 편차가 가장 큰 건후이다.
④ 하영이와 은찬이의 점수의 편차의 차는
　$-1-(-3)=2$(점)이므로 점수 차도 2점이다.
⑤ (편차)$=$(변량)$-$(평균)이므로
　$2=$(기현이의 점수)-90
　$\therefore$ (기현이의 점수)$=2+90=92$(점)
따라서 옳지 않은 것은 ⑤이다.

6 ㄱ. (평균)$=\dfrac{8+12+10+9+7+9+8}{7}$
　　　　　$=\dfrac{63}{7}=9$
ㄴ. (편차의 제곱의 총합)
　　$=(-1)^2+3^2+1^2+0^2+(-2)^2+0^2+(-1)^2$
　　$=16$
ㄷ. (분산)$=\dfrac{16}{7}$
ㄹ. (표준편차)$=\sqrt{\dfrac{16}{7}}=\dfrac{4\sqrt{7}}{7}$
따라서 옳은 것은 ㄹ이다.

7 (학생 A의 평균)
$=\dfrac{8+4.5+8.5+5.5+6.5+7.5+5}{7}$
$=\dfrac{45.5}{7}=6.5$(시간)
(학생 A의 분산)
$=\dfrac{1.5^2+(-2)^2+2^2+(-1)^2+0^2+1^2+(-1.5)^2}{7}$
$=\dfrac{14.5}{7}$
(학생 B의 평균)
$=\dfrac{5.5+6+6.5+7+7+6+7.5}{7}$
$=\dfrac{45.5}{7}=6.5$(시간)
(학생 B의 분산)
$=\dfrac{(-1)^2+(-0.5)^2+0^2+0.5^2+0.5^2+(-0.5)^2+1^2}{7}$
$=\dfrac{3}{7}$
따라서 학생 B의 분산이 학생 A의 분산보다 작으므로 학생 B의 학습 시간이 학생 A의 학습 시간보다 더 고르다.

8 ① 변량이 모두 같으면 편차가 모두 0이므로 편차의 제곱의 총합은 0이 된다.
④ 변량의 개수가 짝수인 경우 중앙값은 자료에 없는 값일 수도 있다.
⑥ 산포도에는 분산, 표준편차 등이 있다. 평균, 중앙값, 최빈값은 대푯값이다.
⑦ 자료의 변량이 흩어져 있는 정도를 하나의 수로 나타낸 값은 산포도이다.

9 평균이 7이므로
$$\dfrac{10+4+x+7+6+y+5+8}{8}=7$$에서
$40+x+y=56$
$\therefore x+y=16$
이때 $x<y$이고, 최빈값이 7이므로 $x=7$, $y=9$

10

자료 A	1, 2, 3, 4, 5
자료 B	2, 4, 6, 8, 10
자료 C	1, 3, 5, 7, 9

$$(\text{자료 A의 평균})=\frac{1+2+3+4+5}{5}=\frac{15}{5}=3$$

$$(\text{자료 A의 분산})=\frac{(-2)^2+(-1)^2+0^2+1^2+2^2}{5}=\frac{10}{5}=2$$

$$(\text{자료 B의 평균})=\frac{2+4+6+8+10}{5}=\frac{30}{5}=6$$

$$(\text{자료 B의 분산})=\frac{(-4)^2+(-2)^2+0^2+2^2+4^2}{5}=\frac{40}{5}=8$$

$$(\text{자료 C의 평균})=\frac{1+3+5+7+9}{5}=\frac{25}{5}=5$$

$$(\text{자료 C의 분산})=\frac{(-4)^2+(-2)^2+0^2+2^2+4^2}{5}=\frac{40}{5}=8$$

따라서 옳은 것은 ㄴ, ㄹ이다.

11 편차의 총합은 0이므로

$$-5+x+y+0+(-1)=0$$

$$\therefore x+y=6 \quad \cdots\ ㉠ \qquad\qquad \cdots\text{(i)}$$

표준편차가 $\sqrt{9.2}\ ℃$이므로 → 분산은 $(\sqrt{9.2})^2$

$$\frac{(-5)^2+x^2+y^2+0^2+(-1)^2}{5}=(\sqrt{9.2})^2\text{에서}$$

$$x^2+y^2=20 \quad \cdots\ ㉡ \qquad\qquad \cdots\text{(ii)}$$

이때 $(x+y)^2=x^2+y^2+2xy$이고

이 식에 ㉠, ㉡을 각각 대입하면

$$6^2=20+2xy \quad \therefore xy=8 \qquad \cdots\text{(iii)}$$

채점 기준	비율
(i) $x+y$의 값 구하기	30 %
(ii) x^2+y^2의 값 구하기	40 %
(iii) xy의 값 구하기	30 %

12 학생 4명의 점수를 각각 a점, b점, c점, d점이라 하고,
평균을 m점, 표준편차를 s점이라고 하면

$$(\text{평균})=\frac{a+b+c+d}{4}=m\text{에서}\ a+b+c+d=4m$$

$$(\text{분산})=\frac{(a-m)^2+(b-m)^2+(c-m)^2+(d-m)^2}{4}=s^2$$

2점씩 감점된 점수는 각각

$(a-2)$점, $(b-2)$점, $(c-2)$점, $(d-2)$점이므로

(감점된 후의 평균)

$$=\frac{(a-2)+(b-2)+(c-2)+(d-2)}{4}$$

$$=\frac{(a+b+c+d)-8}{4}=\frac{4m-8}{4}=m-2(\text{점})$$

(감점된 후의 분산)

$$=\frac{(a-m)^2+(b-m)^2+(c-m)^2+(d-m)^2}{4}=s^2$$

$\therefore (\text{감점된 후의 표준편차})=\sqrt{s^2}=s(\text{점})$

따라서 학생 4명의 점수가 각각 2점씩 감점되면 평균은 2점
내려가고 표준편차는 변함없다.

13 $\{\text{남학생의 }(\text{편차})^2\text{의 총합}\}=25\times2^2=100$

여학생의 수학 성적의 표준편차를 x점이라고 하면

$\{\text{여학생의 }(\text{편차})^2\text{의 총합}\}=15\times x^2=15x^2$

$$(\text{전체 학생의 분산})=\frac{100+15x^2}{25+15}=4^2$$

$$100+15x^2=640,\ 15x^2=540$$

$$\therefore\ x^2=36$$

이때 $x>0$이므로 $x=6$

따라서 여학생의 수학 성적의 표준편차는 6점이다.

14 $(\text{A의 평균})=\dfrac{6+7+8+9+10}{5}=\dfrac{40}{5}=8(\text{점})$,

$(\text{B의 평균})=\dfrac{7+7+8+9+9}{5}=\dfrac{40}{5}=8(\text{점})$,

$(\text{C의 평균})=\dfrac{7+8+8+8+9}{5}=\dfrac{40}{5}=8(\text{점})$

이므로 A, B, C 세 사람의 평균은 8점으로 모두 같다.

이때 점수들이 평균인 8점 가까이에 모여 있을수록 표준편차
가 작다.

따라서 표준편차가 작은 사람부터 차례로 나열하면 C, B, A
이다.

15 변량이 5개인 자료 A의 중앙값이 17이므로 a, b 중 적어도
하나는 17이어야 한다. 이때 a, b가 모두 17이면 전체 자료
의 중앙값은 17이 되므로 조건을 만족시키지 않는다.

(i) $a=17$일 때

두 자료 A, B를 섞은 전체 자료는 다음과 같다.

12, 14, 15, 17, 17, 22, 23, 25, b, $b+1$

전체 자료의 중앙값이 19이므로 위의 자료를 작은 값부
터 크기순으로 나열할 때, 5번째와 6번째 변량의 평균이
19이다.

즉, b는 17과 22 사이에 있어야 하므로 변량을 작은 값
부터 크기순으로 나열하면

12, 14, 15, 17, (17, b), $b+1$, 22, 23, 25

$$\frac{17+b}{2}=19\text{에서}\ 17+b=38$$

$$\therefore\ b=21$$

(ii) $b=17$일 때

두 자료 A, B를 섞은 전체 자료는 다음과 같다.

12, 14, 15, 17, 18, 22, 23, 25, a, a

전체 자료의 중앙값이 19이므로 위의 자료를 작은 값부
터 크기순으로 나열할 때, 5번째와 6번째 변량의 평균이
19이다.

즉, a는 18과 22 사이에 있어야 하므로 변량을 작은 값
부터 크기순으로 나열하면

12, 14, 15, 17, (18, a), a, 22, 23, 25

$$\frac{18+a}{2}=19\text{에서}\ 18+a=38$$

$$\therefore\ a=20$$

따라서 (i), (ii)에 의해 $a=17$, $b=21$ 또는 $a=20$, $b=17$
이므로 $a+b$의 값은 37, 38이다.

16 (1) 실제 4개의 수의 총합은 변함이 없으므로 실제 평균은 변함이 없다.

$\therefore$ (실제 평균)$=5$

(2) 잘못 본 4개의 수를 4, 5, a, b라고 하면

평균이 5이므로

$\dfrac{4+5+a+b}{4}=5$에서

$a+b=11$ $\qquad\cdots$ ㉠

분산이 $\dfrac{3}{2}$이므로

$\dfrac{(-1)^2+0^2+(a-5)^2+(b-5)^2}{4}=\dfrac{3}{2}$에서

$(a-5)^2+(b-5)^2=5$ $\qquad\cdots$ ㉡

㉠에서 $b=11-a$이고 이를 ㉡에 대입하면

$(a-5)^2+(6-a)^2=5$

$a^2-10a+25+a^2-12a+36=5$, $2a^2-22a+56=0$

$a^2-11a+28=0$, $(a-4)(a-7)=0$

$\therefore a=4$ 또는 $a=7$

즉, $a=4$, $b=7$ 또는 $a=7$, $b=4$

따라서 실제 4개의 수는 3, 4, 6, 7이다.

(3) (실제 분산)$=\dfrac{(-2)^2+(-1)^2+1^2+2^2}{4}$

$=\dfrac{10}{4}=\dfrac{5}{2}$

17 (A 회사의 수익률의 평균)$=\dfrac{20+30+23+27+25}{5}$

$=\dfrac{125}{5}=25(\%)$

(A 회사의 수익률의 분산)$=\dfrac{(-5)^2+5^2+(-2)^2+2^2+0^2}{5}$

$=\dfrac{58}{5}$

(B 회사의 수익률의 평균)$=\dfrac{23+24+31+24+23}{5}$

$=\dfrac{125}{5}=25(\%)$

(B 회사의 수익률의 분산)

$=\dfrac{(-2)^2+(-1)^2+6^2+(-1)^2+(-2)^2}{5}=\dfrac{46}{5}$

(C 회사의 수익률의 평균)$=\dfrac{19+24+27+28+27}{5}$

$=\dfrac{125}{5}=25(\%)$

(C 회사의 수익률의 분산)$=\dfrac{(-6)^2+(-1)^2+2^2+3^2+2^2}{5}$

$=\dfrac{54}{5}$

이때 B 회사의 수익률의 분산이 가장 작으므로 수익률이 가장 안정적인 회사는 B 회사이다.

따라서 B 회사에 투자하는 것이 좋다.

1 답 **50점**

책을 가장 적게 읽은 학생이 읽은 책의 수는 2권이고, 이 학생의 국어 성적은 50점이다.

2 답 **8권**

국어 성적이 두 번째로 높은 학생의 국어 성적은 90점이고, 이 학생이 읽은 책의 수는 8권이다.

3 답 **75점**

10권의 책을 읽은 학생은 4명이고, 이들의 국어 성적은 각각 50점, 70점, 80점, 100점이므로

$$(\text{평균})=\frac{50+70+80+100}{4}=\frac{300}{4}=75(\text{점})$$

4 답 **④**

① A의 공부 시간은 2시간, 컴퓨터 사용 시간은 4시간이다.
② B의 컴퓨터 사용 시간은 6시간으로 가장 많지만 공부 시간은 1시간으로 가장 많지 않다.
③ C의 공부 시간은 5시간이고 그 시간이 같은 학생 수는 1명이다.
④ D의 공부 시간은 4시간, C의 공부 시간은 5시간이므로 D는 C보다 공부를 더 적게 했다.
⑤ B의 공부 시간은 1시간, 컴퓨터 사용 시간은 6시간이므로 공부 시간이 컴퓨터 사용 시간보다 $6-1=5$(시간) 더 적다.

따라서 옳은 것은 ④이다.

5 답 **15 %**

지식 점수와 태도 점수가 모두 8점 이상인 지원자는 오른쪽 그림에서 색칠한 부분(경계선 포함)에 속하므로 3명이다.

$$\cdots \text{(i)}$$

따라서 전체 지원자 수는 20명이므로 합격자는 전체의

$$\frac{3}{20}\times 100=15(\%) \qquad\qquad \cdots \text{(ii)}$$

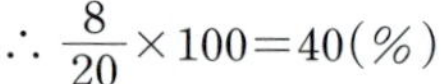

채점 기준	비율
(i) 지식 점수와 태도 점수가 모두 8점 이상인 지원자 수 구하기	60 %
(ii) 합격자는 전체의 몇 %인지 구하기	40 %

6 답 **6명**

멀리뛰기 점수가 3점 이상이고 던지기 점수가 4점 미만인 학생은 오른쪽 그림에서 색칠한 부분(경계선 중 실선은 포함, 점선은 제외)에 속하므로 6명이다.

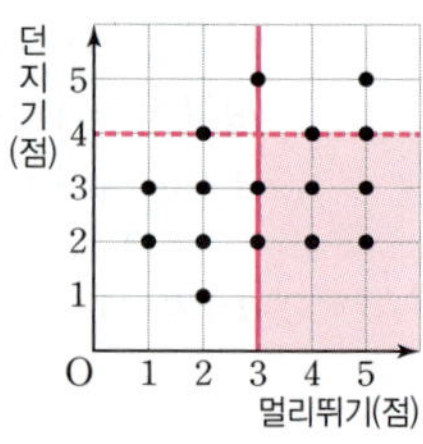

7 답 **4명**

멀리뛰기 점수와 던지기 점수가 같은 학생은 오른쪽 그림에서 대각선 위에 있으므로 4명이다.

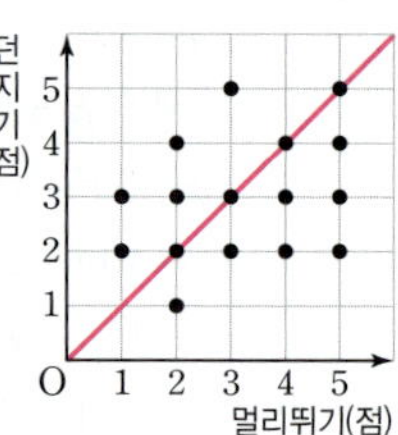

8 답 **②**

던지기 점수가 멀리뛰기 점수보다 높은 학생은 오른쪽 그림에서 색칠한 부분(경계선 제외)에 속하므로 5명이다.

따라서 던지기 점수가 멀리뛰기 점수보다 높은 학생의 비율은 $\frac{5}{16}$이다.

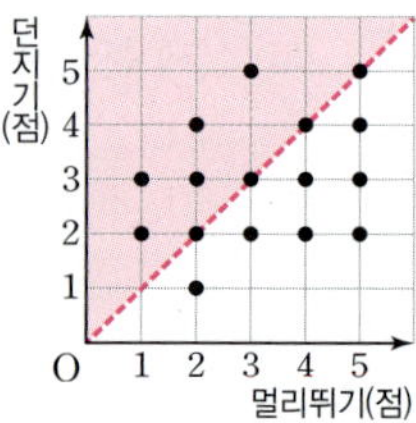

9 답 **70점**

성적의 변화가 없는, 즉 중간고사 성적과 기말고사 성적이 같은 학생은 오른쪽 그림에서 대각선 위에 있다. 이 중에서 성적이 가장 높은 학생의 기말고사 성적은 70점이다.

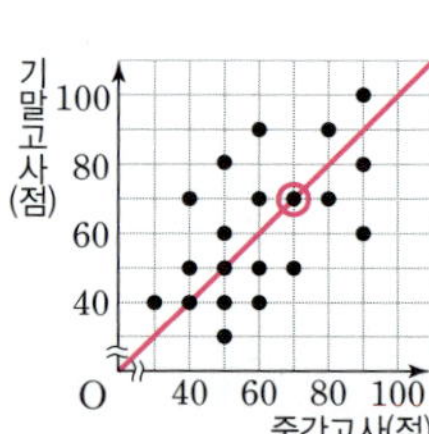

10 답 **③**

성적이 떨어진, 즉 중간고사 성적보다 기말고사 성적이 낮은 학생은 오른쪽 그림에서 색칠한 부분(경계선 제외)에 속하므로 8명이다.

$$\therefore \frac{8}{20}\times 100=40(\%)$$

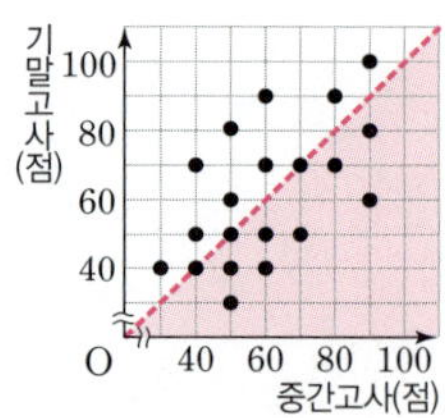

11 답 **5명**

작년과 올해 중 적어도 한 번은 홈런을 9개 이상 친 선수는 오른쪽 그림에서 색칠한 부분(경계선 포함)에 속하므로 5명이다.

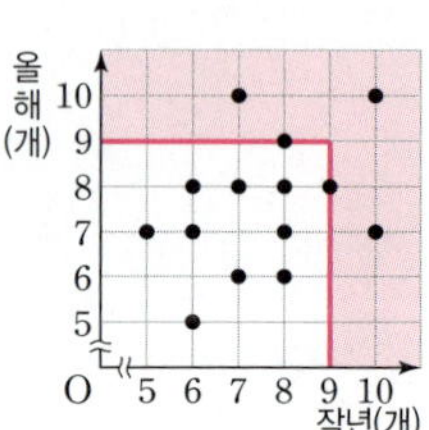

12 답 ㄱ, ㄷ

ㄱ. 열량이 30 kcal인 음료
  수가 4개로 가장 많으
  므로 열량의 최빈값은
  30 kcal이다.

ㄴ. 당류의 양이 7 g 이하인
  음료수는 6개이다.

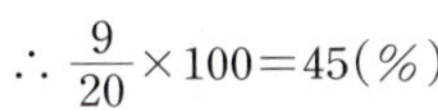

ㄷ. 당류의 양이 8 g 이상이
  고 열량이 50 kcal 미만인 음료수는 9개이므로
  $\dfrac{9}{18} \times 100 = 50\,(\%)$

ㄹ. 열량이 40 kcal 초과인 음료수는 5개이고, 이 음료수들
  의 당류의 양은 각각 8 g, 11 g, 11 g, 12 g, 13 g이므로
  $(평균) = \dfrac{8+11+11+12+13}{5} = \dfrac{55}{5} = 11\,(g)$

따라서 옳은 것은 ㄱ, ㄷ이다.

13 답 **45 %**

두 과목의 성적의 합이 120점 이하
인 학생은 오른쪽 그림에서 색칠한
부분(경계선 포함)에 속하므로 9명
이다.

$\therefore \dfrac{9}{20} \times 100 = 45\,(\%)$

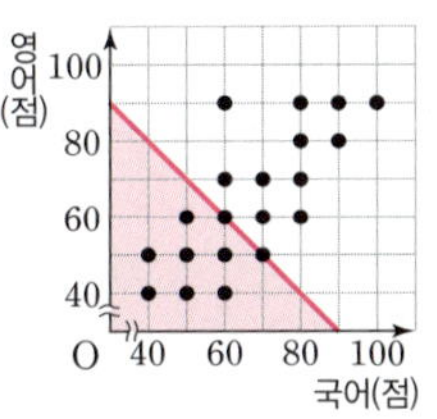

14 답 **30점**

오른쪽 그림의 대각선에서 멀리 떨
어져 있을수록 두 과목의 성적의
차가 크므로 그 차가 가장 큰 학생
의 국어 성적은 60점, 영어 성적은
90점이다.

따라서 두 과목의 성적의 차는
$90 - 60 = 30\,(점)$

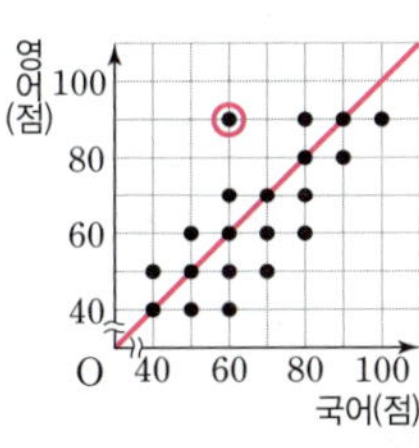

15 답 **2명**

1차와 2차의 점수의 평균이 8점, 즉
두 점수의 합이 $8 \times 2 = 16\,(점)$인 선
수는 오른쪽 그림에서 직선 l 위에
있으므로 2명이다.

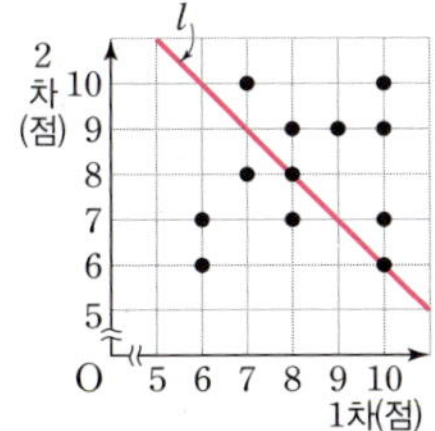

16 답 **25 %**

1차와 2차의 점수의 차가 3점 이상
인 선수는 오른쪽 그림에서 색칠한
부분(경계선 포함)에 속하므로 3명
이다.

$\therefore \dfrac{3}{12} \times 100 = 25\,(\%)$

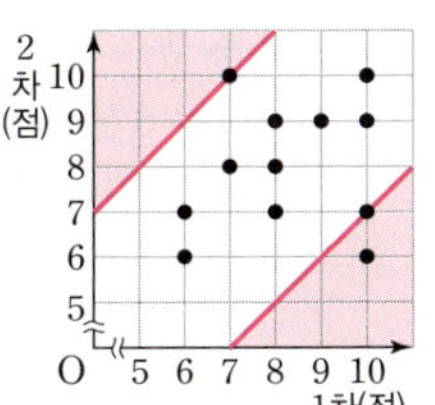

17 답 **(1) 상관관계가 없다. (2) 양의 상관관계**

(1) 주어진 산점도에서 두 점 ㈎, ㈏를 지우면 다음 그림과
  같다.

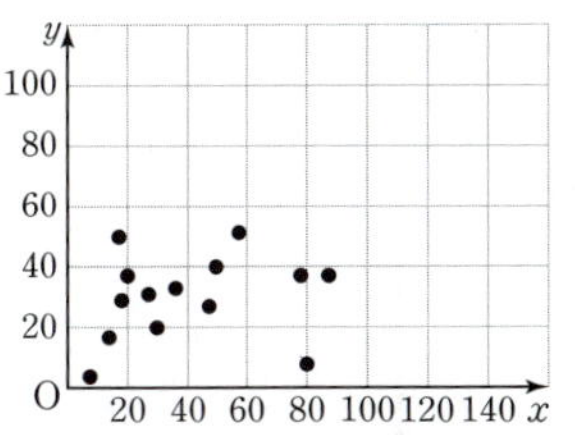

이때 x의 값이 증가함에 따라 y의 값이 증가하는지 감소
하는지 분명하지 않으므로 두 변량 사이에는 상관관계가
없다.

(2) 주어진 산점도에 5개의 자료를 추가하면 다음 그림과 같다.

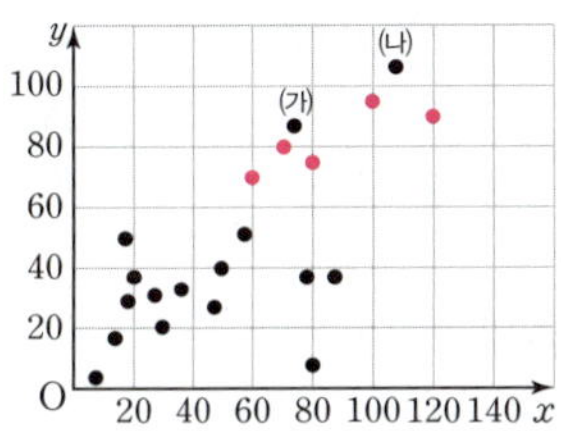

이때 x의 값이 증가함에 따라 y의 값도 대체로 증가하므
로 두 변량 사이에는 양의 상관관계가 있다.

18 답 ④

①, ⑤ 음의 상관관계

② 상관관계가 없다.

③, ④ 양의 상관관계

이때 점들이 한 직선에 가까이 모여 있을수록 상관관계가
강하므로 양의 상관관계가 가장 강한 것은 ④이다.

19 답 ㄹ

주행 중인 자동차가 많을수록 자동차의 평균 주행 속력은
대체로 감소하므로 두 변량 사이에는 음의 상관관계가 있다.
따라서 두 변량 x, y 사이의 상관관계를 나타낸 산점도로 알
맞은 것은 ㄹ이다.

20 답 ⑤

①, ④ 상관관계가 없다.

②, ③ 음의 상관관계

⑤ 양의 상관관계

이때 주어진 산점도는 양의 상관관계를 나타내므로 산점도
를 그렸을 때 주어진 그림과 같은 모양이 되는 것은 ⑤이다.

21 답 ①

앉은키에 비해 키가 가장 큰 학생을
나타내는 점은 오른쪽 그림에서 대각
선의 위쪽에 있으면서 대각선에서 가
장 멀리 떨어진 점이다.

따라서 구하는 학생은 A이다.

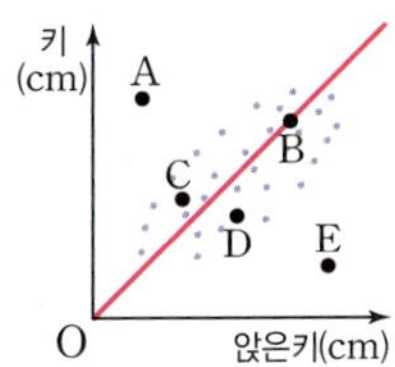

22 답 ⑤

ㄱ. 수학 성적과 영어 성적 사이에는 양의 상관관계가 있다.
ㄹ. C는 B에 비해 영어 성적이 우수하지 않다.
따라서 옳은 것은 ㄴ, ㄷ, ㅁ이다.

23 답 **30명**

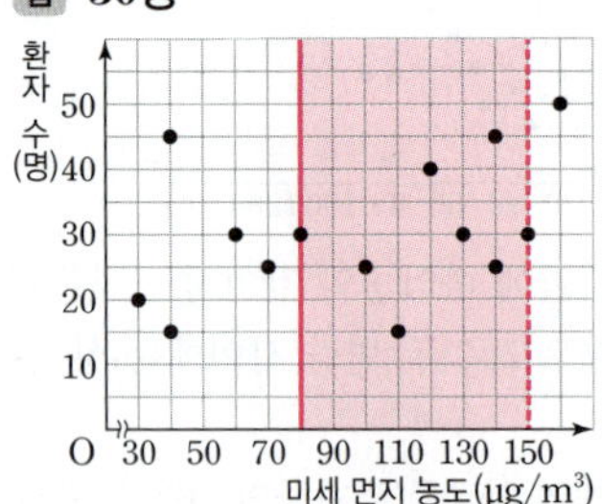

미세 먼지 상태가 '나쁨'인 지역, 즉 미세 먼지 농도가
$80\,\mu g/m^3$ 이상 $150\,\mu g/m^3$ 미만인 지역은 위의 그림에서
색칠한 부분(경계선 중 실선은 포함, 점선은 제외)에 속하므
로 7곳이다.
이 지역들의 호흡기 질환 환자 수는 각각 15명, 25명, 25명,
30명, 30명, 40명, 45명이므로
$$(평균)=\frac{15+25+25+30+30+40+45}{7}=\frac{210}{7}=30(명)$$

24 답 ①

① 주어진 신문 기사에서 과외와 선행 학습량은 성적과 양
　의 상관관계가 있지 않다.

단원 마무리 P. 94~96

1 ①　　**2** ⑤　　**3** ⑤　　**4** 9명　　**5** ④
6 ②　　**7** ⑤　　**8** ⑤　　**9** ②　　**10** ④
11 6점　　**12** ⑤　　**13** ③　　**14** ㄴ, ㄷ　　**15** 176.7점
16 2명

1 두 평가의 성적이 모두 70점 미만
인 학생은 오른쪽 그림에서 색칠
한 부분(경계선 제외)에 속하므로
3명이다.

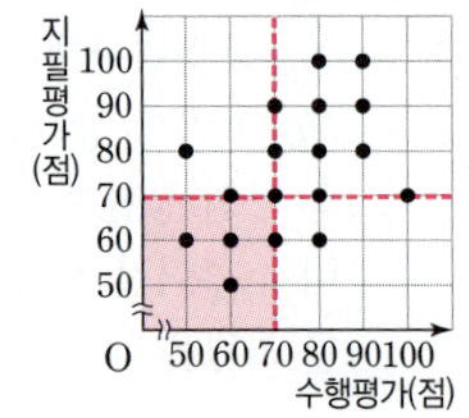

2 수행평가 성적보다 지필평가 성적
이 높은 학생은 오른쪽 그림에서
색칠한 부분(경계선 제외)에 속하
므로 8명이다.

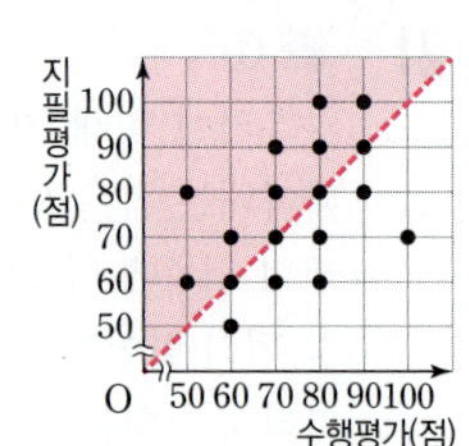

3 미술 성적과 음악 성적이 같은 학
생은 오른쪽 그림에서 대각선 위
에 있으므로 7명이다.
$$\therefore \frac{7}{20}\times100=35(\%)$$

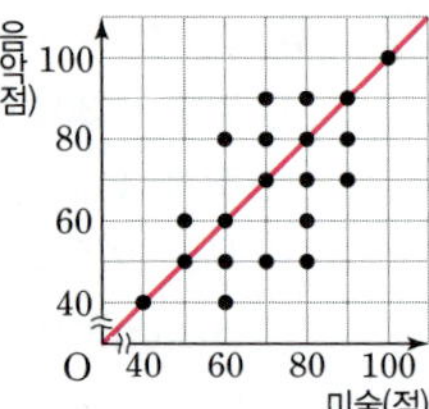

4 보충 과제를 받는 학생, 즉 음악
성적이 60점 미만이거나 미술 성
적이 70점 미만인 학생은 오른쪽
그림에서 색칠한 부분(경계선
제외)에 속하므로 9명이다.

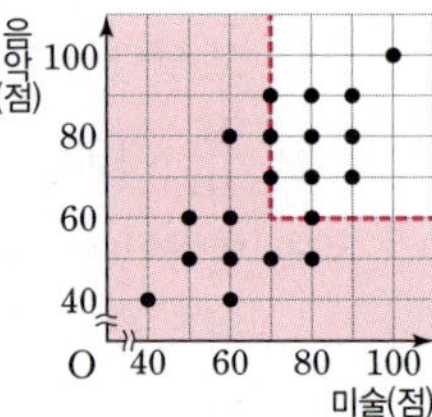

6 ㄱ, ㄷ. 양의 상관관계
ㄴ, ㅁ. 음의 상관관계
ㄹ. 상관관계가 없다.
따라서 음의 상관관계가 있는 것은 ㄴ, ㅁ이다.

7 ①, ②, ④ 두 식당 모두 여름철 평균 기온이 높아질수록 콩
　국수 판매량은 대체로 늘어나므로 두 변량 사이에는 양
　의 상관관계가 있다.
③ 어느 식당의 콩국수가 더 잘 팔리는지는 알 수 없다.
⑤ 식당 A보다 식당 B의 산점도의 점들이 한 직선에서 더
　멀리 흩어져 있으므로 더 약한 상관관계를 보인다.
따라서 옳은 것은 ⑤이다.

8 ① 산점도는 두 변량의 순서쌍을 좌표평면 위에 점으로 나
　타낸 그림으로, 산포도를 나타낸 것은 아니다.
② 상관관계가 없을 수도 있다.
③ 산점도에서 점들이 오른쪽 아래로 향하는 경향이 있으면
　음의 상관관계가 있다.
④ 양의 상관관계를 나타내는 산점도는 점들이 기울기가 양
　수인 한 직선에 가까이 모여 있다.
따라서 옳은 것은 ⑤이다.

9 ② B는 1차 성적과 2차 성적의 차가 거의 없다.

10 자유 종목과 규정 종목 중 적어도
하나는 8점 이상을 받은 선수는 오
른쪽 그림에서 색칠한 부분(경계
선 포함)에 속하므로 9명이다.
따라서 그 비율은 $\frac{9}{20}$이다.

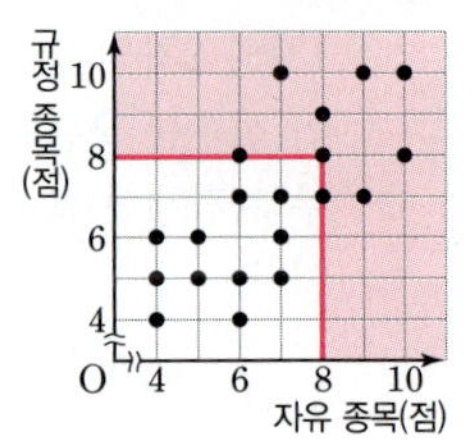

11 규정 종목보다 자유 종목의 점수가 높은 선수는 오른쪽 그림에서 색칠한 부분(경계선 제외)에 속하므로 7명이다.

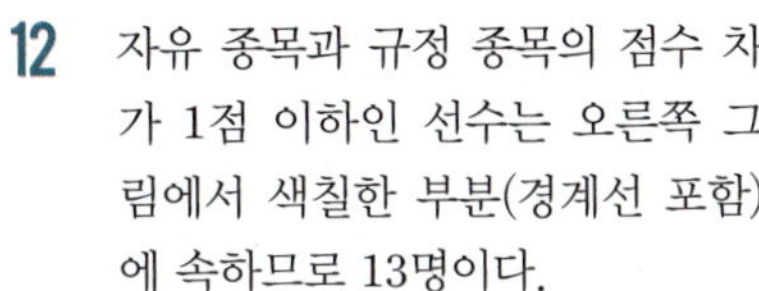

이들의 규정 종목의 점수는 각각 4점, 5점, 5점, 6점, 7점, 7점, 8점 이므로

$$(평균)=\frac{4+5+5+6+7+7+8}{7}=\frac{42}{7}=6(점)$$

12 자유 종목과 규정 종목의 점수 차가 1점 이하인 선수는 오른쪽 그림에서 색칠한 부분(경계선 포함)에 속하므로 13명이다.

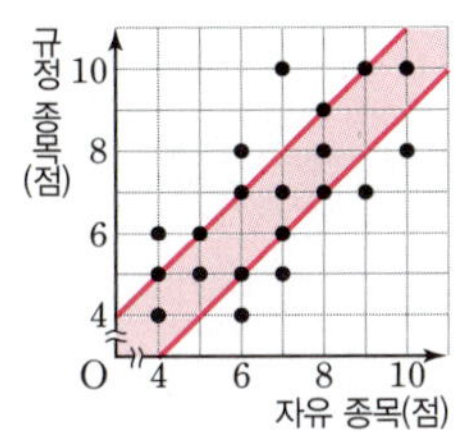

13 두 과목의 성적의 평균이 70점 초과, 즉 두 과목의 성적의 합이 70×2=140(점) 초과인 학생은 오른쪽 그림에서 색칠한 부분(경계선 제외)에 속하므로 6명이다.

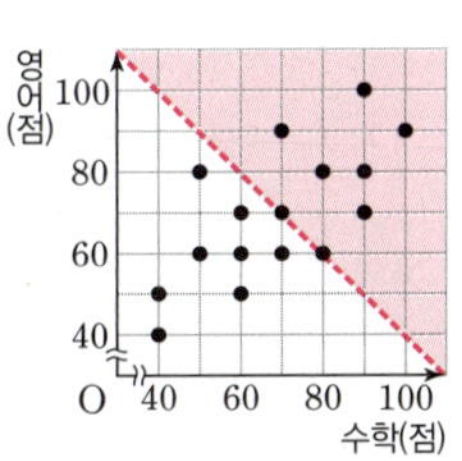

$$\therefore \frac{6}{16}\times100=37.5(\%)$$

14 ㄱ. 하루 최고 기온이 35℃ 미만일 때는 하루 최고 기온이 높을수록 손님 수가 대체로 늘어나는 경향이 있지만 하루 최고 기온이 35℃ 이상일 때는 하루 최고 기온이 높을수록 손님 수가 대체로 줄어드는 경향이 있다.

ㄷ. 하루 최고 기온이 35℃ 미만일 때, 하루 최고 기온이 높을수록 손님 수가 대체로 늘어나는 경향이 있으므로 두 변량 사이에는 양의 상관관계가 있다.

따라서 옳은 것은 ㄴ, ㄷ이다.

15 전체 학생 수가 20명이므로 상위 30% 이내에 드는 학생 수는 $20\times\frac{30}{100}=6(명)$이다.

이때 상위 6명의 학생의 두 과목의 성적의 합은 각각 200점, 190점, 180점, 170점, 160점, 160점이다.

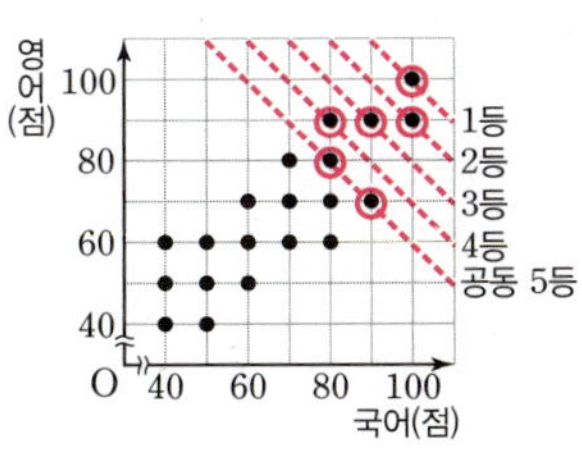

따라서 상위 30% 이내에 드는 학생들의 두 과목의 성적의 합의 평균은

$$(평균)=\frac{200+190+180+170+160+160}{6}$$

$$=\frac{1060}{6}=176.66\cdots(점)$$

따라서 소수점 아래 둘째 자리에서 반올림하면 176.7점이다.

16 (가) 1회보다 2회의 성적이 향상된 학생은 오른쪽 그림에서 색칠한 부분(경계선 제외)에 속한다.

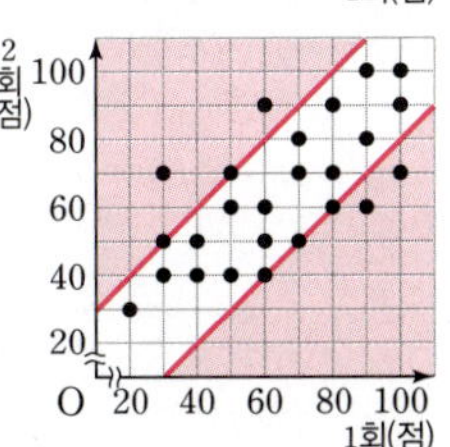

(나) 1회와 2회의 성적의 차가 20점 이상인 학생은 오른쪽 그림에서 색칠한 부분(경계선 포함)에 속한다.

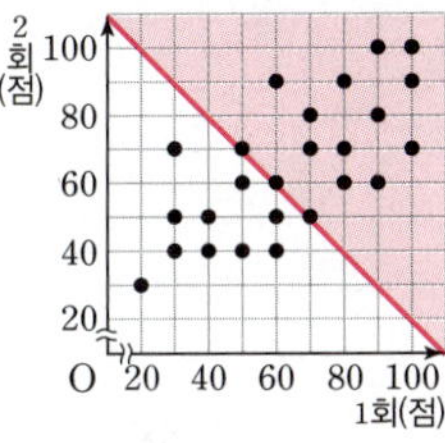

(다) 1회와 2회의 성적의 평균이 60점 이상, 즉 1회와 2회의 성적의 합이 60×2=120(점) 이상인 학생은 오른쪽 그림에서 색칠한 부분(경계선 포함)에 속한다.

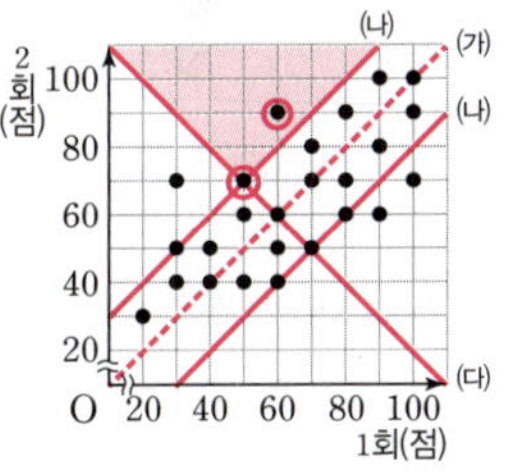

따라서 주어진 조건을 모두 만족시키는 학생은 오른쪽 그림에서 ○ 표시한 2명이다.

visang

ON1Y
META